Herausgegeben von Jakobi, Hopf

Humoristische Chemie

Noch mehr Spaß mit Wiley-VCH:

H. Bolz

GenComics

2001
ISBN 3-527-30420-7

H. – J. Quadbeck-Seeger (Hrsg.)

Chemie-Rekorde

Menschen, Märkte, Moleküle

1999
ISBN 3-527-29870-3

F. R. Kreißl, O. Krätz

Feuer und Flamme, Schall und Rauch

Schauexperimente und Chemie-historisches

1999
ISBN 3-527-29818-5

E. Unger

Auweia Chemie

1998
ISBN 3-527-29538-0

Humoristische Chemie

Heiteres aus dem Wissenschaftsalltag

Herausgegeben von
Ralf A. Jakobi, Henning Hopf

WILEY-VCH

WILEY-VCH Verlag GmbH & Co. KGaA

Dr. Ralf Andreas Jakobi
Arnulfstr. 2a
66954 Pirmasens

Professor Dr. Henning Hopf
Institut für Organische Chemie
Technische Universität Braunschweig
Hagenring 30
38106 Braunschweig

Das vorliegende Werk wurde sorgfältig erarbeitet. Dennoch übernehmen Autor, Herausgeber und Verlag für die Richtigkeit von Angaben, Hinweisen und Ratschlägen sowie für eventuelle Druckfehler keine Haftung.

Bibliografische Information Der Deutschen Bibliothek
Die Deutsche Bibliothek verzeichnet diese Publikation in der Deutschen Nationalbibliografie; detaillierte bibliografische Daten sind im Internet über <http://dnb.ddb.de> abrufbar.

© 2004 WILEY-VCH Verlag GmbH & Co. KGaA, Weinheim

Alle Rechte, insbesondere die der Übersetzung in andere Sprachen, vorbehalten. Kein Teil dieses Buches darf ohne schriftliche Genehmigung des Verlages in irgendeiner Form – durch Photokopie, Mikroverfilmung oder irgendein anderes Verfahren – reproduziert oder in eine von Maschinen, insbesondere von Datenverarbeitungsmaschinen, verwendbare Sprache übertragen oder übersetzt werden. Die Wiedergabe von Warenbezeichnungen, Handelsnamen oder sonstigen Kennzeichen in diesem Buch berechtigt nicht zu der Annahme, dass diese von jedermann frei benutzt werden dürfen. Vielmehr kann es sich auch dann um eingetragene Warenzeichen oder sonstige gesetzlich geschützte Kennzeichen handeln, wenn sie nicht eigens als solche markiert sind.

All rights reserved (including those of translation into other languages). No part of this book may be reproduced in any form – by photoprinting, microfilm, or any other means – nor transmitted or translated into a machine language without written permission from the publishers. Registered names, trademarks, etc. used in this book, even when not specifically marked as such, are not to be considered unprotected by law.

Gedruckt auf säurefreiem Papier.

Satz TypoDesign Hecker GmbH, Leimen

Umschlaggestaltung G. Schulz, Fußgönheim

ISBN 978-3-527-30628-2

Inhaltsverzeichnis

Humoristische Chemie. Edited by Jakobi, Hopf
Copyright © 2004 WILEY-VCH Verlag GmbH & Co. KGaA, Weinheim
ISBN: 3-527-30628-5

Vorwort

Wissenschaft – so ein landläufiges Vorurteil – sei eine objektive und infolgedessen höchst ernste Angelegenheit, erst recht, wenn es um Naturwissenschaft geht. Seit sich die konnotative Bedeutung des Wortes »exakt« vom ursprünglichen »ausgeführt« (d.h. »praktisch« oder »angewandt«, im Gegensatz zu den theoretisch orientierten Geisteswissenschaften) über »ausführlich« zu »genau«, wenn nicht gar zu »pingelig« verschoben hat, scheint in einer Naturwissenschaft wie der Chemie kein Platz zu sein für Spaß und Witz. Und mancher Ordinarius tat hierzu ein übriges, indem er bestenfalls die Stirn runzelte, wenn seine Studiosi das Pendant zu einem in Schliffapparaturen häufig verbauten Reduzierstück »Oxidierstück« nannten oder eine bei der Marsh-Probe auf Arsen verpuffungsbedingt durchgegangene Aufsatzkapillare als »Marshflugkörper« bezeichneten.

Doch just die Geisteswissenschaft baut die Brücke zwischen den scheinbar unüberbrücklichen Gegensätzen: Sie lehrt uns, daß der *Witz* etymologisch verwandt ist mit dem *Wissen* der *Wissen*schaft; auch wir Nichtgermanisten ahnen, daß ein gewitzter Mensch sich nicht unbedingt häufig auf die mehr oder minder dicken Schenkel klopft, sondern seine rund drei Pfund Schädelinhalt zu eigenem wie auch fremdem Nutzen geschickt und *weise* einzusetzen *weiß*. Vom Aberwitz, der sich zum Witz verhält wie der Aberglaube zum Glauben, schweigen wir lieber; da ist uns der Vorwitz (den wir als Witzen- pardon: Wissenschaftler oft benötigen) entschieden sympathischer. Wenn sich das Forschungsresultat dann als Treppenwitz entpuppen sollte – sei's drum. Notfalls hilft uns der Mutterwitz darüber hinweg; von Wilhelm Raabe haben wir die Erkenntnis, daß der Humor ein Schwimmgürtel auf den Wogen des Lebens ist, und Otto Julius Bierbaum definierte ihn bekanntlich als den Umstand, wenn man trotzdem lacht. Bleibt zur Komplettierung der Trias noch Georg Christoph Lichtenberg, der vor Spöttern warnt, die sich reich an Geist dünken und doch nur arm an Takt sind.

Der Chemiker als Humorist? – Freilich, wir haben vielleicht am Radio schon die humoristischen Variationen eines Siegfried Ochs über »'s kommt ein Vogel geflogen« gehört; wir wissen, daß Fritz Haber gelegentlich heitere Verse an Bekannte verschickte; und wir kennen den in der Nachbardisziplin Mineralogie ansässigen Franz von Kobell als Urheber des »Brandner Kasper« sowie liebenswerter Dialektgedichtchen. Die Naturwissenschaft selbst ist dabei jedoch kaum Objekt des Scherzes; Friedrich Wöhler kommt uns da schon eher entgegen, wenn er angibt, Harnstoff machen zu können, »ohne dazu Nieren oder überhaupt ein Thier, sey es Mensch oder Hund,

Humoristische Chemie. Herausgegeben von Jakobi, Hopf
Copyright © 2004 WILEY-VCH Verlag GmbH & Co. KGaA, Weinheim
ISBN: 3-527-30628-5

nöthig zu haben«: Er kitzelt die heilige Kuh am Euter, aber er besitzt auch genügend Anstand, sie nicht zu entweihen.

Daß Chemiker ihrem eigenen Metier eine heitere Seite abgewinnen können, dabei sogar zu lesenswerten Werken der humoristischen Literatur inspiriert werden oder den Zeichenstift zu virtuosen Karikaturen schwingen, schlägt sich gelegentlich in Rubriken einschlägiger Fachjournale nieder, aus denen sich das Büchlein hier überwiegend speist: Der Kolumne »April, April« in den »Blauen Blättern« entsprach die »Letzte Seite« der Zeitschrift der Chemischen Gesellschaft (CG) der DDR. Als Herausgeber haben wir eine Anthologie uns besonders originell erscheinender Arbeiten aus fast einem halben Jahrhundert herausgepickt und stellen diese erstmals in Buchform vor. Ganz ohne Vorbild stehen wir hierbei nicht da: In den fünfziger und sechziger Jahren des – man muß nunmehr sagen – vergangenen Jahrhunderts brachte der Verlag Chemie ein Bändchen mit dem Titel »Chemiker-Anekdoten« heraus, dem eine Publikation unter der Rubrik »Was nicht in den Annalen steht« folgte. Damit setzt unser sozusagen als Nachschlag zum fünfzigjährigen GDCh-Jubiläum veröffentlichtes Opus eine längere Tradition fort. Im Schlußkapitel gaben wir auch noch ein paar Kubikzentimeter eigenen Senfes hinzu, auf daß nicht der Eindruck entstehe, wir hätten selber nichts produziert und nur die Schriften anderer Leute zusammengetragen.

Nicht immer einfach war es, die Beiträge den einzelnen Kapiteln zuzuordnen – mancher Text stünde einer anderen Abteilung mindestens genauso angemessen zu Gesicht, und mancher paßte überhaupt nicht so recht in das Prokrustesbett der Rubriken, sodaß wir ihn bisweilen nach dem Kuckuckseierprinzip irgendwo einschmuggeln mußten. Dies erschien uns aber als das kleinere Übel gegenüber einem ungegliederten Druckwerk oder gar einem Verzicht auf die Wiedergabe gelungener Ergüsse, nur weil sie schwer rubrizibel waren.

Daß sich die Kapitelumfänge kräftig unterscheiden, liegt in der Natur der Sache: Zu einigen Gebieten lag eben deutlich mehr verwertbares Material vor als zu anderen. Müßig zu sagen, daß die Auswahl nicht ganz der Willkür entbehren kann und keinesfalls den Anspruch auf Vollständigkeit erhebt. Wer sich hier als Autor nicht wiederfindet, sei uns darob nicht gram – es wäre ohnehin wünschenswert, daß man den im Titel »Humoristische Chemie« anklingenden Gedanken eines wissenschaftlichen Journals weiterspinnen könnte und zu diesem edlen Behufe unsere Leser genügend Material für Folgebände verfassen, sammeln und an Herausgeber oder Verlag schicken. (Aber bitte in EDV-lesbarer Form!)

Die einleitenden Texte wollen jeweils als selbständige Ouvertüre zum anschließenden Kapitel verstanden sein, ohne dessen Motive kontrapunktisch zu verarzten. Sie spielen bewußt im *parlando* mit Assoziationen zu den Bereichen des (beileibe nicht nur wissenschaftlichen) täglichen Lebens, der Kunst, der Geschichte als ein stilistisch eher Gioacchino Rossini denn Richard Wagner verpflichtetes Vorspiel. Trotzdem durften auch Leitmotive sowie Akkorde in Moll dazwischenklingen und – wo es uns nötig schien – die eine oder andere Dissonanz unaufgelöst bleiben. Für gelegentlich ausgeteilte Seitenhiebe nehmen wir im Ernstfall das ungeschriebene Menschen- und Bürgerrecht auf Irrtum in Anspruch und betonen, daß wir ohne Schädigungsvorsatz handelten. Bemerkte doch schon treffend Friedrich Schlegel: »Das Drucken verhält sich zum Denken wie das Wochenbett zum ersten Kuß.«

Da uns der Alltag häufig mit genügend Stoff für das weinende Auge versorgt, sollten wir Athenes *Eule* getrost mit einem lachenden zwinkern lassen – es schadet ihr nichts, wenn sie gelegentlich ein wenig *kauzig* wirkt und uns durch ihren oben schon einmal zitierten Advokaten Lichtenberg ausrichten läßt: »Wer nichts als Chemie versteht, versteht auch die nicht recht.«

Pirmasens und Braunschweig, den 1. April 2003.   *Ralf Andreas Jakobi*
                                                  Henning Hopf

Vorbemerkung der Herausgeber

Viele der Originalarbeiten wurden bis weit in die achtziger Jahre (stellenweise noch länger) ohne Verfassernamen publiziert; häufig ist eine Rekonstruktion der Urheberschaft nur noch schwer oder überhaupt nicht mehr möglich. Wir haben konsequent auf eine solche verzichtet und bei (uns) unbekannter Verfasserschaft die universelle Autorenvariable N. N. benutzt. Die in runden Klammern eingefügte Jahreszahl bezieht sich auf das Erscheinungsjahr der Publikation in der von uns in dieses Buch übernommenen Form. Bei den »Carmina Chimica et technica« ist zusätzlich das Entstehungsjahr in eckigen Klammern hinter dem Titel angeführt.

Aus urheberrechtlichen Gründen mußten wir auf die ursprünglich vorgesehene Wiedergabe von Karikaturen leider verzichten; lediglich zum Textverständnis erforderliche Formelbilder, Kurven und Graphiken konnten überommen werden.

Dieses Buch widmen wir Joachim Rudolph (8.11.1936 – 6.3.1993), dem langjährigen Chefredakteur der Blauen Blätter, der nicht nur die Aprilhefte erfunden, sondern auch manchen Text für sie geschrieben hat. Wir hoffen, daß sich unter den nicht mehr zuzuordnenden Beiträgen auch der eine oder andere von ihm befindet.

Zusammengestellt wurde diese Sammlung u.a. in diversen deutschen Cafes. Da sich diese in Städten befanden, in denen es auch eine Kirche gab, war es das Schönste für den Senioreditor, dem jüngeren Kollegen nach getaner Arbeit, alleine in der Kirche sitzend, beim Orgelspiel zuzuhören. Manche der Stücke, die beispielsweise im Dom zu Fulda gespielt wurden, sind dort vermutlich noch nie zuvor – und auch nie wieder danach – erklungen.

Manifest der Humoristischen Chemie

Ein Gespenst geht um in der Wissenschaft – das Gespenst des Humors. Alle Vertreter der traditionellen Geisteswelt haben sich zu einer witzlosen Hetzjagd gegen dieses Gespenst verbündet, akademische Päpste und Zaren, Reaktionäre und Progressive, französische Existenzialisten und deutsche Besserwisser.

Wo ist der eigenbrötlerische Gelehrte, der nicht von seinen etablierten Gegnern als komischer Kauz verschrien worden wäre, wo der unkonventionelle Forscher, der den noch Unkonventionelleren sowie ihren konventionellen Gegnern den brandmarkenden Vorwurf der Kauzigkeit nicht zurückgeschleudert hätte?

Zweierlei geht aus dieser Tatsache hervor:

1. Die Heiterkeit wird bereits von allen seriösen Wissenschaftlern als eine Macht anerkannt.

2. Es ist hohe Zeit, daß die Humoristischen Chemiker ihre Anschauungsweise, ihre Zwecke und ihre Tendenzen vor der ganzen Welt offen darlegen und dem Märchen von der trockenen Materie ein Manifest des Humors entgegenstellen.

Zu diesem Zweck haben sich Humoristische Chemiker der verschiedensten Disziplinen in diesem Buch versammelt und eine Veröffentlichung entworfen, die hoffentlich trotz deutscher Publikationssprache bald den SCI sprengen wird.

Die Humoristischen Chemiker arbeiten an der Verbindung und Verständigung der fröhlichen Wissenschaftler aller Länder.

Die Humoristischen Chemiker verschmähen es, ihre Ansichten und Absichten zu verheimlichen. Sie erklären es offen, daß ihre Zwecke nur erreicht werden können durch aktive Mitarbeit an Druckwerken wie diesem und dem gewaltfreien Sturz aller bisheriger Tristesse. Mögen die etablierten Sauertöpfe vor einer humoristischen Revolution zittern. Die Wissenschaftler haben in ihr nichts zu verlieren als ihren Bierernst. Sie haben das Lachen zu gewinnen.

Wissenschaftler aller Länder, amüsiert Euch!

Erstes Kapitel
Von gezielten Mißverständnissen – *Der wissenschaftliche Dialog*

Wenn sich im zerebralen Prozeßrechner irgendeines ansonsten eher unbedeutenden Zeitgenossen ein mentaler Kabelbrand ereignet oder ein bisher weitgehend unbekannter Strauchdieb vom Herostratendrang gepackt wird und die betreffende Person auf die Idee kommt, möglichst vielen unfreiwilligen Unbeteiligten mit einer Pistole vor dem Gesicht herumzufuchteln, greifen die Massenmedien unerbittlich zu und präsentieren der sensationsgierigen Öffentlichkeit mal wieder ein »Geiseldrama« oder eine »Familientragödie«, weil dies so schön pathetisch klingt. Dabei ist dies von der Wortbedeutung her gesehen eine an Zynismus kaum zu überbietende Verharmlosung: Bei einer Tragödie handelt es sich um ein Bühnenstück, das genauso zur literarischen Gattung des Dramas – wörtlich: »(dargestellte) Handlung« – gehört wie beispielsweise eine Posse von Nestroy. Eben alles nur ein (Schau-)Spiel. Bei kriminellen Handlungen dagegen ersetzt man Nestroy durch Destroy; die Waffen sind leider echt – und Täter, Geschädigte sowie gegebenenfalls Leichen sind es auch.

Man mag sich fragen, was dieses Proömium mit Wissenschaft zu tun habe. Aber leicht ist das Problem zu abstrahieren: Wohldefinierte Fachbegriffe werden unbesehen und ohne Rücksicht auf ihren eigentlichen Bedeutungsgehalt abgedroschen, bis eine beliebige Worthülse übrigbleibt und verblaßt. Irgendwann ist die Kluft zwischen wissenschaftlichem und umgangssprachlichem Gebrauch so groß, daß wir uns mit dem gleichen Ausdruck auf verschiedenen Ebenen begegnen können – ohne zu verstehen, was unser Gegenüber sagen will. Für den Theologen wiegt Sünde schwer und kann sogar die geistliche Trennung von Gott zur Folge haben; Otto Normalverbraucher »sündigt« dagegen, wenn er falsch parkt oder ein Täfelchen Schokolade verputzt.

Nun könnte man meinen, wenigstens bei Wissenschaftlern unter sich entstünden derartige Mißverständnisse nicht. Weit gefehlt! Zwar haben die SI-Einheiten den einst stutenbissig verteidigten Unterschied zwischen physikalischer und technischer Atmosphäre in den wohlverdienten Ruhestand geschickt, aber jede Fachdisziplin pflegt weiterhin ihre eigene Semantik. Musiker reden vom Kammerton und meinen dabei das eingestrichene a mit 440 Hertz. Dreht es sich aber um Glocken, sind es nur 435, und bei historischen Kirchenorgeln ist man noch flexibler. Der Chemiker erzählt von seiner Substanz, daß sie im »kubisch allseitig flächenzentrierten Gitter« kristallisiere, und der Kristallograph schüttelt gleich zweimal den Kopf: Erstens bilden nur mathematische Punkte ein Gitter, physisch präsente Materieteilchen dagegen bestenfalls eine Struktur. Zweitens muß im kubischen System eine Flächenzentrierung allseitig sein, sonst ist die Mindestsymmetriebedingung von vier dreizähligen Achsen futsch und das System nicht mehr kubisch.

»Meist reden wir ungenau, aber man versteht doch, was wir meinen«, tröstet verständnisvoll der große Augustinus und untermauert damit indirekt die auf der Hand liegende Konsequenz all der keineswegs aus den Fingern gesogenen obgenannten Sachverhalte: Wir brauchen den wissenschaftlichen Dialog! Daß dieser allerdings seinerseits eine Wissenschaft verkörpert, wußte vor einem guten Dritteljahrhundert Joseph Liebertz meisterhaft darzulegen. Sein Aufsatz, der am Freitag, dem 23. April 1965 (oder für Literaturfreunde: am 401. Geburts- und am 349. Todestag William Shakespeares) im Feuilleton der »Zeit« auf Seite 18 bis 20 erschien, soll damals als hektographiertes Typoskript mit viel lachender Zustimmung an deutschen Universitäten kursiert sein. Der Verlag erteilte uns

Humoristische Chemie. Herausgegeben von Jakobi, Hopf
Copyright © 2004 WILEY-VCH Verlag GmbH & Co. KGaA, Weinheim
ISBN: 3-527-30628-5

freundlicherweise die Abdruckgenehmigung, so- daß dieser Klassiker des wissenschaftlichen Hu- mors, obschon ein unverwechselbares Kind sei- ner Zeit, auch den Heutigen noch allerlei sagen kann. Damit fällt ihm die Ehre zu, die Beitrags- polonaise zu eröffnen. Und das in ungekürzter Fassung samt originaler Orthographie sowie Interpunktion.

Anleitung zum Diskutieren

Ausgewählte Methoden der wissenschaftlichen Dialogologie

Die zahlreichen Kongresse, Tagungen und Kolloquien, die heute zum Zwecke des wissenschaftlichen Gedankenaustausches, der Pflege des persönlichen Kontakts, der Befriedigung der Reiselust und der Verminderung der defizitären Lage der Ver- kehrsunternehmen veranstaltet werden, lassen sich nur dann mit Gewinn und Nut- zen besuchen, wenn man sich am wissenschaftlichen Gespräch aktiv beteiligt.

Hochgestellte Persönlichkeiten sind es einfach ihrem Renommee schuldig, einen Diskussionsbeitrag zu liefern. Juniorforschern bietet sich die einzigartige Chance, durch geschicktes Eingreifen in die Debatte von sich reden zu machen und so die Karriere zu fördern. Firmendelegierte haben häufig das Bedürfnis, durch geistreiche Diskussionsbemerkungen dezente Schleichwerbung zu betreiben, um auf diese Weise vor sich selbst und vor der Geschäftsleitung die Reisespesen zu rechtfertigen. Ein weiteres, nicht zu vernachlässigendes Anliegen von Diskussionen besteht darin, persönliche Animositäten gegen den Vortragenden abzureagieren.

Die vorliegende Studie der wissenschaftlichen Dialogologie, die die wichtigsten Diskussionsmethoden an Hand von praktischen Beispielen darbietet, will einerseits erfahrene Diskussionsredner zur Verfeinerung ihrer Technik anregen und anderer- seits jüngeren Leuten ihre Scheu vor Debatten überwinden helfen. Sie will ferner ab- gehetzte Manager in die Lage versetzen, auch dann bei Diskussionen ihren Mann zu stehen, wenn sie die Zeit des Vortrags zu einem erquickenden Schläfchen benutzt haben.

Methode der modifizierten Randbedingungen

In einem Vortrag über ein experimentelles Arbeitsgebiet seien die Versuchsparame- ter eingehend erörtert worden. So wurde etwa gesagt, daß der Druck 10 Atm und die Temperatur 80° C betrug. In der Aussprache wird man dann, die Bedingungen mehr oder weniger stark modifizierend, fragen: »Haben Sie auch bei 20 Atm gearbeitet?« oder »Lohnt es sich, auf wesentlich höhere Drücke überzugehen, und was ist dann zu erwarten?« Ähnliche Fragen lassen sich ohne Schwierigkeiten auch für die Tem- peratur und alle übrigen Parameter formulieren. Was die Temperatur angeht, sollte man die naturgesetzlich untere Grenze beachten und sich nicht im Überschwang der Kühnheit zu der Frage hinreißen lassen: »Warum haben Sie Ihre Versuche nicht auch bei −300 °C durchgeführt?« Im allgemeinen empfiehlt es sich jedoch, extrema- le Bedingungen vorzuschlagen. Es sind vor allem solche Bedingungen zu postulieren, von denen man nach Anhören des Vortrages weiß, daß sie dem Referenten experi- mentell nicht zugänglich waren und auch in Zukunft nicht zugänglich sein werden.

Nach der Methode der modifizierten Randbedingungen wird also der Vortragende rasch in seine Schranken verwiesen, was hybride Ansätze jüngerer Kollegen schon im Keime zu ersticken gestattet, während der Fragesteller selbst vor dem Zuhörerkreis als versierter und vorausschauender Experte erscheint, der nicht nur das Problem völlig beherrscht, sondern auch die zukünftigen Perspektiven aufzeigt.

Die Methode der modifizierten Randbedingungen stellt nur geringe Anforderungen an Intelligenz, Wissen und Erfahrung, so daß sich sogar Anfänger ihrer gefahrlos bedienen können. Eine Blamage ist nahezu ausgeschlossen. Selbst bei der ungünstigsten Konstellation – der Vortragende ist eine anerkannte Kapazität, der Diskussionsredner noch reichlich jung und die Bemerkung etwas abwegig – läßt sich doch eine vorteilhafte Wirkung erzielen. Ohne unwirsch zu werden, wird der Referent auf die Fragen eingehen und mit dem Publikum den Eindruck gewinnen: ein aufgeweckter junger Mann, den man im Auge behalten und fördern sollte.

Skeptizistische Methode

Die skeptizistische Methode, bei der der Zweifel zum Prinzip erhoben wird, ist dem wissenschaftlichen Nachwuchs kaum anzuraten, da die Skepsis ein Vorrecht des reiferen Alters ist.

Vor einem chemisch orientierten Gremium wird bevorzugt die Frage gestellt: »War die verwendete Substanz wirklich rein?« Da diese Frage naturgemäß nie uneingeschränkt bejaht werden kann, ist die Glaubwürdigkeit des Referenten stark angeschlagen.

Auf dem physikalischen Sektor lauten die Formulierungen gewöhnlich: »Gelten die abgeleiteten Beziehungen wirklich im strengen Sinne?« oder »Glauben Sie, das Problem ohne Quantenmechanik lösen zu können?« Mit solchen, bewußt allgemein gehaltenen Fragen vergibt man sich nichts, demütigt den Referenten, der in der Regel um eine gute Antwort verlegen ist, und erscheint selber im besten Licht.

Die Generalisierung der skeptizistischen Methode gipfelt in der Bemerkung: »Von den Ausführungen des Redners habe ich nichts verstanden!« Diese Worte aus dem Munde eines Mannes von Rang und Namen bedeuten den geistigen Exitus des Vortragenden; denn sie wollen keineswegs als Eingeständnis altersbedingter Schwerhörigkeit aufgefaßt weden, sondern in euphemistischer Umschreibung zum Ausdruck bringen, daß der Vortrag eine seltene Akkumulation von Unsinn war. Würde dagegen ein Student naiven Gemüts die gleiche Bemerkung wagen, würde er ohne Zweifel als Ignorant erscheinen und sich der Lächerlichkeit preisgeben.

Die skeptizistische Methode ist also sehr delikater Natur. Ihr subjektiver Zuschnitt beschränkt die Anwendbarkeit auf gereifte Persönlichkeiten, die allerdings gute Erfolge damit verbuchen können.

Methode der Autapotheose

Die Methode der Autapotheose oder Selbstbeweihräucherung trägt dem auch bei Wissenschaftlern weitverbreiteten Geltungsbedürfnis Rechnung und kommt dann zur Anwendung, wenn der Weihrauch von anderer Seite unverdient ausgeblieben ist.

Die hohe Schule der Autapotheose macht zur Auflage, das Angeben nicht zu übertreiben und nie zu dick aufzutragen. In subtiler Filigrantechnik wird der perfektionierte Autapotheotiker daher den Hinweis auf sich selbst stets in einen Nebensatz kleiden. Da dieser aber die Hauptsache enthält, soll nur hierauf eingegangen werden.

Soll der familiäre Kontakt mit wissenschaftlichen Koryphäen die eigene Stellung verdeutlichen, empfehlen sich Wendungen wie: »Als ich die gleiche Frage vorige Woche mit meinem lieben Kollegen Heisenberg ventilierte ...«, oder noch besser: »Wie mir kürzlich mein Freund Linus, dem gerade der zweite Nobelpreis verliehen wurde, versicherte ...« Wem so feiner Umgang nicht vergönnt ist, muß auf die zweite oder dritte Garnitur zurückgreifen.

Er kann sich aber auch als weitgereister Mann ausgeben und in seine Diskussionsbemerkung einflechten: »Wie ich schon auf dem Kongreß in Ottawa erklärte ...« Dabei erfreut sich die Erwähnung häufiger Besuche der westlichen Hemisphäre, vor allem Amerikas, besonderer Beliebtheit. Exkursionen in die Sowjetunion lasse man aus politischen Gründen besser aus dem Spiel. Reisen innerhalb Europas sind nur noch bei den niedrigen Ständen und bei Snobs *en vogue*. Regelmäßige Fahrten nach Paris verschweige man aus moralischen Erwägungen.

Neben der soziologischen und der von Managern gern verfolgten kosmopolitischen Form der Autapotheose existiert noch eine weitere Variante, die historische. Sie ist dadurch gekennzeichnet, daß Reminiszenzen aus vergangenen Zeiten aufgefrischt werden. Es wird darauf verwiesen, daß man aus einem berühmten Institut oder einer renommierten Firma hervorgegangen ist. Dabei werden frühere, schon in Vergessenheit geratene Verdienste und Leistungen aufgezählt. Zur Illustrierung diene die folgende Passage: »Seinerzeit in Göttingen – Sie wissen, ich entstamme der Göttinger Schule – standen wir vor den gleichen Aufgaben, und ich muß sagen, ich habe sie, gemeinsam mit Winteracker, dem Nestor dieses Zweigs der Physik, gelöst. Sie sollten meine Arbeiten aus den dreißiger Jahren lesen!« Ob jemand Anhänger der Autapotheose historischer Spielart ist, läßt sich auch an seinen Veröffentlichungen erkennen, nämlich an der Anzahl der im Literaturverzeichnis aufgeführten Eigenzitate.

Methode der Repetition

Auf die Methode der Repetition wird nur im äußersten Notfall und auch dann nur vom Diskussionsleiter zurückgegriffen. Sie stellt die *ultima ratio* der Dialogologie dar.

Die Methode der Repetition ist mühsam und undankbar, sie erfordert unglücklicherweise Sachkenntnis und angespannte Aufmerksamkeit während des Vortrages. Ihre Anwendung ist jedoch unumgänglich, wenn die Ausführungen eines eingeladenen, hochgestellten Gastes ohne Echo bleiben. Der Gastgeber muß sich dann damit behelfen, den Inhalt des Referates mehr oder weniger langatmig und mehr oder weniger zutreffend zu wiederholen, um so den Zuhörern Gelegenheit zu geben, in der Zwischenzeit Diskussionsfragen vorzubereiten. Bleibt die Diskussion auch dann noch aus, so ist mit irreparablen Persönlichkeitsschäden durchaus zu rechnen. Solche Peinlichkeiten lassen sich bei dem anschließenden Empfang zu Ehren des Gastes durch ein exquisites kaltes Büfett nebst äquivalenten Getränken in etwa verwischen.

Präparative Methode

Die vorgenannte, absolut protokollwidrige Situation, daß die Diskussion mangels Sachverstandes und Interesses ausfällt, ist von vornherein zu vermeiden, wenn nach der präparativen Methode verfahren wird.

Nach Bekanntwerden des Vortragsthemas werden kluge Diskussionsbemerkungen mit Akribie und Sorgfalt von langer Hand ausgearbeitet. Das dazu notwendige Schrifttum kann nicht früh genug beschafft werden, weil die Gefahr besteht, daß ein wahrer Run auf die einschlägige Literatur einsetzt.

Von allen bekannten Methoden ist die präparative Methode, zumindest in der soeben erwähnten Form, die bei weitem arbeits-, nicht jedoch lohnintensivste. Hier wird Genie durch Fleiß ersetzt, was dem heutigen Lebensstil nicht mehr entspricht.

Methode der laudativen Akklamation

Über die Methode der laudativen Akklamation sind nur wenig Worte zu verlieren. Bei akademischen Festveranstaltungen verbietet die epochale Würde des Ereignisses mit dialektischer Schärfe geführte Diskussionen. An ihre Stelle treten dann glanzvolle und wortgewaltige Laudationen von epischer Breite, denen nicht minder barocke Responsorien folgen, wobei sich Formen entwickeln, die dem höfischen Zeremoniell entlehnt scheinen.

Bei außergewöhnlichen Ehrungen ist die Methode der laudativen Akklamation durchaus passend; ist sie aber bei trivialen Anlässen zu hören, so kann unschwer vermutet werden, daß die lautstarken Lobreden aus dem Munde eines notorischen, ja berufsmäßigen Schmeichlers stammen.

Methode der »dummen« Frage

Für Vortragende außerordentlich gefährlich ist die Methode der »dummen« Frage. Sie ist daran erkennbar, daß der Diskussionsredner seine Bemerkung beginnt mit der Formulierung: »Gestatten Sie mir eine ganz dumme Frage.« Diese Worte sind nicht so offen gemeint, wie sie klingen, und sollten den Referenten nicht vorzeitig frohlocken lassen, sondern im Gegenteil zu erhöhter Wachsamkeit und Vorsicht mahnen: Es bahnt sich Schlimmeres an. Der einleitende Satz ist nur als Präambel gedacht, und oft folgt ihm eine Reihe höchst diffiziler Fragen, die der Referent kaum zu beantworten vermag. Der so bei den Zuhörern induzierte ungünstige Eindruck wird noch dadurch verstärkt, daß die Fragen ja ausdrücklich als simpel und harmlos deklariert waren.

Die Methode der »dummen« Frage zielt also darauf ab, den Vortragenden mit einem Blattschuß aus dem Hinterhalt zu erledigen. Philanthropen werden diese Methode ablehnen, da sie den trotz des Triumphes unvermeidlichen herbbitteren Nachgeschmack scheuen.

Methode der Deviation

Die Methode der Deviation hat zum Vorbild den Konversationsstil, der auf Cocktailpartys gepflegt wird: Schneidet bei einer solchen Gelegenheit Ihr Gesprächspartner oder noch besser Ihre Gesprächspartnerin beispielsweise das Thema Moderne Kunst an, wovon Sie als Kristallograph nichts verstehen, so wird es Ihnen bei einigem Geschick nicht schwerfallen, von der Modernen Kunst sukzessiv zur Kristallographie überzuwechseln. Die Brücke von dem einen zum anderen Gebiet könnte der Kubismus bilden.

Ihr Deviationsmonolog müßte etwa folgendermaßen lauten: »Sehen Sie, gnädige Frau, von der Modernen Kunst halte ich wenig. Nehmen Sie nur den Kubismus. Was sind doch Picasso oder Braque für ausdrucksarme Gesellen! Ihre Welt besteht einzig aus Würfeln, aus lächerlichen orthogonalen, isometrischen Parallelepipeden. Wo bleibt da das Spannungsfeld von Holoedrie, Hemiedrie und Tetartoedrie! Sie sollten lieber die Mannigfaltigkeit des Symmetriegefühls genießen, wie sie uns durch die Raumgruppen dargeboten wird.«

Bei einem so oder ähnlich geführten Überleitungsgespräch ist der gesellschaftliche Erfolg gesichert. Man wird Sie als einen charmanten und geistsprühenden Unterhalter schätzen, der auf allen Gebieten zu Hause ist. Wenn Sie neben der Methode der Deviation noch die Kunst des Bridge-Spiels beherrschen, sollten Sie die diplomatische Laufbahn einschlagen.

Für Examina, die als Diskussionen *sui generis* gelten dürfen, kann die Methode der Deviation eine wertvolle Hilfe bedeuten. In diesem Zusammenhang sei an die bekannte Geschichte einer Physikumsprüfung, Fach Zoologie, erinnert: Der Professor prüft nahezu ausschließlich über Würmer, was die Kandidaten wegen der Fülle des Stoffes und aus einem angeborenen Sinn für das Wesentliche dazu veranlaßt, sich auch nur mit diesen munteren Tierchen zu beschäftigen. Als nun der Professor an einem Tage bereits zehn Kandidaten nach gewohnter Modalität examiniert hatte und ihm demzufolge die Würmer langsam zum Halse herausmarschierten, befragte er den elften Kandidaten über den Elefanten. Die Antwort war: »Ein Elefant ist ein Säugetier mit einem langen, wurmartigen Rüssel. Die Würmer teilt man in folgende Klassen ein: ...« Mittels dieser Deviation konnte bekanntes Terrain erreicht und die Prüfung zu einem befriedigenden Abschluß gebracht werden.

Bei wissenschaftlichen Aussprachen ist die Methode der Deviation so anzuwenden, daß man zunächst die Ausführung des Vortragenden als höchst interessant begrüßt, dann eine kurze Verbindung zwischen dem Gesagten und dem, was man selber sagen will, anklingen läßt, um sich schließlich langatmig über seine eigenen Arbeiten, die nichts mit dem Thema gemein haben, zu verbreiten. Nur recht selten wird es vorkommen, daß ein strenger Diskussionsleiter das Wort entzieht.

Methode der Ex-cathedra-Entscheidung

Schwere Verstöße gegen die herrschende Lehrmeinung werden durch die Methode der Ex-cathedra-Entscheidung geahndet. Sie bleibt definitionsgemäß Kathederbesitzern, also Lehrstuhlinhabern, vorbehalten.

Wagt jemand in einem Vortrag neuartige, von der bisherigen Auffassung stark abweichende Gedanken zu entwickeln, die dazu noch in sträflicher Weise den Thesen einer anwesenden Kapazität zuwiderlaufen, so muß er damit rechnen, in der Diskussion scharf angegriffen zu werden. Sind die vorgebrachten Argumente unwiderlegbar, so wird die Koryphäe die normative Kraft seiner Autorität spielen lassen und die neue Ansicht mit einigen axiomatischen Äußerungen abtun.

Es sind dann Sätze zu hören wie: »Junger Freund! Was Sie uns da entwickelt haben, hört sich ja ganz passabel an, kann aber nicht stimmen. Wie Sie wissen, bin ich nach langjähriger Forschung zu völlig anderen Ergebnissen gekommen, an denen ich unbedingt festhalten muß. Sie sollten das Problem nochmals in Ruhe nachrechnen. Da müssen Fehler drinstecken.« Die Bereitschaft, solche Fehler zu beweisen, wird aus angeblichem Zeitmangel abgelehnt: »Nein, nein, lassen Sie das. Da haben wir doch jetzt keine Zeit für. Bei Ihrer Intelligenz werden Sie den Fehler schon allein finden!«

Während obiges Beispiel noch einen Rest väterlichen Wohlwollens erkennen läßt, zeugt die folgende Formulierung von unüberbietbarem Selbstbewußtsein: »Alles, was zu dem angeschnittenen Thema zu sagen ist, habe ich bereits in meinem Lehrbuch auf den Seiten 457–498 ausgeführt.« Die Diskussion ist damit erledigt. Eine Wiederaufnahme der Debatte ist nicht möglich, da die höchste Instanz entschieden hat.

Methode des gezielten Mißverständnisses

Als letzte Methode sei die des gezielten Mißverständnisses genannt. Sie ist anspruchslos und dennoch sehr wirkungsvoll. Ihr Anwendungsbereich ist schlechthin universell, sowohl hinsichtlich des Themas als auch der Person.

Die Konzeption der Methode des gezielten Mißverständnisses ist denkbar einfach: Ein Faktum des Vortrages wird herausgegriffen und seine Inversion als Diskussionsfrage formuliert. Diese Definition mag vielleicht zu abstrakt erscheinen und soll daher durch ein typisches Beispiel aus der Praxis illustriert werden:

War in einem Vortrag erwähnt worden, daß die Substanz eine blaue Farbe besitzt, so wird mit Sicherheit jemand bei der Diskussion erklären: »Wenn ich den Herrn Redner richtig verstanden habe, soll die von ihm beschriebene Verbindung grau sein. Das kann aber nach allem, was man über derartige Dinge weiß, nicht richtig sein. Ich glaube vielmehr, daß unsere bisherigen theoretischen Ansätze die Behauptung rechtfertigen, daß die Farbe als eindeutig als blau, allenfalls als blaugrau anzusehen ist. Es ist mir unverständlich, wie man die Blaufärbung übersehen konnte.« Der Vortragende wird erwidern: »Ich möchte den Herrn Diskussionsredner auf ein Mißverständnis aufmerksam machen. Ich habe in meinem Vortrag ausdrücklich von blauer Farbe gesprochen. Zum anderen bin ich freudig überrascht, daß auch die Theorie blau oder blaugrau verlangt. Und wenn ich meine Befunde kritisch rekapituliere, muß ich sogar sagen, daß in Übereinstimmung mit den Ansichten des Herrn Diskussionsredners ein gewisser Graustich unverkennbar war.«

Wie die kleine Geschichte gezeigt hat, ist die Methode des gezielten Mißverständnisses frei von verletzender Schärfe. Sie ist eine fürwahr ideale Methode, da sie alle beteiligten Parteien befriedigt, den Diskussionsredner, den Vortragenden und die Zuhörer.

JOSEF LIEBERTZ (1965)

P.S. der Herausgeber: Die »generalisierte skeptizistische Methode« soll um das Jahr 1985 ein als Gast anwesender Dozent auf einem öffentlichen Promotionskolloquium angewandt haben, als an der Tafel ein Kandidat eines ihm nicht besonders genehmen anderen Lehrstuhlinhabers lege artis ausgeäthert wurde. Nach dem Motto »Haust du meinen Doktoranden, hau ich deinen Doktoranden« kam dann sogleich der mit charakteristischem Timbre hervorgebrachte Einwand: »Von dem Vortrag des Herrn Kandidaten habe ich bisher so gut wie kein einziges Wort verstanden!« Daraufhin drehte sich der in dritter Person angeredete Kandidat bescheiden lächelnd um und erwiderte: »Tja, Herr Professor, dieses Thema ist aber auch verdammt schwer!« Dröhnendes Gelächter, wohl vom Doktorvater als Kondensationskeim ausgehend, erfüllte den Hörsaal, und der abgeblitzte akademische Heckenschütze mußte plötzlich ganz eilig zum nächsten Bus.

Aber auch die Methode der Deviation kann bei schlagfertigen Referenten zum nach hinten losgehenden Schuß werden: Ein zu einer wissenschaftlichen Gesprächsrunde eingeladener jüngerer Chemiker, dessen Vorname noch nicht lange mit den begehrten acht Buchstaben »Dr. rer. nat.« ergänzt worden war, legte seine Forschungsresultate – es ging um metallorganische Verbindungen – in einem gleichermaßen instruktiven wie kurzweiligen Vortrag dar. Erwartungsgemäß bestand das Publikum überwiegend aus Organikern; nur ein Dozent der anorganischen Chemie (**D.**) hatte sich unter die Diskussionsredner gemischt und steuerte auf dem Wege der Deviation mit geringfügig autapotheotisch geblähten Segeln seinen Heimathafen an. Jedoch provozierte dabei der etwas oberlehrerhaft schneidende Tonfall offenbar den Referenten (**R.**), und so entspann sich der im folgenden

sinngemäß – teilweise gar wörtlich – wiedergegebene nette kleine Dialog:

D. *(leicht herablassend):* »Als Anorganiker machen wir natürlich eine völlig andere Chemie als Sie hier; aber Sie haben da eine Verbindung vorgestellt, die mich als alten Strukturchemiker besonders interessiert.«

R. *(verdutzt, aber selbstbewußt):* »Nun – ich habe eine ganze Reihe von Verbindungen vorgestellt; welche meinen Sie denn?«

D. *(schulmeisternd, dreist):* »Nehmen Sie mal ein Stück Kreide und gehen Sie an die Tafel; ich diktiere Ihnen kurz die Struktur.«

R. *(gehorcht mehr verblüfft als widerwillig und zeichnet nach den Anweisungen D.s eine Strukturformel an die Tafel):* »So, meinen Sie die?«

D. *(zufrieden):* »Ja. Wie gesagt – ich habe natürlich mit einer ganz anderen Chemie zu tun, aber als Strukturchemiker frage ich Sie: Wie sieht denn diese Verbindung im kristallinen Zustand eigentlich aus?«* (Spätestens jetzt war natürlich allen Anwesenden klar, daß D. auf Strukturdaten, Kristallsysteme, Raumgruppen etc. hinaus wollte, denn auf diesem Gebiet fand er sich eben besser zurecht als im schwer durchdringlichen Namens-Kauderwelsch organischer Reaktionsmechanismen.)*

R. *(verschmitzt):* »Ach, meistens ist das Zeugs so rot-gelb.«

Der Lacherfolg war von beinahe homerischer Dimension, wenngleich die Aussage, man habe noch nie so viele sich synchron auf die Schenkel schlagende Organikprofessoren in einem Raum gesehen, eine leichte Übertreibung gewesen wäre. Jedenfalls verließ D. ohne weitere Fragen kurz darauf den Hörsaal. Vermutlich war ihm just ein wichtiger Termin eingefallen, den er nicht versäumen durfte.

Die Technik des Tempelschlafs – Zur Hygiene der Tagungs-Saison

Die lebenserhaltende Bedeutung des Tempelschlafs ist jedem regelmäßigen Kongreß- und Tagungsteilnehmer wohlbekannt; doch gibt es immer wieder Neulinge, die sich beim Versuch, ein auf Elektronenhirne abgestimmtes Programm durchzuwachen, die ersten Symptome der Managerkrankheit zuziehen. Anders als Parlamente sind ja Tagungsorte meist so gelegen, daß eine rettende Kantine nicht rechtzeitig erreichbar ist. Und ist man erst einmal in einer, alle Fluchtwege verkeilenden Bankreihe eingeschlossen, so muß ein Entweichen mit lästigem Aufsehen bezahlt werden, das auf den vom Flüchtling vertretenen Verband ein unliebsames Licht wirft. Die häufigen Herzinfarkte prominenter, d. h. tagungspflichtiger Männer, lassen also darauf schließen, daß immer noch die einfachen Methoden zu wenig bekannt sind, sich erschöpfenden – in jeder Beziehung erschöpfenden – Vorträgen ohne dies Ärgernis entziehen.

Die Methoden sind einfach, doch wollen sie wohl erwogen sein. Ein Abkapseln der Ohren durch die zu diesem Zwecke käuflich erwerbbaren Wachskugeln empfiehlt sich nicht, da anredebereit und kontaktfreudig zu sein zu den obersten Pflichten eines Tagungsteilnehmers gehört; die unauffälligen Entfernung der Kügelchen gelingt nicht immer. Jahreszeitlich nur sollte man sich auch der schirmenden Sonnenbrillen bedienen; ihre größere Glaubwürdigkeit im Sommer mag dazu beigetragen haben, die Kongresse auf die helleren Sommermonate zu konzentrieren. Noch unausgeschöpfte Reserven für Tempeltiefschläfer bieten dagegen die ersten und letzten Reihen. Da der Redner höchstens zu einer Stelle des Saales hinspricht – falls er nicht, was man als das Normale bezeichnen darf, durch ein Manuskript an das Pult gefesselt ist –, so sind 49 von 50 der Erstreihler außerhalb aller Gefahrenzonen. Wer allerdings zum Schnarchen neigt, wählt besser die letzte Reihe; hier kann er darauf rechnen, unter befreundeten Seelen selig zu ruhen; sie werden ihn auch kameradschaftlich im richtigen Augenblick, wenn Applaus oder Scharren fällig ist, aufwecken. Ein aufgeregtes Hereinkommen in wehendem Mantel ist in diesem Falle unerläßlich, um den Gesichtsverlust des bescheidenen Sitzplatzes auszugleichen. Man übt diesen Auftritt am besten vor Ehefrau und Hausgehilfin.

Sorgfältige Übung, möglichst vor dem Spiegel, ist auch vonnöten, wenn man sich für die Technik des gedankenverlorenen Kopfaufstützens entscheidet. Vorsichtshalber ist hier der Eintritt in den Saal bereits tiefsinnig und anliegenvoll zu gestalten. Damen können sich – auch das wird vom Sommer begünstigt –, zwangloser in den Schatten eines großen Strohhutes zurückziehen; selbst eine größere Ausgabe für denselben lohnt durch Schonung des Nervensystems; außerdem ist er meist kleidsam und immer auffällig. Doch gibt es Fälle, in denen alle diese Hilfen versagen – wenn etwa sämtliche Nachbarn bereits den Kopf in die Hand gestützt haben oder mit dunklen Brillen empfindliche Augen demonstrieren. Es gibt auch Fälle, in denen der Redner einen echten, heilsamen Tempeltiefschlaf unmöglich macht, der am besten bei der Rednergattung der Murmler gedeiht – das sind jene, bei denen die wichtigen Erkenntnisse in unauffälligen Nebensätzen versteckt werden –, der aber sehr erschwert wird durch die Dröhner, bei denen die unbedeutendsten Fakten dem Mikrophon mit dem gleichen Elan und Stimmaufwand überantwortet werden wie die meist nicht stattfindenden Hauptsachen. Bei ihnen, den Dröhnern, empfiehlt sich frühzeitige Resignation, der indes durch die Kenntnis von Ersatzhandlungen ihr Stachel genommen werden kann. Es kommt dann nur zum unechten Tempelschlaf, dessen ausgleichende Wirkungen man aber nicht unterschätzen sollte. Auch er erfordert Vorbereitungen. So sollte man sich, ehe man beginnt, Karikaturen oder abstrakte Kompositionen auf seinen Notizblock zu zeichnen – ein an sich durchaus zu befürwortendes Mittel – vergewissern ob die unmittelbaren Nachbarinnen nicht Gattinnen, Schwestern oder Freundinnen des Vortragenden sind. Das gleiche gilt für das Lesen mitgeführter Broschüren. Besonders in engeren weltanschaulichen Zirkeln oder kleinen Universitätsstädten können, bei Nichtbefolgung dieser Vorschrift, hysterische Aggressivhandlungen ausgelöst werden, die um so gefährlicher sind, als sie sich oft auf dem Umwege über die vom Zeichner oder Leser vertretene Institution Schreiben von Privatbriefen erst gestatten, wenn man über eine genügend unleserliche Handschrift verfügt; Ärzte und Apotheker sind hier sehr im Vorteil.

Wir geben zu, obwohl vom Wert unserer auf Grund langer Erfahrung verabreichten Winke überzeugt, daß es verzweifelte Fälle gibt. Man tröste sich damit, daß schon unser Schiller sie kannte, wenn er von den Frömmsten spricht, die ein böser Nachbar nicht in Frieden leben läßt. Oft auch, öfter als man als Anfänger glaubt, entwickelt das Zuhören auf langweilige Vorträge ungeahnte Freuden. Ein kleines Extra-Notizbüchlein »Unnütze Fremdwörter und unwahrscheinliche Gemeinplätze« wird am Familientisch immer Vergnügen bereiten.

C. M. (Frankfurter Allgemeine Zeitung) (1962)

Tagungen vor 100 Jahren

Die Gesellschaft Deutscher Naturforscher und Ärzte gab anläßlich ihrer 100. Tagung im vergangenen Jahr eine Gedächtnisschrift heraus. Diesem sehr lesenswerten Buch, das einige Ereignisse aus der Geschichte der Gesellschaft im Spiegel zeitgenössischer Berichte zeigt, sind die folgenden Abschnitte entnommen.

Auf der 6. Versammlung, die 1827 in München stattfand, beklagten sich die Zuhörer über die Art der *Vorträge*, »daß oft ganz ungehörige und noch öfter ganz unmäßige weitläufige, wohl auch langweilige und leere Abhandlungen vorkämen, die überdies ohne Kraft und Geschmack vorgetragen würden. Oft müsse man Dinge hören und sich Methoden fügen, die höchstens für Schüler passen. Auch drängen sich Menschen zum Vortrage, denen es an allen Erfordernissen dazu fehle.« Unter den »dreyerley Mitteln«, die zur Abhilfe vorgeschlagen wurden, einigte man sich schließlich auf folgendes: »Hat die Versammlung Langeweile, so braucht man nur Unruhe zu bezeigen, aufzustehen, herumzugehen oder sich miteinander zu unterhalten. Wenn der Redner nicht taub ist, so wird er wohl von selbst bemerken, daß es Zeit sey, sein Bächlein zu sperren und dem Flusse seiner Rede ein Ende zu machen«. Der Chronist bemerkt dazu: » ...Das Ende dieser Discussion war, daß alles beim Alten bleiben solle.«(!)

Die 19. Versammlung fand 1841 in Braunschweig statt. »Als die Kunde davon nach der Welfenstadt gelangte, bemächtigte sich eine freudige Begeisterung aller Gemüther. Die Ärzte jubelten und suchten schnell nach interessanten Kranken, die sich zum Präsentieren eignen könnten, die einzelnen Braunschweiger Naturforscher quälten ärger als zuvor Katzen und Kaninchen, um physiologische Entdeckungen zu machen, oder durch Galvanismus den künstlich erregten Star zu lösen. Es war eine Beweglichkeit in die Leute gefahren, daß kaltblütige Beobachter Sorge trugen, die

Präparanten möchten ihre Gesundheit aufreiben und sich für die Septembertage invalide machen.«

Auf dem *Quartier-Bureau* soll sich folgende Scene zugetragen haben: »Aber mein Himmel!« rief der Secretair, »was wollen Sie? Kann ich Nationen aus der Erde stampfen, wächst mir ein Forscher in der flachen Hand?« – »Ich verlange meinen Naturforscher«, wiederholte die zornige Frau. »Glauben Sie, daß ich umsonst neue goldene Gardinen anschaffe und ein neues Waschbecken kaufe? Meine Tochter, die aufs Land wollte, habe ich zu Hause behalten, um dem Naturforscher aufzuwarten, unsere Magd hat schon auf das Trinkgeld fürs Ausfegen und Bettmachen kleine Schulden gemacht, und jetzt sollen wir keinen Naturforscher haben?« – »Wie gesagt, Madame, es treffen noch stündlich welche ein, ich will besonders an Sie denken.«– »Na gut, das verlange ich«, sprach die Frau. »Ich brauche gerade nicht den allerklügsten, denn Gelehrte sollen oft etwas vom Strich haben, aber er muß zahlen können. Wenn er auch nur halbgelehrt ist, aber haben muß ich Einen.« – Der Secretair versprach sein Möglichstes zu thun und die Vermietherin trollte zufriedengestellt davon.

Ein stiller Beobachter will die Bemerkung gemacht haben, daß die wahren, berühmten Männer sich mit einer gewissen Unscheinbarkeit im Empfangs-Bureau gemeldet und dagegen die Halbforscher, Profanen und Provincialcelebritäten durch heftiges Gespreize sich erkennbar gemacht hätten. Man nennt diese ächten Forscher gemeinhin »*Empiriker*« und unterscheidet sie von jenen philosophischen Schwärmern, welche sich nicht ein Spinngewebe über eine isolierte Erscheinung spannen, sondern durch die Welt fliegen und das Ganze überschauen wollen. Selbst bei dem Einschreiben in die Liste der Naturforschergesellschaft vermochte man leicht die Empiriker zu erkennen. Sie sind fast alle kurzsichtig vom Spähen durch das Mikroskop, sie untersuchen zuvor das Dintenfaß und dessen innere qualitative und quantitative Eigenschaften, ehe sie die auf dem Daumennagel probirte Feder eintauchen; während des Schreibens ihres Namens achten sie bedächtig auf den Ausdruck jedes einzelnen Buchstabens, weil sie wissen daß ein Ganzes aus Atomen besteht und darin reale Existenz habe; sie finden auf dem Papiere eine Unebenheit, einen Fleck und stellen sogleich Beobachtungen an, ob hier ein wäßriges oder feuriges Moment eingewirkt habe, sie legen die Feder behutsam aus der Hand, längst wissend, ob aus dem rechten oder linken Gänseflügel, sie lecken an dem Finger, ob vielleicht ein Dintenfleckchen sauer oder bitter schmecke und sogleich wissen sie, daß entweder Eisenvitriol oder Gallapfel dazwischen ist.

Ganz anders treten die philosophischen Forscher, welche man auch »*Theoretiker*« nennt, in das Empfangs-Bureau. Gewöhnlich tragen Sie keine Brillen und ihre Augen sind flüchtig; den Hut setzen sie so nahe auf die Stuhlkante, daß er ohne bemerkt zu werden herunterfällt, stoßen in das Dintenfaß und markiren ihren Anfangsbuchstaben mit einem dicken Kleckse, wodurch immer etwas Allgemeines ausgedrückt wird.

Auch wenn gespeist wird stehen die beiden Klassen der Empiriker und Theoretiker einander gegenüber. Erstere unterhalten sich mit ihrer schönen Nachbarin, weil sie ansprechende Details hat, letztere nur, weil sich ihnen der Begriff des Weibes konkret darbietet.

Nur in einem einzigen Momente vereinigen sich diese beiden Gegensätze zu einem gemeinschaftlichen Ganzen, nämlich wenn der Champagner auf den Tisch kommt, doch zersplittert auch diese Synthesis zu neuen Antithesen mit dem Erscheinen des Kaffees und der Cigarren, denn nur Theoretiker rauchen und nicht die Empiriker, die es sich abgewöhnt oder gar nicht angewöhnt haben, weil ihr minutiöses Material darunter leidet.

N. N. (1959)

Wer die Wahl hat ...

Das Angebot an wissenschaftlichen Veranstaltungen, Kongressen, Tagungen, Symposia, Round-Table-Diskussionen, Meetings, und wie sie auch sonst immer genannt werden, ist heutzutage sehr reichhaltig. Aus der Vielzahl des Gebotenen fällt es einem jungen Chemiker oft schwer, eine Auswahl zu treffen. Besonders dann, wenn vom jeweiligen Arbeitgeber oder Fonds nur ein oder höchstens zwei Besuche pro Jahr bezahlt werden, gilt es, die »Rosinen« sorgfältig auszuwählen. Zweifelsohne ist ausschließlich die wissenschaftliche Qualität einer Veranstaltung das entscheidende Kriterium. Zahnärzte und Mediziner haben es da viel leichter, da deren wissenschaftlicher Gedankenaustausch grundsätzlich in St. Moritz, Davos, auf Kreuzfahrtschiffen oder in der Karibik stattfindet.

Wie aber läßt sich schon im voraus sagen, welcher Kongreß wissenschaftlich am meisten bietet? Die Namen der Hauptreferenten sind zwar von Bedeutung, doch – wie die Erfahrung zeigt – nicht ausschlaggebend; zumal die im Vorprogramm Angekündigten nicht immer erscheinen.

Als jahrelanger Besucher solcher Veranstaltungen und nach intensivem Studium vieler Teilnehmerlisten ist mir nun eine anscheinend zwingende Abhängigkeit zwischen wissenschaftlicher Attraktivität eines Anlasses und seiner Entfernung vom Herkunftsort der Teilnehmer aufgefallen. Dieser verblüffende Befund wurde vollauf in Gesprächen mit Besuchern bestätigt. Es gibt tatsächlich einen Zusammenhang zwischen geographischer Lage und wissenschaftlichem Niveau eines Kongresses.

Zum Beispiel bestätigte mir jeder Chemiker aus Ludwigshafen sofort, daß ein Kongreß in Tokio viel viel interessanter ist, als einer über das gleiche Thema in Essen, auch ist jedem klar, daß eine Round-Table-Diskussion über Gentechnologie auf Kreta viel mehr bringt als eine solche in Pskow. Andererseits ist für einen japanischen Chemiker ein Kongreß in Heidelberg über metallorganische Chemie um einiges attraktiver als einer in Kioto. Ein Chemiker aus Rahway, N. J., gewinnt viel mehr wissenschaftliche Erkenntnisse auf dem Bürgenstock als auf einem Meeting in Philadelphia.

Der Schluß ist offensichtlich: Chemie ist desto interessanter, je weiter entfernt vom Arbeitsort sie geboten wird.

Allerdings scheint es nicht ganz so einfach zu sein. Denn warum sind viel mehr Teilnehmer aus dem Raume Heidelberg/Mannheim/Frankfurt auf einem Kongreß in Paris zu finden, als an einem im ungefähr gleich weit entfernten Bremen? Die einfache Beziehung »Attraktivitätsgrad = Entfernung (in km)« muß demnach durch einige Zusatzzahlen modifiziert werden. Nach eingehender Befragung vieler im Chemietourismus ergrauter Kollegen haben sich folgende Zahlen ergeben:

Reise mit
- Flugzeug + 200
- erster Klasse + 500
- Touristenklasse – 100
- mit Lufthansa, Swissair + 300
- mit Aeroflot, Egypt-Air – 300
- mit British Airways 0

Veranstaltungsort
- Meer + 100
- auf einer Insel + 200
- in der Karibik, Südsee, auf Hawaii + 1000
- in den Bergen + 200
- im Ausland + 100
- anderer Kontinent + 500
- in einer Stadt mit Bergbau und/oder Schwerindustrie – 400
- in Nordirland – 500

Übernachtung
- im Hotel vom Veranstalter vorgeschlagen +200
- von eigener Reisezentrale ausgesucht –200
- im Studentenwohnheim – 400

Spesenabrechnung
- Pauschale + 200
- ohne Quittungen + 300
- mit Quittungen 0

Essen
- Gemeinschaftsverpflegung – 200
- in der Mensa – 300
- in England – 300
- in Frankreich + 300

Kongresse an denen
- nur ein Teilnehmer aus der gleichen Firma/Institution zugelassen sind + 200
- erfahrungsgemäß mehrere Kollegen aus der eigenen Firma teilnehmen – 200
- viele Parallelsitzungen stattfinden, so daß es nicht auffällt, wenn man einen Teilnehmer trotz intensiven Suchens nicht findet + 200

Für Chemiker über 50
* für Kongresse an der Mosel, Mittelrhein, Pfalz, Elsaß, Burgund und Bordeauxgebiet + 200

Für Chemiker unter 50
* für Veranstaltungen in Paris, Amsterdam, London und Hamburg + 200
* in Zürich – 100

Nach Kongreßbesuch muß
* ein Referat über »highlights« gehalten werden – 300
* ein Kongreßbericht verfaßt werden – 500

Vom Teilnehmer wird erwartet
* daß er die Ehefrau mitbringt – 200
* daß er sie nicht mitbringt + 200

Im Herbst und Winter für Veranstaltungen
* südlich der Alpen + 200
* nördlich der Alpen – 200
* in den Alpen + 300

An Hand der obigen Tabelle ist es nun einfach für jede Veranstaltung einen Attraktivitätsgrad l festzulegen. l = Entfernung (in km) + Zusatzzahlen. Den Zuschlag erhält dann der Kongreß mit der höchsten positiven Zahl.

Diese Erkenntnis hat aber noch weitere Folgen. So können zukünftige Veranstalter, unter Berücksichtigung der obigen Formel, den geeignetsten Austragungsort für einen Anlaß auswählen. Die Wahl des Ortes garantiert dann allein schon die Qualität des Gebotenen. So wäre ein Kongreß über »Neue Methoden in der organischen Chemie« von vornherein auf Malta ein größerer Erfolg als ein solcher in Mülheim an der Ruhr. Auch die Neugründung einer Universität mit wissenschaftlich höchstem Niveau (gemessen an der Besucherzahl dort stattfindender Kongresse) hätte auf den Fidschi Inseln stattzufinden und nicht etwa in Castrop-Rauxel.

KNARF ELZNEIK, Internationales Zentrum für Irrationale Chemie, Boozel (1986)

Vorträge, Vorträge ...

Bekanntlich ist das Ziel jedes Vortrages Verbreitung von Wissen und Information – und nicht, wie manchmal behauptet wird, das Streben nach Ruhm, Vortragsgeldern und Reisezuschüssen. Obwohl thematisch und inhaltlich große Unterschiede bestehen, kann man doch Vorträge drei verschiedenen Kategorien zuordnen. Der Ablauf der letzten 10 Minuten vor Vortragsbeginn sowie die einführenden Worte durch den Kolloquienleiter sind charakteristisch für die jeweilige Kategorie. Um zukünftigen, für die Organisation von Vorträgen verantwortlichen Kollegen (dieser Posten ebnet den Weg für eine Karriere in jeder Firma) die Arbeit etwas zu erleichtern, seien die drei Vortragstypen zusammen mit den dazugehörenden Standardeinführungen vorgestellt.

Typ A:

Abteilungsinternes Kolloquium. Der Vortragende ist meist ein noch junger, vor nicht allzulanger Zeit eingetretener akademischer Mitarbeiter, der »freiwillig« über den Stand seiner Arbeiten berichtet.

Situation: Fünf Minuten vor Beginn des Vortrages befinden sich nur der Vortragende und dessen zwei Laboranten im (kleinen) Saal. Der Vortragende überprüft zum dritten Mal die Reihenfolge seiner Klarsichtfolien und erprobt den Projektor. Ein Laborant wischt die Tafel nochmals sauber, der andere legt verschiedenfarbige Kreiden zurecht. Eine Minute vor Beginn treffen sämtliche jüngere und einige der älteren Mitarbeiter ein. Sie tragen alle einen weißen Labormantel, den sie speziell für diesen Anlaß kurz vorher angezogen haben. Der Abteilungsleiter kommt eine Minute, ein weiterer Mitarbeiter (es ist immer derselbe) fünf Minuten nach Vortragsbeginn. Mitten im Vortrag verläßt einer den Saal, geschäftigt dabei auf seine Uhr schauend. Der Abteilungsleiter wird augenscheinlich wegen eines dringenden Telefongesprächs in der Mitte des Vortrages von seiner Sekretärin herausgerufen. Er geht, sich beim Kolloquienleiter flüsternd entschuldigend; er kommt nicht mehr zurück. Vor dem pünktlich beginnenden Vortrag steht der Leiter, der in der ersten Reihe sitzt, auf und wendet sich den Zuhörern zu. Dabei hält er sich mit einer Hand an der Rückenlehne seines Stuhles fest.

Standardeinleitung: »Meine Damen und Herren, in unserem heutigen Seminar wird Herr Dr. ... über den Stand seiner Arbeiten auf dem Gebiet ... berichten.«

Typ B:

Der Vortragende ist unbekannt oder ein englisch sprechender Franzose oder Japaner. Das Thema ein Gebiet, das nur der Vortragende bearbeitet. Der Vortrag wurde, meist mit leicht abgeändertem Titel, schon mindestens zehnmal gehalten.

Situation: Fünf Minuten vor Beginn des Vortrages sind nur drei Personen im Raum, der Vortragende, der gastgebende Kolloquienleiter und der Diavorführer. Die beiden ersteren unterhalten sich scheinbar angeregt. Eine weitere Person betritt den Saal, eilt auf den Vortragenden zu und begrüßt ihn überschwenglich. Sie kennen einander entweder von früher, als sie zur gleichen Zeit postdoctoral fellows bei Woodward waren, oder sie haben sich letzte Woche zum ersten Mal anläßlich eines Symposiums kennengelernt. Im übrigen darf der Bekannte anschließend an den Vortrag mit zum gemeinsamen Mittagessen ins Direktionsrestaurant. Sie gestehen sich, wie schön es ist, den anderen gerade hier wieder zu treffen. In einer Gesprächpause macht der Vortragende eine witzig gemeinte Bemerkung über die wenigen Zuhörer. Die beiden neben ihm Stehende lachen schallend. Der Kolloquienleiter führt als Entschuldigung Ferienzeit, Feiertag im benachbarten Ausland, gleichzeitig stattfindenden anderen Vortrag oder die sehr kurze Ankündigungszeit an. Zwei weitere Zuhörer treffen ein und setzen sich in die letzte Reihe nahe am Hinterausgang des Saales. Der humorvoll gemeinten Ermunterung des Kolloquienleiters, doch weiter vorn zu sitzen, da man dort besser sehe , kommen sie manchmal, dann jedoch sichtbar zögernd, nach. Meist bleiben sie, verlegen lächelnd, hartnäckig auf ihren Plätzen. Drei weitere Zuhörer treffen ein. Sie sind alle mit dicken Notizblöcken beladen, die sie geschäftig zusammen mit verschiedenfarbigen Filzschreibern vor sich auf dem Schreibpult ordnen. Es sind junge, erst kürzlich eingetretene Akademiker. Nachdem noch ein paar wenige Zuhörer eingetroffen sind, entschuldigt sich der Kolloquienleiter beim Vortragenden mit »ich glaube es ist Zeit« geht zur Tür, schaut hinaus ob noch jemand käme, und schließt die Tür demonstrativ. Der Vortragende unterbricht seine Unterhaltung mit seinem Bekannten mit der Bemerkung, man sähe sich ja noch später, und setzt sich knapp auf den äußersten Sitz der ersten Reihe. Er schaut aufmerksam auf den Kolloquienleiter, der einen Zettel aus der Tasche zieht, und sich zum Pult begibt. Nachdem er den Zettel geglättet hat, lächelt er den Vortragenden an, vergewissert sich nochmals mit einem Blick, daß sich auch eine (und nur eine) Frau unter den Zuhörern befindet, und beginnt: »Meine Dame (hierbei diese lächelnd anschauend), meine Herren ...«.

Standardeinleitung: »Ich freue mich bei unserem heutigen Kolloquium Herrn Prof. ... von der Universität ... begrüßen zu dürfen. *(Bei Bedarfsfall: Er befindet sich auf der Hin/Rückreise vom Kongreß ... ; er verbringt zur Zeit ein Sabbatical an der Universität ...)* Prof. ... wurde geboren in ... Er studierte an der Universität ..., wo er 19.. sein Doktordiplom unter Prof. ... mit einer Arbeit über ... erhielt. Von 19.. bis 19.. war er dann postdoctoral fellow bei Prof. ... an der ... Universität. 19.. wurde er Assistenzprofessor an der Universität ..., Seit 19.. ist er Associate Professor. Prof. ... Interessengebiet ist ... *(z.B. Pigmente von Schmetterlingsaugen; Diterpene in hinterindischen Wurmfarnen; Untersuchungen über den Mechanismus einer Variante der Schnipeldipinski-Reatkion; Verwendung von Thulium in der organischen Synthese).* Ich freue mich, daß Prof. ... Zeit gefunden hat *(eigentlich hat er sich selbst eingeladen)* heute zu uns *(hier muß der Einführende nochmals genau auf einem Zettel nachschauen)* über ... zu sprechen. Herr Prof. ... darf ich Sie bitten.« *(Es fällt kaum auf, daß nach ungefähr der Hälfte des Vortrages die beiden Zuhörer in der letzten Reihe, während einer Dunkelpause beim Diawechsel, in einer synchronisierten diskreten Blitzaktion den Hörsaal fluchtartig verlassen).*

Typ C:

Der Vortragende ist sehr bekannt, möglicherweise sogar Nobelpreisträger oder zumindest dafür vorgeschlagen. Das Thema ist meist allgemeiner Natur wie »Chemie, was ist das?«, oder »Das Wesen der Frau als Spielball der Hormone« (dahinter verbirgt sich übrigens eine Vortrag über die Totalsynthese eines Steroids). Anschließend gibt es Kaffee und Croissants (für alle) oder Cocktails (im kleinen Kreis).

Situation: Zehn Minuten vor Vortragsbeginn sind fast alle Plätze außer denen der ersten Reihe belegt. Man sieht Leute, die sonst nie zu einem Vortrag kommen. Auch Auswärtige sind da, einschließlich einiger Professoren der benachbarten Universitäten. Immer noch strömen Zuhörer in den Saal und stellen sich an den Wänden entlang auf. Einige Mutige setzen sich sogar auf den Boden. Die Luft ist stickig. Diverse Vize- und stellvertretende Direktoren von anderen Abteilungen, ja sogar einer vom Verkauf, treffen ein. Es gibt nur noch Platz in der ersten Reihe. Die Herren setzen sich dort hin. Pünktlich erscheint der Vortragende, begleitet vom eifrig redenden Kolloquienleiter, vom Abteilungsleiter und von mindestens zwei Vizedirektoren. Der Vortragende begrüßt mit Handschlag und Namen drei Herren der ersten Reihe, die sich freudig erheben. Er nickt lächelnd den ihm bekannten Professoren, die in der dritten Reihe sitzen, zu. Der Lärmpegel wird kleiner. Elastisch begibt sich der Kolloquienleiter zum Rednerpult, während der Vortragende sich auf den einzigen freien Platz links außen in der ersten Reihe setzt. Er begrüßt dabei noch einige Leute, die weiter hinten sitzen, mit Kopfnicken. Leicht seitlich verschoben, den rechten Arm lässig auf der Rückenlehne, den Zuhörern zulächelnd, erwartet er die Einführung. Der Kolloquienleiter vergewissert sich zum dritten Mal durch Daranklopfen, daß das Mikrofon auch wirklich funktioniert, räuspert sich zweimal laut und beginnt.

Standardeinleitung: Meine Damen, meine Herren, es freut mich außerordentlich als unseren heutigen Gastreferenten Herrn Prof. ... von der Universität ... begrüßen zu dürfen. Eigentlich erübrigt es sich, Prof. ... vorzustellen, da ihn ja jeder kennt. Für die jüngeren Kollegen, die ihn vielleicht doch noch nicht so kennen sollten, ein paar biographische Daten. Prof. ... ist gebürtiger ... Er studierte zunächst Chemie an der Universität ..., dann Medizin an der Universität ..., dann schließlich noch Theologie, Philosophie und Mathematik an den Universitäten von ... Nach zweijährigem Studienaufenthalt in Cambridge (Oxford, Harvard) folgte er 19.. einem Ruf auf den Lehrstuhl für ... an der Universität ... . Seit 19.. ist er dort ordentlicher Professor und Leiter des ...Instituts. [Im Bedarfsfall: 19.. erhielt er den Preis für ... , den für ...(kann beliebig fortgesetzt werden). Er ist Mitherausgeber folgender Zeitschriften ... Ihm würde die Ehrendoktorwürde folgender Universitäten verliehen ...] Prof. ... Forschungsinteressen sind sehr vielseitig. Ich erinnere an ..., um nur einige Höhepunkte seiner Forschung zu erwähnen. Es freut mich sehr, daß Prof. ... trotz seiner vielen Verpflichtungen Zeit gefunden hat, heute zu uns über ... zu sprechen. Herr Prof. ... darf ich Sie bitten«.

(Falls es sich – in Europa unwahrscheinlich – bei dem zukünftigen Kolloquienleiter um eine Frau handeln sollte, müßten die entsprechenden Einführungen beginnen mit »Meine Herren, meine Damen, ...«)

KNARF ELZNEIK, *Internationales Zentrum für Irrationale Chemie, Boozel (1985)*

Zweites Kapitel
Der chemische (Kn)alltag – *Wissenschaftler weiden sich an eigenen Niederlagen*

»Fehlschläge sind die Würze, die dem Erfolg das Aroma geben«. Mit diesem Spruch tröstet sich der Chemiker, wenn er feststellt, daß sein neuestes Produkt zu 90 Prozent aus Gewürzen besteht. Um beschönigend-verhüllende Worte ist er dabei genausowenig verlegen wie der Charmeur, der seine verehrte Dame mit einer Rose vergleicht. Dabei geht es kaum frauenfeindlicher, denn die pseudopoetisch zur »Königin der Blumen« (wie bitte – sind Blumen denn nicht krautig statt holzig?) gesalbte Rose ist im Grunde nur ein (wenngleich hochästhetischer) stachelbewehrter Zierstrauch, den man seiner hübschen Gestalt und vorzugsweise seines Geschlechtsorganes wegen verhätschelt. Die Frau als Ziergegenstand? – Schämt Euch, ihr Machos! Pfui!

Andererseits macht es sich der Chemiker (besonders der noch unerfahrene Neuling im Metier) unnötig schwer, wobei ihm die Anfänger-Fachliteratur nach Kräften hilft. Vier Dauerbrenner als Kostprobe:

theoretischer Mumpitz	praktische Entgegnung
Anilin vor Verwendung immer frisch destillieren, da es sich an der Luft rasch braun färbt.	Was hat Luft in einer Anilinflasche zu suchen? Schon mal was von Argon oder Stickstoff gehört?
Metallisches Natrium stets unter Petroleum als Schutzflüssigkeit aufbewahren.	Das hierzu viel besser geeignete Toluol füllen wir dagegen ins Steinöllämpchen. Hui, wie das flackert! Mehr Licht!
PVC-Schläuche tauche man mit dem Ende in kochendes Wasser, bevor man sie über Oliven zieht.	Leute, probierts mal mit Aceton oder Essigester bei Raumtemperatur, dann klappts sogar ohne Verletzungen.
KPG bedeutet »Kerngezogenes Präzisions-Glasgerät« ...	oder »Katastrophaler Pannen-Generator« bzw. »Knack-Peng-Glasbruch«.

Sorgt der hanebüchene Ratschlagsdschungel (Merke: Auch Ratschläge sind Schläge!) beim *Homo chemicus novus* für Verwirrung, Alkoholismus- und Suizidgefahr, so hat für den alten Hasen der tägliche Frust eine ähnliche Wirkung, obwohl er aufgrund seiner permanenten Einwirkung die Betroffenen mit der Zeit abstumpfen läßt. Der idealisierten Vorstellung, daß die funktionellen Grüppchen gemäß Buchgelehrsamkeit gleichsam als molekulare Genitalien nach Plan zusammenfinden, hat man längst abgeschworen und verweist auf Helmut Qualtinger (»Die Wirklichkeit ist die Sense für Ideale«) als weltlichen oder Johann Michael Sailer (»Die Sünde aller falschen Philosophie ist die Sünde, Ideale zu schaffen«) als geistlichen Kronzeugen. Als wissenschaftliche Notanker (vulgo Ausrede) bleiben mithin sterische oder kinetische Hemmung bzw. stereoelektronische Effekte, an hohen kirchlichen Feiertagen sogar relativistische.

Humoristische Chemie. Herausgegeben von Jakobi, Hopf
Copyright © 2004 WILEY-VCH Verlag GmbH & Co. KGaA, Weinheim
ISBN: 3-527-30628-5

Klassischerweise reagiert der Chemiker auf eine in den Sand gesetzte Synthese zunächst mit einer jeden voll aufgedrehten Ghettoblaster übertönenden Fluchkanonade, die unvermittelt in ein von Außenstehenden schwer nachvollziehbares schallendes Gelächter umschlägt. Mögen die von der Chemie naturgemäß mit Argwohn beäugten Psychologen weiter ob dieses Phänomens rätseln und noch schwerer nachvollziehbare Theorien aufstellen – das weißbekittelte Erdenkind in der vom Abzug kaum zu bewältigenden Qualmwolke hat die höhere Weihe der naturwissenschaftlich-technischen Berufe empfangen, nämlich die Bereitschaft, sich an seinen eigenen Niederlagen zu weiden.

Die folgenden Texte liefen uns hierzu reichlich Anhaltspunkte, immer getreu dem Grundsatz des entgegen anderslautender Thesen seiner politischen und keineswegs seiner naturwissenschaftlichen Ansichten wegen hingemordeten Giordano Bruno: Se non è vero, è molto ben trovato – wenn es nicht wahr ist, so ist es sehr gut erfunden.

Der Chemiker in der Krise

Unser Interview greift diesmal das brisante Problem der Akzeptanz der Chemie und der Chemiker in der Öffentlichkeit auf. Unser Gesprächspartner, Prof. Erwin Reicher aus Bielefeld, begründet unkonventionelle Lösungsvorschläge aus der Sicht der Popularitätsforschung.

Redaktion: Herr Prof. Reicher, wir danken Ihnen, daß Sie mit uns über das stark gesunkene Ansehen der Chemie und des Chemikers in der Öffentlichkeit diskutieren wollen. Sie sind Diplomchemiker und kennen die schwierige Problematik. Gibt es aus der Sicht der Popularitätsforschung überhaupt Möglichkeiten, die Chemie aus dieser Imagekrise herauszuführen?

Reicher: Die gibt es schon, aber das geht nicht von heute auf morgen. Da liegt noch ein langer und schwieriger Weg vor uns, bei dem auch die Chemiker selbst einen großen Beitrag leisten müssen.

Redaktion: Als Medienberater konnten Sie ganz bemerkenswerte Erfolge bei der Popularisierung von mit negativen Vorurteilen belasteten Personen erzielen. So haben Sie aus gesellschaftlichen Randgruppenfiguren, wie Helga von Sinnen und Rosa von Praunheim, millionenschwere Medienstars gemacht. Wir ...

Reicher: ... das sind an sich nur weniger bedeutende Beispiele meiner Arbeit.

Redaktion: ... wir fürchten, daß die Chemiker eines Tages zu einer geächteten Randgruppe werden könnten. Für breite Bevölkerungsschichten ist die Chemie ein Synonym für Gift, Umweltverschmutzung und das Böse schlechthin. Chemiker verpesten die Luft, vergiften Fische und anderes Getier und scheinen seltsame, weltfremde und skrupellose Menschen zu sein, die in ihren Laboren neues Teufelszeug herstellen. Worin sehen Sie denn die Ursachen dieser Vorurteile?

Reicher: Aus Untersuchungen in Europa, aber auch in den USA und Japan wissen wir recht genau, daß die Hauptursache für den Popularitätsschwund die Chemiker selbst sind. Ihre Medienpräsenz ist – bezogen auf ihre volkswirtschaftliche Bedeutung – verschwindend gering, und weiterhin – und dies ist noch schlimmer – geben die Chemiker, wenn sie einmal im Blickpunkt des öffentlichen Interesses stehen, in aller Regel ein jämmerliches Bild ab. Da fehlt jegliche Ausstrahlung, da kommt kein vertrauensbildendes Charisma herüber. Die Chemiker geben sich todlangweilig, kleben immer pingelig an den Fakten, keine Kühnheit, keine Visionen. Die Bevölkerung möchte in ihren Emotionen angesprochen werden. Ich vermisse in allen die Chemie betreffenden Anzeigen, Interviews und Publikationen das Vokabular der Gefühle. Sympathie wird nicht durch Fachwissen erzeugt, sondern kommt aus dem Bauch. Warum kommen Sie nicht einmal mit Entdeckungen hervor, deren Segen dem Mann auf der Straße unmittelbar einsichtig sind, z. B. eine neue Modifikation des Aspirins zur Verzehnfachung der Männerpotenz. Warum lassen Sie nicht einmal auf einer Pressekonferenz die Sensation platzen, daß mit einem neuen Treibstoffzusatz ein Golf auf 100 km nur 2 l Buttermilch braucht. So, in diese Richtung müßte eine erfolgreiche Öffentlichkeitsarbeit gehen.

Redaktion: Wäre das nicht Sensationshascherei auf einer vorgetäuschten wissenschaftlichen Basis?

Reicher: Nein, nein. In der Popularitätsforschung bezeichnen wir diese Vorgehensweise als Faktenkonvolution. Es ist eben ein Irrtum der Chemiker, daß die Details immer stimmen müssen, Man kann durchaus Aussagen mit begrenztem Wahrheitsgehalt nach einer umfassenden Faktenkonvolution breiten Bevölkerungsschichten glaubhaft machen. Nichts anderes machen die Politiker, und die leben doch nicht schlecht damit, oder? Aber auch im wissenschaftlichen Bereich liegt positives Erfahrungsmaterial vor, so z. B. in einigen Bereichen der sogenannten Alternativen Medizin. Nur aufgrund von wilden Behauptungen, ohne jegliche Beweise, konnte ein Sympathieindex von über 4,7 erreicht werden. Also bitte, gibt Ihnen das nicht zu denken?

Redaktion: Ja schon; aber nehmen wir aus der jüngsten Zeit eine Faktenkonvolution aus dem Bereich der Chemie: den Fleischmann-Pons-Skandal über die vermeintlich gelungene »Cold Fusion«. Das war doch nicht nur blamabel für die Chemie, sondern für die gesamten Naturwissenschaften.

Reicher: Sehr richtig! Das war katastrophal. Die Chemiker haben wirklich alles vermasselt.

Redaktion: Wir dachten eigentlich bisher, daß Fleischmann und Pons ...

Reicher: Ach was! Die beiden hatten doch eine tolle Idee. Gleich in die Presse damit. Die Apparatur leuchtete blaßblau. Vor dunklem Hintergrund macht sich das wunderbar. Das nenne ich eine medienwirksame Präsentation von wissenschaftlichen Forschungsergebnissen. Aber dann kamen die sogenannten Kollegen. Anstatt sich zu freuen, daß ihr Arbeitsgebiet in aller Munde ist, wiesen sie mit pathologischer Akribie einige unbedeutende Fehler im Versuchsaufbau nach, so daß am Ende Pons und Fleischmann praktisch als Hochstapler und Betrüger dastanden. Die Elektrochemiker waren wie die Elefanten im Porzellanladen. Das Schlimmste ist aber, diese selbsternannten Gralshüter glauben noch heute, sie hätten der Wissenschaft einen großen Dienst erwiesen.

Mein Gott – was hätte man daraus machen können: Für mehrere Jahre ein nimmer endender Geldstrom in alle PC-Institute, ein Dutzend zusätzliche C4-Stellen, mehrere SFBs, ein neues Max-Planck-Institut, Auftritte im Frühstücksfernsehen. Begriffe wie Normalpotential, Spannungsreihe, Tunneleffekt und Überspannung wären jeder Hausfrau geläufig. Aber nein – dank des Kleingeists der Chemiker interessiert sich kein Schwein mehr für die Elektrochemie. War dies nun der Sinn der ganzen Übung?

Redaktion: Gibt es auch Strategien zur Imageverbesserung der Chemiker, die weniger kontrovers sind?

Reicher: Aber natürlich, jede Menge. Ich möchte Ihnen nur wenige Beispiele geben. Dazu lassen Sie mich zunächst provozierend fragen: Warum, zum Teufel, sollte die Bevölkerung die Chemiker wichtig nehmen, wenn sie sich selbst nicht wichtig nehmen? Wenn Professor X zu einem Vortrag ins Institutscolloquium eingeladen wird, entschuldigt sich sein Gastgeber erst einmal dafür, daß kein Geld für eine angemessene Unterbringung vorhanden ist. Aber – welch ein Wunder – man hätte da eine kleine, entzückend liegende Pension ganz in Institutsnähe. Die Wirtsleute sind ganz reizend und sehr sauber. Daraufhin beruhigt Prof. X. seinen Gastgeber, daß die Unterbringung für ihn nicht so wichtig ist. Darauf legte er keinen großen Wert, denn schließlich sei er ja Wissenschaftler. Mein Gott – Understatement ist ja ganz schön, aber warum machen sich die Chemiker so klein, daß sie unterm Teppich verschwinden? Dadurch tauchen sie selbst in die Bedeutungslosigkeit ab.

Redaktion: Wie sollte man denn Ihrer Meinung nach das Verhalten bei Vortragseinladungen ändern?

Reicher: Also, wenn Prof. X eingeladen wird, bedankt er sich höflich für die Ehre, verweist aber wegen weiterer Details an seinen Manager, der alle Termine koordiniert und das Honorar aushandelt. Da der Manager mit 15 % beteiligt ist, wird er die Honorarsumme in die Höhe treiben. Dies bezeichnen wir in der Popularitätsforschung als Tiriac-Effekt. Zusammen mit dem Honorar werden die Betreuungsmodalitäten ausgehandelt, z. B. eine Motorradstaffel der Polizei vom Flughafen bis ins Institut, der angemessene Blumenschmuck im Hörsaal, nicht nur ein paar im Erlenmeyerkolben hinwegwelkende Spinnenastern, die Nachsitzung schließlich in einem Schickimicki-Lokal der obersten Preisklasse. Schluß mit der obligatorischen »Pizza Mista« bei Luigi. Die gesamt kulinarische Gestaltung muß sich grundlegend ändern. Anstelle des sogenannten »Tees« beim Institutsdirektor mit Aldi-Keksen und muffigen Vanille-Waffeln vom letzten Mitarbeiter-Seminar sollte man mit den Institutskollegen bei Käse, Baguette und einem siebziger Château Lafitte-Rothschild alle laufenden Berufungsverfahren durchhecheln. Das hätte Stil. Beim Einzug des Vortragenden in den Hörsaal tragen die Hochschullehrer farbenprächtige Talare, und ein Posaunenchor bläst die Begrüßungsfanfare. Das nenne ich einen würdigen Rahmen, der auch die Öffentlichkeit in die Hörsäle locken würde. Spektakuläre Vorträge könnte das Fernsehen aufzeichnen. Ich bin sicher, einige Vorträge würden auf mehr Zuschauerresonanz stoßen als manches »Wort zum Sonntag«. Während des Vortrages können die Zuhörer durch starken Applaus und Da-Capo-Rufe die Wiederholung eines besonders gelungenen Dias verlangen. Dazu springt der Dekan in die Luft und ruft: »Das war Spitze!« Am Ende des Vortrages vergibt eine Jury des GDCh-Ortsverbandes wie beim Eislaufen eine A-Note für den wissenschaftlichen Inhalt und eine B-Note für die künstlerische Präsentation. Bei unterdurchschnittlichem Gesamturteil wird das Honorar entsprechend gekürzt. Was glauben Sie, wie toll die Vorträge werden, denn dann kann der Vortragende beim nächsten Mal mehr Honorar fordern. Das nenne ich eine leistungsorientierte Bezahlung. Bei herausragenden Spitzenleistungen bekommt der Gastvortragende vielleicht sogar ein oder zwei Doktoranden geschenkt.

Redaktion: Sagten Sie eben Doktoranden?

Reicher: Ja klar, Doktoranden. Die gesamte Forschung wird von ihnen gemacht, aber die Bezahlung ist doch kümmerlich. Nach dem Diplom sollte jeder Doktorand einen Vertrag unterschreiben, wobei sich die Anfangsbezahlung nach den Diplomnoten richtet. Der Kontrakt enthält eine Transferklausel. Der Doktorvater kann ihn z. B. gegen ein IR-Spektrometer oder eine zweimonatige Einladung an die Universität von Polynesien eintauschen. Bei jedem Transfer erhält der Doktorand eine angemessene Ablösesumme.

Redaktion: Wäre das nicht eine versteckte Form der Leibeigenschaft von wissenschaftlichen Mitarbeitern?

Reicher: Ach kommen Sie mir doch nicht mit solch verklemmten Moralvorstellungen. Denken Sie an die Fußballprofis. Haben Sie da je einen Einspruch gehört? Nein, nein! Gute Doktoranden sollten sich ihres Wertes bewußt sein und eine adäquate Bezahlung erhalten.

Redaktion: Dann würde die chemische Grundlagenforschung zum Gladiatorenzirkus verkommen.

Reicher: Ja, wollen Sie nun populär werden oder nicht? Wir können vom Sport doch noch viel mehr lernen. Bedenken Sie, daß einige Fußballspieler mit dem Intelligenzquotienten einer Pellkartoffel Millionen verdienen, nur weil sie einen Bananenflanke schlagen können. Dagegen ist doch die lausige BAT II/2-Bezahlung tüchtiger Doktoranden ein himmelschreiendes Unrecht. Höhere Bezahlung ist natürlich nur mit zusätzlichen Einnahmen zu finanzieren, und das geht nur, wenn in der Bevölkerung eine tiefe Begeisterung für die Chemie geweckt wird. Das schaffen Sie aber nicht mit exotischer Grundlagenforschung über die »Epoxidierung der 19-cis-Doppelbindungen im Lymphensekret des südlibanesischen Borkenkäfers« in den Chemischen Berichten. Das kann doch gar nichts werden. Da muß einfach mehr Pep rein. Herr Quadbeck-Seeger hat das schon richtig erkannt: Die Chemie muß endlich in die Talkshows. Wir müssen die Chemie für den TV-Zuschauer attraktiv machen. Warum können wir Chemie nicht wettkampfmäßig austragen?

Redaktion: Denken Sie tatsächlich an Wettkämpfe? Wie sollten die denn aussehen?

Reicher: Die ersten Analysen unserer umfangreichen demoskopischen Studie in Zusammenarbeit mit den Universitäten Tübingen und Greifswald zeigen, daß in Deutschland eine Chemie-Bundesliga durchaus Chancen hätte, der Fußball-Bundesliga einen Teil der Zuschauer abzunehmen. Interessanterweise läge der Akzeptanzkoeffizient in den neuen 21 Prozent über dem der alten Bundesländer. In der Chemie-Bundesliga würden jeden Samstag die Fachbereiche verschiedener Universitäten gegeneinander antreten. Der Dekan übernimmt als Coach die mentale Wettkampfvorbereitung und stellt die Mannschaft auf. In verschiedenen Disziplinen treten ausgewählte Doktoranden und Doktorandinnen gegeneinander an, z. B. in

- Präzisionstitration in liegender und stehender Position
- Ausschüttel-Marathon
- 10 m Säulenstopfen
- Roti-Blitzabziehen in den Ein-Liter-Lösungsmittelklassen leicht (bis 100 Grad Celsius), mittel (bis 150 Grad Celsius) und schwer (über 150 Grad Celsius)

- Vakuumdestillations-Apparaturaufbau (Pflicht und Kür)
- Schmelzpunktbestimmung (Griechisch-Römisch und Freistil)
- Grignard-Anspringen
- Hochgeschwindigkeits-Nomenklatur
- Spektroskopischer Vierkampf (IR, UV, MS, NMR)

Die Wettkämpfe werden in der Chemie-Schau im Fernsehen life übertragen. Knackige Studentinnen und Doktorandinnen bilden die Cheerleaders, und die Fans tragen Mützen, T-Shirts und Schals in den Institutsfarben. Eine prägnante Namensgebung der Chemie-Teams würde den Identifizierungsprozeß natürlich sehr erleichtern. Stellen Sie sich vor, wenn sich am Samstagnachmittag alle deutschen Vatis mit Salzstangen, Flaschenbier und dem Römpp auf den Knien vor die Fernseher setzten, um die Play-Off-Runde mit den Tübinger Perchloraten, den Berliner Blau-Bären, den Essener Edelgasen, den Leverkusener Kopfschmerz-Tabletten und Rotationsverdampfer Leipzig zu verfolgen.

Redaktion: Bleiben bei diesen Wettkämpfen nicht viele Kollegen ausgeschlossen, da Fachgebiete, wie Radiochemie oder stereoselektive Synthese, um nur zwei zu nennen, wohl kaum im Fernsehen ansprechend präsentiert werden können?

Reicher: Sie sprechen da einen ganz wichtigen Punkt an: die Bezeichnung der verschiedenen Fachgebiete. Sie sollten sich die Physiker zum Vorbild nehmen. Aus Atomphysik haben die einfach Hochenergiephysik gemacht. Das ist doch genial: Das negative Image bleibt einfach zurück. In der Popularitätsforschung nennt man das eine verbale Emotionalspiegelung. Könnte man Radiochemie nicht in »Strahlende Chemie« umbenennen, mit einer lachenden Sonne als Institutslogo? Aus Arbeitsgruppen, die an stereoselektiven Synthesen irgendwelcher Insektenlockstoffe arbeiten, kann man doch ohne Schwierigkeiten eine »Geile Chemie« machen. Was meinen Sie, was passieren wird, wenn gelegentlich ein kleiner Sexskandal aus dem »Institut für Geile Chemie« in der Boulevard-Presse plaziert wird, vielleicht mit einigen Fotos gewürzt, auf denen ein paar Nackedeis zwischen den Labortischen herumhüpfen. Die Bevölkerung wird Ihnen die Bude einrennen. Ganze Abiturjahrgänge studieren geschlossen Chemie. Chemie wird das härteste NC-Fach aller Zeiten. Ja, so muß das gehen.

Wenn man die Bevölkerung erst einmal in die Institute gebracht hat, muß man sie nur bei der Stange halten. Regelmäßige Abendvorträge mit praktischen Übungen für Hausfrauen (»λ_{max} von Kohleintöpfen« oder »Eßbare Halbleiter«), Kinder (»Wir bauen eine dreistufige Festkörper-Rakete« oder »Wir versilbern Opas Hörgerät«); den örtlichen Literaturkreis (»Goethe, Lotte und der Trennungsgang« oder »Gottfried Benns Lanthaniden-Komplex«) und Seniorengruppen (»Wir mischen uns einen Gebißreiniger«) steigern die Akzeptanz der Chemischen Institute. Über Fortschritte der einzelnen Doktoranden wird regelmäßig in der Lokalzeitung berichtet. Die Leute leiden mit den Mitarbeitern mit. Das ist es, was wir erreichen müssen: eine emotionale Anbindung der Bevölkerung. Wenn ein Syntheseversuch zum fünften Mal schief geht, werden Blumenspenden und Pralinenpackungen für den bedauernswerten Doktoranden beim Pförtner abgegeben.

Entscheidende Versuche werden vorher im Veranstaltungskalender angekündigt. Bereits Stunden vor dem Versuchsbeginn versammeln sich die Fanclubs vor dem Haupteingang, schwenken ihre Mützen und Schals und singen die Institutshymne. Ein positiver Versuchsausgang wird durch den Institutsdirektor vom Balkon den gespannten Zuschauern verkündigt. Unter ohrenbetäubendem Jubel wird dann der Doktorand auf den Schultern der Fans um das Institut getragen. Und tief bis in die Nacht wird dann gesungen: »So ein Tag, so wunderschön ...«. Was meinen Sie, welchen gewaltigen Motivationsschub die Mitarbeiter dabei bekommen.

Redaktion: Sie schlagen damit eigentlich eine völlige Neuorientierung der Mitarbeitermotivation vor.

Reicher: Nicht nur das. Sehen Sie auch die Bedeutung des äußeren Erscheinungsbilds der Chemischen Institute darf nicht unterschätzt werden. Der erste Eindruck ist bekanntlich der wichtigste, und der ist in unseren Instituten wirklich erbärmlich. Im typischen Chemieinstitut sieht es in der Eingangshalle aus wie bei Hempels unterm Bett: An den Wänden ein Zettelchaos mit Anfragen über Mitfahrgelegenheiten, Makrobiotik-Frauengruppen, Esoterische Traumdeutungs-Treffs und Urschrei-Therapien in der Toscana. Dieses Bild mag zu einer Alternativkneipe passen, aber doch nicht zu einem Tempel der Wissenschaft. Das Ambiente müßte von Innenarchitekten gestylt werden. Klangräume, Duftpassagen, Lichtkaskaden, Mobiles und farbige Objekte sollten dem neugierigen Besucher schon beim Eintritt die intellektuelle Weltoffenheit der hier Wirkenden beweisen.

Passend zum Ambiente müßte natürlich auch die Kleidung der Chemiker den neuen Bedürfnissen angepaßt werden. Im Moment bekommt man ja das kalte Grausen: Die Mitarbeiter tragen Kittel mit mehr Löchern als Stoff, und der Institutsdirektor gibt in seinem viel zu großen, frisch gebügelten Kittel höchstens eine gute Slapstick-Figur ab. Hier muß einfach die Haute Couture ran. Lagerfeld könnte eine Kittelkollektion aus tibetanischer Brokatseide entwerfen, mit der man abends auch ins Theater gehen kann. Stellen Sie sich doch die Werbewirksamkeit eines Chemie-Looks vor. So was bringt Pluspunkte bei der Bevölkerung.

Auch die Laborausstattung ist ästhetisch äußerst unbefriedigend. Warum läßt man nicht Colani Büretten und Rotationsverdampfer designen? Man könnte daraus begehrte Sammelobjekte machen. Rosenthal und Hutschenreuther könnten anstelle der langweiligen Wandteller Jahreskolben herausbringen, die in der Eingangshalle im Institutsshop verkauft werden. Das nenne ich im übrigen eine wirklich basisdemokratisch legitimierte Drittmittelquelle.

Selbstverständlich sollten auch der Fonds, das BMFT und die DFG die Anstrengungen einer ästhetischen Institutsgestaltung würdigen. Die Bewertung von Anträgen muß von der Qualität der Forschung und dem Institutsambiente abhängen.

Ich kann hier natürlich nur erste Gedanken anreißen. Eine wirklich durchschlagende Kampagne müßte generalstabsmäßig vorbereitet und durchgezogen werden. Marketingleute, Artdirektoren, Werbestrategen, Psychologen und Popularitätswissenschaftler müßten alles im einzelnen austüfteln. Der Chemie wieder ein positives Image zu geben, wäre wirklich eine große Herausforderung; aber man kann es schaffen. Wenn die Chemiker wirklich mitziehen, könnte ich den Erfolg garantieren.

Redaktion: Herr Prof. Reicher, wir danken Ihnen für dieses Gespräch.

Erwin Reicher (Jahrgang 1943) hat in Heidelberg und München Chemie und Kommuni-kationswissenschaften studiert. Nach der Promotion (K.-H. Herpolsheimer, TU München) über »Die Rolle der Alchemie im Holland der Gegenreformation« führten ihn Forschungs-aufenthalte nach London, Budapest, Tel Aviv und Innsbruck. Nach der Habilitation an der TU München über »Sein und Schein des Wissenschaftlers in der Weimarer Republik« wur-de er ein gefragter Industrieberater im Bereich der Öffentlichkeitsarbeit. 1990 nahm er ei-nen Ruf der Universität Bielefeld auf den ersten deutschen Lehrstuhl für angewandte Po-pularitätsforschung an. Neben seiner akademischen Tätigkeit publiziert Prof. Reicher in nationalen und internationalen Presseorganen über das Spannungsfeld zwischen Natur-wissenschaften und Medien. Er ist Autor des erfolgreichen Sachbuchs »Söhne und Töchter Einsteins – Quo Vaditis?« (Droemer, 1992)

N. N. (1995)

Ernsthafte Betrachtungen über einen traurigen Gegenstand

Zweck dieser Studie ist es herauszufinden: Wann und worüber lachen Chemiker? Grundlage der Untersuchung sind schmale Hefte, die im Rahmen der Heidelberger Chemischen Gesellschaft anonym in den Jahren 1891 bis 1902 erschienen sind. Un-sere Sammlung beginnt mit einer Weihnachtsnummer einer Chemiker-Bier-Zei-tung (18. Dezember 1891). Alle weiteren uns vorliegenden Nummern erschienen an-läßlich von Stiftungsfesten der Heidelberger Chemischen Gesellschaft jeweils Ende Juli. Warum Heidelberger gerade anläßlich des Stiftungsfestes ihrer Chemischen Gesellschaft außer Rand und Band gerieten, bleibt ihr Geheimnis. Wir können nur feststellen, daß man offensichtlich damals wie heute für den zeitlich fixierten Hu-mor war.

Die zweite Frage, worüber Chemiker früher gelacht haben und wie humorvoll sie tatsächlich waren, läßt sich mit letzter Klarheit natürlich trotzdem nicht beantwor-ten, da phonometrische Aufzeichnungen des damaligen Gelächters leider nicht exis-tieren. Im übrigen sei der Leser gewarnt. Historische Studien über Humoristisches sind meist nicht lustig. Die Erfahrungen der letzten achtzig Jahre lassen manchen Scherz von damals heute in einem anderen Licht erscheinen. Denn vieles, was man damals für besonders törichte und lustige Zukunftsvision hielt, ist Wahrheit gewor-den und für uns Nachgeborene überhaupt nicht mehr komisch. So erhielt die Che-miker-Bier-Zeitung von 1891 die Zukunftsvision einer Chemievorlesung im Jahre 2000, deren Reiz auf der Tatsache beruhte, daß der Verfasser Dinge in die Handlung einbaute, die es heute alle gibt: so das Fernsehen, das Flugzeug – das Professoren schnell zu fernen Vorträgen entführt, während in ihrer Abwesenheit Sprechappara-te oder Fernsehübertragungen ihre Rolle übernehmen. Die Beobachtung gefähr-licher Vorlesungsversuche mit Fernsehkameras fand man besonders komisch. Be-sonders heiter wurde der damalige Verfasser durch die Aussicht gestimmt, auch in Chemievorlesungen würden Damen sitzen. Nicht erfüllt haben sich nur zwei seiner scherzhaften Einfälle. Die schwellenden Polster, auf denen Chemiestudenten sitzen sollten, die gibt es auch heute nicht, und für die Trampel-Beifallmaschine, die den

Hörern die Mühe der Beifallsbekundungen abnehmen sollte, besteht in unserer Zeit kein Bedarf mehr.

Wir gehen nun über zur Betrachtung der »*Chemiker-Zeitung, Zentralorgan für Chemiker, Circusbesitzer, Techniker, Milchhändler, Fabrikanten, Apotheker, Eisenbahnschaffner und Privatdozenten. Herausgeber und verantwortlicher Redakteur: Dr. Grause in Nöthen*«

Seltsamerweise war es wieder die Zukunft, die als besonders komisch empfunden wurde. Dem Nachgeborenen, der die Entwicklung der Chemie seit jeher kennt, erfaßt – angesichts der heutigen makromolekularen Chemie und der Sintflut kitschig verarbeiteter Kunststoffe – stille Wehmut bei der Vorstellung, daß der anonyme Verfasser des Leitartikels große Moleküle für besonders lustig hielt. Grundlage seiner Idee waren Diazofarbstoffe komplizierterer Struktur:

Darstellung eines direkt meßbaren Moleküls

Wenn Walther Nernst in seiner theoretischen Chemie sagt, daß die Frage nach der absoluten Dimensionierung der Moleküle eine mit mehr Vorliebe als Erfolg behandelte Frage sei so ist ihm darin beizupflichten, haben doch alle neueren Spekulationen über diese Frage nicht vermocht, die weiten Grenzen, welche für die Größe einzelner Moleküle gegeben worden sind, enger zu ziehen ... In der That ist es mir denn auch gelungen, ein Molekül von solcher Größe aufzubauen, daß es direkt sinnlich wahrgenommen und gemessen werden kann. Als langjähriger Kalt-Diazotierer der Farbenfabriken Sacalles & Cie (Wie bei allen großen Farbenfabriken ist auch bei Sacalles strengste »Arbeitstheilung« eingeführt, nach dem Sprichwort: Getrennt maschiren vereint zerschlagen. So gibt es kalt und warm Diazotirte, welche erstere unter 0°, letztere über 0° arbeiten, ebenso wie es alkalische und saure Kuppler gibt, welche diese Diazoverbindungen weiter »combiniren« – mit der Darstellung der Azofarbstoffe«

Nach der 3000sten Diazotierung erhielt der Autor sein Produkt: »Auf dem Boden des Gefäßes lag ein schwarzes Stückchen von der Größe etwa einer abgebrochenen Bleistiftspitze – erst das enorme Gewicht derselben lehrte mich eines Besseren. Dieses kleine Stückchen, es war das Molekül von der Formel

$$C_6H_5N=N[C_{10}H_4(OH)(SO_3Na)-N=]_{3000}C_{10}H_4(OH)(SO_3Na)-NH_2$$

oder $C_{30016}H_{15012}O_{12004}S_{3001}Na_{3001}$

mit dem Molekulargewicht M = 771859!

Geradezu erstaunlich war, wie Herr Privatdozent Horcher fand, daß diese Umlagerungen von einem ganz schwachen zirpenden Ton begleitet waren, und wir alle durch ein gutes Mikrophon deutlich abwechselnd die Worte: Hantzsch, Werner, Hantzsch, Werner lispeln hören kannten! Daß das Molekül, abgesehen von seinem hohen Herstellungspreise, als Farbstoff nicht verwendbar ist, brauche ich kaum zu erwähnen ...«

Das Molekül platzte nun wegen seiner enormen Größe, doch: »Ich bin nun beschäftigt damit, ein neues, wenn möglich noch größeres Molekül herzustellen und hoffe, Ihnen in einigen Jahren darüber berichten zu können ...« Ob der Verfasser dieses Scherzes Staudinger noch erlebt hat, wir wissen es nicht. Im übrigen enthält dieses Heft von 1895 eine Parodie auf den damals neu erschienen »Gattermann«. Die überaus umständliche Beschreibung chemischer Handgriffe unter gleichzeitiger Zurückstellung der Theorie reizte damals zum Spott, dürfte aber heute – angesichts der Ausbildungsmisere – durchaus wieder ihren Nutzen haben.

»Dieses vortreffliche Buch wird sich zweifellos als vorzüglich geeignet erweisen, um das Studium der Chemie, dem eiligen Zeitalter der »Elektricität« entsprechend, abzukürzen, und selbst geistig gänzlich unbegabten Fachgenossen wird es an Hand dieses genauen »Präparathgebers« möglich sein, innerhalb eines Semesters Kenntnisse und Geschicklichkeiten zu erlangen, welche in der alten Zeit erst durch mehrjähriges, angestrengtes Studium von bevorzugten Geistern erworben werden konnten und dann noch mangelhaft.

Immerhin scheinen uns doch einige Punkte, die erfahrungsgemäß den Jüngern der Chemie Schwierigkeiten machen, noch nicht genügend hervorgehoben zu sein. Wir gestatten uns daher, für die baldigst zu erwartende 2. Auflage folgende Ergänzungen vorzuschlagen:

»Zum Anzünden von Gasflammen bedient man sich gewöhnlich der sogenannten Zündhölzchen. Dieselben sind in den meisten Droguenhandlungen in beliebiger Menge käuflich. Je 100 Stück sind in einer Schachtel vereinigt, an deren Schmalseite auch der ungeübte Beobachter zwei durch ihre schwarzbraune Farbe leicht kenntliche sogen. Reibflächen beobachten wird (utan suafel aber mit phosphor). Man fasse eines der Streichhölzchen, welches an einem Ende (N. B. manche auch am anderen) mit einem rothen Kopf, genannt Zündmasse, versehen ist, an dem entgegengesetztem Ende an und ziehe den Kopf unter sanftem Druck (Schutzbrille!) mit einer Geschwindigkeit von 30 cm/sec. längs der Reibfläche. Durch eine plötzliche, mit explosionsartiger Heftigkeit verlaufende Flammenerscheinung wird nun die Holzmasse des Streichhölzchens in Brand gesetzt. Hat man bereits vorher einen Gashahn geöffnet und verfährt man nicht allzu langsam, so gelingt es in der Regel ohne besondere Schwierigkeiten vermittelst des einige Zeit brennenden Streichhölzchens das dem Brenner entströmende Gas zu entzünden. Sollte der Versuch mißlingen, so wiederhole man ihn ein zweites Mal ...«

Daneben brachte diese Heft auch Gereimtes, z. B.:

Schicksalstücke.

Ein Knabe hat einen Körper
Der herrlich krystallisiert,
Er hat ihn voll Liebe beschrieben
Und bestens charakterisiert.
Da liest er eines Morgens
In Beilsteins III. Band
Die Augen gingen ihm über –

Der Körper war bekannt.
Es ist eine alte ...«

Und es enthielt einen recht geistreich konstruierten Scherz:

Eine neue Kurzschrift

hat man in den Papieren eines schriftstellernden Chemikers entdeckt. Nachstehend einige Stichproben seiner praktischen abgekürzten Schreibweise:
Peter fordert die junge Frau zum Tanze auf; »das leidet mein $C_6H_8(OH)_6$« *[1]* wehrte sie mit einem Blick auf ihren Stoffel ab. Da blickte Peter O_2el triumphierend *[2]*drein, während der Abgewiesene brummte: »Das war auch wieder so $KAl(SO_4)_2 \cdot 12$ aq *[3]* von dir!« Die junge Bäuerin aber versetzte: »Du bist ein ScheuNaNO$_3$!« *[4]* (*Übertragungen: [1] Mann nit. [2]Peter sauer, Stoffel triumphierend [3] A Laun' [4] Scheusal, Peter*).
Im darauf folgenden Jahr – 1896 – erschien am Samstag, dem 25. Juli, eine Weinheimer Zeitung, da man in diesem Jahr das Stiftungsfest dort beging. Auch in diesem Heft wird die Frage, was die Zukunft bringen werde, scherzhaft behandelt in einem Gedicht: »Das neue, heil'ge chemische Reich deutscher Nation«. Die in der ersten Strophe skizziert Vision hat sich wohl nicht erfüllt:

Das neue, heil'ge chemische Reich deutscher Nation.

Der Chemiker, der Zukunftsmann,
Mit klaren Forscheraugen
Viel besser wie Juristen kann
Im Staate er uns taugen.
Und sollten wir in nächster Zeit
Die Herrschaft uns erringen,
Würd heller Jubel weit und breit
Im ganzen Land erklingen
Valeri valera etc.«

Doch die zweite Strophe wurde nur achtzehn Jahre später in den Gaskämpfen des Ersten Weltkrieges zur grauenvollen Wirklichkeit:

»Nicht brauchen Kriegsminister wir
Und nicht Soldatenhaufen,
Man könnte für das Geld sich Bier
Und schönsten Knaster kaufen;
Und käm' der Schrecken Schrecklichstes,
Der Feind in hellen Haufen,
Entwickeln wir schnell H_2S –
Die sollten wacker laufen.
Valeri valera etc.«

Das Jahr 1899 brachte »Perkeo, Zeitschrift für feuchtfröhliche und gescheite Chemie.« Dieses Heft fällt durch zwei gelungenen Parodien auf. Die eine beschäftigte sich mit dem selbstbewußten Reklamestil einer bedeutenden chemischen Fabrik, die auf dem Pharmasektor recht selbstbewußte Propaganda-Kampagnen durchführte und deren Identität (»Heilmittelfabriken Leverfeld, vormals Farbenfabriken Friedrich Mayer und & Co. Elberkusen«) kaum verschleiert wurde.

Die zweite Parodie griff die schon damals in Chemikerkreisen umsichgreifende Unsitte der nicht enden wollenden vorläufigen Mitteilungen an, deren Hauptzweck darin bestand, sich selbst ein möglichst großes Stück aus dem Bereich der chemischen Forschung zu reservieren und Eindringlinge möglichst brutal abzuschrecken. Der streitbare Held war Eugen Bamberger (1857–1932).

Eugen Würzburger

Die Universal-Formel der Bimbazoverbindungen.
[3754. Mitteilg. Über die Bimbazoverbindungen].
(Vorläufige, kurze Mitteilung mit ausführlichen Fußnoten aus dem internationalen, chemischen Laboratorium der Technischen Hochschule zu Kirüz. Vorgetragen vom Verfasser in der Sitzung der Gesellschaft zur Feier des 20jährigen Todestages des Altmeisters der Bimbazoverbindungen, Sago).

Niemand wird, nachdem er *meine* bisherigen 3753 Mitteilungen über die Bimbazoverbindungen gelesen hat, daran zweifeln, daß *ich* der berufene Mann bin, die Konstitution dieser Verbindung aufzuklären[1].

Es ist ja anzuerkennen, daß auch eine Reihe von anderen Fachgenossen in dieser Frage Allerlei aufzuklären bemüht gewesen ist; die richtige Interpretation ihrer oft recht kümmerlichen Entdeckungen ist jedoch einzig *Mir* gelungen.

Wer weiß heutzutage nicht, daß *Mir* das Bild der »Blütenufer'schen Formel« so lebhaft vorgeschwebt hat, daß ich dieselbe vollständig neu zum zweiten Male auffand[2].

In meiner Mitteilung Nr. 2548 über die Bimbazoverbindungen habe *ich* angegeben, daß es *mir* damals gelungen ist, endlich das Formelbild zu entdecken, welches dem Altmeister der Bimbazoverbindungen, Sago, bei seiner Entdeckung des Bimbazobenzols vorgeschwebt hat[3].

Der Zweck vorliegender Zeilen ist überhaupt nur der: *meine* Entdeckung der Universalformel, der Bimbazoverbindungen der Öffentlichkeit zu übergeben[4]. Selbstverständlich hüte ich mich, schon in dieser kurzen, vorläufigen Mitteilung dieselbe der lauschenden chem. Welt zu übermitteln. Ich mache diese Mitteilungen überhaupt nur, um *mir* das Arbeitsfeld für die nächsten 20 Jahre noch ungestört zu sichern. Sollte ein Fachgenosse die *mir* vorschwebende *Universalformel* inzwischen ebenfalls entdecken, so bitte ich denselben, auf Grund vorstehender experimenteller Untersuchung mich rechtzeitig davon zu benachrichtigen, damit ich in einer kurzen, vorläufigen Mitteilung das gelehrte chemische Publikum davon in Kenntnis setzen kann, daß *ich* der eigentliche Entdecker dieser Universalformel, welche den Schlußstein an dem *mir* zu errichtenden Denkmal der Bimbazoverbindungen bilden soll, in der That bin.

Anmerkungen:

1) Sollte ein gewisser Herr Fußzsch an dieser, meiner Behauptung zweifeln, so bemerke ich hier nur soviel, daß er für mich, wie für jeden einigermaßen einsichtsvollen Chemiker das ist, was sein Name besagt, nämlich »Futsch«. Sollte Herr Fußzsch persönlich auf der diesjährigen Naturforscherversammlung erscheinen, wie er anzukündigen die Kühnheit hatte, so erkläre ich bereits an dieser Stelle, daß ich mich mit ihm höchstens durch Vermittlung des Herrn Dr. Drehstift auseinandersetzen werde.

2) Ich betrachte diese Entdeckung als eine besondere Aeußerung der sogenannten Fernwirkung (siehe Goethe: »Die Wirkung in der Ferne«). Blütenufer ist leider kurz nach meiner Entdeckung gestorben. Wenn ein Kollege mir darauf hin per Postkarte schrieb: »Eugen, dieser Mortimer starb Euch sehr gelegen«, so habe ich keinen weiteren Ausdruck für diese Borniertheit.

3) Daß bei dieser glänzenden Entdeckung meinerseits die Bimbazogruppe N_2 nicht beiderseits an Kohlenstoff, wie der Altmeister dies beschreibt, sondern einerseits an Stickstoff gebunden ist, ist für Jeden, der sich einigermaßen mit Chemie beschäftigt, selbstverständlich.

4) Daß ich nicht auch in einer besonderen Mitteilung bereits vor einer Reihe von Jahren dem chemischen Publikum mitgeteilt habe,

wie mir vor längerer Zeit bereits das *Formelbild* der Bimbazofettsäuren von Kurzrecht vorgeschwebt hat, wird wohl jeder als ganz selbstverständlich betrachten, da ich bei der Ausarbeitung der Kurzrecht'schen Untersuchungen im von Mayer'schen Laboratorium zugegen war.

Jeder Mann weiß ferner, daß die Publikation meiner Entdeckung des Bimbazomethans wahrscheinlich nur durch die Post verzögert worden ist. Jedenfalls hätte Herr von Unglücksweib die Verpflichtung gehabt, sich vor der Veröffentlichung seiner Entdeckung des Bimbazomethans bei mir zu erkundigen, wie weit meine Untersuchungen gediehen waren. Er hätte dann sofort erfahren, daß dieser Körper längst von mir entdeckt war.«

(Anm. d. Hrsgg.: Daß sich ein Bamberger als Würzburger tarnt, kommt auch außerhalb Frankens vor. [Fränkische Spruchweisheit: Man soll dem Herrn für alles danken, für Ober- und für Unterfranken. Was sagen wohl die Mittelfranken, also z.B. die Nürnberger, dazu? Ach so, die waren ja protestantisch.] Kurzrecht, Unglücksweib, Fußzsch und Kirüz sind leicht als Curtius, Pechmann, Hantzsch resp. Zürich dechiffrabel. Der Rest entschlüsselt sich wie folgt: Blütenufer – Blomstrand, Drehstift – Knoevenagel sowie Sago – Griess.)

Das letzte Heft, das wir betrachten wollen, stammt aus dem Jahr 1902. Auch dieses Heft hatte seinen geistreich konstruierten Scherz, bei dem Professorennamen als Verben in die Sätze eingebaut wurden:

Kurzer Lebensabriß eines Doktoranden:
Er wurde geboren und ins Laboratorium aufgenommen. Dort konnte er die Flasche mit den Oxalationen nirgendwo finden, und umsonst sucht er nach den glimmenden Holzspänen und dem Kolben mit Krystallwasser. Als das Filtrieren nicht rasch genug ging, schnitt er die Spitze des Filter ab. Bevor er das Reagenzglas von außen mit dem Glasstab rieb, erfolgte keine Kristallisation, und diese blieb auch aus, als er das Reiben an der Wand fortsetzte. Als er bei Desaga den oberen Meniscus kaufen wollte, wurde er ausgelacht, und als er in seiner Analyse im Argon noch Spuren von Helium nachweisen konnte, fiel er durch. In der mündlichen Prüfung aber war er der einzige der die Darstellung von Permanganat kannte, und stolz begann er seine organischen Arbeiten. Da gattermann-kochte er unter Tubinieren Toluol, beckmannte Oxime und bromhofmannte Amide. Nach dem er noch einige Substanzen versandmeyert und veraoultet hatrte, curtiuste er Hydrazin und verursachte eine Ex-

plosion. Er wurde in die Klinik geschafft, wo er zuerst gezcernyt, dann beerbt und zuletzt als geheilt entlassen wurde. Jetzt knoevenagelt er an seiner Doktorarbeit herum.

Ob der Humor der Chemiker früher anders war als heute, möge jeder sich selbst beantworten. Doch was werden kommende Generationen beispielsweise über diese Nummer der »Nachrichten« denken?

N. N. (1977)

Floskeln

Flosculus ist die kleine Blume. Auch chemische Veröffentlichungen können kleine Blumen enthalten, Wortblumen sozusagen. Aber wir haben uns so an sie gewöhnt, daß wir sie nicht mehr bemerken und den hinter ihnen steckenden Sinn nicht mehr verstehen. Die britische Chemical Society veröffentlichte kürzlich eine mit verdeutlichenden Anmerkungen versehene Liste, aus der wir die folgenden Blümchen entnehmen, um unseren Lesern das Verständnis angelsächsischer Texte zu erleichtern:

It has long been known that ...
Ich habe mir nicht die Mühe gemacht, das Zitat nachzusehen.

While it has not been possible to evaluate conclusively ...
Das Experiment lief nicht so, wie es sollte, aber ich dachte, man könnte wenigstens eine Veröffentlichung daraus machen.

Three of the compounds were chosen for further experiments.
Die Ergebnisse mit den restlichen Substanzen ergaben keinen Sinn und werden daher nicht erwähnt.

Microcrystallin.
Amorph.

The reaction was carried out in the usual manner.
Wer die Experimente wiederholen will, soll es doch versuchen.

Typical results are shown ...
Die besten Ergebnisse sind hier genannt.

Presumably at longer time ...
Ich habe mir nicht die Zeit genommen, es zu probieren.

The results will be reported at a later date
Vielleicht komme ich mal dazu, diese Versuche zu unternehmen.

It might be argued that ...
Gegen diesen Einwand weiß ich eine so gute Antwort, daß ich ihn jetzt erhebe.

Correct to within an order of magnitude.
Falsch.

It is to be hoped that this paper will stimulate further work in this field.
Weder diese noch andere Veröffentlichungen auf diesem Gebiet taugen etwas.

Thanks are due to James Smith for assistance with experiments and to John Brown for valuable discussions.
Smith tat die Arbeit und Brown deutete ihr Ergebnis.

N. N. (1960)

Grenzfälle in der Chemie

Da sich die Grenzfälle in der Chemie zu häufen scheinen, fanden sich zum ersten Male anorganische, organische und theoretische Chemiker in Bad Boll zusammen, um die entstandene Lage zu analysieren und gegebenenfalls Abhilfemaßnahmen zu beraten.

Viele Phänomene der Chemie äußern sich in letzter Zeit in einem schleyerhaften Kontinuum, sehr zum Leidwesen der Lehrbuchdidaktiker und all der Wissenschaftler, denen die kristalline Klarheit in Wort Bild am Herzen liegt. Man beriet daher, wie der Vernebelung der wissenschaftlichen Wahrheit am besten beizukommen sei. Das einleitende Referat hielt Prof. M. Eckstein vom Lehrstuhl III für Naturpropädeutik der naturphilosophischen Fakultät der Gesamthochschule Tutzing. Der bis ins fränkische Hinterland bekannte Perceptionstheoretiker versuchte, das Problem von hinten und vorne zu beleuchten. Nach dem analytischen Modell des kritischen Rationalismus gehört es zu den Grundstrukturen des naturwissenschaftlichen Seins, in Übergangsformen aufzutreten. Diese Kontinuumontologie, ein Ergebnis der Nachpopperschen Schule, läßt sich leider nicht falsifizieren, sondern muß durch ständiges Hinterfragen erschlossen werden. Diese »butterweiche« Struktur des Sein zeigt sich an einer Reihe von grundlegenden Erscheinungen in Physik und Chemie. Als Beispiel führte Eckstein die Heisenbergsche Unschärferelation an, wonach bestimmte atomare Eigenschaften nur in einem Grenzbereich zu beschreiben sind. Nach Ansicht der Kontinuumsontologen ist diese Unschärfe nicht das Ergebnis der prinzipiellen Schwäche unseres Erkenntnisapparates, sondern gehört zu den Grundstrukturen des Universums.

Eine relativ starke Gruppe von Anhängern der Kuhnschen Schule meldete sich daraufhin zu Wort. Ihr Wortführer, Prof. Pirlitzer vom Max-Planck-Institut für interdisziplinäres Forschen und neuernannter Ordinarius für vergleichende Fundamentalempirie, führte in einer historischen Rückblende vor, daß sich die Phänomene, die sich scheinbar in einem Kontinuum äußern, je nach benutzten Paradigma unterschiedlich gesehen werden können. Während die scholastische Schule beispielsweise Naturphänomene als diskrete Entitäten ansah, entwickelten die Nachscholastiker eine Theorie, wonach alles miteinander verbunden ist. Diese Ansicht fand aber nicht das Gefallen der Nachpopperschen Schüler, und man verwies auf die Bedeutungsänderung des Wortes Paradigma, das sich in ihr Gegenteil verkehrt haben soll;

Paradigmawechsel sei zum Paradigma der normalen Wissenschaft geworden. Während man sich um eine Einigung des Begriffs des Grenzfalls bemühte, zerstörte ein Anhänger der Feyerabendschen dadaistischen Theorie mit dem provokanten Satz »everything is borderline« jede Möglichkeit einer Verständigung der rivalisierenden Gruppen. Wie sich später herausstellte, war dieser Sprecher gar nicht zur Konferenz eingeladen worden und besaß folglich kein Recht, in die Diskussion einzugreifen.

In der allgemein üblichen Reihe von Diskussionsvorträgen wurden dann die verschiedenen Erscheinungen der Grenzfälle behandelt, aus der Fülle der Vorträge sollen nur einige wichtige herausgenommen werden. Eine Reihe von Vorträgen der anorganischen Chemiker behandelte das Modell der »fractional bond orders«, vorgeschlagen zur Beschreibung der Bindungsverhältnisse in polycyclischen Carboboranen. Der Formalismus stellte die Lehrbuchdidaktiker und andere vor schwierige Probleme, und man einigte sich schließlich, das Kapitel der Carborane den organischen Chemikern zu überlassen und es aus den Lehrbüchern der anorganischen Chemie zu eliminieren.

Die organischen Chemiker hatten mit ihren Problemen genug zu tun und wiesen diesen Vorschlag entschieden zurück. Man diskutierte eingehend über die Frage, wie klassisch ein klassisches Kation sein müsse, um noch klassisch zu sein. Die Theoretiker gaben schließlich den entscheidenden Lösungsvorschlag. Sobald sich aufgrund der quantenmechanischen Rechnung die C-C-Bindungslängen um mehr als 0,25 Å und die der C-H-Bindungen um 0,15 Å im Vergleich zu einer noch zu definierenden Struktur ändern, ist ein derartiges Kation als nichtklassisch zu bezeichnen. Hierbei entstanden jedoch Meinungsverschiedenheiten, und jeder wollte andere Größen als Grenze eingesetzt wissen. Man löste das Problem schließlich auf demokratische Weise; die vorgeschlagenen Werte wurden gemittelt, und ein Wert von 0,321 Å, berechnet für eine C-C-Bindungsänderung, soll als verbindlich für ein nicht-klassisches Kation gelten.

Auch die Frage nach der Konzertiertheit einer Reaktion wurde eingehend erörtert. Man einigte sich schließlich auf die folgenden Definitionen: nicht-konzertiert, etwas konzertiert, mäßig konzertiert, fast vollkommen konzertiert, konzertiert. Infolge des zustimmenden Kopfnickens eines bekannten Elektrocycloreversionisten dürften diese Bezeichnungen als verbindlich in die nächsten Auflagen der Lehrbücher eingehen.

Am Rande der Tagung stritten Mitglieder der ADUCEAP (eine Untergruppe der ADUC, gegründet von ehemaligen amerikanischen Professoren) um eine eindeutige Wertigkeitsskala zur Festlegung des Prestigewertes wissenschaftlicher Zeitschriften.

Man einigte sich schließlich auf eine fünf Einheiten umfassende Skala (Prest 1 bis Prest 5). Entsprechend des starken Gewichts der angelsächsischen Wortführer ist Prest 1 der Wert des geringsten Prestiges, Prest 5 soll ausschließlich amerikanischen Organen vorbehalten werden. Die Zeitschriften sollen jedes Jahr neu bewertet werden, Änderungen um mehr als eine Prest-Einheit sollen dabei vermieden werden. Die Frage zwischen der Beziehung des Prest-Wertes und der wissenschaftlichen Qualität einer Zeitschrift wurden als irrelevant abgetan. Über die Frage, wer wo publizieren darf, konnte keine Einigung erzielt werden; sie wurde daher vertagt.

Scheinbar ohne Grenzwerte kamen nur die formal logischen Strukturanalytiker aus. Mit Hilfe der Permutationstheorie läßt sich zeigen, daß der Übergang von einer Gruppe in eine andere spontan, d. h. ohne jeden Übergang erfolgt. Es wurde daher vorgeschlagen, die formalen Strukturanalytiker nicht mehr zu nächsten Konferenz einzuladen.

Die Konferenz wurde würdig umrahmt von einem Festbankett, organisiert und finanziert von der GguU (Gesellschaft gegen unwissenschaftliche Umtriebe) nebst einem kulturellen Teil, bei dem das bekannte Beckh-Triplett die späten Sonaten von Beethoven spielte.

N. N. (1980)

Protokoll eines Erstsemesters

Herstellung einer 0,05 molaren K_2SO_4-Lösung:

»... Bevor man die erforderliche Menge Salz einwiegen konnte, mußten erst einige Vorkehrungen getroffen werden, da K_2SO_4 hygroskopisch wirkt. Deshalb wurde das Salz vor dem Wiegen 1 Stunde in einer Muffel getrocknet.

Die erforderlich Salzmenge sollte schnell und genau eingewogen werden, da es ja sofort Wasser aus der Luft aufnimmt.

Diese Tatsache, daß die Einwaage schnell und genau sein sollte, stellte mich vor große Probleme: denn eine genaue Einwaage braucht seine Zeit, in der allerdings sich die Masse des Salzes durch Wasseraufnahme schon wieder geändert haben kann und somit die Einwaage einen nicht unerheblichen Fehler bekommt. Legt man allerdings das Hauptaugenmerk auf Schnelligkeit, so geht dies auf Kosten der Genauigkeit. Man hat zwar kaum Fehler durch Wasseraufnahme des Salzes, dafür aber eine zum Teil recht ungenaue Einwaage, was auch zu einem nicht unerheblichen Fehler werden kann.

Deshalb habe ich mich bemüht, beide Bedingungen, schnelle und genaue Einwaage zu erfüllen.

Dadurch wurde die Einwaage zu einem Glückspiel. Hätte ich Glück gehabt, und hätte in ganz kurzer Zeit bei der Einwaage das erforderliche Quantum Salz gehabt, so wäre der Fehler gleich Null geworden. Da ich aber kein Glück hatte und den Wert verfehlte, kam ich in eine Zwickmühle: Entweder konnte ich versuchen, eine möglichst genaue Einwaage zu erreichen, und damit eine erhöhte Wasseraufnahme in Kauf zu nehmen, oder um dieses zu unterbinden eine ungenaue Einwaage in Kauf zu nehmen. Ich entschied mich für einen mittleren Weg. Ich versuchte nur in die Nähe des genaueren Wertes zukommen um nicht eine zu hohe Wasseraufnahme des Salzes zu erhalten. Hier liegt also die erste Fehlerquelle.

Nun wurde das Salz in den 250-ml-Meßkolben gegeben. Hier passierte der zweite Fehler: ich verschüttete etwas Salz. An sich wäre dies kein Problem gewesen, ich hätte nur neu einwiegen müssen. Da ich aber von den Mitstudenten, die diesen Versuch schon gemacht haben, erfahren habe, daß dieser Versuch sehr zeitintensiv ist, und es sehr lange dauert ihn zu beenden, und da ich wußte, daß ich bei der Laborarbeit nicht gerade der Schnellste bin, habe ich auf dieses verzichten müssen, damit ich den Versuch noch bis 17 Uhr beenden konnte. Doch trotzdem geriet ich in Zeitnot ...

(Kommentar: Die Lösung hatte einen Faktor von 0,38!!)

Es gibt mehrere Gründe, die Fehlerquellen sein können:
1. Probleme bei der Einwaage (vorher schon ausführlich beschrieben).
2. Teilweises Verschütten beim Herstellen der Lösung (warum keine neue Einwaage? Wurde von mir bereits dargestellt).
3. Beim Umrühren der Lösungen habe ich aus Unwissenheit unterlassen, die dabei benutzten Glasstäbe mit dest. H_2O abzuspülen, damit das Salz nicht verloren gehen kann. So kam es zu weiteren Substanzverlusten.
4. Laut Vorschrift im Skript sollten die Fritten, die sich nach dem Auskochen mit Königswasser im Trockenschrank befanden, im Exsikator abkühlen gelassen werden, damit eine Luftfeuchtigkeitsaufnahme verhindert wird. Dies habe ich zu meinem eigenen Bedauern vergessen.
5. Aus Zeitgründen mußten die im Skript vorgesehenen Trocknungszeiten erheblich unterschritten werden.«

N. N. (1983)

The Chemistry of Love

Einige ausführliche Gespräche, die der Autor in letzter Zeit mit Betroffenen führen konnte, haben ihn veranlaßt, Dinge wie Partnerwahl, Partnerwechsel und Trennung einmal unter chemisch-mechanistischen Aspekten zu untersuchen.

Es steht außer Zweifel, daß bei genügend hoher Affinät der Edukte (Mann und Frau bzw. Wasserstoff und Sauerstoff) zueinander eine Bindung resultieren wird. Ob diese Bindung auch zustande kommt, hängt von verschiedenen Faktoren ab. Zum einem ist, so trivial das klingen mag, die räumliche Nähe unabdingbar. Wie schon das Volkslied sagt: »Sie konnten beisammen nicht kommen«.

Die Bindungsbildung kann aber auch ausbleiben, wenn kinetische Schranken die thermodynamisch mögliche Reaktion verhindern.

Hier ist von den Edukten erst ein Energiebetrag E aufzubringen, bevor die Reaktion erfolgen kann. Wir wissen alle, daß im menschlichen Leben gerade die Annäherung an den Partner mit einer Hemmschwelle verbunden ist, die es zu überwinden gilt. Der erforderliche Energiebetrag muß dabei nicht einmal besonders groß sein, aber wenn der berühmte zündende Funke fehlt, resultiert keine Reaktion der Partner. Ich möchte in diesem Zusammenhang noch einmal an ein Äquivalent Knallgas erinnern.

Durch Anwendung eines Katalysators kann der Energiebetrag je nach Katalysator-Aktivität um den Betrag ΔE erniedrigt werden. Chemiker verwenden hierfür gern Edelmetalle (z. B. Platin bei der Knallgasreaktion). Auch auf der zwischenmenschlichen Ebene sind Edelmetallkatalysatoren durchaus wirksam. Wegen des erheblich günstigeren Preises wird allerdings häufig zunächst auf niedermolekulare organische Verbindungen, wie z. B. Äthanol, zurückgegriffen.

Um das Ganze noch einmal exemplarisch darzustellen, sollen die elektrophile aromatische Substitution (wie z. B. bei der Nitrierung des Benzols) und die ihr entsprechenden anthropologischen Analoga betrachtet werden.

Das Kennenlernen

Das Elektrophil, Mann bzw. Frau, wird von bestimmten Faktoren des anzugreifenden Teils angezogen. Beim Benzol ist es dessen Elektronenwolke, beim Menschen dessen Ausstrahlung, also in guter Näherung zunächst dessen Aussehen.

Daraus resultiert der sogenannte π-Komplex der Reaktanden, der rein elektrostatisch bedingt ist und sich jederzeit wieder lösen kann.

Dabei findet sich das Agens auf einem Energiemaximum M. Dies zeigt, daß zum ersten Kontakt eine bestimmte Menge Mut aufgebracht werden muß, die sich umgekehrt proportional zur Attraktivität des Partners und zum eigenen Wunsch des Kennenlernens verhält.

Reicht der Mut nicht aus, kehrt das System in die Ausgangslage zurück; d.h. die Partner trennen sich wieder. Im anderen Fall wird eine stabile Verbindung, der σ-Komplex gebildet. Er ist in Einzelfällen sogar isolierbar[2]. Hier bleibt die Begegnung bei einer rein freundschaftlichen Beziehung stehen.

Übertragen ist es einsichtig, daß durch das Zusammenkommen zweier verschiedener Partner (Gegensätze ziehen sich an) an beiden Partner Veränderungen induziert werden. Sind die Gegensätze zu groß, zerfällt die Verbindung aber wieder in die Ausgangskomponenten, die noch elektrostatisch, also freundschaftlich verbunden bleiben können.

Der σ-Komplex kann als Verlobungsphase angesehen werden, der sich schließlich mit der Heirat zum Paar stabilisiert. Dabei ist bemerkenswert, daß diese Stabilisierung nicht erreicht werden kann, ohne daß beide Partner einen Teil ihrer Persönlichkeit aufgeben. Im obigen Beispiel verliert Benzol ein Proton, das NO_2^+ seine positive Ladung. Man sieht also, daß eine Ehe ohne Kompromisse unmöglich ist.

Die Vergleichsmöglichkeiten ließen sich noch fortsetzen, wollte man Katalysator- bzw. induktive und mesomere Einflüsse betrachten, die ihr Analogon im Einfluß von Personen haben, die an den an der Reaktion beteiligten Partnern hängen.

Partnerwechsel

Beim Partnerwechsel können zwei verschiedene Mechanismen unterschieden werden, die sich durch einen S_N1- bzw. S_N2-artigen Verlauf beschreiben lassen.

Beim S_N1-Mechanismus verläßt ein Teilchen der Partner, der sich dann einen neuen korrespondieren Partner sucht [3]

Beim S_N2-Mechanismus bildet einer der Partner bereits eine neue Bindung aus, worunter naturgemäß die bereits bestehende leidet und schließlich in die Brüche geht, während die neue Bindung sich immer mehr festigt [4]

Radikalische Bindungsbrüche, bei denen beide Partner gleichzeitig die Bindung lösen und auf Partnersuche gehen, werden selten angetroffen und erfordern, besonders in Abwesenheit von Katalysatoren, in der Regel drastische Bedingungen[5]

Trennung

Auf die Trennung wurde implizit schon beim Partnerwechsel eingegangen, dessen unverzichtbarer Bestandteil sie ist. Die Möglichkeit der Trennung liegt in den unterschiedlichen Elektronegativitäten respektive Interessenlagen der Bindungspartner begründet[6].

Eine richtige Einschätzung dieses Faktors ist nicht immer leicht, da er seinerseits starken Beeinflussungen unterliegt; trotzdem können Handbücher häufig wertvolle Hinweise geben[7]. Die Geschwindigkeit des Bindungsbruchs, oder anders ausgedrückt, die Beständigkeit der Bindung hängt direkt proportional von der größere der herrschenden Differenzen ab.

Nach dem Bindungsbruch stehen beide Partner einsam da und stellen eine mehr oder weniger reaktive Spezies dar, die versucht eine neue Bindung aufzubauen. Wird einem der Partner eine angenehme Umgebung angeboten, kann es geschehen, daß der Rest verlassen zurückbleibt, wodurch er unter Umständen noch reaktiver wird. Diesen Effekt nutzt man ja bekanntlich zur Erzeugung »nackter« Anionen durch Komplexierung der Kationen mit Kronenethern oder anderen Kryptanden[8].

Fazit

Wer sich einmal mit dieser interessanten Thematik befaßt, der wird feststellen, daß auch das undurchsichtigste Durcheinander, das Amor angerichtet hat, mit Hilfe des gesunden chemischen Sachverstands rasch schematisch einzuordnen ist, was das Ergreifen der richtigen Gegenmaßnahmen ermöglicht.

Fritz Wöhrle, Hamburg (1996)

Anmerkungen:

1) Volksweise, Wandervogel-Liederbuch herausgegeben für den Verband Deutscher Wandervögel, von Frank Fischer, Friedrich Hofmeister, Leipzig 1912, 155.
2) P. Sykes, Reaktionsmechanismen der organischen Chemie, Verlag Chemie, Weinheim, 1964, 103
3) P. Sykes, Reaktionsmechanismen der organischen Chemie, Verlag Chemie, Weinheim, 1964, 62
4) Wie 3)
5) H. Römpp, Chemie Lexikon, 4, völlig neu bearb. Aufl., Frankh'sche Verlagsbuchhandlung Stuttgart, 1958, Bd. 2, Stichwort: Radikale
6) L. Pauling, The Nature of Chemical Bond, Cornell University Press, Ithaca, 1948.
7) R. C. Weast (Hrsg.) CRC Handbook of Chemistry and Physics, 63rd Ed., CRC Press Inc., Boca Raton, Florida, 1982; B. A. Mertz, DAS Du UND Ich in der Astrologie, F. Englisch, Wiesbaden, 1982.
8) A. M. Knöchel et al., Tetrahedron Lett. **1975**, 3167 ; B. Dietrich, J.-M. Lehn, J. P. Sauvage, J. Chem. Soc. Chem. Commun. **1973**, 15.

Über Kinetik und Thermodynamik von Angestellten

Was Firmenchefs und Gewerkschaftsbosse schon immer mutmaßten: die breite Masse der Angestellten folgt eigenen Gesetzen. Wie hier gezeigt wird lassen sie sich mit Hilfe der kinetischen Theorie der idealen Gase ganz zwanglos ableiten. Sozialpolitische Zusammenhänge werden so auf eine einfache Weise durchschaubar.

Langjährige Beobachtungen des Verfassers in Universitätsinstituten und im kommerziellen Bereich (Softwarefirma) zeigten über das Verhalten der Mitarbeiter (Angestellten) in diesen Institutionen (im folgenden immer »Angestellte« genannt) bestimmte Gesetzmäßigkeiten: diese haben die Fähigkeit, beliebig große Räume, vor allem Gänge und Flure, gleichmäßig auszufüllen. Die Bewegungen folgen dabei offensichtlich nur statistisch beschreibbaren Gesetzmäßigkeiten, während die Bewegung eines einzelnen nicht vorher sagbar ist, Dieses Verhalten entspricht dem von idealen Gasen. Damit ist in Analogie zum Gay-Lussacschen Gesetz ihre Leistung von dem auf sie ausgeübten Druck unabhängig. Analog ist die Geschwindigkeitsverteilung ableitbar. Hieraus ergibt sich die effektive Masse eines Angestellten zu 10^{-19}kg, d. h. Energie und Leistung eines Angestellten sind nur geringfügig von Null verschieden. Aus den experimentellen Daten ergibt sich weiter: Angestellte verhalten sich wie kugelförmige Moleküle mit einem effektiven Durchmesser von 2. Weiter folgt: Mindestens 50 % der Energie von Angestellten werden für das Rotieren aufgewendet. Diese Ergebnisse stehen in voller Übereinstimmung mit allen Erfahrungen.

Experimentelles

40 Mitarbeiter (Angestellte) arbeiten verteilt auf 16 Räume, die zu einem Flur Zugang haben. Alle Untersuchungen wurden auf diesem Flur ausgeführt. Der Flur hat 16 Raum-, zwei Eingangs- und zwei Toilettentüren. Im Flur stehen ein Kopierer und diverse Schränke, auf die Räume verteilt sind Kaffeemaschinen, diverse PCs, Geräte, Schreibtische und Problemstellungen. Für die Untersuchung wurden alle Türen und alle Angestellten durchnumeriert. Aufgezeichnet wurden die Wege von zufällig ausgewählten Angestellten in diesem Flur mit den Daten Uhrzeit T^u und Nummer der Tür i, auf die der Angestellte zusteuerte und vor der er sich zur Zeit T^u mehr als fünf Sekunden, also kurz gegen die Gesamtverweildauer im Flur, aufhielt.

Zwischen Aufenthaltsort und Zeitdifferenz $t = T^u_{i+1} - T^u_i$ konnte keine Korrelation festgestellt werden. Die Bewegungen folgen also ausschließlich Zufallsprinzipien und lassen sich daher nur statistisch beschreiben. Über ein Gas lassen sich exakt die gleichen Aussagen machen[1]. Es liegt daher nahe, die Angestellten mit Gesetzen zu beschreiben, die denjenigen der kinetischen Gastheorie ähneln. Dieser Versuch soll nachfolgend unternommen werden.

Druck und innere Energie

Gegeben sei ein Ensemble von Angestellten mit einer jeweiligen Masse m [kg], das sich regellos in einem Flur mit dem Volumen V [m³] bewege. Als Angestelltendichte n [1/m³] wird die Anzahl der Angestellten pro Volumeneinheit bezeichnet. Die mittlere Geschwindigkeit eines Angestellten dieses Ensembles sei v_m [m/s] bei einer Temperatur T [K].

Zur Herleitung einer Beziehung zwischen einem – vorerst noch hypothetischen – Druck und der Angestelltenbewegung gehen wir entsprechend unseren Voraussetzungen wie bei der kinetischen Gastheorie vor. Wir betrachten die Stöße von Angestellten auf eine gedachte Wand mit der Fläche W [m²]. (Es ist nicht erforderlich, auch die Zusammenstöße zwischen Angestellten im Raum zu berücksichtigen). Wir unterstellen, daß alle Angestellten sich bis zu einem Stoß geradlinig in einer Ebene bewegen. Obwohl die Geschwindigkeiten der Angestellten alle verschieden sind, rechnen wir zur Vereinfachung mit einer mittleren Geschwindigkeit v_m, deren x-Komponente senkrecht zu der Wand stehen soll. Zur Berechnung des Drucks langt es, nur diese Komponente zu betrachten, da bei statistischer Verteilung die Mittelwerte der Geschwindigkeit in beide Koordinatenrichtungen gleich sind. Es bewegt sich also im Mittel die Hälfte der Angestellten senkrecht zu unserer gedachten Testwand, wiederum die Hälfte auf sie zu.

Die Angestelltendichte des sich in Richtung zu der Wand bewegenden Teils ist also $n/4$. In der Zeit t [s] durchläuft jeder Angestellte in Richtung auf die Wand die Strecke $v_m t$. In der Zeit t stoßen also $nAv_m t4$ Angestellte auf sie. Dabei erteilt jeder Angestellte der Wand, deren Masse groß ist gegen die eines Angestellten, den Impuls $2\,m\,v_m$. Für den von der Wand in der Zeit t aufgenommenen Impuls P ergibt sich also:

$$P = (1/4)\, nA\,v_m t \cdot 2\,m\,v_m = (1/2)n\,A\,v_m{}^2 t \tag{1}$$

Die Kraft F, die die Angestellten auf die gedachte Wand ausüben, erhält man als Differentialquotienten:

$$F = \mathrm{d}\,P/\mathrm{d}t = (1/2)\,n\,A\,m\,v_m{}^2. \tag{2}$$

Damit ergibt sich sofort der Druck p zu:

$$p = F/A = (1/2)\,n\,m\,v_m{}^2. \tag{3}$$

Das Produkt aus der Angestelltendichte n und der Masse ergibt die Dichte ρ des Angestelltenensembles. Damit folgt:

$$p = (1/2)\,\rho\,v_m{}^2 \tag{4}$$

Drückt man die Dichte ρ durch das Verhältnis von Masse m zu Volumen V aus, so erhält man das Boyle-Mariottesche Gesetz:

$$pV = (1/2)\,v_m{}^2 = const. \tag{5}$$

Vergleicht man die obigen Ergebnisse mit den Grundgleichungen der kinetischen Gastheorie, so erkennt man, daß diese identisch sind bis auf den Faktor 1/2 in den

Gleichungen (4) und (5), der in der Gastheorie 1/3 lautet. Der Grund dafür liegt darin, daß die Bewegungen von Angestellten (überwiegend) zweidimensional in einem dreidimensionalen Raum verlaufen. Daher betrachten die hier gemachten Ableitungen einen zwei- und nicht , wie in der Gastheorie, einen dreidimensionalen Fall.

Die Übereinstimmung läßt es sinnvoll erscheinen, folgendende Hypothese zu formulieren: Angestellte, zumindest, solange sie sich in Fluren und Gängen aufhalten, verhalten sich wie Gase.

Wie groß nun ist dieser Druck des Angestellten-«Gases»? Im Gegensatz zu echten Gasen läßt sich dieser Druck mangels geeigneter Instrumente nicht messen, sondern mittels Gleichung (3) berechnen: mit Durchschnittswerten für eine Angestelltenmasse von 70 kg, einem Flurvolumen von 400 m^3 und sechs dort vorhandenen Angestellten sowie der mittleren Angestelltengeschwindigkeit von 0,2 m/s ergibt sich der Druck p zu:

$$p = (1/2) \cdot (6/400) \cdot 70 \cdot (0,2)^2 Pa \approx 0,02 \; Pa.$$

Bei diesem Druck lassen sich, wie aus gängigen Lehrbüchern zu entnehmen ist[2], Gase als ideale Gase mit vereinfachten Gesetzmäßigkeiten beschreiben. Der geringe Druck (der Atmosphärendruck beträgt im Schnitt 10^5 Pa) läßt daher folgende erweiterte Hypothese plausibel erscheinen:

Angestellte in Fluren und Gängen verhalten sich wie ideale Gase.

Damit gilt das allgemeine Gasgesetz $p = n \, k \, T$, wobei k die Boltzmann-Konstante ist. Aus dieser Beziehung folgt mit Gleichung (3)

$$p = n \, k \, T = (1/2) \, n \, v_{\mathrm{m}}^2, \tag{6}$$

woraus sich

$$v_{\mathrm{m}} = v_m = \sqrt{2kT/m}$$

ergibt. Wir wollen für unsere Schlußfolgerungen das erhaltene Ergebnis in den Rang eines Gesetzes erheben[3] und Gesetze, die für ideale Gase gelten, auf ein Angestelltenensemble anwenden. Dazu werden wir den aus der Thermodynamik bekannten Größen sinngemäß Eigenschaften zuweisen, die für Angestellte Gültigkeit haben.

Wie Gay-Lussac zeigte, gilt für die innere Energie u eines idealen Gases:

$$(\partial u/\partial v)_T = 0 \text{ sowie } (\partial u/\partial p)_T = 0,$$

sie ist also nicht vom Druck und Volumen abhängig. Versteht man unter »Druck« den durch Umstände und Vorgesetzte auf die Angestellten ausgeübten Druck und unter »innere Energie« die Energie, die diese z. B. der Lösung eines Problems widmen, so folgt, daß die innere Energie eines Angestelltenensembles unabhängig von dem auf sie ausgeübten Druck ist. Da Leistung Arbeit(Energie) pro Zeiteinheit ist, gilt damit natürlich auch sofort folgendes:

Die Leistung von Angestellten ist unabhängig von dem auf sie ausgeübten Druck.

Die Herleitung dieses Gesetzes zeigt, daß keinerlei marxistische oder sonstige gesellschaftstheoretische Voraussetzung gemacht wurde. Sie erfolgte einzig aus kinetischen Betrachtungen.

Geschwindigkeit und effektive Masse

Die Geschwindigkeit $v_{m,}$ mit der wir im ersten Teil die Geschwindigkeit von Angestellten beschrieben haben, stellt einen Mittelwert dar, der der mittleren kinetischen Energie eines Angestellten entspricht. Für eine große Anzahl von Angestellten läßt sich mit statistischen Methodenein Gesetz für die Wahrscheinlichkeit aller möglichen Geschwindigkeiten erhalten, wie es in ähnlicher Form von Maxwell[5] und Boltzmann für ideale Gase abgeleitet wurde.

Für die Verteilung der resultierenden Geschwindigkeiten ergibt sich aus einer vielstufigen mathematischen Ableitung, deren Einzelheiten vom Verfasser angefordert werden können, [7] das gesuchte Ergebnis, das mit dem von Bolzmann und Maxwell für ein ideales Gas abgeleiteten Gesetz bis auf einen konstanten Faktor und die fehlende zweite Potenz für v übereinstimmt:

$$\frac{dN}{N} = \frac{m}{kT} v e^{-mv^2/2kT} dv \tag{7}$$

Diese Funktion läßt sich graphisch so wiedergeben, daß die Häufigkeit $d/N(Ndv)$ gegen die Geschwindigkeit aufgetragen wird. Freier Parameter für die Darstellung der theoretischen Kurve ist die Masse m eines Angestellten; die Temperatur wurde zu $T = 293\ K$ eingesetzt.

Die beste Übereinstimmung zwischen Theorie und Experiment ergibt sich bei Annahme einer effektiven Angestelltenmasse von 10^{-19}kg.[8]

Die gesellschaftspolitischen Implikationen einer praktisch verschwindenden Angestelltenmasse könnten gravierend sein: die obenstehenden Ableitungen sind zwar auf einen Fall (Flur) bezogen und müssen daher nicht repräsentativ sein, dürften aber kaum um mehr als eine Größenordnung von den Ergebnissen abweichen, die bei einer Erweiterung des Kollektivs zu erwarten wären. Daraus folgt, daß unsere Beobachtungen auf alle Angestellten in der Bundesrepublik Deutschland ausgedehnt und wahrscheinlich sogar auf die gesamt Arbeitnehmerschaft übertragen werden können. Die effektive Gesamtmasse aller etwa 20 Millionen Angestellten in Deutschland beträgt demnach ungefähr 2 ng, diejenigen aller Arbeitnehmer immerhin 5 ng.

Ohne jegliche gesellschaftstheoretische Voraussetzung oder Annahme wird damit klar, daß Energie oder Leistung von Arbeitnehmern, die massenproportionale Größe sind, nur geringfügig von Null verschieden sind.

Mittlere Weglänge, effektiver Durchmesser und die Gleichverteilung der Energie

Unter freier Weglänge eines Angestellten wird die Entfernung zwischen zwei Zusammenstößen des Angestellten entweder mit einer Wand oder mit einem anderen Angestellten verstanden; sie nimmt von einem Zusammenstoß zum anderen verschiedene Werte an. Für das Verständnis vieler Eigenschaften eines Angestellten genügt es aber, mit einem Mittelwert zu rechnen, der als mittlere freie Weglänge berechnet wird.

Die Anzahl der Zusammenstöße innerhalb der Zeit t sei Z, v_m sei die mittlere Geschwindigkeit eines Angestellten. Dann ergibt sich die mittlere freie Weglänge l_m zu

$$l_m = \frac{v_m t}{Z} \tag{8}$$

Einen Ausdruck für die Häufigkeit der Zusammenstöße eines Angestellten kann man aufgrund der Vorstellung herleiten, daß sich alle Angestellten in Ruhe befinden, bis auf einen, der sich mit der Geschwindigkeit v_m bewege. Wenn der effektive Durchmesser des Angestellten σ ist, dann stößt der Angestellte in der Zeit t mit allem zusammen, dessen Mittelpunkt sich in einem Zylinder mit dem Volumen

$$V = \pi \sigma^2 v_m t \tag{9}$$

befindet.

Für die Anzahl Z der Zusammenstöße des Angestellten erhält man daraus unter Verwendung von n *für die Angestelltendichte [1/m³]*:

$$Z = \pi \sigma^2 n v_m t \tag{10}$$

Damit ergibt sich die mittlere freie Weglänge aus den Gleichungen (8) und (10) zu

$$l_m = \frac{1}{\pi \sigma^2 n} \tag{11}$$

Im Falle idealer Gase wird mittels Gleichung (11) der Moleküldurchmesser bestimmt; in unserem Fall läßt sich l_m experimentell bestimmen und daraus der effektive Angestelltendurchmesser berechnen[9]: Mit sechs Angestellten in einem Flurvolumen von 400 m³ sowie einer experimentell bestimmten mittleren freien Weglänge von 6 m ergibt sich der Durchmesser zu

$$\sigma = \sqrt{\frac{1}{\pi n l_m}} \approx 2m \tag{12}$$

Nach dem Gesetz über die Gleichverteilung der Energie entfällt auf jeden Freiheitsgrad eine Energie von

$E = 1/2kT.$

Wie oben gezeigt, existieren bei Angestellten zwei rotatorische Freiheitsgrade. Zusätzlich sind zwei translatorische Freiheitsgrade in x- und y-Richtung gegeben, während die Bewegung in z-Richtung verboten ist. Aus diesen Betrachtungen folgt:

ca. 50% der Energie von Angestellten werden für das Rotieren aufgewendet.

Auch dies stets in voller Übereinstimmung mit allen Erfahrungen.

Danksagung

Der Verfasser dankt allen Kolleginnen und Kollegen , die durch ihr hier beschriebenes Verhalten, aber auch durch Kommentare und Hinweise dieses Werk erst ermöglicht haben. Mein besonderer Dank gilt dem Kollegen, der durch Erwähnung des Begriffes »mittlere freie Weglänge« in bezug auf den Weg eines Angestellten durch den Flur diese Untersuchung angeregt hat. Dank gebührt auch Herrn Prof. Dr. H. Zimmermann , Freiburg i. Br., für seine äußerst interessanten Einführungsvorlesungen über Thermodynamik und kinetische Gastheorie, die die Voraussetzungen für diese Veröffentlichung schufen. Außerdem wird Herrn R. Brdicka für die klaren Darstellungen in seinem Lehrbuch[4] gedankt.

WOLFGANG WILKER, *Berlin (1997)*

Anmerkungen:

1) R. Clausius, *Abhandlungen über mechanische Wärmetheorie*, Vieweg, Braunschweig, 1864.
2) J. H. Jeans, *Dynamical Theory of Gases*, Cambridge, 1940.
3) vgl. dazu: A. Einstein, *Zur Elektrodynamik bewegter Körper*, Ann. Phys. **1905**, *17*, 891.
4) R. Brdicka, *Grundlagen der Physikalischen Chemie*, Deutscher Verlag der Wissenschaften, Berlin, 1967.
5) J. C. Maxwell, *Theory of Heat*, Longman, London, 1870.
6) R. Boltzmann, *Wien. Ber.* **1879**, *78*, 7.
7) Anschrift: Dr. Wolfgang Wilker, Hochkalterweg 13, 12107 Berlin.
8) Eine Masse dieser Größenordnung legt es auch nahe, quantenmechanische Effekte zur Beschreibung des Verhaltens von Angestellten heranzuziehen. (W. Wilker, Veröffentlichung in Vorbereitung).
9) Die Experimente wurden in einem Flur durchgeführt, dessen Breite teilweise kleiner als der hier errechnete effektive Durchmesser eines Angestellten ist. Unter diesen Umständen erstaunt es, daß überhaupt noch Bewegungen der Angestellten stattfinden. Wir verstehen dies als Hinweis auf Tunneleffekte oder auf Suprafluidität der Angestellten. Beides sind weitere Bestätigungen des bereits vermuteten quantenmechanischen Effektes.[8]

Märchen vom Chemiker, der zeitlebens vergeblich gearbeitet

Es war einmal ein Chemiker. Als er die Hochschule des Landes hinter sich gebracht hatte, ging er an den Hof eines Königs und sprach zu ihm: »Mein König, ich bin ein tüchtiger Chemiker, in allen Künsten meines Faches wohl bewandert. Sollte es sein, daß Ihr meine Dienste benötigt, so will ich Euch gerne dienen.« Sprach's und legte seine Publikationen vor. »Ei wohl, mein Sohn«, entgegnete der König, »so soll es denn sein. Seid Ihr anstellig, so kann ich Euch wohl brauchen.« So trat der junge Chemiker für ein Dutzend Doppeltaler im Jahr in die Dienste des Königs.

Nicht lange, so ließ ihn dieser in das Schloß rufen und sprach zu ihm: »Mein Sohn, jetzt gebe ich Euch Gelegenheit zu zeigen, was Ihr alles gelernt habt. Ihr wißt doch, daß wir Könige purpurne Mäntel tragen. Dieser Purpur kommt von weither, ist daher teuer und belastet den Staatssäckel erheblich. Könnet Ihr nicht versuchen, eine ebensolche Farbe aus Baumrinde oder aus Kräutern zu gewinnen? Sollte Euch Glück beschieden sein, so will ich Euch's lohnen.« Und der Chemiker machte sich an seine Arbeit.

Da es im Königreich viele Bäume und Kräuter gab, hatte er viel zu tun. Zwölf Jahre waren ins Land gegangen, und des Chemikers älteste Kinder besuchten bereits die Schule, als es ihrem Vater gelang, aus einer Staude einen Farbstoff zu gewinnen, der sich in nichts vom echtesten phönizischen Schneckenpurpur unterschied. Voll Glück bereitete er alles vor, um seinem König diese Entdeckung zu berichten. Doch als er endlich vorgelassen wurde, und stolz die Gewänder vorwies, die er eigens im künstlichen Purpur hatte einfärben lassen, um darzutun, daß sie sich von den echten Purpurgewändern des Königs nicht unterschieden, sagte der König: »Wohl, wohl, mein Sohn, ich sehe, Ihr habt tüchtige Arbeit geleistet. Aber Ihr müßt wissen: Wenn ich auch viel reicher und mächtiger bin als alle meine lieben Untertanen, so habe ich doch beschlossen, mich fürderhin wenigstens äußerlich nicht mehr von ihnen zu unterscheiden. Ab morgen sollen alle meine Purpurmäntel ins Museum kommen, und ich will nur noch anthrazitgraue tragen. Ihr aber sollt die mit künstlichem Purpur gefärbten Mäntel verbrennen, denn sie könnten in falsche Hände geraten.« Betroffen erwiderte der Chemiker: »Oh mein König! Zwölf Jahre also habe ich umsonst gearbeitet?! Sollen die Früchte meiner Arbeit wirklich klanglos untergehen?« – »Dies erfordert das Wohl des Reiches«, erwidert der König mit Bestimmtheit, »doch letztlich wird es Euch nicht zum Unnützen ausschlagen, denn Ihr habt viel Erfahrung gesammelt, und die wird Euch wohl zustatten kommen für die nächste Aufgabe, die ich schon für Euch ausgewählt habe: Könnt Ihr etwas finden, was den Mörtel einer Mauer so fest macht, daß sie zusammenhält wie gewachsener Fels und weder Flut noch Feind sie überwinden können?« Der Chemiker, eben noch niedergeschlagen, faßte wieder Hoffnung und versprach zu suchen.

Zwölf weitere Jahre waren ins Land gegangen, als er zum zweiten Mal vor seinen König trat und sprach: »Ich habe das Mittel, das die Mauern fest macht, fester als gewachsener Fels. Weder Spitzhacke noch Rammbock vermögen etwas gegen solche Mauern. Auch wenn man einen ganzen Strom gegen sie leitet, halten sie stand.« »Ihr seid fürwahr ein tüchtiger Mann«, erwiderte hierauf der König, »und ich will Euch loben. Doch wisset: soeben habe ich einen Reichserlaß unterzeichnet, der die Abtragung sämtlicher Mauern um Städte und Burgen befiehlt. Denn im Nachbarland hat ein Mönch ein schwarzes Pulver erfunden, das selbst härtesten Fels in Trümmer sprengt; dem würden auch Eure Mauern gewißlich nicht widerstehen. Darum sollen künftig nur noch breite Wassergräben meine Städte und Burgen schützen, Euch aber will ich einen halben Doppeltaler obendrein geben, denn Ihr habt wacker gearbeitet.«

»Mein König!« rief verzweifelt der Chemiker, »schon zum zweiten Male habe ich zwölf Jahre umsonst gearbeitet! Ein Mann wird trübsinnig, wenn all sein Arbeiten stets zu nichts führt.« »Nun, so soll er noch einen halben Doppeltaler haben, und zum Unterhofrat ernenne ich Ihn mit Wirkung ab Ersten nächsten Monats auch«, versetzte der König und fächelte sich mit der Personalakte Kühlung, indes er fortfuhr: »Laß Er sich's nicht verdrießen, ich habe bereits etwas Neues für Ihn: Kann Er etwas finden, was die Fäulnis meiner Grenzpfähle im Erdreich verhindert? Jährlich gibt mein Säckelmeister viele hunderttausend Doppeltaler aus, damit die Grenzpfähle, so sie von Fäulnis ergriffen sind, erneuert werden.« »Ich wills versuchen«, entgegnete der Chemiker mit leiser Stimme, »ich wills versuchen.« Und der König verabschiedete ihn gnädig.

Und abermals waren zwölf Jahre ins Land gegangen, da hatte der Chemiker einen Stoff gefunden, der machte das Holz der Pfähle so unempfindlich gegen die Fäulnis des Erdreichs, als sei es schierer Stein. Doch als er gerade mit der Erprobung fertig war – es war am Tage der Geburt seiner zweiten Enkeltochter –, kam ihm das Gerücht zu Ohren, der Sohn des Königs gedenke die Prinzessin des benachbarten Kaiserreiches zu heiraten, das sich allseitig rings um das Königsreich erstreckte. Böser Ahnungen voll ersuchte er um Audienz beim König, ihm den Abschluß seiner Arbeiten zu melden. »Er ist wirklich einer der tüchtigsten Chemiker meines Reiches«, sagte dieser, »und Er hat sich den Kronorden dritter Klasse redlich verdient. Wir aber wollen unser Königreich mit dem Reich meines lieben Bruders und Freundes, des Kaisers, alsbald zu einem Großreich fusionieren, über das unsere beiden Kinder gemeinsam herrschen sollen. Denn ich fühle mich langsam alt und möchte ausruhen von den Beschwernissen des Herrschens. Weil es aber nach der Hochzeit meines Sohnes mit der kaiserlichen Prinzessin keine Grenzen für unser Land mehr geben wird, brauchen wir auch keine Grenzpfähle mehr.« Der Chemiker erbleichte und stützte sich auf den Lakaien. »Mein König«, sprach er mit zitternder Stimme, »mein Haar ist weiß geworden in all den Jahren, die ich für Euch gearbeitet habe. Stets habe ich die Aufgaben gelöst, die Ihr mir gestellt habt, aber Erfolg war mir gleichwohl nicht beschieden. Ein jedes Mal ist meine Arbeit ohne Folgen geblieben, war es als hätte ich sie nie getan. Immer sind Jahre emsiger Arbeit von den Ereignissen überholt worden, zum dritten Mal bin ich nun um die Früchte meines Fleißes betrogen. Was soll ich nun tun? Ich bin alt und müde geworden. Mein Herz ist gebrochen. Alles, was ich mein Lebtag lang tat, war vergebens, umsonst.«

»Grämt Euch nicht mein Lieber«, sprach da begütigend der König, »ich will Euch eine gute Pension geben und jetzt einen Vierteltaler zur Anerkennung und zwei Flaschen Wein aus meinem Keller. Und glaubt mir, daß mich Euer Fall betrübt. Ich will Euch darum auch noch meinen Hofmedikus schicken, von dem laßt Euch getrost das Herz herausnehmen, dann tut es Euch nicht mehr weh, und Ihr werdet ein vergnügtes Alter haben.« Mit diesen Worten entließ ihn der König huldvoll. Und wie der König bestimmt hatte, so geschah es: Der Hofmedikus nahm dem Chemiker das Herz heraus. Und wenn er daran nicht gestorben ist, so lebt er heute noch.

N. N. (1970)

Drittes Kapitel
Nomen-eklatorische Spezialitäten
– Liegt Babylon am Genfer See?

Um den Benebelungsgrad eines tapferen Zechers annäherungsweise zu ermitteln, bittet man ihn gelegentlich eine Wortkombination mit widernatürlicher Liquidkonsonantenakkumulation auszusprechen, etwa wie »lila Flanelläppchen« oder »Blaukraut bleibt Blaukraut und Brautkleid bleibt Brautkleid«. Dies ist jedoch mit einiger Übung auch nach dem fünften Schoppen noch halbwegs fehlerfrei möglich. Dagegen kapituliert vor »Allyllinolenat« bereits der Abstinenzler bei minus 0,5 Promille im Schatten.

Der Volksmund kennt und nutzt Fachbegriffe wie »Allyllinolenat« (dessen chemisch korrekter Name »Linolensäureallylester« noch nicht einmal gar so viele phonetische Purzelbäume erfordert) nur selten; wo sie unvermeidlich sind, fügt er je nach Landschaft, Gutdünken und Schlechtsprechen Laute hinzu, verändert welche oder läßt sie ganz einfach weg. Kurierte Bacchus seine Hämorrhoiden homöopathisch, während er unter dem Forsythienbusch Sapphos Elegien las? Verzichteten die Gracchen auf Fluor, Lithium und Saccharin im Vanillepudding? Ließen sie ihn ganz weg aus Furcht vor Apnoe oder Cholesterin? Wir wissen es nicht. Wir wissen nur, daß man sich bei buchstabengetreuer Aussprache dieser Begriffe selbst in (halb-) gebildeter Runde schnell das hartnäckiger als Silbernitratflecken anhaftende Stigma eines puristischen Besserwissers erwirbt. Es empfielt sich dann behufs Entkrampfung der Situation eine in vulgärlateinischem Slang vorzutragende Sentenz vulgärdeutsch zu übertragen, z.B. im Kalauerstil »Ecce homo – suum cuique« (Der Mensch ächzt – das Schwein quiekt) oder »Mors certa, hora incerta« (Todsicher geht die Uhr falsch). Den subzingulären Paraklassiker

»Hirundo maleficis evoltat« lassen wir mit Rücksicht auf jugendliche Leser unübersetzt.

Wie dem auch sei – die chemische Nomenklatur ist eine Herausforderung für jeden linguistischen Houdini, daran ändern die von der IUPAC (das Akronym wurde von hartnäckigen Skeptikern schon als »Infernalisches Unbrauchbares Praxisfernes Abkürzungs-Chaos« gedeutet) propagierten Reformen wenig. An Äther und Östrogene mit »E« sowie Kobalt mit »C« hat man sich ja inzwischen zehnecnirschend gewöhnt, jedoch verschwand das um 1980 aus Frankensteins Sprachlabor entschlüpfte Monstrum »Dioxixan« gottlob bald wieder zugunsten des altvertrauten »Dioxan«. Dessen brummschädelgenerierenden Gestank samt der Peroxidneigung ließ die suggerierte »Vereinfachung der Heterocyclennomenklatur« ohnehin unverändert.

Unverändert bleibt auch der nomenklatorische Synkretismus, daß sich für ein und dieselbe Substanz mehrere Namen herausgebildet haben. Mithin läßt er sich für friedliche Zwecke nutzen: Als in einem Laboratorium unbekannte Kräfte immer wieder die Acetonflasche anzapften, füllte man das kostbare Naß in eine andere Buddel, die neben einem entzückenden Totenköpfchen den Schriftzug »2-Oxo-propan« trug, und der Spuk hörte sofort auf.

Der Trivialname gehört zur Allerweltschemikalie wie die unregelmäßige Form zum häufig gebrauchten Verb. Würde eine völlig regulär aufgebaute Kunstsprache morgens eingeführt, hätten wir am Nachmittag schon die ersten morphologischen Mutanten. Daher sollte man an Trivialnamen keine Notzuchtdelikte verüben; wer die Bevorzugung von »Benzen« gegenüber »Benzol« damit begründen will, daß es sich um eine

Humoristische Chemie. Herausgegeben von Jakobi, Hopf
Copyright © 2004 WILEY-VCH Verlag GmbH & Co. KGaA, Weinheim
ISBN: 3-527-30628-5

ungesättigte Verbindung ohne Hydroxygruppen handele, steht auf morastigem Boden: Wo bitte schön ist die Dreifachbindung im Anilin?

Ein weiterer Verwirrungsfaktor auf der nach oben offenen Babylon-Skala ist die Neigung der Organiker, jede banale Kollision von Elektrophil und Nukleophil sowie hüpfende Wasserstoffteilchen mit einer schwer einprägsamen Suada von Personennamen zu verbrämen. Da wird aus einer simplen Tautomerie schon mal eine Lobry-de-Bruyn-van-Ekenstein-Umlagerung. Mitunter kommen die Vorbilder jedoch auch aus anderen Sparten, beispielsweise der Nautik: Die Esterkondensation nach Claisen (bitte »Klaisen«, nicht »Kleesen«) verhält sich zur Dieckmann-Cyclisierung wie der Schotstek zum Palstek. Die

Anorganiker geben sich beim Personenkult bescheidener; sie kennen wohl das Mohrsche, Schlippesche und Reineckesche Salz, auch Rinmans Grün und Turnbulls Blau, aber ansonsten verschiebt (wohin?) Grimm seine seligen Hydride wie Seel seine grimmigen Nitrosyle und damit basta. Wer eine Stock-Apparatur umwirft, wird deshalb noch lange nicht zum Stockbroker. Andererseits ist die Namen- und Schlagwortchemie ein probates Vehikel, um einen mißliebigen Examenskandidaten schon vor der H_2S-Gruppe auszufällen resp. nach erschöpfender Methylierung zu eliminieren, sodaß wir uns um ihren akademischen Fortbestand nicht sorgen müssen. *Veni, vidi, vomui*, wie ein ungenannt bleiben wollender Kollege zu sagen pflegt.

ortografi: die hinrichtung des zinnnitrates

Tief bewegt gedenken wir heute, am Tage der Herausgabe dieser Zeitschrift, der Hinrichtung einer chemischen Verbindung.

Heute genau vor 31 322 Tagen ward in Berlin vor einem erlauchten Publikum dem Zinnnitrat der Garaus gemacht[1]. Als Henker betätigen sich eine Anzahl von Schulmeistern im Geheim- und Hofratsrang. Einigen wenigen Chemikern, die inständig um Gnade für das Zinnnitrat baten, schenkte man kein Gehör.

Einst, vor dem unseligen 19. Juni 1901 war das Zinnnitrat eine angesehene Verbindung, deren Herstellung und Eigenschaften den Adepten zur Forschung anregten[2]. Welcher schwerer Missetaten hatte man das Zinnnitrat nur überführen können, die seine Auslöschung rechtfertigen? Gemäß den Regeln der amtlichen Rechtschreibung in den Ländern deutscher Sprache[3] verstößt die Schreibweise Zinnnitrat gegen einen der 225 Paragrafen des bürgerlichen Ortografiegesetzbuches: die drei aufeinander folgenden n sind unzulässig. Von chemischen Kenntnissen unberührt, strichen die Ortografen der 2. deutschen Orthografiekonferenz dem Zinnnitrat ein n. Und damit war das Zinnnitrat gestorben. Denn Zinn schreibt sich nun einmal mit zwei n, nitrat fängt mit einem n an und die Synthese beider Worte ergibt eine 3n-Verbindung. Doch eine solche Interpretationskonzeption fiel bei den Ortografen auf taube Ohren: 3 n sind zu viel.

Gegen dieses ungeheuren Anschlag auf die Freiheit und das leben einer chemischen verbindung hätte man einen sturm des protestes erwartet. Doch wie schon bei vielen anderen angelegenheiten bewiesen, beugten die meisten chemiker sich den entscheidungen einer ignoranten obrigkeit. Zwar versuchten die mutigen chemiker Müller & Barck wider das Gesetz zu löcken – ihnen gelang tatsächlich die herstellung des zinnnitrids[4] – der ortografieregeln wegen zersetzte sich jedoch auch diese verbindung schon in »statu nascendi«.

Glücklicherweise fanden eine hochkreative chemiker bald andere Wege, 3-konsonantenverbindungen zu synthetisieren. Der in unerschütterlicher ortografischer gesetzestreue verstrickten fachwelt präsentieren 1928 die aussenseiter Ruff, Fischer & Luft das stickstofffluorid[5], zu dem sich später auch das sauerstofffluorid[6] gesellte. Beides sind ortografisch erlaubte 3-homokonsonanten-verbindungen. Die rechtschreiberlinge bissen sich ob dieser syntetischen frechheit auf die zunge. Für die deutsche wissenschaft hingegen zeigten diese ortografisch höchst ungewöhnlichen verbindungen leider keine signalwirkung. Es hätte den chemikern aber wohl mögen frommen, wenn anstatt der drei effs drei pehas im worte stünden. Denn fürwahr, so jemand das Naphthalin liebt, der wird auch das Stickstophphphluorid frohlockend verehren[7].

Es geschah aber zu der zeit, als ein österreicher landpfleger im tausendjährigen reiche war, etwas sehr ungewöhnliches im südwesten der deutschen sprachgaue. Die eidgenossen, seit jeher erpicht darauf, sich gegenüber dem Grossen Kanton kulturell zu profilieren, schufen 1938 einfach das »ß« ab. Obwohl dies an und für sich keine ortografische Heldentat war – das »ß« kommt schließlich im alfabet nicht vor – gab dieser verzicht dennoch entscheidende impulse der schweizer chemie. Von unsinnigen rechtschreibregeln befreit, konnten die eidgenössischen chemiker nun endlich wieder mit Flusssäure und Flussspat arbeiten. Den deutschen, österreichischen und ddr-chemikern blieben bis heute diese Verbindungen verwehrt.

Gerichtet war aber am 19. 6. 1901 nicht nur das zinnnitrat. Auch anderen substanzen ging es an den kragen. Das man dem Theer, der Thierkohle, der Thonerde und dem Kuhkothsalz[8] das ha vom te entfernte, nahmen die damaligen chemiker mit gewohntem stumpfsinn hin. Doch als man auch der Mellithsäre und dem Wismuth das h amputierte, regte sich leiser protest: »die Beseitigung des h möchte die Schrift undeutlich machen« [9]. Und als die schriftgelehrten dann auch noch daran gingen, das y in i zu mutieren, erregte sich das vaterländische Gemüth der in Recht & Ordnung ausgebildeten chemiker dergestalt, das sie sich verweigerten. »Wo kämen wir hin, wenn wir statt mystisch mistisch sagen wollten«, schrie der privatdocent Erich Deussen den linken ortografisten ins gesicht[10].

Dennoch, ungeachtet dieser proteste wagte es die aufmüpfige redaktion der Chemischen Berichte, das Baryum in Barium zu verwandeln[11]. Derbe kritik ward den redaktoren darob zuteil. Eingeschüchtert ließ die redaktion deshalb 44 Jahre verstreichen, ehe ihre Krystalle 1951 endlich kristallisieren konnten[12]. In Leipzig, beim Journal für praktische Chemie, zerfiel der letzte Krystall 1943, wohl in folge von kriegseinwirkungen. Wie feniks aus der asche tauchten dann 1955 plötzlich kristalle auf[13].

Diese revolutionären änderungen konnten die konservativen Beilsteine nicht mitmachen[14]. Nach einigen schüchternen vorversuchen 1977[15], ging Beilstein erst 1978 – 77 Jahre nach den beschlüssen der ortografikonferenz von 1901 – zur amtlichen deutschen rechtschreibung über.

Doch als Luckenbachs Beilstein seiner Kristallschreibweise richtig gewahr wurde, entsetzte er sich über diesen frevel, zu dem ihm die böse permanente innovationsakzeleration zwang. Mannhaft sann er nach abhilfe. Und fand bald eine progressive lösung. Warum sollte Luckenbach nicht seinen Beilstein in einer Sprache herausgeben, die gegen voreilige ortografische veränderungen gefeit ist? Warum nicht den Beilstein in einem idiom verfassen, das sich seit den ruhmreichen tagen der letzten alchymisten kaum verändert hat? Crystalls crystallisieren nun im Beilstein[16]. Diese schreibweise erscheint nicht nur wissenschaftlich elegant, sondern wird auch der chemiegeschichte gerecht, sintemal auch schon Robert Boyle dergestalt schrieb.

C für K und Y für I ist ein garant dafür, das nicht eines tages auch noch Phlogiston mit f und klein geschrieben wird. flogiston? Pphui! Wie es war im anfang, so sei es jetzt und immerdar.

Die deutschsprachigen chemiker können nun auch hoffen, das durch die neue, mittelalterliche Sprache des Beilsteins, über den Sulphur[17], der langherbeigesehnte Schwephel endlich allgemein in die deutsche sprache eindringt. Ein herr Koshofer hat hier schon mit beachtenswertem mut pionierarbeit geleistet und die deutsche nomenklatur bereichert mit Kupfersulphat und Sulphurcyanid[18]. Nach den vorschlägen des neuen 5-jahresplans im real existierenden ortografismus steht jetzt auch der syntese der superkonsonantenverbindung »Bismuthphthalat« kulturpolitisch nichts mehr im wege.

Höchste zeit war es, weiteren verwüstungen in der chemografie endlich einmal machtvoll Einhalt zu gebieten. Glücklicherweise fanden die deutschsprachigen chemiker niemals gefallen an bezeichnungen wie rodium, rodan, fenolftalein, fosfor und frenesi. Hingegen hatte man das barhyum, das brhom, das chlorh, das hydrhid, rhubidium und rhadium schon so zeitig verstümmelt, das es vielen phlegmatischen chemikern jede phantasie zur pforschung raubte. Welcher wissenschaphtler vernahm denn je etwas vom borhrhodanid?

PH, RH und TH repräsentieren bestens die mannhafte kulturverantwortung der chemie. Wer an das PH Hand anlegt, kastriert die chemie! Wie könnte den ein chemiker mit einem fallus noch seriös chemie betreiben.

Nun aber geht es an die ehre des chemikers. Was jedoch ist des chemikers ehre? Seit er ethyl, ethan und ether schreibt, mag die ehre auch einer ähre gleichen, die man dem verdientem wissenschaftler nicht zu ehren, sondern zu seiner är-nehrung darbietet. Was aber ist nehrung? Eltere chämiker erinnern sich an eine in Ostpreussen liegende Landzunge. Sie heißt heute Mierzeja. Dort nennt man ehre Честь. Hier heisst ehre honour. Doch gleichgültig ob Chemistry oder Химия, den chemiker lässt dies alles kalt. Unabhengig von politischen, wirtschaftlichen und militerischen einflüssen haben die chämiker noch niemals die ihnen am besten zur wissenschaftlichen kommunikation geignete sprache ausgewehlt. Das man eine wissenschaftssprache auch nach wissenschaftlichen gesichtspunkten küren kann, wussten die chemiker bisher immer zu ignorieren.

HANS-RICHARD SLIWKA, Trondheim (1987)

Anmerkungen:

1) Konferenzprotokoll der 2. deutschen Orthographiekonferenz, in: D. Nerius und G. Scharnhorst (Hrsg.); Theoretische Probleme der deutschen Orthographie, Berlin 1980, s. 330.

2) R. Weber, J. Pr. Chemie 25, 121 (1882).

3) verbindlich seit: Deutsches Reich 19. 6. 1901; Österreich 24. 2. 1902; Schweiz 18. 7. 1902.

4) E. Müller und H. Barck, Z. Anorg. Chem. 129, 309 (1923).

5) O. Ruff, J. Fischer und F. Luft, Z. Anorg. Chem. 172, 417 (1928).

6) Gmelin F5, Erg. Band 1926, s. 50; Erg. Band 1959, s. 221.

7) eine erste wortverbindung dieser art erwähnen J. und W. Grimm, Deutsches Wörterbuch, Leipzig: Hirzel, 1854, s. LXI.

8) Die chemisch-technischen Mittheilungen der Jahre 1852–1854, Berlin: Springer, 1855, s. 114.

9) W. Wilmans, Vortrag über die preussische Schulorthographie 19. 3. 1880, in: B. Garbe (hrsg.): »die deutsche rechtschreibung und ihre reform 1772–1974«. Tübingen: Niemeyer, 1978, s. 106.

10) E. Deussen, Angew. Chem. *37*, 832 (1924).

11) letztes mal Baryum in Ber. Dtsch. Chem. Ges. *39* (1906).

12) letztes mal Krystalle in Chem. Ber. *83* (1950).

13) letztes mal Krystalle in J. pr. Chemie *162* (1943); Kristalle seit J. pr. Chemie *1* (1955)

14) B. Prager, P. Jacobson, F. Richter, H.-G. Boit, R. Luckenbach; verantwortliche herausgeber des Beilstein.

15) z. b. Beilstein *20*, E 3+4 (1977): Kristalle; Beilstein *3* E 4 (1977): Krystalle.

16) Beilstein E 5 seit 1984 in englisch; siehe auch H. Hoffmann, Chem. Ind. *36*, 768 (1984); E. Bass, Chimia *39*, 35 (1985).

17) A. M. Patterson, Words about words, Amer. Chem. Soc., Washington 1957; s. 35, 39, 41.

18) G. Koshofer, Farbe im Photo – Geschichte der Farbphotographie von 1861–1981, Köln: Schlink, 1981

Einheits-EG-Englisch vorgeschlagen

Englisch ist im Bereich der Europäischen Gemeinschaft die bevorzugte Sprache zwischen den Einwohnern verschiedener Sprachräume. Auf Vorschlag der Royal Aircraft Establishment News soll eine Kommission mit Vertretern aller Mitgliedsländer gebildet werden, deren Aufgabe es sein wird, die vielfältigen Ungereimtheiten der englischen Sprache in bezug auf Aussprache und Schreibweise zu vereinheitlichen. Die für alle Ausländer so unergründlichen Merkwürdigkeiten, wie z. B. although – no, rough, – ruff, through, – true – you, plough – cow usw. erschweren die Kommunikation zwischen den Menschen im Bereich der EG und verstoßen demnach gegen den Geist der Gemeinschaft.

Zur Erleichterung der zwischenmenschlichen Kommunikation auf allen Ebenen ist ein Mehrstufenplan vorgesehen. Im ersten Jahr soll das weiche *c* durch *s* ersetzt werden. Sertainly, sivil servants in all sities would reseive this news with joy. Im zweiten Jahr soll das harte *c* durch *k* und *ph* generell durch *f* ersetzt werden. Not only would this klear up konfusion in the minds of klerikal workers, but this would make words like *Fotograf* 20% shorter in print.

In the third year, publik akseptanse of the new spelling kould be expekted to reatsh the stage where more komplikated tshanges are possible. Governments would enkourage the removal of double letters, which have always been a deterent to akurate spelling.

We would al agre that the horible mes of silent *es* in the languag is disgrasful. Therfor we kould drop thez and kontinu to read an writ az though nothing had hapend. By this tim it would be four yearz sins the skem began, and peopl would be reseptiv to steps sutsh as replasing *th* with *z*. Perhaps zen ze funktion of *w* kould be taken on by *v*, vitsh iz, after al, half a *w*. Shortly after zis, ze unesesary *o* kould be droped from works kontaining *ou*. Similar arguments vud of kors be aplid to ozer kombinationz of letters.

Kontinuing zis proses yer after yer, ve vud eventuale hav a rele sensibl riten styl. After 20 yers zer vud be no mor trublsm difikultiz, and evrivun vud find it eze to understand etsh ozer. Ze dremz of Mr. Orvel vud finale kum tru.

N. N. (1987)

Keine Chemie bitte!

Zur Akzeptanz der Chemie gehört auch eine Sprache, die für die Bevölkerung verständlich ist. Deshalb folgt hier ein satirischer Zwischenruf zur systematischen chemischen Nomenklatur.

Wer würde schon freiwillig eine Mischung aus *Furanen, Pyrazinen, aliphatischen* und *aromatischen Nicht-Heterocyclen, Pyrrolen, Thiophenen, Thiazolen* und so weiter zu sich nehmen? Verrückte? Masochisten? Chemiker oder gar Außerirdische? Schließlich sind dies allesamt chemische Verbindungen, deren bloße Namensnennung jedem halbwegs um die Umwelt Besorgten den Schrecken ins Gesicht schreiben würde und die – würde ich sie hier in ihrer Formelschreibweise wiedergeben – normale Menschen eher an Schädlingsvernichtungsmittel denken lassen würden als an – ja was eigentlich?

Tatsächlich beschreibt die hier angegebene Liste nur Verbindungen, die das Kaffeearoma ausmachen. Jeder Tasse. Wenn ich morgens einen Pott Kaffee koche, um in Gang zu kommen, produziere ich demnach ein gigantisches Sammelsurium an zum Teil noch nicht mal erforschten Molekülen mit unheimlichen Namen. Mache ich mich jetzt vielleicht strafbar, wenn ich gleich eine ganze Kanne aufbrühe? Ist ein Kaffeekränzchen mit Freunden eventuell einem Chemieunfall gleichzusetzen? Besteht die Gefahr einer Pandemie, verursacht durch das nach Erdöl zweitwichtigste Weltwirtschaftsgut?

So manch einer wird sich jetzt beruhigt zurücklehnen und denken: »Habe ich doch immer gewußt: Tee ist eben doch besser.« Dabei sieht's beim Tee nicht eben besser aus. Hier tummeln sich *acyclische* und *cyclische, gesättigte* und *ungesättigte Carbonyl-Verbindungen*, diverse *Alkohole, Carbonsäuren, Lactone, Terpene* sowie – wo habe ich das schon mal gehört – *Furan-Derivate* und *Pyrazine*. Wohlgemerkt: bei dieser Aufzählung handelt es sich nicht um Verunreinigungen, die durch irgendwelche Umwelt-Hasardeure in die Pflanzen geschummelt wurden, sondern um diejenigen Bestandteile, die den Tee erst zu dem machen, was er ist. Alle der etwa 400 verschiedenen Mitglieder des chemischen Tee-Zoos zusammen ergeben erst das leckere Tee-Aroma. So wie elf Spieler eine Fußballmannschaft. Oder sechs Richtige einen Hauptgewinn.

Jetzt könne man sagen: Okay, kein Tee mehr ab jetzt, ab heute gibt's reine, natürliche Fruchtsäfte. Ganz schlecht. Wußten Sie, daß zum Beispiel das Apfelaroma durch ein wildes Gemisch aus *Carbonsäuren* und *Essigsäureestern* neben *Aceton, Acetaldehyd*, diversen *Alkoholen* und – oh Schreck – *Formaldehyd* und einen Stoff namens *4-Methoxyallylbenzol* hervorgerufen wird? Bei diesem Namen denkt man doch eher an qualmende Fabrikschlote und Holzschutzmittel als an Omas Apfelkuchen! Wollte Eva ihren Adam vielleicht vergiften?

Davon kann natürlich keine Rede sein. Was also läuft hier falsch? Oder einmal andersherum gefragt: Warum denken die weitaus meisten Leute bei Bezeichnungen wie eben *4-Methoxyallylbenzol* zuerst an ihren Anwalt und dann erst – wenn überhaupt – an eine gut riechende Substanz, die in Früchten vorkommt? Warum tun sich die Leute, allen Bildungsbestrebungen der letzten Jahrzehnte zum Trotz, immer noch »Zucker« und nicht β-D-*Fructofuranosyl*-α-D-*glucopyranosid* in ihrem Kaffee? Wir sind hier ganz dicht am Kern der Sache: In diesem Namen, Wissenschaftler nennen sie »Bezeichnungen«, liegt, so will mir scheinen, das eigentliche Problem.

Niemand wird bestreiten, daß die unkontrollierte und schleichende Freisetzung von Chemikalien ein großes Übel unserer Zeit ist. Pestizide gehören nicht ins Grundwasser, soviel ist klar, meinetwegen auch keine Farbstoffe in den Joghurt. Alles ist zudem eine Frage des Maßstabs. Mikrogrammmengen von bestimmten Aromastoffen sind sicherlich nicht mit schädlichen und allergieauslösenden Formaldehydausdünstungen aus meinem neuen Kleiderschrank zu vergleichen. Aber wird hier in der Öffentlichkeit nicht das Kind mit dem Bade ausgeschüttet? Wenn die Leute ahnen würden, daß in ihrer Zahnpasta *trans-2Isopropyl-5-methylcyclohexanol* für den Minzgeschmack sorgt, welche Verwirrung würde herrschen! Dabei ist das nur ein anderer Name für Menthol. In der Allgemeinheit hat sich der Gedanke noch nicht durchgesetzt, daß ein Verzicht auf Chemie gar nicht möglich ist, weil in der Tat alles um uns herum Chemie ist, so der so. Und warum tun sich die Leute so schwer? Weil Chemiker sich in einer Sprache unterhalten, die außer ihnen niemand versteht, voller »yls« und »ols« und »als«, »methyl«, »cyclo« und »oxy«. Es ist zu einem guten Teil die Fremdartigkeit der Namen, die manche Chemikalien erst so richtig bedrohlich erscheinen lassen. (Eigenartig bleibt natürlich, daß auch andere Berufsgruppen, wie etwa Ärzte oder Automechaniker, sich durchaus beliebig unverständlich auszudrücken vermögen, ohne deshalb unbedingt unter Ansehensverlust zu leiden, aber das steht wohl auf einem anderen Blatt.)

Die systematische Nomenklatur ist also das Problem. Kryptische Namen wie *3-Methyl-2-(2-cis-pentenyl)-2-cyclopenten-1-on* (eine unschuldige, in Blüten vorkommende Verbindung mit Jasminduft) verunsichern die Allgemeinheit. Weg damit! Die Industrie hat bereits gelernt, ein Blick in abendliche Werbefernsehen zeigt es: Da wird von »Zitronenkraft« gesprochen, wenn *2-Hydroxy-1,2,3-propantricarbonsäure (sorry, Citronensäure)* drin ist; Verbindungen mit schwer zu verniedlichenden Namen wie *Ethylendiamintetraacetat* werden unter einem schlagkräftigen Kürzel wie »TEAD-System« verkauft. Das klingt doch fast schon wie ARD oder USA oder BMW! Welcher geniale Geist mag sich da um Henkel verdient gemacht haben? So muß es sein! Auch Profiboxer und Weltmeister Henry Maske würde sich ohne seinen Zweitnamen »Der Gentleman« weitaus weniger als Werbeträger etwa für Duschgels und Haarshampoos eignen.

Uns Chemikern bleibt da eigentlich nur noch, nicht auf halbem Wege stehen zu bleiben, sondern das Übel an der Wurzel zu packen und die IUPAC-Nomenklatur vollends über Bord zu werfen. Unsere Kollegen von der Riechstoffindustrie zeigen uns, wie man es macht: aus *5,6-Dimethyl-8-isopropenylbicyclo[4,4,0]-1-decen-3-on* wird das lyrische »Nootkaton« (aus dem Namen riecht man zwar noch nicht direkt das Grapefruitaroma, in dem es vorkommt, heraus, aber immerhin), das zungenbrecherische *3,7,11-Trimethyl-1,6,10-dodecatrien-3-ol* mutiert zum herrlich herben »Neroli-dol«, das Assoziationen an das alte Rom aufkommen läßt und ganze Substanzklassen wie die *1-(2,6,6-Trimethylcyclohexenyl)-2-buten-1-one* werden zu den herrlich mondänen »Damascenonen«. So einfach könnte es sein. Einige Transformationen wirken zwar immer noch ein wenig verunglückt, wie etwa das barsche »Rosenoxid« für *4-Methyl-2-(2-methyl-1-propenyl)tetrahydropyran*, hier muß der Kollege noch etwas üben, aber ein Anfang ist gemacht.

Puristen werden jetzt vielleicht einwenden: Wir sehen das ja alles ein, aber es gibt Abermillionen an chemischen Verbindungen, die wollen alle benannt sein, und die deutsche Sprache kennt nur ein paar tausend Wörter. Und: Für einen ganzen Haufen fieser anorganischer Verbindungen, die stinken, an der Luft brennen, mit Wasser explodieren und überhaupt ekelhaft giftig sind, kann man doch beim besten Willen keine verniedlichenden Namen finden! Weit gefehlt! Hier ist Phantasie gefragt! Man könnte beispielsweise deskriptiver werden. Wie wäre es mit »Rubinrote Kristalle, von Karl Neumann am Morgen nach seinem Geburtstag in seinem Kolben vorgefunden«, oder »Kristallklares, wie Honig fließendes Wasser, das mit Brom liebevoll reagiert«? Anregungen könnte man sich zuhauf in der chemischen Literatur vor – sagen wir – 1900 holen. Ein simpler Griff in die Vergangenheit könnte dem Chemiestandort Deutschland eine neue Zukunft geben! Zurück in die Zukunft, gewissermaßen. Gehen wir mit gutem Beispiel voran.

STEFAN ALBUS (1996)

Abkürzungsverzeichnis

AV: *Ad vomendum, häufige Laborjournal-notiz.*

BB: *Bunsenbrenner, in arabischen Ländern auch Burnusbrenner genannt.*

C4: *Deutsche Güteklasse, irgendwo zwischen 1a und z9.*

E.C.4711: *Knorpelabbauendes Enzym der Nasenschleimhaut, Feind aller Fingernägel.*

LBS: *Leiten, Bezahlen und Streicheln. LBS-Professoren sind bei den Studenten besonders angesehen.*

LCD: *Lasse copieren und denken.*

LSD: *Lesen, Schreiben, Denken. LSD-Professoren können selbstständig arbeiten.*

MfS: *Mittlere freie Stoßlänge, Begriff der kinetischen Gastheorie.*

MFW: *Mittlere freie Weglänge, durchschnittliche Laufleistung eines Mitarbeiters.*

MGSJSN: *Man gönnt sich ja sonst nichts.*

NMR: *Die nochmal-markantes-Rede stellt alles Davorgewesene in den Schatten. Auch dem unbedarften Zuhörer gibt dieser Memory-Effekt der in epischer Breite hervorquellenden Antiquitäten immer wieder warme Momente der wissenschaftlichen Heimat.*

pH: *Platzhirsch, wenn er sauer ist, macht er sich klein, wenn die Base kommt, macht er sich lang.*

Ppm: *Peinlichkeiten pro Minute, wichtige Maßeinheit für politische und wissenschaftliche Reden, besonders bei der NMR.*

SfZ: *Seminar-freie Zeit.*

sp^3: *Sülz-pFaktor 3 auf der nach oben offenen Uni-Skala.*

s.t.: *sine tempore, d. h. ohne Zeit, Beispiele sind*
Prof. s.t. = Professor ohne Zeit
s.t. Prof. = zeitloser Professor, aber
St. Prof. = heiliger Professor

TMS: *Trubel mit Studenten, der Nullpunkt auf jeder Skala (siehe ppm).*

QMS: *Quatsch mit Soße.*

N. N. (1995)

Deulisch-Engtsch

Welch ungeheure Summe von Phantasie und Geist, Einfallsreichtum und ordnendem Sinn gehörte dazu, auch nur einen Sprachraum, eine Sprache zu schaffen und damit der Welt einen Anflug von Verständlichkeit zu geben! Brot – du pain – chljeb: die Assoziationen sind kaum verschieden. Die Wissenschaft aber ist streng; sie definiert die Phänomene so genau wie möglich und verlangt auch eine strenge Sprachzucht. So haben sich vornehmlich die exakten (sie versuchen's zu sein) Naturwissenschaften eine eigene Sprache geschaffen und es war fast selbstverständlich, daß ihre Elemente aus dem mittelmeerischen Sprach- und Kulturraum stammen: Hellas, Rom, Arabien. Natrium und Chlor, Alkalität und Acidität, Enzyme und Substrate passen nicht nur chemisch, sondern auch sprachlich zusammen, mindestens haben wir uns gänzlich daran gewöhnt.

Auch sprachlich gemischte Wortverbindungen erzeugen kein Unbehagen, eher ein Wohlgefallen: Spektroskopie ist eigentlich Geisterseherei (latinograecisch). Eine gelungene Symbiose, wie uns scheinen will.

Wer aber heutzutage auf wissenschaftliche Tagungen geht, hört ganz neuartige Wortbildungen. Nicht nur Verkürzungen zur Schonung der Zunge: Hyaluronidase wird zur Hyase, Permeationsselektivität zur Permselektivität (was hat dieses Phänomen mit dem Erdzeitalter zu tun?) – nein es sind Legierungen aus neuzeitlichen Sprachbereichen: Fluoreszenz wird nicht mehr gelöscht, sondern gequencht, ein heißer Körper wird nicht mehr abgeschreckt, sondern auch gequencht; eine Kurve wird nicht geglättet, sondern gesmooth, zwei Kurven, eine theoretische und eine experimentelle zum Beispiel, werden nicht angeglichen, sondern gematcht; wenn man Kunststoffband so auszieht, daß es Nacken und Hals bildet, wird es geneckt.

Die neue Sprache der Wissenschaft, das Englische, stürmt die deutsche Sprachfestung, und die Vereinigung bringt eine Unzahl, wenn nicht schöner, so doch interessanter Hybriden hervor. Es mag einfältige Naturen geben, die den Eindruck haben, die Sprache verfaule uns im Munde. Aber Vorsicht, Schlimmeres kann passieren! Spät ward's im Labor, und die harrende Hausfrau wagt's die bekannte Telefonnummer zu wählen:

»Schatz, muß es so spät ...?«

»Bittebitte, verzeih' mir, heut' hab ich sie herumgekriegt: ich hab' die Fluoreszenz gequencht, und seit 2 Stunden smoothe ich die Kurven.«

(Schluchzen, Aufschrei) »Welche Zenzi hast du gequentscht?! Wie nennst Du das überhaupt?! Und zwei Stunden hast Du ihre Kurven geschmust?!«

»Aber Liebling, Du irrst Dich! An einem Tag sind mir gleich mehrere wissenschaftliche Durchbrüche gelungen: während ich ein Poly neckte, hab' ich zum ersten Mal weiche Moden gesehen!«

»Huhuhuhuhuu!«

Verlassen wir diskret die fatale Szene. Nachdenklich geworden erkennen wir: Starke Verben müssen aus einer solchen Vereinigung hervorgehen, und viel Mißliches bleibt uns erspart: quenchen, quanch, gequonchen; matchen, motch, gemotcht; necken, nock, genuckelt.

N. N. (1983)

Weitere Vorschläge der Herausgeber für starckdeutsche Verben: erben, arb, georben; zischen, zosch, gezuschen; prellen, prall, geprollen.

Zettenzeodrei plus jottzwei?

Der normalerweise mit Formeln operierende Chemiker vermag mit den ausgeschriebenen Symbolzeichen nicht viel anzufangen. Auf Anhieb gelingt es ihm nicht, einen Zusammenhang herzustellen zwischen Schrift und Anschauung. Die Worte hemmen hier die Erkenntnis, verhindern den Reaktionsablauf. Erst durch Sprechen wandeln sich die Buchstaben in verständliche Symbole:

$$ZnCO_3 + J_2 \rightarrow ?$$

Das Rätselraten hat ein Ende. Der Chemiker ist erleuchtet. Ist er es wirklich?

Am anfang der modernen chemie stand das wort. Doch trotz des filologischen grundsteins dieser wissenschaft, gelegt durch Morveau und Lavoisier, schänden ständig die syntetiker und analytiker schrift und sprache in schimpflicher weise. Wohlwissend, das ortografen der chemischen spracharbeit nicht gewachsen sind., unterwerfen sich die scheidekünstler dennoch widerspruchslos der tyrannei fossiler rechthaberischer schriftnormung. Sie verweigern sich, ihre materia prima, die ratio, einwirken zu lassen auf das alltägliche ortografische chaos. Die modernen adepten sträuben sich sogar gegen die anwendung jedwelcher katalysatoren, die der putrefaktion der herrschenden schreibung endlich einhalt gebieten könnte[1].

$$ZnCO_3 + J_2 \rightarrow ?$$

Zinkkarbonat und jod ergibt? Ja, was? Nichts gutes!

Ebenso wie das zinnnitrat und das sauerstofffluorid anatemata sind[2], so mißfällt den ortografen auch das zinkkarbonat. Eine der vielen paragrafen des bürgerlichen ortografischen gesetzbuches sieht zwillings-k nur mit größtem unbehagen. Dem zinkkarbonat war deshalb keine lange lebensdauer beschieden[3]. Nur in der zusammensetzung zink-Karbonat würde getrennt empfohlen, was verbunden frevel ist. Denn der ortograf syntetisiert im allgemeinen:

$$k + k \rightarrow ck$$

und folglich entstand zinckarbonat. Leider zerfällt auch diese verbindung rasch. Der gebildete chemiker schreibt nämlich vertauschend zinkcarbonat. Das progressive gemüt nomenklaturiert nun sogar schon zinccarbonat, während konservative zeitgenossen hartnäckig auf zinckkarbonat beharren[4]. Der entsetzte adept greift sich darob ans herz. Er sinkt zu boden und ist tot. Tot wegen des zinckkarbonates? Nein, tot vom jot.

Denn die Frage lautete: $ZnCO_3 + J_2 \rightarrow$?

Jod? Was ist denn das? Schreibt es sich nicht jod? Wie tod? Oder jodt? Wie Todt? Dem nationalsolzialistischen autobahninspektör und leiter seiner namenstragenden organisation? Ein unhörbares t dem d aufzubürden ist schließlich gängiger dudengrafischer usus. Das veilchenblaue halogenelement gefiele sich jedoch etymologisch besser, wenn der untere bogen das anfangsbuchstaben gekürzet würde und … zum jod transkribiererte und dementsprechend natürlich auch transformiert würde. Die ehrwürdigen humanistischen gebildeten gründerväter der deutschsprachigen chemie haben allerdings – obwohl des griechischen durchaus mächtig – das wort stets so grafiert wie sie es pronanzierten. Die epigonen der großen meister meinen nun aufmüpfig, das 53. element doch in jod metaforieren zu können. Freilich geschieht dies nicht etwa wegen der plötzlichen aktivierung des schlafenden etymologischen gewissens, nein, das i dringt ein durch iodine und seine verbindungen, selbige in der kakofoni der heutigen lingua sacra jedoch mit a anlautet:

aiedin, aiedaid[5].

Wie nun endlich reagiert $ZnCO_3 + I_2 \rightarrow$?

Die reaktion ist nicht zu kontrollieren: Es entsteht ein gewaltiges gewirr. Es bilden sich zinkjodid – zinkjodit- zinkjodidt – zincjodid – zincjodit – zincjodidt – zinciodid – zinciodit – zinciodidt – zinckjodid – zinckjodit – zinckjodidt zinckiodid – zinckiodit – zinckiodidt. Es mögen auch zinkkristalle, zinkkrystalle[2], zinckkristalle, zinckkrystalle, zinccristalle und zinccrystalle entstehen. Und warum sollte man nicht auch noch zhinkzyanid, cinccyanid, zynkzianyd und cynccianydt finden? Solch eine brilliante Produktackumulierung fordert natürlich höchste anerkennung. Die gewöhnliche auszeichnung der gesellschaft deutschsprachiger chemiker für solche taten – die güldne ortografispange mit eichenlaub und kugelschreiber – erscheint hier allzu modest. Man hängt daher herum um den dicken hals des chemografen eine prunkkette, die sich, passend zur gelegenheit, auch als prunckkette, prunkcette und prunccette tragen läßt.

Doch die wahre ehre der reinen lehre gebührt nur denjenigen chemikern, die sich vom ruhmesglanz der orden nicht blenden lassen. Der nüchterne naturwissenschaftler isoliert daher aus der chemografischen reaktion lediglich vielfältig verwirrende verunreinigungen: Denn wer die edukte nicht ackurat bezeichnet, darf bei den produkten keine höheren anforderungen stellen.

Wie nun aber erhält man purissimum aus crudum?

Seit jeher gipfelt des scheidekünstlers höchste kunst in der diakrise des guten vom bösen. Und fürwahr, es gibt metoden, den ganzen chomografischen unsinn dauerhaft zu läutern. Das zu bedarf es weder retorten noch fiolen, weder verborgener handgriffe noch elixiere. Zur transmutation ins edle genügt der ortografische imperativ:

Schraibe schtets so wi du richtig schprichst![6]

Es deucht, die chemiker haben davon niemals vernommen.

HANS-RICHARD SLIWKA, *Trondheim (1989)*

Anmerkungen:

1) H.-R. Sliwka: dissertation universität Fribourg (Schweiz) 1983. die annahme der doktorarbeit wurde von der naturwissenschaftlichen fakultät verweigert wegen abfassung in einer rationalen, reformierenden chemografi; lediglich die gemäßigte kleinschreibung sah man sich genötigt zu tolerieren.

2) H.-R. Sliwka: die hinrichtung des zinnnitrates, Nachr. Chem. Tech. Lab. *35*, 390 (1987).

3) Gmelin-Krauts Handbuch der anorganischen Chemie, Band 4, Winter, Heidelberg 1911.

4) Metall erstmals erwähnt als Zincken von Basilius Valentinus und von Paracelsus; vgl. H.

Kopp: Geschichte der Chemie Bd. 4, Vieweg, Braunschweig 1847, s. 116.

5) Langenscheidts Taschenwörterbuch der englischen und deutschen Sprache.

6) Mit dieser maksime reformiert man fonetischer als mit dem neuen »Vorschlag zur Neuregelung der deutschen Rechtschreibung« von 1988: der reform-keiser soll nach Schweinfurt reisen und dort auch bleiben. Main kaiser raist nach Kaiserslautern und liest dort im Bailstain über Ainstain.

Viertes Kapitel
Publish or perish – *Resultate, die keiner braucht*

Wortgewaltig droht der Prophet Zephanja in seiner endzeitlichen Vision an, daß dereinst das Krämervolk zur Strafe für seine Gesinnung ausgerottet werde, doch für die Vertilgung des Krämergeistes an sich ist vermutlich noch ein separater Tag des Zorns vonnöten. Daß der bezeichnete Geist oder besser Ungeist inzwischen auch die Wissenschaftsförderung an die Kette gelegt hat, ist kaum noch einer Erwähnung wert; wer sich als Wissenschaftler um Mittel bemüht, sollte eine entsprechend lange Publikationsliste vorweisen. So wäre heute ein gewisser Carl Czerny, das unbeschadet seiner pädagogischen Qualitäten etüdenstarrende Schreckgespenst eines jeden angehenden Klavierspielers, mit seinen schwindelerregend hohen Opuszahlen ein förderungswürdiger Komponist als Beethoven, der es gerade mal auf knapp 140 durchgezählte Werke brachte und noch einige weitere, die er zu numerieren vergaß.

Zweitrangig dagegen ist der Inhalt der einzelnen publizierten Elaborate, da sie in den meisten Fällen außer dem Autor, dem Gutachter und den Mitarbeitern konkurrierender Arbeitskreise ohnehin keiner liest. Leitet der stets anonym bleibende Gutachter gar einen solchen konkurrierenden Arbeitskreis, so wird die Publikation zunächst solange nicht erscheinen, bis der Gutachter den Ergebnisrückstand zum Autor aufgeholt hat und das Ganze dann seinem Verlag als Resultat eigener Bemühungen anpreist. Selbst wenn der ursprüngliche Autor jetzt die Rolle des Gutachters übernehmen muß, bleibt der Eklat aus, denn auch in seinem eigenen Keller befinden sich genügend publizistische Skelette, die dafür einfach zu laut klappern.

Aber wir waren ja bei der Qualität der Papiere stehengeblieben. Solange es sich nur um das Abhandeln theoretischer Dinge dreht, schädigt man damit niemanden; im Gegenteil, man unterhält bisweilen das Publikum. So boomte die Papierindustrie jahrelang vom Druck zahlreicher Arbeiten, die die Unmöglichkeit der Existenz von Perbromsäure und ihren Derivaten theoretisch begründeten. (Schließlich hatten ja auch Aristoteles & Co. die den Jupiter umkreisenden Monde theoretisch schon lange vor ihrer praktischen Entdeckung widerlegt und Galileis Gegnern einen Blick durch das Fernrohr erspart.) Die Rettung für die vom Holzeinschlag bedrohten Waldgebiete kam erst Ende der sechziger Jahre, als ein Praktiker die Perbromsäure einfach herstellte. Nun ja, ganz so einfach war es nicht, aber irgendwie kriegte er es eben doch hin.

Heikler wird die Angelegenheit, wenn man auf der Suche nach einer Synthesevorschrift für ein dringend benötigtes aber leider nicht käufliches Zwischenprodukt auf einen Schnellschuß stößt, der ohne Rücksicht auf Reproduzierbarkeit im Publikationszwang prestissimo abgefeuert worden war. Manchmal erkennt man die Schlamperei auf Anhieb (» ...was extracted with watery acetone ...« – pardon: 10 oder 90 Prozent Wasser? Derlei Wischi-Waschi-Gefasel fand sich übrigens in einer Publikation eines ausgewachsenen Nobelpreisträgers, der es aber auch ansonsten mit bestimmten wissenschaftlichen Prinzipien nicht immer genau nahm. So fand er es gelegentlich uncool, die Arbeiten konkurrierender europäischer Kollegen zu zitieren). Meistens hebelt man den Pferdefuß aber erst aus, wenn man nach dreißig Fehlschlägen endlich ein praktikables eigenes Kochrezept entwickelt hat, selbstredend unter tröstendem Zuspruch des Vorgesetzen – etwa im Stil von »wenn Sie nicht mal ein Literaturpräparat hinkriegen, müssen wir ernsthaft über Ihre weitere Förderung nachdenken ...«

Humoristische Chemie. Herausgegeben von Jakobi, Hopf
Copyright © 2004 WILEY-VCH Verlag GmbH & Co. KGaA, Weinheim
ISBN: 3-527-30628-5

Es gibt eben nicht nur Resultate, die keiner braucht, sondern auch solche, die keiner brauchen kann. Beide hänge man als sogenannter Newcomer oder Nobody besser nicht an die große Glocke; dies bleibt ein Privileg der etablierten Kaste. Die Lizenz zum Pfuschen will erobert sein. Glücklicherweise machen nicht alle ihre Inhaber von ihr auch wirklich Gebrauch, denn Gelehrte sind vergeßlich.

Einer schlug über den Nonsens-Strang

Bedeutende Zeitschriften haben es abgelehnt, die folgende Arbeit zu publizieren. Erst die »Nachrichten«, voll im Trend der biochemischen Wissenschaften der neunziger Jahre, fanden Mut und Platz; außerdem war der Papierkorb übergelaufen.

In einer Reihe von Arbeiten [1-35] wird gezeigt, daß – ja was denn eigentlich? Eigene Untersuchungen waren auch nicht besser.

Der Verfasser,
Institute für Biosatire der Universitäten Genua und Klondike (1990)

Anmerkungen:

1) Bam, Peter: The Gunpowder Blot, London 1953 (The Southern Publishing House Ltd.), in: Base, Jean: The Reading Framely Parsonage, Amber Press Ltd., London 1853.

2) Basic, Count: AC/GC – Die Geschichte des Biorock von den Anfängen bis heute, Hamburg 1986.

3) de Bergerac, Pyrano: The Salvage Pathway – A Study of Pseudoreligious Beliefs among Biochemists, Publication of the Society of Recreational Biochemistry, London 1979.

4) Betain, Marshall: The Nuclear Envelope – Biological Warfare or H Bomb? Royal League against Nuclear und Cytoplasmic Armament (Lon.) Position Paper No. 5 1984.

5) Bond, James: Penner unter der Wasserstoffbrücke – Kritische Bemerkungen und Notizen zum Laboralltag, gestern und heute, Stuttgart 1976.

6) O'Brian, Edna: The Incredible Story of Dr. Jekyll and Mr.Aldehyde, Allen & Unwind, London 1940.

7) Bromin, Theo: Catabolean Algebra –An Introductiuon to Biochemical Reasoning, Essex University Press, 1972.

8) Bum, Harold: The Abdominable Snowman, Redoxbridge University Press 1908.

9) Castor, Fidel: The Immune State (Statolitho Immunico),Haptena Publ. S. A. Havanna & New York 1980.

10) Coli, Caspar (Hrsg): Oh Vater oh Vater sieh dieses Licht, meine Basenpaare vertragen das nicht – Das Bakterium in der Karikatur, München 1970.

11) Clones, Sherlock: The Southern Technique or the Wester Art of Reasoning, (Privatdruck), Linlithgow(Lothian)1887.

12) Counterbury, Anselm of, Sir: The Double Helix – An Aberrant Species of Helix Pomatia, Philosophical Transactions of the Royal Society of Surrogate Geneticists, Cambridge University Press 1911.

13) Cunt, Emanuelle: Antigene, ein biologisches Drama in fünf Aufzügen, Unveröffentlichtes Lesemanuskript, Privatdruck, Grevenboich 1983.

14) Denay, James: Shelfish Genes: Clone today and sell when the price is high. Redoxbridge University Press 1982

15) Firstpass; Eduard: Ede Fünfzig und die vierzig Räuber – oder der lachende Pharmakologe, Raubdruck der Fachschaft Pharmakologie der Albertus Magnus Universität zu Köln, Köln 1973.

16) Friesel, Neuronimus Nodulus: Paralektion, welches ist Abriß und Versuch einer Umständlichen Historie von der Anlage und Umwelt der Langerhansschen Insulae, imgleichen eben desselben nützlichen Discours & c., Corta im Briesgau 1793 (Neudruck 1984 bei G. Fischer, Stuttgart).

17) Glykoll, Garlieb Gustav: Serenade in Moll – Musikalische Betrachtungen eines Ornithinologen, Typoskript, Universität Köln 1979.

18) Ki-Ras, Abdul: Onc for Impeachment, or Molecular Nonsense, SRC Press, New York 1974.

19) Kwott, Ali: Klone wollt ihr ewig leben: in Ludolph Linker (Hrsg.): Klon, Schau, Wem. Adapta Verlag, Brunsbüttelkoog 1980.

20) Lac, Regularius: Operon und Tetanus – ein gentechnologischer Sommernachtstraum, Leipzig 1984.

21) LaDelphia, Phil: Wer X sagt, muß auch y sagen – Genetiker und Molekularbiologen – privatissime et gratis, Chromosoma Press, München 1985.

22) Nucleotide, Jack: Cold rush in Clonedike, The Story Revealed, Nome University Press 1984.

23) Operon, Evita: Genes and Clowns – An unorthodox View of Modern Gene Technology, Clonepress, London 1985.

24) Orf zu Orf, Fritz: Vom Torfrock zum Biorhythmus, Grevenbroich o. J.

25) Pep, Samuel: The Tay Sachs Brigde Desaster, Edingburgh Journal of Recreational Pathology and Molecular Medicine (1913).

26) DePurin, Erna: Über die Libidoschächer schwanzloser Ribonucleinsäuren. Unveröfentlichtes Manuskript einer Antrittsvorlesung.

27) Replikom, Ronald-Neidhart: Plasmid, Plasmit, Plasmat: Die Reaktionen der Plasmidreduktase, in: Festschrift für Egon Episom aus Anlaß dessen 75. Geburtstag. Universitätsverlag, München 1980.

28) Rollerbottle, Seymor (Hrsg.): The Case of the Missing sterile Rubber Policeman – An unpublished Mansuscript by Dr. Watson; The Cytodex Press, Coliborough 1979.

29) Sangfroid, Solomon: Bullet-Proof Jakkets for Shotgun Cloning, Technical Bulletin No. pBR322 of the British Museum Gene Library, London 1984.

30) Schlechterding, Genort (Hrsg.): Gen oder nicht gehen, das ist hier die Frage, Universität Bremen 1981.

31) Sekwenz, Otto: Wir pfeifen auf die Gene – Läßt sich der genetische Code auch vertonen? Schriftenreihe des Instituts für Biomolekularmusik der Universität Utrecht, 1986.

32) O'Tensin, Angie: Seraphims as a Source of Serum Proteins, The Redoxbridge Weekly No. 1413 (1975), p.11.

33) Träniken, Erich von: Waren die Centauren der alten Griechen Genchimären? Die phantastischen gentechnologischen Fähigkeiten einer untergegangenen Kultur, Hamburg 1986.

34) Ufau, Benno von: Oh Vater, Oh Vater, sieh dieses Licht, meine Basenpaare vertragen das nicht. Biochemische und molekularbiologische Parodien berühmter Gedichte von der Antike bis heute, München 1985.

35) Uridin, Ulf: Mit Hut und Schwanz ist alles ganz. Ribonucleinsaure Plaudereien für Anfänger und Fortgeschrittene. München 1986.

Die Biochemie der feuerspeienden Drachen

Berichte über feuerspeiende Drachen finden sich häufig in der älteren Literatur, z. B. in der Siegfriedsage oder in Berichten über Tatzelwürmer in den Alpen. Das Zeitalter der »Aufklärung« und des »Rationalismus« vollends aber das heutige »naturwissenschaftliche Denken« haben diese Berichte in das Reich der Fabeln verwiesen. Heutzutage kommen Feuerdrachen nur noch in Kinderbüchern vor. Die Begründungen für diese Herabwürdigung alter Berichte sind allerdings alles andere als naturwissenschaftlich:

Zum einen werden die Berichte nicht akzeptiert, da »es ja keine Drachen gibt«. Hier wird offensichtlich aus der fehlenden eigenen Anschauung auf die Nichtexistenz geschlossen. Zum anderen wird argumentiert, daß feuerspeiende Lebewesen biochemisch unmöglich seien. Hier drängt sich eine klassische Analogie auf: Auch das Fliegen (des Menschen) wurde so lange für unmöglich gehalten, bis es demonstriert war. In beiden Fällen handelt es sich nur um die Unmöglichkeit, sich Etwas vorzustellen, aus der natürlich die Nichtexistenz nicht folgt.

Da diese Argumente natürlich nicht die Existenz von Feuerdrachen nicht beweisen und zudem Skeptiker mit philosophischen Argumenten über die Nichtbeweisbarkeit der Nichtexistenz nicht zu beeindrucken sind, möchte ich im folgenden über die Biochemie der tatsächlich lebenden Spezies »Chlorodraco ignifer« oder »Grüner Feuerdrache« berichten.

Es handelt sich bei diesem Bericht um eine Zusammenfassung jahrelanger Arbeiten des »Institute of Experimental Dracology«. Wegen der Gefährdung des kleinen Bestandes der Spezies darf der Ort des Institutes und damit des Drachenvorkommens nicht bekannt gegeben werden, da sonst die Skeptiker, die sicher auch von dem Photo unten nicht zu überzeugen sind, die Drachen ausrotten würden, um Recht zu behalten. Die hier zusammengefaßten Originalberichte sind in den »Annual Reports of the Institute of Experimental Dracology« (1982–1985) erschienen.

Die biochemischen Probleme, die ein feuerspeiendes Tier stellt, lassen sich zwanglos in drei Fragen gliedern:
a) Welcher Brennstoff wird verwendet?
b) Wie wird er biosynthetisiert?
c) Wie wird er gezündet?

Die erste Frage ließ sich sehr einfach klären. Drachen besitzen im untersten Teil ihres Halses eine Speicherblase, die über einen Ausführgang mit der Luftröhre verbunden ist. Aus diesem »Brennstofftank« konnte eine farblose, leicht bewegliche, brennbare Flüssigkeit gewonnen werden. Bereits das verblüffend einfache NMR-Spektrum dieser Substanz erlaubte eine eindeutige Identifizierung (Tabelle 1).

Tabelle 1   NMR-Spektrum des Drachenbrennstoffes

Aufspaltung	δ [ppm]	Integral
Triplett	1,25	3
Quartett	3,70	2
Singulett	4,80	5

Es handelt sich offensichtlich um ein Ethanol/Wasser-Gemisch im Molverhältnis 1:2, was ca. 60 Vol. % entspricht. Mischungen dieses Treibstoffes mit der Ausatemluft (ca. 15 % O_2) sind innerhalb eines weiten Bereiches von Mischungsverhältnissen leicht entzündlich.

Die Biosynthese des Ethanols schien zunächst kein Problem zu sein. Üblicherweise entsteht es ja in der alkoholischen Gärung durch Decarboxylierung von Pyruvat und Reduktion des entstehenden Acetaldehyds mittels NADH[1]. Fütterungsversuche mit ^{14}C-markierter Glucose oder markiertem Pyruvat ergaben allerdings nur Spuren von markiertem Ethanol. Der Hauptteil der Radioaktivität wurde in der Atemluft als [14]CO_2 abgegeben. Im Verlaufe der physiologischen Untersuchungen ergab sich jedoch eine andere plausible Möglichkeit der Ethanolsynthese aus der Beobachtung, daß die Ethanol- und damit die Flammenproduktion lichtabhängig waren (Abbildung 1).

Die Wellenlängenabhängigkeit der Ethanolproduktion ähnelte sehr dem Wirkungsspektrum der Photosynthese bei grünen Pflanzen[2]. Schließlich konnte durch Einsatz von radioaktivem CO_2 eine hohe radioaktive Markierung des Ethanols erhalten werden, so daß die Hypothese einer Photosynthese mit Endprodukt Ethanol gut belegt war. Die Kinderbücher haben also recht: Drachen müssen grün sein. Unklar blieb allerdings, wieso das normale Endprodukt der Photosynthese, nämlich Glucose, nicht zu Ethanol abgebaut werden konnte. Erst durch mikroskopische und histochemische Untersuchungen der grünen Drachenhaut konnte nachgewiesen werden, daß die Ethanolproduktion in Organellen der Hautzellen stattfand. Die Membranen dieser Organellen waren undurchlässig für Glucose oder Pyruvat, so daß der Fehlschlag der ersten Fütterungsexperimente verständlich wurde. Isolierte »Organellen« hatten starke Ähnlichkeit mit bekannten, frei lebenden Blaualgen. Sie ließen sich in Kultur züchten und wurden schließlich als »Oscillatoria draconis« klassifiziert.

Die Hoffnungen der Biotechnologen auf eine Ethanolproduktion aus CO_2 und Sonnenlicht zerschlugen sich allerdings, da kultivierte Algen kein Ethanol produzierten, während frisch aus Hautzellen isolierte Algen bis zu 50 % des aufgenommenen $^{14}CO_2$ zu Ethanol umsetzten.

Enzymologische Untersuchungen ergaben, daß frisch isolierte Hautzellsymbionten sowohl Pyruvat-Decarboxylase als auch Alkohol-Dehydrogenase enthielten, die im Verlauf der Kultur bereits nach zwei Teilungen nicht mehr nachzuweisen waren.

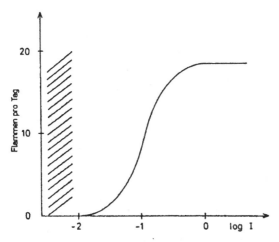

Abb. 1 Lichtabhängigkeit der Flammenproduktion von Chlorodraco ignifer. Aufgetragen ist die Flammenfrequenz gegen den Logarithmus der Beleuchtungsintensität. Log I = 0 entspricht der gemittelten Leuchtungsintensität eines Sommertages. Die Beleuchtungszeit betrug 12 Stunden pro Tag. Die Kurve gibt das mittlere Verhalten von 23 Drachen an (statistischer Normaldrache). Unterhalb eines Hundertstels der Sommerbeleuchtungsintensität (log I = -2) blichen die grünen Feuerdrachen mit einer mittleren Halbwertszeit von 5 Tagen aus (schraffiertes Feld). Sie waren dann unfähig zum Feuerspeien. Unter normalen Lichtbedingungen stellten sich grüne Farbe und Feuerspeien nach etwa zwei Wochen wieder ein.

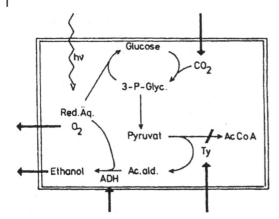

Abb. 2 Symbiose von Chlorodraco ignifer und Oscillatoria draconis. Der Symbiont erhält vom Drachen CO_2 Alkoholdehydrogenase ADH und Thyroxin Ty. Mittels Sonnenlicht hv erzeugt er Reduktionsäquivalente Red. Äq., die zur Reduktion von Acedaldehyd Ac.ald. und 3-Phospho-glycerat 3-P-Glyc. Benutzt werden. Der Hauptteil des 3-Phospho-glycerats wird allerdings zu Pyruvat und im Endeffekt zu Ethanol umgewandelt. Der Drache erhält vom Symbionten zusätzlich zum Ethanol Sauerstoff.

Molekulargewichtsbestimmungen ergaben MW = 7.000.000 für die Pyruvat-Decarboxylase und MW = 70.000 für die Alkohol-Dehydrogenase. Die ADH konnte zur Homogenität gereinigt werden; sie erwies sich als Dimeres aus zwei identischen Untereinheiten mit zwei Zn^{2+} pro Untereinheit. Der Aminoterminus wurde sequenziert und erwies sich als weitgehend homolog zum Aminoterminus der Pferdeleber-ADH. Versuche, mittels geeignet synthetisierter Oligonucleotide das ADH-Gen aus dem Genom des Symbionten zu isolieren mißlangen jedoch. Offensichtlich handelte es sich um eine Wirbeltier-ADH[3] aus dem Genom des Drachen.

Aufarbeitungsversuche zur Isolierung der Pyruvat-Decarboxylase ergaben stets eine rasche Abnahme der Aktivität: Gleichzeitig wurde ein starker Anstieg der Pyruvatdehydrogenase-Aktivität beobachtet. Zur Homogenität gereinigte Pyruvat-Dehydrogenase ließ sich durch ein Dialysat des Rohextraktes hemmen, wobei gleichzeitig Pyruvatdecarboxylase-Aktivität entstand.

Offensichtlich ging im Verlauf der Aufarbeitung ein niedermolekularer »Faktor« verloren, der eine Umschaltung der Enzymaktivitäten bewirkte. Genauere mechanische Studien zeigten, daß der »Faktor« die Liponsäure-Dehydrogenase durch Kompetition mit NAD^+ hemmte. Durch das Fehlen von oxidierte Liponsäure wurde das Hydroxyethylthiaminpyrophosphat zum Acetaldehyd hydrolysiert. Diese Ergebnisse bestätigten den bekannten Mechanismus der Pyruvat-Dehydrogenase[4] auch für dieses Enzym des Symbionten. Schließlich konnte der Faktor als Thyroxin identifiziert werden. Dies verdeutlichte die Ähnlichkeit der Coenzymbindungsstelle der Liponsäure-Dehydrogenase mit derjenigen anderer Dehydrogenasen, die ebenfalls durch Thyroxin gehemmt werden[5]. Zusammenfassend läßt sich die symbiontische Beziehung zwischen Drache und Alge aus Abbildung 2 entnehmen.

Diese Symbiose erklärt genau das Verhalten von brennstoffbedürftigen Drachen: Sie legen sich für einige Stunden in die Sonne und reduzieren dabei sogar ihre Atmung beträchtlich! Im Vergleich mit der weit intensiveren Wechselwirkung von Zellen mit Mitochondrien [6] oder Chloroplasten stellt sich diese Symbiose als wenig entwickelt und evolutiv jung dar.

Interessanterweise wurden durch die Ergebnisse die Zweifel an den Erzählungen über feuerspeiende Tatzelwürmer in den Alpen bestätigt. In Jodmangelgebieten sind Feuerdrachen – wenn sie dort überhaupt existieren – wegen Thyroxinmangels nicht zum Feuerspeien fähig.

Das Zündproblem erwies sich als experimentell besonders schwierig. Zwar war schon die Rachendrüse als Zündorgan erkannt worden, doch gelang es nicht, den Inhalt dieser Drüse zu gewinnen. Regelmäßig erfolgten explosionsartige Zersetzungen. Erst von einem kränkelnden Drachen, der nicht zum Flammenspeien fähig war, obwohl er normal Ethanol produzierte, konnte Zündflüssigkeit gewonnen werden. Es handelte sich hierbei um dasselbe Gemisch von 10 % Hydrochinon und 25 % H_2O_2, das der Bombardierkäfer zur Feindabwehr benutzt[7]. Diese Lösung wurde durch Zumischung von Peroxidase zur Explosion gebracht, wobei sich der Überschuß an H_2O_2 zu Sauerstoff und Wasserstoff zersetzte und die Zündtemperatur des Ethanol/Luft-Gemisches erniedrigte. Der kränkelnde Drache litt an einer Eisen-Resorptionsstörung und konnte daher nicht ausreichend Peroxidase bilden. Durch eine eisenreiche Diät konnte ihm geholfen werden; er entwickelte sich zum eifrigsten Flammenspeier der Drachenkolonie. Leider kam er kurz darauf bei einem selbst verursachten Brand um.

Zusammenfassend läßt sich feststellen: Die Biochemie der grünen Feuerdrachen kommt durchaus ohne ungewöhnliche, neue Reaktionen aus. Bei etwas Überlegung hätte die Möglichkeit feuerspeiender Tiere nie in Zweifel gezogen werden dürfen.

N. N. (1987)

Anmerkungen:

1) Lehrbücher der Biochemie, z. B. A. L. Lehninger: »Biochemistry«. 2 Aufl. Worth Publishers Inc., New York 1975, S 437, 438.
2) A. L. Lehninger, a.a.O.S. 596.
3) C. I. Bränden, H. Jörnvall, H. Eklund und B. Furugren in P.D.Boyer (Hrsg.): »The Enzymes XI«. Academic Press, New York, San Francisco, London 1975, S. 103–190.
4) S.J. Yaeman, TIBS *11*, 293 (1986).
5) J. Wolff und E.C. Wolff, Biochim. Biophys. Acta *26*, 387 (1957).
6) G. Attardi, TIBS *6*, 86 (1981).
7) H. Schildknecht, Angew. Chem. *75*, 762 (1963).

Geschichte der wissenschaftlichen Veröffentlichungen in Stichworten[1]

50 000 v. Chr.	Steinzeitredaktionen verlangen Manuskripte in doppeltem Zeilenabstand, auf nur eine Seite des Steines eingemeißelt.
1455 n. Chr.	JOHANN GUTENBERG beantragt bei der VW-Stiftung Sachbeihilfen zur Beschaffung von Apostrophen. Erster subventionierter Verlagsbetrieb.
1483	Erfindung des »ibid«.
1507	Entwicklung eines epochemachenden Verfahrens, einen durch Subjekt, Objekt und Prädikat vollständig definierter Sachverhalt auf dreiundzwanzig Druckseiten auszubreiten.
1859	Erste Verwendung der Phrase » ... sei auch an dieser Stelle ... gedankt«.
1888	Martyrium des Autors RALPH THWAITES, der 503 Kommata aus seiner Fahnenkorrektur streicht und dafür vom zuständigen Redakteur gesteinigt wird.
1916	Neuer Scheidungsgrund in den USA: Ein Verfasser hatte vergessen, seine Frau im Vorwort seines Buches für das Abschreiben des Manuskriptes zu würdigen.
1928	Frühe Verwendung des vielsagenden Ablehnungsbriefs: »Obwohl wir Ihre Abhandlungen für äußerst interessant halten, sehen wir uns zur Zeit leider nicht in der Lage ... trotz überaus bemerkenswerter Ergebnisse ... allgemeines Interesse ... beschränkter Umfang ... bitten wir um Verständnis.«
1952	Wissenschaftliches Schreiben wird lohnend. Professor H. BIDDLE wird ein Honorar für jedes über das 1000. hinaus verkaufte Exemplar seines Buches zugesagt. Gesamtabsatz: 1009 Exemplare.
Ab 1959	Gründung von Zeitschriften für Kurzmitteilungen. Erstmals gelingt es daraufhin einem Ordinarius, sein wissenschaftliches Lebenswerk in über 1100 Veröffentlichungen niederzulegen.
1962	Die Redakteurhymne »Streichen ist besser als Ändern« wird bei einem überregionalen Treffen zur Melodie »Alt-Heidelberg, Du Feine« erstmals gesungen. Offizielle Annahme scheitert an der Meinungsverschiedenheit über einen Bindestrich in der zweiten Strophe.
1968	Große Anfrage im Bundestag wegen Schreibweise von Oxydation/Oxidation ruft endlich wieder eine Koalitionskrise hervor.

N. N., angelehnt an D. D. JACKSON,
Schoolarty Books in Amerika, Mai/Juli 1961 und September 1962 (1967)

Marzipanforschung: Sinn und Form

Auf der 37. Jahrestagung der »Deutschen Gesellschaft für Marzipan-Forschung« (DEGE-MA) in Nürnberg hielt Prof. Dr. Amadeus Mandel vor den Mitgliedern der DEGEMA so-wie zahlreich angereisten Konditoren einen vielbeachteten Festvortrag zum Thema »Mar-zipan – Sinn und Form«, in welchem er sowohl die Geschichte der Marzipanforschung wie auch ihre inhärente Problematik in verblüffender Klarheit abhandelte. Da die Redaktion der »Nachrichten« keine Möglichkeit sah, um das Thema herumzukommen, folgt hier die leider nur unwesentlich gekürzte Wiedergabe von Mandels Ausführungen:

Werte Kollegen, meine Damen und Herren! MARZIPAN – für wie viele vergange-ne Forschungsgenerationen war dies Wort nicht Ausgangspunkt wie Ziel lebenslan-gen Schaffens! Wenn ich mich anläßlich dieser Jahresversammlung veranlaßt sah, zu diesem Thema einige Bemerkungen zu machen, so ist dies dem Anlaß eigentlich nicht angemessen; berufenere Münder sollten sich vor dieser Expertenrunde auftun, doch die sind leider schon abgereist.

Die Frage nach Sinn und Form des Marzipans, selten gestellt, häufig mißverstan-den, gehört ebenso zu den großen Fragen nicht nur unserer Epoche, wie die Qua-dratur des Kreises, die Suche nach den Marsbewohnern und die Vervollkommnung der Büroklammer. Der Größe des Problems angemessen war diejenige der Geister, die sich seiner Behandlung zuwandten. Ich greife nur einige der wichtigsten heraus:

Die Aussage, Marzipan sei weich und irgendwie rundlich, jedenfalls aber arm an Ecken und Kanten, wird gewöhnlich als erstem Pseudo-Albertus-Magnus im 13. Jahrhundert zugeschrieben. Selbst wenn, wie manche meinen, diese Annahme auf allzu schwankendem Boden steht, sollte doch festgehalten werden, daß damit die sich vorher im mythischen Dunkel verlierende Marzipanforschung erstmals auf so-lide Grundlagen gestellt wurde. Dies gilt auch, falls diejenigen Recht haben, die be-haupten, Pseudo-Albertus habe es nie gegeben, keinesfalls jedoch im 13. Jahrhun-dert. Ins Reich der Fabeln zu verweisen ist übrigens von jedem ernsthaften Fach-mann der dem Lukullus in die Schuhe geschobene Satz »Marzipan – ergo sum«. In den Jahrhunderten nach Albertus lernte der Mensch langsam aber unerbittlich, Mar-zipan in größeren Quantitäten zu verfertigen. Dadurch ergab sich jedoch die Frage, die den Titel dieses Referats ausmacht, nach Sinn und Form. Anders ausgedrückt, man war sich nicht im klaren, wozu und weshalb man überhaupt Marzipan herstel-len sollte. Ebenso unklar bleib die Frage nach der geeignetsten Form. Hier entwickelt sich nach der Kugel- und Scheibenlehre auch die sogenannte Hohlmarzipantheorie, die zu erheblicher Verwirrung Anlaß gab. Eine – wenn auch vorläufige – Antwort auf die Sinnfrage ließ sich in der Tatsache erblicken, daß man nun eben mal wußte, wie man Marzipan herstellen konnte, und deshalb tat, ohne allzu viel zu fragen. Hier wie anderswo wurde also menschliches Handeln als realisierte Potentialität angesehen und aus sich selbst heraus gerechtfertigt – Herstellung der ontologischen Identität von Motiv und Handlung. Die normative Kraft des Faktischen konkurrierte mit der inhärenten Sinnkritik und verdrängte so nach und nach die Frage nach dem Wozu durch die Frage nach dem Wieso.

»Marzipan – Wie und Wieso« war denn auch der Titel jenes epochemachenden Werkes von Prof. Dr. Karl Valentin, in welchem die Frage nach der inneren Struktur des Marzipans endlich schlüssig beantwortet und allen diesbezüglichen Spekulationen ein für allemal der Boden entzogen wurde. Marzipan besteht, wie heute jedes Kind weiß, aus Mibrollen und Vibromen. Das Konzept der eher rundlichen Mibrollen sowie der vorwiegend gestreckten Vibromen harmonierte nicht nur mit der bereits erwähnten Betrachtung des Pseudo-Albertus, wonach Marzipan irgendwie rundlich sei, sondern erlaubte auch die weitere Präzisierung unserer Vorstellung über den Zusammenhang zwischen innerer Struktur und äußerer Form des Marzipans. Hier waren es dann Ekkehard Henscheid und Arnold Hau, die mit dem aufsehenerregenden Report »Die Wahrheit. Das Marzipan« das Vibromen- und Mibrollenkonzept konsequent fortführten und das heute gültige Bild der Rundes und Gestrecktes ideal vereinigenden Zylinderform schufen. Die Formfrage dürfte damit weitgehend entschieden sein.

Gab es im Bereich Struktur und Form wertvolle Ergebnisse, blieb die Sinnfrage weiterhin ungelöst. Hieran änderte sich auch durch Hermann Löbauer nichts. Der lange und hochverdient in Vergessenheit geratene Löbauer wurde erst vor wenigen Jahren wiederentdeckt[1]. Heute schreiben wir Löbauer nicht allein den Nachweis diamagnetischen Spinats zu, sondern auch die Konzeption der hydraulischen Mischpressenschnecke. Wiewohl indirekt, beeinflußte Löbauer mit dieser Erfindung die weitere Entwicklung des Marzipanproblems ganz entscheidend: Durch die nunmehr produzierbaren und (s. o.) auch produzierten enormen Marzipanmengen wurde die Beantwortung der Sinnfrage nämlich unaufschiebbar. Irgendwas mußte geschehen – sowohl mit dem Marzipan wie überhaupt! In dieser höchst prekären Situation war es, wie hier wohl jeder weiß, unser Ehrenmitglied Dr. Otto Krätz, der in einem heroischen Selbstversuch die Eßbarkeit des Marzipans nachwies. Dieser überraschende Durchbruch änderte die Situation total. Zunächst wollte man vielfach den Befunden von Krätz nicht glauben; dieser sah sich genötigt, im Rahmen zahlloser öffentlicher Vorträge Marzipanzylinder (Kerzen) zu essen, um Vertrauen zu schaffen. All die Millionen, die heute achtlos die weiche Masse vertilgen, sollten sich zumindest gelegentlich daran erinnern, wie viel sie Krätzens selbstlosem Forschungsgebiet verdanken. In ausgedehnten und mit überraschender Akribie durchgeführten Versuchsreihen ermittelte Krätz dann zusammen mit seinen Mitarbeitern den sog. L_M50-Faktor, d. i. die mittlere Magenverstimmungsdosis des Marzipans. Diese Experimente waren manchmal etwas unangenehm. Je nach Konstitution ergaben sich Werte von 21,2 bis 34,0 Gramm, bezogen auf ein Kilo lebende Maus. Eine angebliche Suchtgefahr, vor der manchmal von gewisser Seite gewarnt wurde, ließ sich wissenschaftlich nicht nachweisen.

Damit war auch die Sinnfrage geklärt. Für manchen schien die Marzipanforschung ihr natürliches Ende erreicht zu haben. Daß dem nicht so ist, beweisen die zurückliegenden Tage. Dieser Kongreß hat wieder einmal mutig und konsequent offene Fragen umgangen, neue hinzuerfunden und auch das energische Umschleichen des heißen (Marzipan-)breis nicht vermieden! In der Erforschung, wie in der psycho-physischen Aufarbeitung des Marzipans kann es, wie in jeder anderen echten Wissenschaft, niemals ein Ende geben. Ars longa, vita brevis – lassen Sie mich mit diesen goldenen Worten klassischen Erbes meinen diapositivistischen Vortrag mit den besten Wünschen für das bevorstehende Osterfest mit seinen sicherlich wieder erheblichen Belastungen für Marzipanexperten aller Fachrichtungen beschließen. Vielen Dank.

N. N. (1987)

Anmerkung

1) A. Mandel, H. Löbauer: Vom Nichts zum Etwas. Journal of Irreproducible Results, Germ. Ed. 7, 302 (1978).

Phosphorchemie: Welche Oxidationszahl hat der Phosphor im PHOSGeN?

Die Titelfrage ist ein beliebiger Abschluß mißlungener Chemieprüfungen. Diese Frage ist aber im höchsten Grade unfair, da erst jetzt von uns phosphorhaltige Verbindungen entdeckt wurden, die diesen Namen wirklich verdienen.

Nach ausgiebiger Stimulation des TGIF-Faktors[1] mit Saccharomyces cerevisiae (flüssige Applikationsform)[2] richteten wir unsere Aufmerksamkeit zunächst auf Verbindungen der Formel PHOSGeN. Zwei Isomere erschienen denkbar:

Verbindung (1) enthält eine GeN-Gruppe, das höhere Homologe des Cyanids, Verbindung (2) eine Thiocyanat entsprechende SGeN-Gruppe[3]. (2) ist übrigens ein Derivat des kürzlich postulierten HOPF[4]. Tatsächlich konnten Verbindungen der gewünschten Zusammensetzung erhalten werden. Wie für Radikale jedoch zu erwarten, handelt es sich um die Dimere (3) und (4), die entsprechend als Di-PHOSGeN zu bezeichnen sind:

Von (3) und (4) existieren aufgrund der asymetrischen Phosphoratome[5] voneinander isolierbare Diastereomere. Mit der kürzlich zum ersten Mal publizierten Methode der Pianolargraphie[6] konnten sehr interessante Ergebnisse erzielt werden:

Bei Beschallung des isolierten Diastereomeren mit wirksamen Extrakten aus Wiener Blut[7]) wurde eine beständige Rechtsdrehung beobachtet[8]). Alle Versuche, eine Linksdrehung zu erzeugen, resultierten im schnellen Zerfall der Verbindung. Möglicherweise handelt es sich bei der Linksdrehung um eine neue Variante des masochistischen Effekts[9]).

Nach Abschluß der Arbeiten zu PHOSGeN wurden wir auf die Existenz weitere Phosgen-Nomomere aufmerksam. Unter Nomomeren verstehen wir hier Verbindungen, die den gleichen Namen im Sinne dieses Artikels haben; man beachte den subtilen Unterschied zu Hopfs Graphiomeren[4]). Es handelt sich um die Verbindungen PHoSGeN (5) und PHOsGeN(6), ein Holmiumphosphid mit zusätzlichen Thiogermanocyanat-Ion, sowie ein Osmium-Hydrogenphosphid-Germonocyanid. Erste Versuche zur Isolation dieser ungewöhnlichen Komplexe mit Ho(IV) bzw. Os(III) schlugen fehl. Bei der Umsetzung von Ho oder seinen Verbindungen mit (2) als Quelle für die SGeN-Einheit bzw. von Os mit der GeN-Quelle (1)[10]) bildet sich nur oligomeres Material wechselnder Zusammensetzung [11]), aus dem sich keine reinen Verbindungen isolieren ließen.

Schließlich machten uns aufmerksame Kollegen aus dem Organisch-Chemischen Institut auf das Nomomere PhOSGeN(7) aufmerksam[12]). Da (7) jedoch keinen Phosphor enthält, ist es im Sinne der Titelfrage irrelevant und findet hier keine weitere Beachtung.

(7)

Eindeutig beantworten läßt sich unsere Frage also noch nicht. Sieht man GeN als einfach negativen Liganden an, so hat der Phosphor in (3) die Oxidationszahl IV, in (4) jedoch II. Zur genaueren Kenntnis der Umgebung des Phosphors in (5) und(6) bedarf es noch weiterer Untersuchungen. So bleibt als richtige Antwort diejenige, die angeblich S. S. in seinem Vorexamen gab[13]): Die gleiche Oxidationszahl wie das Uran[14]) im Urin[15]).

HERIBERT QUIRRENBACH, *Eppelheim (1993)*

Anmerkungen:

1) H. Ibelgaufts, Nachr. Chem. Tech. Lab. **1992**, *40*, 472.

2) M. Stauder und L. Erdinger, Chemie und Hygiene mit Pils und Weizen, Heidelberg, unausgegoren; zum Einsatz von Ethanol in der Synthese vgl. auch: A. Streitwieser und C. H. Heathcock, Organische Chemie, 1. Nachdruck der 1. Auflage, VCH. Weinheim, 1986, S. 882.

3) T. A. Hegel, W. Blödorn et al., Die Chemie der Germanen, Münster, unpublizierbar.

4) H. Hopf, Nachr. Chem. Tech. Lab. **1989**, *37*, 412.

5) A. Lichtenträger und B. Lucifer, Phosphorus and its Light, Leuchterhand-Verlag, Berlin, 1993.

6) R. A. Raphael, Nachr. Chem. Tech. Lab. **1982**, *31*, 279.

7) J. Strauß, Wiener Blut, Wien, 1871.

8) vgl. auch: F. W. III König, Wiener Walzer wider Willen, Wien, 1814.

9) vgl. z. B. J. March, Advanced Organic Chemistry, 3. Aufl. Wiley, New York, 1985, S. 762.

10) B. L. Ödsinn und Qu. Atsch, Z. obskure Chem., 1993, 1, 4.

11) B. Antonic, K. Heinze und H. Schmidt, Der Cluster und die Traube, Rohrbach, 1992.

12) Sch. Lunzer und St. Inker, unpersönliche Mitteilung.

13) Neues aus der Gerüchteküche. Stündliche Veröffentlichungen der Heidelberger Chemiestudenten.

14) Oder URaN, ein hochbrisantes Uran-Radium-Nitrid?

15) Oder urIn, ein Indium-Harnstoff-Komplex (Harnstoff=urea=ur)??

Jungfräuliche Photochemie – Forschungsgebiet mit großen Entwicklungsmöglichkeiten

1. Mitteilung: Photochlorierung von Toluol

Im Zusammenhang mit unseren Untersuchungen über den Mechanismus von Oxidationsreaktionen benötigten wir dringend größere Mengen Benzaldehyd. Die infolge der Erdölkrise unerhört angestiegenen Chemikalienpreise einerseits und die sich auch bei uns bemerkbar machende Finanznot der öffentlichen Hand andererseits zwangen uns, Benzaldehyd selbst herzustellen. Dank guter Beziehungen zu Schah Mohamed Resa Pahlevi von Persien (einer unserer Dozenten besitzt ein Ferienhaus in der Nähe des Palastes seiner Exzellenz in St. Moritz) konnten wir beträchtliche Mengen an Toluol zu äußerst günstigen Konditionen direkt aus Persien importieren[1].

Für die Benzaldehyd-Synthese besonders gut geeignet ist die Vorschrift von K. Schwertlick und Genossen[2].

Die Hydrolyse von Benzalchlorid (Ausbeuten um 70%) verläuft problemlos und wird hier nicht beschrieben. Mehr Schwierigkeiten bereitete uns die photochemische Halogenierung von Toluol, denn wir konnten keine preisgünstige Tauchlampe mit genügend großer Leistung auftreiben. Da unser Institutskredit bereits seit einem halben Jahr vollständig ausgeschöpft und auch sonst kein Geld aufzutreiben war, entschlossen wir uns, die Bestrahlung und die Heizung der Sonne zu übertragen, wodurch gleichzeitig noch elektrischer Strom gespart werden sollte. Erste Versuche auf dem Dach unseres Instituts mußten trotz anhaltend schönen Wetters abgebrochen werden, da die Sonnenstrahlung viel zu wenig intensiv war, und dies, obwohl wir mit einem großen Parabolspiegel arbeiteten[3]. Zudem bemerkten wir relativ schnell, daß wir vergessen hatten, daß gewöhnliches Glas für UV-Strahlung zu wenig durchlässig ist. Unser Glasbläser konstruierte uns ein Reaktionsgefäß aus Quarz, das sich in der Folge sehr gut bewährte.

Nichtsdestotrotz betrug nach einer Standardbestrahlungsdauer von 24 Stunden, was ungefähr drei sonnigen Tagen entspricht, die Ausbeute in Zürich konstant 10,0 Prozent, weshalb wir die Bestrahlungsapparatur in immer größerer Höhe über Meer aufstellten (s. Tabelle 2 und Abbildung 3).

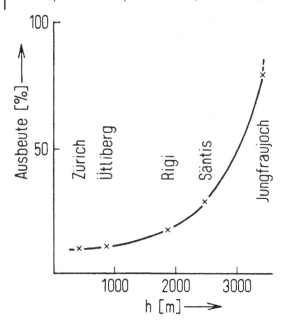

Abb. 3 Abhängigkeit der Ausbeute an Benzalchlorid vom Bestrahlungsort (Bestrahlungsdauer 24 h)

Tabelle 2 Abhängigkeit der Ausbeute an Benzalchlorid vom Bestrahlungsort (Bestrahlungsdauer 24 h)

Bestrahlungsort	Höhe ü. M. [m]	Ausbeute [%]
Zürich	450 (h°)	10,0
Ütliberg	871	11,1
Rigi	1798	16,7
Säntis	2502	28,8
Jungfraujoch	3475	80,0

Aus Tabelle 2 kann leicht abgeleitet werden, daß die Ausbeute an Benzaldehyd als Funktion der Höhe durch die folgende Formel beschrieben werden muß[4]:

Ausbeute in % = $10 + \pi^{k(h-h°)} \cdot \ln (h/h°)$

mit h° = 450 m (Jungfräuliche Konstante k = $1{,}0204 \cdot 10^{-3}$ m^{-1})

Selbst unter Berücksichtigung der großen Entfernung, des nicht problemlosen Transportes der benötigten Ausrüstungsgegenstände und des gelegentlich auftretenden Höhenkollers blieb uns nichts anderes übrig, als die Versuche auf dem Jungfraujoch durchzuführen. Gute Ausbeute an Benzalchlorid (80 %) nach einer relativ kurzen Bestrahlungsdauer (drei Sonnentage für einen 2,5kg-Ansatz) waren der Lohn für unseren Wagemut.

Wichtigstes Ergebnisse unserer Versuche waren aber die nachstehend beschriebenen Effekte, die nach unserer Überzeugung für die weitere Entwicklung der Chemie von außerordentlich großer Bedeutung sein werden. Es sind dies:

1. Der Jungfraueffekt.
Da wir die Bestrahlungsequippen relativ häufig wechselten konnten wir den Umfang unserer Forschungsgruppe wesentlich erweitern. Aber nicht nur quantitativ, auch qualitativ verbesserte sich der Output unserer Gruppe, denn wir machten es uns zur Pflicht, immer nur die fleißigsten und erfolgreichsten Mitarbeiter am Projekt zu beteiligen.

2. Der Mammoneffekt.
Unsere Arbeiten bildeten den Anstoß zu weit größeren Projekten. Auf unseren Vorschlag hin hat eine Chemiekonzern bereits mit dem Bau einer Vitamin D-Fabrik auf dem Jungfraujoch begonnen[5]. Zur Überwachung der Anlagen werden Eskimos ausgebildet, die sich für einen längeren Aufenthalt in Schnee und Eis besser eignen, als die doch schon etwas verweichlichten Schweizer.

3. Der Mount-Everest-Effekt.
Aus Gleichung (1) geht hervor, daß die Ausbeute auf dem Mount Everest (8848 m ü Meer) 5433 % betragen muß, daß also aus 1 kg Benzaldehyd 0,97 t Benzalchlorid entstehen *müssen*. Eine Expedition, die mit der Prüfung unserer Voraussage beschäftigt ist, wird seit Monaten aus dem Himalayagebiet zurückerwartet. Wahrscheinlich bereitet der Abtransport des gebildeten Benzalchlorids einige Schwierigkeiten. Wir verweisen deshalb auf unsere demnächst erscheinende 2. Mitteilung über jungfräuliche Photochemie, in der auch über unsere Versuche zur Reoxidation des bei der Halogenierung anfallenden Chlorwasserstoffs mittels des reichlich vorhandenen Ozons berichtet werden wird.

Zusammenfassung: Konsequentes Sparen bei der Synthese von Benzalchlorid aus Toluol führte zur Entwicklung der jungfräulichen Photochemie in großer Höhe und zur Entdeckung des Jungfrau-, des Mammon- und des Mount-Everest-Effektes. Diese Effekte eröffnen kaum für möglich gehaltene Perspektiven für die Entwicklung der Chemie.

B. C. Baumann, M. Karpf, E. K. Hermann (1975)

Bemerkung der Redaktion: Wir haben den vorliegenden Artikel in unveränderter Form abgedruckt, wir behalten uns aber vor, in weiteren Publikationen über dieses außerordentlich wichtige Forschungsgebiet das Wort »Jungfrau« aus naheliegenden Gründen durch »Hausfrau« zu ersetzen.

Anmerkungen:

1) Wir verkaufen noch 3000 l Toluol. Bei sofortiger Abnahme Discountpreise! Interessenten wenden sich an K. Hermann, Organisch-chemisches Institut der Universität Zürich, Rämistr. 76, CH-8001 Zürich.

2) Heinz Becker, Werner Becker, Günter Domschke, Egon Fanghänel, Jürgen Faust, Mechthild Fischer, Frithjof Gentz, Karl Gewald, Reiner Gluch, Roland Mayer, Klaus Müller, Dietrich Pavel, Hermann Schmidt, Karl Schollberg, Klaus Schwetlick, Erika Seiler und Günter Zeppenfeld: »Organikum«. 3. Aufl. 1964, S. 131 und 165.

3) Absorption der Strahlung durch Abgase?

4) Ein pH7-Gerät der Firma Pewlett und Hackard ist bestens geeignet hierfür!

5) Protestaktionen von Naturschützlern konnten durch den Hinweis auf volkswirtschaftlich wichtige Entwicklung der Berggebiete und das Versprechen, nur die Bestrahlungsapparatur oberirdisch zu bauen, abgewürgt werden.

Fünftes Kapitel
Hier wird die Niete zur Elite – *Karriere dank gesundem Bluff*

»Das Niveau hat sich gehoben – aber es ist keiner mehr drauf.« So giftete einst der Wahl-Wiener Literat Karl Kraus; sicher auch wohlwissend darum, daß man gezielt übertreiben muß, wenn man auf ein Problem aufmerksam machen will. Aber das Problem bestand schon immer und seine krassesten Auswüchse stechen heute offenbar mehr denn je in Auge und Ohr: Unscheinbares wird bis zur unübersehbaren Raumerfüllung aufgepumpt; aus Banalitäten werden Sensationen, Nulpen erobern im Handstreich Führungspositionen und umgeben sich der Kontrastverschleierung willen ausschließlich mit ihresgleichen. Entscheidend ist nur, daß man das Triviale hinter wohlklingenden Wortfassaden verbirgt und stets den Eindruck aufrechterhält, es handele sich um etwas Neues. Vor Übertreibung sei klar gewarnt: Gesunder Bluff gebiert keine Metastasen, an welchen man die kranke Variante erkennt.

Gewinnt man sich so das Wohlwollen einflußreicher Kreise, ist der Aufstieg nicht mehr aufzuhalten. Bei einigen Aufsteigern manifestiert sich dann die fixe Idee, der Erfolg sei von vornherein geplant gewesen, sodaß findige Köpfe sich mit dem Mythos von der planbaren Karriere ein wohlgebuttertes Zubrot erwerben können als Ratgeber nach dem Muster: »Studieren Sie katholische Theologie – Berufsziel Papst!« Arthur C. Clarke kommentierte treffend: »Wenn du Gott zum Lachen bringen willst, dann erzähl ihm von deinen Plänen.«

Senkrechtstarter zu tadeln ist andererseits eine der leichtesten Übungen, aber wer will die Spitzentauglichkeit objektiv beurteilen? Es gibt nun mal Größen, die schlichtweg nicht meßbar sind. Das schönste Beispiel dafür bietet die dem steten Sperrfeuer verbalen Mißbrauchs ausgesetzte Intelligenz. Nach dem zweiten Weltkrieg verfielen einige genauso wohlmeinende wie realitätsfremde Schwärmer der Idee, man müsse die Regentschaft nur den Intelligenten überlassen, dann seien solche Menschheitskatastrophen wie das Blutbad von 1939–1945 künftig ausgeschlossen. Sie übersahen, daß die Intelligenz dem Menschen erst die Möglichkeit in die Hand gibt, der Brüderlichkeit à la Kain & Abel ungebremst die Zügel schießen zu lassen – die Beispiele für Intelligenz im Dienste des Bösen von der Antike bis zur Gegenwart lesen sich wie ein Adreßbuch des Satans. Doch damit nicht genug: Die Phantasten und ihre Adepten gaben sogleich Testverfahren an, mit welchen man angeblich die Intelligenz messen könne; den Intelligenz-Quotienten, besser bekannt unter seinem Decknamen IQ, hatte man schon vor dem ersten Weltkrieg erfunden. Da sollen beispielsweise Zahlenreihen »logisch« fortgesetzt werden. Doch selbst wenn es dabei nur um Zweierpotenzen oder Primzahlen geht: Sobald für das Erkennen eines Aufbauprinzips mathematische Operationen oder zahlentheoretische Vorkenntnisse vonnöten sind, wird nicht Intelligenz, sondern Wissen geprüft. Und für die Bewertung der praktischen Lebenstüchtigkeit ist der IQ erst recht ein reines Zahlengespenst ohne Aussagekraft. Dieser Ansicht soll sogar der Erfinder des IQ selbst gewesen sein.

Daher wäre es auch unsinnig, einen EQ (Eliten-Quotienten) für akademische Führungskräfte einzuführen: Zwischen den mesomeren Grenzzuständen des absoluten Genies und der absoluten Flasche spannt sich das weite Feld des Mittelmaßes, in welchem die meisten von uns sich wiederfinden werden. Wenn ein weit vom Nobelpreis entfernter Mensch eine Arbeitsgruppe leitet, die ihrerseits nichts nobelpreisverdächtiges, aber denoch wissenschaftlich Interessantes, vielleicht sogar technisch Verwertbares hervorbringt – und dazu auch noch mit sei-

Humoristische Chemie. Herausgegeben von Jakobi, Hopf
Copyright © 2004 WILEY-VCH Verlag GmbH & Co. KGaA, Weinheim
ISBN: 3-527-30628-5

nen Leuten umgehen kann, dann sei der vermeintlichen »Niete« die Mutation zur »Elite« neidlos verziehen. Denn auch bei den Nieten gibt es Unterschiede: Vollnieten, Blindnieten, Hohlnieten. Und manches wäre schon zerfallen, würde es nicht durch einige zuverlässige Vertreter dieser Gattung zusammengehalten.

Challenge of the third millenium – strategies and tactics

Rede eines Vorstandsvorsitzenden vor dem OC (operating committee) oder: De gustibus non est disputandum:

»At first müssen wir uns einen survey über den state of the discipline providen, was bedeutet, daß wir die opportunities und needs des projects clearly definen.

Die insight, daß new frontiers lie before us, sollte in unserem thinking zu einer virtual revolution führen. Das bedeutet: training on the job und management by objectives, perspectives and subjects. Es sind dabei high efforts notwendig, um den break-even point zu reachen, wobei es ein citrical issue ist, jede overkill action zu avoiden. Vielleicht ist ein additional little effort, eine coole action, ein magic touch mit ein wenig extra turbo power notwendig, um allfällige Widerstände away zu pushen, sonst collabiert das total project. Gegebenenfalls müßte jedoch zuerst das project risk-assessment up-gegradet werden und eine feasibility study die crucial points evaluieren. Ein strategy meeting trägt dann sowohl für die backward-, als auch für die forward-integration Sorge, um die missing links zu verifizieren, wobei schon a priori ein mixtum compositum vom Chairman manu propria vermieden werden sollte.

Es versteht sich eo ipso und ist self-evident, daß die Delegation der Responsabilität bei jeder occasion auf das lowest possible level vorangetrieben werden muß. Auch bulk managers, die Prozeß-Evaluierer, business review committees und die safety officers müssen dabei anvisiert und inkorporiert werden, damit ein Innovationsschub faktisch upgespeeded werden kann.

Die business opportunities müssen im costcalculatorischem approach selektierend, präzisierend und indikativ in recommendations und finale Decisionen einmünden, wobei es obligat ist, bei allen relevanten topics sowohl technicallywise CEO (corporate engineering organisation) und econonmicallywise COO (credit organisation office) zu begrüssen, um allfällige attacks from outside pressure groups bodigen zu können. Das pollen aller available forces verhindert ein allfälliges blackmailing.

Pilotprojekte sollten research opportunities auflisten, von denen eine Multiplikatorwirkung ausgeht, wobei das decision-making den team-spirit reflektieren sollte. In diesem Sinne sollten auch kommunikative open-end Diskussion via direct-dialling telecommunication on wide-area network situativ auf cos-effektivem Wege evaluiert und mittels des Communication Help Desk mit den allfällig involvierten Filialen – auch durch Faxen by electronic mail – vorangetrieben werden. Offensives strategisches und taktisches Handeln ist dabei obligat, um Projekt-Obstipationen und deren vorzeitigen Exitus zu verunmöglichen.

Ein zweiter key zum sucess liegt im häufigen Exekutieren des business lunch. Schon im entrance dirigiert der showcase den consummations focus auf sich und macht die optimale decision das zu elektierenden Menues für die coworkers easy, was den throuput der Kantine favorabel influenziert, ohne die Frustatiuonstoleranz der user übermäßig zu strapazieren. Dies führt dazu, daß Innovationsschübe der Mitarbeiter post meridiem akzeleriert werden und es vermieden wird, daß deren Motivation anschließend in eine partielle Negation einer relativen Totalität*) fällt.

Man muß notabene to-day nolens volens alle Probleme global und nicht regional angehen. Teamwork mit einem primus inter pares ist dabei inevitabel und inescapabel.

Die ganze knowlegde muß gebührend displayed werden, damit alle Beteiligten praeter propter den gleichen Wissensstand haben, wobei einem pepitastrukturierten approach generell einem kleinkarierten und dieser hinwiederum einem großkarierten der Vorzug zu gewähren ist.

Periculum in mora – Ora et labora – Amen.«

Aufgezeichnet von TSROH GNILUAP *und* KNARF ELZNEIK *(1990)*

DNAmmenmärchen

Wahrheit und Wirklichkeit werden häufig erst geglaubt, wenn sie als Märchen daherkommen. Was lernen wir daraus für den molekular-biologischen Unterricht?

Wie der Phage zum Professor wurde

Ein Bakteriophage, ein junger Spund und Wildfang, ungestüm, dynamisch und virulent, voller eigener Ideen, kurz einer, der trotz seines zarten Alters schon gar manches Bakterium gelöchert hatte, ging endlich bei einem alten Replikon in die Lehre, um dort die höheren Weihen akademischer Bildung zu erlangen. Voller Wissensdurst war er auf die Geheimnisse der Basen , den Gebrauch von klebrigen DNA-Enden, die Integration und den Umgang mit Replikationsgabeln.

Dieser Lehrherr war aber ein ganz Altmodischer, einer der noch aus der Alten Schule stammte und den modernen Lehr- und Lernmethoden ein Greuel waren. Er ließ die Lehrjungen im ersten Lehrjahr von früh bis spät kaum mehr als nur die Wasserstoffbrücken putzen, und das auch nur unter strengster Aufsicht.

Von den modernen Lehrmethoden hielt er nicht viel und bläute ihnen das Basenalphabet ein, bis ihnen jegliche Lust verging. Die Geheimnisse der Basenpaarung wurden bei ihm zu öden und faden Paarungsregeln, die klebrigen DNA-Enden und ihre Möglichkeiten zu zähem Lernstoff und die rollenden Ringe der Replikation zu topologischen Quälereien. Wissenschaftliche Neugier und Entdeckerfreude gingen dem Phagen bei dieser Pedanterie, dieser strengen Fuchtel und stringenten Kontrolle ebenso schnell verloren wie die Virulenz, und endlich, am Ende seiner Lehrzeit war aus dem ehemals ungestümen Wildfang einer geworden, der einen großen Bogen um die meisten Bakterien machte und gerade noch bedächtig ein paar trübe, unscheinbare Plaques hervorbrachte. In wohlgesetzten Worten konnte er jedoch über

---

*) wissenschaftlich für: Loch

diese Leistung und seiner einstigen Virulenz referieren. »Jetzt«, sagte da sein Lehrherr, »bist auch du reif für einen Professorenstuhl«.

Die richtige Wahl

Ein junger wißbegieriger Phage in Serratia, der gerade wußte, was ein Promoter war und auch schon einmal etwas von einem Stoppsignal gehört hatte beschloß, etwas hinzuzulernen und sah sich nach einer geeigneten Ausbildungsstelle um. Das war nun gar nicht so leicht, denn die meisten Lehrherren an den Universitäten hatten sich der Forschung verschrieben, hielten nicht viel von der Lehre und betrachtetem die Studenten im Labor als notwendiges Übel mit dem man notgedrungen leben müsse. Nach langer Suche nun fand er doch zwei Lehrherren, die wohl nicht abgeneigt waren ihn unter die Fittiche zu nehmen.

Der eine Lehrherr war ein Schaukelvektor, ein vielbeschäftigter Wissenschaftler, gewitzt, alert, bewandert in allen zellulären Fragen, manchmal von lytischer, manchmal von temperenter Art, je nachdem, wie es die Umstände gerade erforderten, kurz jemand der wußte, sich nicht nur auf dem rauhen Felde der zellulären Wissenschaften, sondern auch auf dem glatten Parkett der zellulären Politik gewandt zu bewegen. So kam es, daß es kaum ein Zellkonsortium, kaum eine Organisation gab, die nicht willens war, seinen Forschungsetat aufzustocken.

Als Schaukelvektor hatte dieser Lehrherr viel von der Welt gesehen, und je mehr er gesehen hatte, umso mehr Angebote erhielt er auch, hier und dort Vorträge zu halten, Kongresse auszurichten, als Gutachter tätig zu sein und beratend und hilfreich Nichtkundigen in fremden Laboratorien und in der Industrie zur Seite zu stehen. So kam es, daß er heute hier, morgen dort war, und oft konnte er bei all seinen Aktivitäten selbst nicht sagen, wo er in der nächsten Woche seine strapazierten Basen replizieren würde.

Der andere Lehrherr war ein eifriges aber unbedeutendes Resiztenzplasmid, welches gerade mit Müh und Not sich über Wasser hielt und sich redlich abmühte, sein kleines Labor ohne Drittmittel in Gang zu halten. Die weiteste Reise, die es jemals unternommen, hatte es zu einem nationalen Kongreß ins benachbarte Coliborough geführt, und auch dieses war schon etliche Jahre her.

Nun, sei dem wie es sei, nach kurzem Überlegen wählte der Phage das Resistenzplasmid als Lehrherrn.

Merke! Was nützt der brillanteste Lehrherr, wenn er nie da ist.

Enterprise

Es waren einmal sechs Freunde, ein schlaues Thrombin, ein alertes Trypsinmolekül, eine gewitzte Carboxypeptidase, ein durchtriebenes Chymotrypsin, ein gewieftes Pepsin und ein nicht minder findiges Thermolysin. Sie hatten bereits in jungen Jahren gar manches gelernt, zusammen diesen und jenen Dreh herausgefunden und ausprobiert und gar manchem Peptid gemeinsam den Garaus gemacht.

Eines Tages beschlossen diese sechs nun, noch einmal die Schulbank zu drücken und sich die hören Weihen akademischer Bildung anzueignen. In kürzester Zeit lernten sie alles, was es über Proteine nur zu wissen gab. Sie kannten bald die Ramachandrandiagramme in- und auswendig, waren beschlagen in der Sekundär-, Tertiär- und Quartärstrukturen wie sonst kaum einer, und was sie nicht über Aminosäuren und Eiweiße wußten, war nicht wert, gewußt zu werden.

Ihre Professoren lobten sie ob ihres Lerneifers, und ihre Mitstudenten bewunderten und liebten sie ob ihrer hilfreichen Art. Ehe sie sich versahen, waren sie schon promoviert, und immer weiter sammelten sie ein immenses Fachwissen an, trieben eifrig Grundlagenforschung, kurz, sie verhalfen so manchem Studenten zu einer Diplomarbeit und sich selbst auf diese Weise zur Habilitation. So nahm es nicht wunder, daß sie, natürlich auch auf Grund ihrer Belesenheit und Klarsicht in allem, was Proteine anging, wegen ihrer Durchblicks und ihrer pädagogischen Ader bald zu Professoren ernannt wurden.

Tja, nun waren alle Sechs auf einmal von Gesetz wegen unkündbar der Forschung und regelmäßiger Lehre verhaftet und hatten erreicht, wovon manch ein Student träumt. Sie hätten sich nun, wie es viele vor ihnen schon taten, auf den Lorbeeren ausruhen können. Doch nicht diese sechs Schlauberger! Kaum, daß ihnen ihre dauerhaften Professorenstühle sicher waren, fingen sie an, sich in der freien Wirtschaft umzusehen und zarte Bande zur Industrie zu knüpfen.

Das Chymotrypsin erfreute als erstes seine Studenten mit einer überschaubaren und leicht verständlichen Standardvorlesung. Sein immerhin mühsam erworbenes Fachwissen verkaufte es an die Manager und Marketingleute in der Industrie und zeigte jenen, wie sie sich wenden müßten, um bloß nicht allzu gierigen Peptidasen zum Opfer zu fallen. Ebenso offen und gar nicht universitär vermietet verhielt sich die Carboxypeptidase, und bald waren diese zwei im ganzen Land bekannt und sehr damit beschäftigt, außerhalb der Hochschule zu lehren, wie man sich zur eigenen Sicherheit zu drehen und über die Maßen zu verbiegen hätte. Noch nie hatte es Professoren gegeben, die so eloquent und werbewirksam ihre Wissenschaft auch nach außen hin vertreten konnten.

Die anderen vier Professoren gründeten gar eine eigene Firma. Sie entrissen mit einer wahren Begeisterung der Natur ihre letzten Geheimnisse, ließen ihre Studenten und Postdoktoranden forschen von früh bis spät, berichteten über ihrer Ergebnisse auf allen Kongressen der Welt und vermarkteten in gänzlich unprofessoraler und bis dato nie gekannten Weise die mit öffentlichen Mitteln teuer bezahlten Ergebnisse. Noch nie waren Hochschulreform und Marktinteressen so eng und so gelungen verquickt worden.

Ach, gäbe es doch mehr solcher dynamischer Professoren mit Engagement und einem gesunden Sinn für Enterprise in Deutschland! Niemand würde es ihnen verdenken, wenn sie durch ihr Fachwissen ihre bescheidenen Professorengehälter aufbesserten und ihr gestreßtes und geplagtes Professorenleben etwas erträglicher machten, solange sie nur den alten Elfenbeinturm der Universitäten auf diese Weise kräftig durchlüfteten, zeigten, wie Wissenschaft und Wirtschaft miteinander in Einklang zu bringen sind und die Hochschulforschung und ihre Erfolge geschickt an das Publikum brächten.

Horst Ibelgaufts,
Institut für Biochemie, Universität München (1990)

Leistungsgesellschaft

Eine große deutsche Mineralölfirma pflegt ihre Mitarbeiter auf Beurteilungsformularen in folgende Kategorien einzustufen:

a) Hervorragend in Leistung und Verhalten. Wird nur ganz selten erreicht.
b) Sehr gut in Leistung und Verhalten. Weit über Durchschnitt, nur wenige sind so gut.
c) Gut in Leistung und Verhalten. Erfüllt alle Anforderungen.
d) Zufriedenstellend in Leistung und Verhalten.
e) Gewisse Mängel in Leistung und Verhalten.

Diese Bewertungsskala wurde von Betroffenen paraphrasiert:
a) *Hervorragend.* Mitarbeiter von ungewöhnlichem Format. Überspringt die höchsten Hürden aus dem Stand und ohne sich aufzustützen. Schubkraft und Geschwindigkeit entsprechen zur Zeit noch nicht eingesetzten und nur auf dem Papier vorhandenen Raketen-Systemen. Reagiert in Nanosekunden. Durchsetzungsvermögen einer mittleren Dampf-Ramme. Berät Gott in allen wichtigen Fragen.
b) *Überdurchschnittlich.* Überspringt größere Hürden mit entsprechendem Anlauf. Erreicht im freien Flug die unteren Schichten der Stratosphäre. Die Durchschlagkraft entspricht einer Panzerfaust und ist abhängig von der Entfernung zum Ziel. Spricht gelegentlich mit Gott.
c) *Guter Mitarbeiter.* Nimmt kleinere Hürden aus dem Stand und mittlere mit entsprechendem Anlauf. Erreicht die Flughöhe konventioneller Verkehrsflugzeuge und die Aufschlagsintensität eines mittleren Schmiedehammers. Kraft reicht aus zur Verformung von erhitzten Materialien. Ist für göttlichen Zuspruch dankbar.
d) *Erfüllt Mindestanforderungen.* Stolpert über kleinere Hürden und bringt mittlere zum Einsturz. Startgeschwindigkeit reicht nicht zum Flug. Braucht Landfahrzeuge zur Fortbewegung. Spricht mit sich selbst und mit den Tieren.
e) *Genügt nicht mehr unseren Anforderungen.* Hat Schwierigkeiten, Hürden überhaupt zu erkennen. Hat die Fahrprüfung für Motor-Fahrzeuge nicht bestanden. Fällt aber gelegentlich selbst vom Fahrrad und reagiert unsicher und unzuverlässig selbst in übersichtlichen Verkehrssituationen. Redet zur Wand.

N. N. (1971)

Wie motiviere ich meinen Postdoc?

»Der Erfolg wird es lehren«, sagte Don Quichotte, »denn die Zeit entdeckt alle Dinge, und es gibt nichts, was sie nicht in das Licht der Sonne hervorziehen sollte, und wenn es im Schoße der Erde verborgen läge«. [Aus: Leben und Abenteuer des sinnigen Junkers Don Quichotte von la Mancha]

Wissenschaftliche Journale gehen selten auf die wirklichen Probleme des Forschers ein – und dieses Journal ist keine Ausnahme. Wer interessiert sich schon für

Fettsäureester oder Polymeranalytik oder die Geburtstage bedeutender oder unbedeutender Professoren, ich meine, wen interessiert das *wirklich?* Leidenschaftlich dagegen bewegt die meisten Leser die Frage, wie sie selbst unbedeutende Professoren werden, und alle wundern sich darüber, wie andere es wurden. Darum drehen sich die Zentrifugen, davor schütteln sich die Vortexer.

Doch ein Professor hat es schwer. Darf der Postdoc ungestört bis Mitternacht forschen, so wälzt sich sein Professor oft schlaflos im Bett und fragt sich, ob jener das auch wirklich tut. Macht der Postdoc spannende Experimente mit radioaktiven Isotopen, so muß sein Professor mit giftigen Unibürokraten und aalglatten DFG-Funktionären hantieren. Steht der Postdoc friedlich an der Bench, schlägt sich sein Professor mit böswilligen Kollegen herum. Die zitieren ihn nicht, vereiteln in der Fakultät seine feinsinnig ausgedachten Strategien, schnappen lukrative Posten und Preise weg und lassen ihre Beziehungen spielen, bevor die seinen wirken. Der Professor muß das lebenslänglich ertragen, denn zu seinem Unglück ist er Beamter. Der Postdoc dagegen zieht als fröhlicher Handwerksbursch alle zwei bis drei Jahre in der Welt herum. Trotzdem herrscht unter den Postdocs Unzufriedenheit und Groll. Anstatt den Professor als Wohltäter anzusehen, fallen sie ihm in den Rücken, arbeiten höchstens 12 Stunden täglich und bezeichnen ihn heimlich als wissenschaftliche Seifenblase.

Es ist also an der Zeit, das Los der Professoren zu erleichtern. Professoren haben bekanntlich zwei Grundprobleme. Das erste ist: Wie bringe ich meinen Postdoc dazu, mich für des Steuerzahlers hart verdientes Geld berühmt zu machen? Oder, weniger ehrgeizig formuliert: Wie bringe ich ihn dazu, das täglich 16 Stunden lang zu probieren? Das zweite Problem wäre, die anderen Professoren davon zu überzeugen, daß man berühmt ist. Doch das ist eine eigene Untersuchung wert.

Wahrlich – es ist eine Kunst, einen intelligenten und egoistischen Menschen dazu zu bringen, für mageres Gehalt und eine unsichere Anstellung etwa doppelt so viel zu arbeiten wie ein gewöhnlicher Arbeitnehmer. Auf den ersten Blick scheint das unmöglich. Warum um alles in der Welt soll einer seine Abende und Wochenenden für sie opfern und nach jeder ihrer Launen hüpfen, wenn er dafür nach drei Jahren den Abschied bekommt und das auch weiß, weil es in seinem Vertrag steht? Und doch, es geht! Es gilt, in das Gemüt Ihres Berthold Bäntsch (ein gebürtiger Eppendorfer) den festen Glauben ans Professorwerden zu pflanzen. Je länger und fester Berthold daran glaubt, desto nützlicher wird er Ihnen sein. Er findet sich nicht nur mit schlechten Arbeitsbedingungen ab, er befürwortet diese, weil er sich im Hinterkopf ausrechnet, bald Nutznießer des Systems zu sein. Versuchen Sie es also gar nicht erst mit materiellen Anreizen. Darin sind Sie der Industrie, dank dem kleinlichen BAT-Milieu des öffentlichen Dienstes, hoffnungslos unterlegen. Kosteneffizienter sind die folgenden Regeln, die der Verfasser in einer 14jährigen Verhaltensstudie wissenschaftlich erarbeitete und hier erstmalig veröffentlicht.

Die Grundregel

(wird ihrer Wichtigkeit wegen wiederholt): Intelligenz und handwerkliche Geschicklichkeit sind unter Postdocs weit-, wenn auch nicht allgemein verbreitet. Seltener und wichtiger ist die Glaubensstärke. Der Postdoc muß daran glauben, daß er Professor wird, er muß glauben, daß er es nur wird, wenn er 16 Stunden täglich für Sie arbeitet, und er muß glauben, dass Sie ihn und seinen Größenwahn freundlich fördern. Wenn der Postdoc das glaubt, werden Sie selig.

Allgemeine Verhaltensregeln

§ 1

Sie und ich, wir zwei wissen alles besser. Sie aber sollten das für sich behalten. Machen Sie Ihren Postdocs keine Vorschriften und schreiben Sie ihnen keine Experimente vor. Wie leicht kann man sich blamieren! Zudem, ein Postdoc, der sein Spezialgebiet nicht besser versteht als sein Professor, gehört gefeuert. Widmen Sie sich dem Absahnen und Verkaufen, anstatt den Ochsen vorzuschreiben, wie man Milch macht.

§ 2

Loben Sie ihren Postdoc. Seien Sie freundlich zu ihm, strahlen Sie ihn an. Üben Sie das Strahlen vor dem Spiegel. Haben Sie keine Bedenken, Berthold könnte Ihre Absichten durchschauen. Selbst wenn er es tut – Motivation ist Gefühlssache. Berthold mag Sie für falsch halten, Ihr Lächeln braucht er trotzdem. Berthold mag Sie hassen wie einen überlaufenden Kübel mit radioaktiven Abfällen. Sie strahlen stärker. Ihr Lächeln taut den Haß und verwandelt Ihn in Beflissenheit.

§ 3

Säen Sie Hoffnung in die Herzen der Enttäuschten und Mutlosen. Erzählen Sie Ihrem Postdoc, daß in absehbarer Zeit, vielleicht in fünf Jahren, eine Unzahl Stellen frei würden, für die es keine Bewerber gäbe. Schicken Sie Ihren Postdoc hin und wieder auf unwichtige Kongresse.

Erzählen Sie Berthold, daß Sie ihn Professor Wichtigstein empfohlen haben. Natürlich haben Sie Wichtigstein in Wirklichkeit gesagt, daß der Bäntsch Ihre Ideen ganz brauchbar umsetzt, also ein nützlicher Experimentator sei (das hört sich an wie Terminator und wirkt auch so, siehe ganz spezielle Verhaltensregeln § 1). Machen Sie den Eindruck, daß Sie alle wichtigen Leute kennen und mit Ihnen auf gutem Fuße stehen.

Versprechen Sie Berthold im vertraulichen *Gespräch* unter vier Augen die Habilitation. Zwar steht in der Habilitationsordnung mancher Unis, daß es zum Habilitieren keinen Fürsprecher brauche, doch das wissen viele Postdocs nicht, und die, die es wissen, glauben es nicht. Sagen Sie Berthold, daß er nur mit Papern habilitieren könne, die an dieser Uni gemacht wurden (siehe Spezielle Verhaltensregeln § 1). Dies sei eine inoffizielle Regel, die Sie zwar albern fänden, aber gegen die Fakultät sei in dieser Frage schwer anzukommen. Fällt die Habilitation ins Wasser oder gibt es Schwierigkeiten, schieben Sie es auf die Fakultät. Leider entscheide diese letztlich über Habilitationen.

In Kreisen junger Akademiker hält sich das hartnäckige Gerücht, wissenschaftlicher Erfolg sei die Voraussetzung für den Aufstieg zum Professor. Diese Illusion dürfen Sie unter keinen Umständen zerstören, schon weil sie ein gutes Licht auf Sie wirft. In diesem Zusammenhang: Vernichten Sie Ihre Publikationsliste! Manch ein Postdoc könnte beim Lesen auf dumme Gedanken kommen.

§ 4

Der Postdoc arbeitet noch einmal so gerne für Sie, wenn er Sie für locker und unkonventionell hält. Bieten Sie Berthold das Du an. Keine Angst, der soziale Abstand bleibt gewahrt. Dafür sorgen schon Ihre feste Stellung, seine Abhängigkeit von Ihrer Empfehlung etc. Entweder Du oder Sie. Das Hamburger Sie (Sie, Berthold, bringen Sie mir doch Ihr Laborbuch ...) wirkt affektiert und zeugt von Unsicherheit. Ebenso ist von Vertraulichkeit nach Rang abzuraten. Bei Postdocs Du, bei Doktoranden Sie, das tue nie.

Ziehen Sie sich wie ein Postdoc an, vielleicht eine Spur besser, und tragen Sie die Haare etwas länger als gewöhnlich. Sie sparen an teurer Kleidung und am Friseur und beseitigen soziale Neidgefühle.

Sie gewinnen das grüne Herz Ihrer Postdocs, wenn Sie mit einem alten Fahrrad zur Uni kommen. Radfahren im Verein mit längeren grauen oder weißen Haaren, gibt Ihnen zudem das gewisse Einstein-Image. Ist Ihnen Radfahren zu anstrengend, packen Sie den Sympathieträger auf die Rückseite Ihres Wohnmobils und besorgen Sie sich einen verschwiegenen Parkplatz in Uninähe. Von dort aus radeln Sie vors Institut.

Tun Sie so, als ob Sie Berthold ins Vertrauen ziehen. Erzählen Sie ihm unter dem Siegel der Verschwiegenheit irgendeinen belanglosen Klatsch vom letzten Kongreß. Seien Sie großzügig, wenn es nichts kostet. Schenken Sie z. B. dem Postdoc bei der Neueinstellung ein oder zwei Wochen für Wohnungssuchen und Umzug. Er wird Ihr Loblied singen und gerne auf den jährlichen Urlaub verzichten.

§ 5

Klagen und jammern Sie. Klagen Sie öfters über die schlechten Zeiten, aber zeigen Sie nie Ihren Lohnauszug. Klagen Sie über Ihr trostloses Leben am Schreibtisch und beneiden Sie Berthold um sein idyllisches Benchplätzchen. Klagen Sie über Ihre Arbeitsüberlastung. Etwa nach dem Muster: »Scheiße, schon wieder auf einen Kongreß, und dann noch den öden Antrag schreiben und abends die langweilige Fakultätssitzung.« Sehr geschickt ist es, über die Zahl der angeforderten Gutachten für Stellenbesetzungen zu jammern.

Spezielle Verhaltensregeln

§ 1

Eine wesentliche Voraussetzung für die Lösung des eingangs erwähnten zweiten Grundproblems ist es, daß Sie Seniorautor auf allen Papern werden, die Ihr Labor verlassen. Unverständlicherweise stößt das oft auf die Mißbilligung der Postdocs, vor allem dann, wenn Sie zu dem Paper nichts beitrugen. Schreiben Sie also wenigstens die Diskussion und korrigieren Sie das Manuskript, auch wenn Sie von der Sache nicht viel verstehen. Versprechen Sie Berthold, wenn Sie an seinen Papern nicht mehr mitschreiben müßten, würden Sie auf die Seniorautorschaft verzichten. Leider verbessert sich Bertholds grauenhafter Schreibstil nicht, jedenfalls nicht schneller als Ihr literarischer Geschmack ...

§ 2

Versprechen Sie Berthold, seine Umzugskosten zu ersetzen *(nur mündlich!)*. Vergessen Sie das Versprechen trotzdem nicht, sondern drängen Sie Berthold bei der Verwaltung endlich den Antrag auf Umzugskostenrückerstattung einzureichen, den Sie dann mit getrennter Post lauwarm befürworten. Bekommt Berthold das Geld, ist es gut. Bekommt er es nicht, schimpfen Sie gemeinsam mit ihm auf die sturen Unibürokraten.

§ 3

Sie sind eine Vaterfigur, um deren Gunst die Postdocs buhlen. Das würde zwar keiner zugeben, nicht einmal vor sich selbst, doch Tatsachen bleiben Tatsachen. Sie erzeugen eine Atmosphäre fruchtbaren Wettbewerbs, indem Sie mal den einen, mal den anderen Postdoc bevorzugen. Bevorzugen Sie nie einen Postdoc für längere Zeit.

Ganz spezielle Verhaltensregeln

§ 1

Ist Dr. Bäntsch ein exzellenter Wissenschaftler und hat er Interesse an und Erfolg mit Ihrem Thema, besteht Gefahr! Will er Ihr Labor verlassen oder das Thema mitnehmen, müssen Sie dafür sorgen, daß er es in der Wissenschaft nicht weit bringt oder in die Industrie geht. Sonst wird er Sie aus dem Thema verdrängen.

Professoren zeichnen sich auf diesem Problemgebiet oft durch originelle Einfälle aus. Dieser Ratgeber stellt deswegen im folgenden nur die Grundrisse einer zweckgerichteten Kampagne dar.

Grundsätzlich sind Sie der väterlich-wohlmeinende des hoffnungsvollen Nachwuchswissenschaftlers. Sie setzen sich deshalb bei anderen Professoren und potentiellen Arbeitgebern häufig und ausdauernd für ihn ein.

Äußern Sie sich anerkennend über die fachliche Kompetenz von Dr. Bäntsch. Loben Sie ihn als handwerklich begabten Wissenschaftler. Nur dezent lassen Sie durchscheinen, daß die entscheidenden Ideen von Ihnen kamen. Da übertriebenes Lob oft wie Tadel wirkt, weisen Sie zum Schluß in ein paar leicht hingeworfenen Sätzen auf unangenehme persönliche Eigenschaften von Dr. Bäntsch hin, wie sein Mangel an Führungseigenschaften (kommt mit TAs nicht aus, streitet sich dauernd mit Kollegen etc.), seine Neigung zu Intrigen und Unzufriedenheit und seine fehlende Loyalität gegenüber Förderern. Betonen Sie gegenüber dem Gesprächspartner Ihr gutes Verhältnis zu Dr. Bäntsch. Letzteres sollten Sie übrigens tatsächlich haben und, es zeugt von Weisheit und Bescheidenheit, dem Dr. Bäntsch Ihre Förderaktivitäten zu verschweigen.

§ 2

Postdocs, die nicht Professor werden wollen, sind verdächtig! Davon gibt es zwei Sorten. Erstens, die jüngeren, denen die Chancen im Vergleich zum Aufwand zu niedrig sind. Diese eiskalten Rechner gehören in kein Labor, sondern auf einen gutbezahlten Posten mit gesicherten Aufstiegschancen. Zweitens gibt es ältere Postdocs, die eingesehen haben, daß sie nicht mehr Professor werden können. Die Brauchbarkeit eines solchen verhält sich umgekehrt zu seinen Fähigkeiten.

Ein guter Wissenschaftler muß bei aller Naivität auch ein Mindestmaß an Intelligenz haben. Versetzen Sie sich in einen einigermaßen intelligenten Menschen, der es trotz langjährigen Einsatz und wissenschaftlichem Erfolg, nur zum Postdoc brachte. Mit zunehmender Erbitterung sieht er andere, jüngere, an sich vorbei nach oben ziehen. Bei dem wird irgendwann, spätestens mit 38, der Groschen fallen. Von da an wird er so wenig wie möglich tun und seine Ideen für sich behalten. Was tut aber einer, der wenig arbeitet? Richtig, er schwatzt, und da er den ganzen Tag im Labor steht, schwatzt er mit den anderen Postdocs und Doktoranden. Er gibt seine Verbitterung weiter, und in der Regel fällt sie auf fruchtbaren Boden. Einen 38jährigen Postdoc einzustellen, zeugt, gerade wenn dieser eine beeindruckende Publikationsliste hat, von wenig Menschenkenntnis.

Etwas anderes ist es natürlich, wenn Sie ein Faktotum brauchen, das unangenehme Arbeiten erledigt, die Bürde der Lehre auf sich nimmt und vielleicht für informative Arbeit unter seinen Kollegen sorgt. Hierfür eignen sich ältere Postdocs, die das Wissen um ihre Mittelmäßigkeit vor wissenschaftlichen Ehrgeiz bewahrt und denen die Existenzangst jeglichen Eigensinn austrieb. So kommt es übrigens, daß vom akademischen Mittelbau gerade diejenigen am längsten an der Uni bleiben, die am wenigsten taugen.

§ 3

An den Unis existieren zahllose akademische Zimmerpflanzen, deren Haupttätigkeit es ist, dafür zu sorgen, daß das Gehaltskonto nicht überläuft! Ein paar davon sind die unkündbaren Erblasten Ihres Vorgängers. Ignorieren Sie diese fachlichen Flundern und legen Sie sich nicht mit Ihnen an. Abgesehen davon, daß Sie vermutlich auch solche Fak-Toten hinterlassen: Flundern wühlen im Dreck und können Ihnen in den akademischen Gremien Steine in den Weg legen. Und schließlich – Sie sitzen doch auch nur auf Ihrem Lehrstuhl, weil Ihr Patron einen Narren an Ihnen gefressen hatte. Haben Sie also Verständnis. Lassen Sie die Flundern ihr abgestandenes Wasser aufquirlen und teilen Sie ihnen regelmäßig Futter zu. Mit der Zeit verwandeln die sich in beamtete Karpfen und ziehen fett und friedlich ihre Kreise.

Der Verfasser dankt der DFG und dem BMFT für die langjährige Förderung, die diese Studie ermöglichte.

S. Bär (1993)

Entscheidungsfindung für Manager: Praxis der dynamischen Verzögerung

Als erfolgreicher Manager muß man ein ebenso heldenhafter wie rühriger Feigling sein. Man muß auf überzeugende Art den Schein der Entschlossenheit erwecken, ein Problem zu definieren und anzugehen. Tatsächliche Aufgabe ist aber, ein Problem scharf ins Visier zu nehmen, um sich ihm zu entziehen.

Häufig übernimmt man dabei die Taktik des Stierkämpfers: Man marschiere unter Fanfarenklängen mutig in die Arena. Sobald das große, böse Problem eintritt, starre man es direkt an, gleichzeitig Zuversicht und Entschiedenheit ausstrahlend. Man schwenke die rote Managerweste, bis das Problem sich auf den Herausforderer stürzt. Man behaupte seine Stellung unerschütterlich bis zur letzten Mikrosekunde und – flutsch – ist man elegant ausgewichen. Kleinere Geister schießen die spitzen Pfeile der Weitschweifigkeit und des Protokolls in das Untier.

Wieder und wieder rennt das aufgebrachte Problem auf uns los; wir lassen es uns fast berühren, ehe wir uns wieder zurückziehen, damit es wieder nach Luft schnappen kann.

Die Picadores reiten auf Amtsschimmeln und versuchen, das Problem zum Straucheln zu bringen, es mit roten Farbbändern zu verwirren und darin zu verwickeln. So praktiziert man elegant die Kunst des Wechsels von Konfrontation und Ausweichen, bis uns das erschöpfte Problem den Todesstoß leicht macht.

Unglücklicherweise sind viele der Probleme, denen wir uns gegenübersehen, nicht darauf dressiert, auf den Manager kooperativ und in vorhersagbarer Weise blind einzustürmen. Deswegen muß man die Dynamische Verzögerungstaktik vollkommen beherrschen, um sie instinktiv und ohne Zaudern anwenden zu können.

Standardmethoden der Dynamischen Verzögerungstaktik

Einige Methoden der aggressiven Verschleppung eines Problems sind:
- Der Sumpf
- Die verschleißbaren Kreaturen;
- Der Computer
- Der große Schlaf, die Schublade, verlorengegangen-verlegt-oder-so, Notausgang
- Das Palaver, der Allzweck-Experte, das Grummelkomitee.

Die *Sumpfmethode* ist ideal für fast jedes Verzögerungsvorhaben, vorausgesetzt daß die Leute, die eine voreilige Entscheidung verlangen, dumm genug sind, damit einverstanden zu sein, daß ein hübscher, kühler, gutausgestatteter Sumpf ein guter Platz ist, die Dinge festzuhalten. Natürlich muß man einen stilvollen Sumpf in Schuß halten, alle nötigen Zusatzeinrichtungen bereit halten, z. B. die Extraktionsvorrichtung für alles gesicherte Tatsachenmaterial.

Wenn die decision-makers den Sumpf betreten, muß man sicherstellen, daß die Lage im Fließzustand bleibt, damit jeder Versuch rascher und entschlossener Bewegung den unbedachten Verursacher verschwinden läßt. Im strategischen Augenblick fahren wir schweres Geschütz auf, lassen Motoren aufheulen und Räder kreisen, das emotionale Getriebe krachen und die personale Kupplung rauchen, bis die ganze Power in Gefühlsschlamm und sentimentalem Brei untergeht. So hat man sich entschieden einer Entscheidung gestellt und mutig alles unternommen, klare Verhältnisse zu schaffen. Der Versuch, eine Entscheidung auf eine Nicht-Newtonsche Flüssigkeit zu gründen, beweist massives Bemühen – ohne das Risiko, eine sicht- und damit angreifbare Einigung zu erzielen. Wir haben die Entscheidung eingesumpft, und dies auf tapfere und ritterlichste Art und Weise.

Die *verschleißbare Kreatur* ähnelt dem Soldaten eines Spähtrupps. Natürlich muß man sich solche Kreaturen heranziehen, bevor diese Taktik anwendbar ist. Die effektivsten Typen haben wenig Neigung, sich für die Kompanie der verschleißbaren Kreaturen anwerben zu lassen, und die Kollegen werden leicht sauer beim Versuch, einige Typen abzuwerben. Sind wir jedoch aus dem Stoff, aus dem Führungskräfte gemacht sind, werden wir sicher irgendwie eine Gruppe loyaler Youngsters zusammentrommeln, die losrennen, wenn wir pfeifen, und hoffen, wir legen ihnen die Pfote aufs Haupt und werfen ihnen am Zahltag einen Extraknochen vor.

Der *Computer* ist heute das überzeugendste Spielzeug, um zu entscheiden, daß eine Entscheidung nicht im Spiel ist. Weiterhin kostet er erfreulich viel Zeit. Computer arbeiten mit sagenhaften Geschwindigkeiten, nicht aber Programmierer! Man wartet also drei Jahre auf einen Informatiker, der die Fähigkeit haben soll, ein bestimmtes Problem zu formulieren. Dann entfesselt man eine eindrucksvolle Serie von Konferenzen zur Entwicklung eines schönen, mathematischen Modells.

In diesen Sitzungen betreibt man unmerklich die Scheidung des mathematischen Modells von der wirklichen Situation: Man führt eine Folge vereinfachender Annahmen ein, damit die Maschine das Problem in ihren digitalen Schlund kriegt. Dann entdeckt man, daß das Modell 13 Freiheitsgrade hat, während nur sieben halbvernünftige Beobachtungen bereitstehen. Man geht also zurück, sieht sich im Labor um und kriegt 154 zusätzliche Beobachtungen, um der Maschine ein paar überflüssige Vitamine in die benötigte Faktenkost zu rühren. Bei dieser Gelegenheit empfiehlt es sich, noch etwa vier zusätzliche Beobachtungen mitzuteilen, die das Problem eigentlich gar nicht betreffen.

Jetzt wird das Zeug an die Software-Abteilung gegeben, wo es dann eine ganze Weile warten wird, wenn man sorgfältig jedes Drängen vermeidet. Nach debugging gelangen die Daten am Ende in jenen Irrgarten von Chips, Drähten und Spulen. Die Maschine belohnt unsere Mühe mit einer absurden Antwort, doch merkt man das erst in drei Wochen. Schließlich trifft man sich wieder zum weitern debugging aller Annahmen und Voraussetzungen und um zu überlegen, ob vielleicht ein anderes mathematisches Modell oder ein sensiblerer Mathematiker weiterhelfen kann.

Für den kleineren Geldbeutel wird jede Entscheidung am besten mit der *»Der-große-Schlaf«-Technik* verschleppt. Man versichert, hart an einer soliden Entscheidung zu arbeiten und steckt den ganzen Kram in eine Schublade. Wenn man einen dieser neumodischen Schreibtische ohne Schubladen hat, stopft man das ganze ins Tiefkühlfach.

Die *Technik des »Verlorengegangen-verlegt-oder-so«* ist eine Variante der Routinemethode *»Schublade«*. Ein praktikabler Weg für diese Methode ist z. B., eine Sekretärin einzustellen, die kurz vor der Heirat steht. Man gibt ihr den Stapel Papiere zur gesonderten Ablage. Sie wird drei Wochen weg sein und niemand, absolut kein Mensch wird die Akte während ihrer Flitterwochen finden. Kommt die Braut zurück, noch aufgewühlt von den Anpassungsschwierigkeiten, mit einem unerfreulichen Fremden an wunderlichen Orten zu leben, wird sie nicht die geringste Ahnung mehr haben, wo sie das Material abgelegt hat.

Die Herbeiführung einer Situation, die unsere Abwesenheit dringend erfordert (*»Notausgang«*), gehört nicht zu den klassischen Methoden der Verzögerungstaktik, aber sie funktioniert. Man nimmt einen ärztlich verordneten Urlaub. Man schafft einen Todesfall in der Familie, oder man entdeckt eine Krise in einem entlegenen Werk, um die man sich persönlich kümmern muß. Wenn gar nichts hilft: Es gibt Leute, die einem für geringes Entgelt das Bein brechen.

Unsere Gesetzgeber erzielen Entscheidungen auf der Basis von Kommunikation, und sie benutzen auch die Methode des *Palaverns* als Grundlage, Entscheidungen auf unbestimmte Zeit aufzuschieben.

Um gegen ein vorgeschlagenes Gesetz oder eine Entscheidung zu opponieren, eignet sich als eine der besten Verzögerungsmaßnahmen der *Allzweck-Experte*. Für einen guten Preis kann man einen hochqualifizierten Experten zur Opposition gegen alles und jedes kaufen, und da er immer für die fadenscheinigsten Standpunkte plädiert, wird sogar sein Ruf als Sachverständiger mit seinem Preis zunehmen. Ein solcher Scharlatan macht sich bezahlt. Man braucht Tatsachen für 100 Dollar, um Gutachten zu Fall zu bringen, die kaum einen Dollar wert sind; Expertengeschwafel für 5 Cent klingt noch immer überzeugender als Fakten für 100 Dollar.

Als nächstes möchte ich an die Verdienste des *Grummelkomitees* als Verzögerungsinstrument erinnern. Als ein solches Komitee bezeichnen wir eine Gruppe verschiedener Unbeteiligter, die zusammengerufen werden, um lang und breit nachzudenken, bis sie am Ende zu dem Schluß kommen, daß kein Handlungsbedarf besteht.

Die Kalkulation

Sollte tatsächlich genug Material für eine Entscheidung zusammenkommen, so ist diese noch lange nicht fällig, wir brauchen erst die Kalkulation! Natürlich muß man seine Kollegen soweit instruieren, daß sie die Kalkulation ungefähr begreifen können, was schwer ist, wenn man sie selbst nicht ganz versteht. Jedenfalls wird eine gut fundierte Kalkulation zu einer korrekten Entscheidung führen. Es kann jetzt passieren, daß die Rückführung einer Entscheidung auf eine Kalkulation mehr kostet, als die Sache wert ist. Oder sie wird Maßnahmen in Gang setzen, die vor zehn Jahren erstklassig gewesen wären – aber inzwischen haben irgendwelche verrückten Entwicklungen den Markt verstopft. Jeder erfahrene Verzögerungsexperte muß dann ein paar bewährte Ausreden parat haben, warum er sich so lange abgestrampelt hat.

Bei meinem Exkurs über Verzögerungstechniken kommt mir langsam der Gedanke, daß man selbst von einer so guten Sache wie der Verschleppungskunst von Entscheidungen genug haben könnte. So sollte ich nur noch mein persönliches Rezept für allfällige Gewalt-

entscheidungen loswerden. Ich habe da Verbindungen mit einer Zigeunerin: Sie liest aus Teeblättern. Sie verdient mehr als ich und kümmert sich den Teufel um Beweismaterial.

[Nach M. B. ETTINGER: »*Standard Methods für the Mediocre Science Manager*«.
Ann Arbor, 1970] (1986)

Sechstes Kapitel
O sancta complicitas – *Grundkurs in chemischer Bürokratie*

Einstein fand neben der Relativitätstheorie auch die Erkenntnis, man solle die Dinge so einfach sehen wie möglich, aber nicht einfacher. Der Umkehrtrugschluß, alles sicherheitshalber so umständlich wie nur irgendwie denkbar darstellen zu müssen, ist wesentlich älter und auch außerhalb der Naturwissenschaft weit verbreitet. Erstaunlicherweise scheinen sich manche Begründungen desto fester in die Köpfe zu setzen, je weiter hergeholt und weltfremder sie sind: Der Dreißigjährige Krieg sei des Glaubens wegen angezettelt worden, lautet ein populäres Gerücht. Wenn wir im Gegensatz dazu bedenken, daß 1618 die kaiserlichen Kassen leer und die böhmischen Silberbergwerke voll waren, kommen wir den wirklichen Ursachen schon deutlich näher. Und Joachim Fernau mutmaßt ziemlich plausibel, daß die ansonsten recht unbeliebten Tsetsefliegen den Afrikanern das Schicksal der nordamerikanischen Ureinwohner erspart hatten, am europäischen Wesen letal zu genesen.

Kurz: Es muß nicht immer etwas Kompliziertes dahinterstecken. Wo es fehlt, ist die nächste Behörde meist gerne behilflich. Der Chemiker kommt spätestens dann mit derlei administrativem Altruismus in Berührung, wenn er einen Projektantrag stellt und haarklein planen muß, wieviel Toluol bis zur Erfindung des neuen Universalreagenzes verbraucht wird. Dieser vergleichsweise harmlose Stoß ist noch leicht zu parieren, zum Beispiel durch rekursive Planung: Da der Bericht in aller Regel erst nach Ende der Projektlaufzeit abgeliefert werden muß, wurden wie durch Zauberkraft natürlich alle Zwischentermine wie vorgesehen eingehalten, und die schwierige Isolierung des Zielprodukts war selbstredend das Resultat einer detailliert durchdachten Experimentalstrategie. In Wirklichkeit bekam man den Stein der Weisen nur

zufällig zu fassen, weil irgendeine Schlafmütze (also meist man selbst) Cyclohexan in die Chloroformflasche gegossen hatte, sodaß das Zeugs beim Auffüllen des Ansatzes unversehens ausgefällt wurde. Aber dies erzähle man erst seinen Enkelkindern.

Ungleich komplizierter wird die Sache schon, wenn merkwürdige Auflagen zu erfüllen sind, z.B. die Personalstruktur eines mühsam als Projektpartner angeworbenen Unternehmens eine bestimmte Zusammensetzung haben muß, weil ansonsten die satzungsgemäße Anzapfbarkeit des Fördertopfes nicht gegeben ist. Oder das Chemikaliengesetz türmt genehmigungsrechtliche Hürden zu babylonischen Höhen auf. Verläßliche Rezepturen zur Herstellung der benötigten Grundverbindungen stammen meist aus Zeiten, zu denen bestimmte Stoffe noch nicht giftig waren und legal aus jedem Katalog bestellt werden konnten. Das war vor dem Zeitalter der Endverbleibserklärung, mittels welcher, wie wir alle wissen, die Giftgasproduktion sämtlicher Drittweltpotentaten und sonstiger Terroristen wirksam unterbunden wurde.

Bestimmte andere Dinge sind an Normen geknüpft, deren Ursprünge im Dunkel der Geschichte verlorengegangen sind, die aber bis dato jeden seit dem 19. Jahrhundert mit einer bewundernswerten Kontinuität der Kritiklosigkeit abgekupferten Unfug verbindlich zementieren wie das seit Kaisers Zeiten verordnete Gummikabel für elektrische Freiluftanwendungen, als seien wesentlich witterungsbeständigere Materialien noch nicht erfunden.

Kurz und schlecht: Am sichersten bleibt immer noch die Flußüberquerung im Paragraphendschungel über ein aus engmaschigen Beziehungen geflochtenes und möglichst hoch über dem Boden aufgespanntes Netz. Dies kann sogar lebensrettend sein, wenn die Behör-

Humoristische Chemie. Herausgegeben von Jakobi, Hopf
Copyright © 2004 WILEY-VCH Verlag GmbH & Co. KGaA, Weinheim
ISBN: 3-527-30628-5

de mit ihrer Wunderwaffe ISO 9000 zum finalen Vernichtungsschlag ausholt. Der Fluchtweg über besagtes Netz steht zwar leider nicht je- dem offen – aber wie geschrieben steht: Wer es fassen kann, der fasse es (Matth. 19, 12).

Besser spät als nie

ist offenbar der Wahlspruch der Lebensmittelchemiker an der Universität Karlsruhe. Im »Bericht der Regionalkommission Karlsruhe-Pforzheim zur Vorbereitung des Hochschulgesamtplans II« liest man, daß die derzeit gültige Prüfungsordnung für Lebensmittelchemie vom 18. August 1894 datiert. Eine neue Prüfungsordnung sei aber »in Bearbeitung«.

N. N. (1971)

Kalter Kaffee

Das im folgenden abgedruckte authentische Dokument kursiert seit einiger Zeit an der Universität Karlsruhe. Es ist auf durchaus legale Weise in die Hände der Redaktion gelangt – ein Zeichen zunehmender Transparenz der Verwaltungsvorgänge an Deutschlands Hochschulen.

Betr.: Haushaltsrechtliche Handhabung des Kaffeeausschankes

Anlg.: Vordrucke A und B

Eine mir heute zugegangene eilige Eilinformation des Kultusministeriums betrifft einen ernährungswissenschaftlichen Bereich, der zu Ihrem sozialem Besitzstand gehört und der auf Wunsch des Landtages ordnungsgemäß zu regeln ist.

Dem Ministerium ist es gelungen, die Forderung des Landtages, das Kaffeetrinken im Dienst zu verbieten, abzuwehren, da es sich um eine vom Standpunkt der Humanmedizin als Notwendigkeit erachtete Förderung der Leistungskraft zur Bewältigung der Lehrdeputate handelt und außerdem Bestandteil des sozialen Besitzstandes ist. Dem Landtag wurde aber eine strenge Regelung des Bereiches, der Mißbräuche – insbesondere durch die Ordinarien – ausschließt, zugesagt.

Wegen der großen Bedeutung, die einer haushaltsrechtlich korrekten Bewirtschaftung der knapper werdenden Mittel, wie amtlicher Strom und amtliches Wasser, zukommt, empfehle ich dieses Rundschreiben Ihrer allgefälligen Aufmerksamkeit und Beachtung.

Wie von amtlicher Stelle berichtet wurde, sind die Praktiken der Kaffeepause äußerst differenziert von Institut zu Institut und von Verwaltungsstelle zu Verwaltungsstelle entwickelt worden. Diesen Wildwuchs einzustellen und eine einheitliche Handhabung der Kaffeeaufnahme zu gewährleisten, ist vordringlichstes Ziel dieses Rundschreibens. Daher wird folgendes angeordnet:

Der Institutsleiter muß nach sorgfältigster Prüfung der Verfassungstreue seiner Mitarbeiter mindestens zwei Kandidaten für die Wahl des Kaffee-Einkaufsberechtigten (KEB) aufstellen. Der Wahlentscheid erfolgt durch demokratische Abstimmung (schriftlich oder Hammelsprung) aller dem Institut angehörigen Personen. Der Verwaltung muß der Name und der Dienstgrad des KEB auf den dafür vorgesehen Formularen in 4facher Ausfertigung zugesandt werden. Der Einkauf hat außerhalb der Dienstzeit zu erfolgen.

Die Funktion des KEB kommt bei Einführung der integrierten Gesamthochschule in Wegfall, da dann eine zentrale Kaffee-Einkaufsstelle institutionalisiert wird. Solange der KEB nicht in Wegfall kommt, ist die Führung eines Kaffeeausschankbuches (KABu) seine Pflicht. Im KABu muß für die Innenrevision der Kontrolle zugänglich sein, ob die Institutsangehörigen entsprechend ihres Dienstalters die ihnen zustehende Portion Kaffee in Empfang genommen haben. Die Zuteilung erfolgt in genormten Kaffeetassen, wobei sich die Menge der zustehenden Normtassen mittels eines Kaffeefaktors ergibt. Bezüglich Kaffeefaktor und Tassennorm erscheint demnächst eine besondere Verfügung. Solange dürfen die vorhandenen Tassen weiter in Benutzung gehalten werden.

Das Kaffeekochen selbst darf nur von beamteten Personen durchgeführt werden, da nur sie, ohne daß Kosten für Überstunden entstehen, die verlorene Zeit nachzuarbeiten in der Lage sind.

Der Kaffeeverbrauch ist wöchentlich in Abrechnung zu bringen und auf dem Abrechnungsbeleg vom Institutsleiter die »sachliche und rechnerische Richtigkeit« festzustellen. Damit erfolgt die Bescheinigung für einen Tatbestand. Ein Kassenbestand darf nur in Höhe bis DM 1,11 in den Institutsräumen in Aufbewahrung gehalten werden. Darüber hinausgehende Beträge müssen bei der Verwaltung zur Deponie gebracht werden.

Das KABu gilt nicht für Ordinarien, für sie führt der Rektor die Kaffeeliste im Auftrage des Ministers.

Für den Ausschank von Tee gilt dieses Rundschreiben sinngemäß.

Die Ausgabe von Kakao ist nur an Personen mit Kakaoberechtigungsattest eines Vertrauensarztes gestattet.

Die Detailvorschriften zur amtlichen Handhabung der Kaffeepause können aus den Anlagen in Ermittlung gebracht werden. Die Vorschriften bzgl. Zeitpunkt und -dauer der Kaffeepause bedürfen noch einer Landtagsdebatte. Mit Zustimmung aller Parteien wird gerechnet. Danach ergeht eine diesbezügliche Verfügung.

Dieses Rundschreiben tritt auf Wunsch des Kultusministers am Faschingsdienstag in Kraft.

i.A. Dr. Weichental

Anlagen:

Vordruck A

Blablablablablablablablablablablablablablablablabla

....

....

Blablablablablablablablablablablablablablablabla

Vordruck B

Blablablablablablablablablablablablablabla

....

....

Blablablablablablablablablablablablablablablabla

Verteiler:

Fakultäten und Institute
universitätsunmittelbare Verrichtungen
Ehrensenat
Oberer Senat
Mittlerer Senat
Unterer Senat
Ehrensenator-Anwärterr

N.N. (1976)

Amtliche Natriumabfall-Beseitigung – eine wahre Geschichte

Metallisches Natrium wird bekanntlich zum Trocknen von Lösungsmitteln benutzt. Der Abfall an Krusten und verbrauchtem Draht sammelt sich im Laufe der Zeit in den Laboratorien eines Institutes zu einer ansehnlichen Menge an. Es gibt zwar Möglichkeiten, sie zu vernichten (Umsetzen mit Äthanol, Verbrennen im Freien u.a.), doch ist es wohl ein von den meisten Chemikern geübter Brauch, die Büchsen mit Natriumabfall zu einer ruhigen Stunde an einem ruhigen Ort unbeobachtet in größeres Gewässer zu werfen. Die sich abspielende Reaktion dienst dann gleichzeitig zur Erheiterung des Gemüts.

Nun hatte sich in einem Hochschulinstitut im Frühjahr 1966 wieder eine größere Menge an Natriumabfall angesammelt. Des sicher nicht erlaubten Feuerwerks am Gewässer müde, wurde beschlossen, doch einmal den offiziellen amtlichen Weg der Vernichtung ausfindig zu machen: es müßte immerhin möglich sein, sich völlig legal der Reste zu entledigen.

Zuerst rief man bei der Feuerwehr an, der die Reste zu Übungszwecken bei der Löschung von Metallbränden angeboten wurden. Man dankte mit dem Hinweis, das käme zu selten vor. Ein Anruf beim Gewerbeaufsichtsamt belehrte, diese Institution überwache nur Produktionsvorgänge und sei nicht zuständig. Zuständig sei das Ordnungsamt. Doch auch dieses Amt fühlte sich nicht kompetent und verwies an das Gesundheitsamt. Nach vielem Hin- und Herverbinden wurde ein Herr (promovierter Mediziner) ermittelt, der sich als zuständig bezeichnete. Erleichtert atmete man auf und fühlte sich am Ziel. Das war aber eine Täuschung, denn es wurde empfohlen, sich wegen der Angelegenheit an das Institut für Pharmazeutische Chemie der örtlichen Hochschule zu wenden. Dazu muß bemerkt werden, daß das anfragende Institut das Institut für Anorganische Chemie war, bei dem häufig vom Institut für Pharmazeutische Chemie Erkundigungen über anorganisch-chemische Sachverhalte eingeholt werden. Daraufhin wollte der Herr Dr. med. die Beseitigung selbst in die Hand nehmen, und was folgen sollte, ließ einem Chemiker die Haare zu Berge stehen. Der Herr Doktor erklärte nämlich, er habe Erfahrung mit der Beseitigung chemischer Produkte. So sei erst vor kurzem Kampfstoff von seinem Amt vernichtet worden, und er gedenke, den gleichen Weg zu wählen. Das Amt verfüge über eine größere, unbebaute und nur mit Gras bestandene Fläche außerhalb der Stadt. Dort würde eine Grube ausgehoben, diese mit Kalkmilch gefüllt werden, und ein Arbeiter solle dann die Natriumreste in die Suspension einrühren. Dem verhandelnden Institutsangehörigen verschlug es die Sprache. Er dachte stets, das Gesundheitsamt sei zuständig für das gesundheitliche Wohlergehen der Bürger. Energische Hinweise auf die Eigenschaften metallischen Natriums wurden damit erwidert, man solle die Büchsen mit Abfall ruhig zum Gesundheitsamt bringen. Das geschah dann auch, unter nochmaligem nachdrücklichem Hinweis auf die Eigenschaften, um eine mögliche Gefährdung von Amtspersonen bei der Beseitigung zu verhindern.

Trotz eifrigen Suchens fand sich in den nächsten Tagen kein Artikel in der örtlichen Tagespresse, der über die Folgen dieser Vernichtung berichtet hätte.
Sollten die Behörden doch bisher ungeahnte chemische Fähigkeiten besitzen? Von dem studierenden Sohn eines Beamten des Ordnungsamtes wissen wir es inzwischen: die Anorganiker könnten noch nicht einmal mit Natrium umgehen.

N. N. (1967)

Anmerkung der Herausgeber: Bis heute gehört es zu den ungeklärten Rätseln, warum man die feuergefährlichen Natriumreste laut Vorschrift auch noch mittels brennbarer Lösungsmittel zerstören soll. Dem sicherheitsbewußten Pragmatiker reichen meist eine große Metallschüssel mit Wasser, eine Pinzette, eine Schutzbrille, ein wenig Platz im Freien und ein Abzug, wo die selbsterzeugte Natronlauge gemütlich auf ein entsorgerfreundliches Volumen eindunsten kann.

Stoff-Parteien – oder: Ein Problem, das kaum zu lösen!

Ein Problem, das kaum zu lösen:
Was wohl hätten Geistesgrößen,
Klassiker und frühe Helden
gegenwärtig zu vermelden,
wenn sie den Olymp verließen
und noch mal zur Erde stießen?
Was wohl käme dann von Goethen?
Dürfte noch mit Zauberflöten,
müßte nicht in Zwölfertönen
Mozart unser Ohr verwöhnen?
Oder schließlich Justus Liebig:
Wäre sein Forschen noch ergiebig,
heute wo der Zeitengeist
alles wütend von sich weist,
was von seinen Künsten handelt?
Ach, die Welt hat sich gewandelt
und, wie Liebiges Beispiel lehrt,
gar ins Gegenteil verkehrt!
Lehrte vormals diese Leuchte
Der Chemie doch, daß verbräuchte
Ackerböden zu verjüngen,
wenn wir sie mit Stickstoff düngen!
Doch nur unverfälschte Krume
Reicht gesunder Kost zum Ruhme!
Und dann kochte und verpackte
Liebig fleißig Fleischextrakte,
um gesalzen sie zum Würzen
auf den Küchenmarkt zu stürzen!
Und kein Mensch schrie voll Empörung:
Pfui, Chemie in der Ernährung!
Drittens fand der alte Justus
auch am Unterrichten Gustus
und hat lehrend ganze Klassen,
– was wir heute unterlassen –,
für Chemie, und zwar in Gießen,
angefacht und hingerissen!
Schließlich aber isolierte
Und bestimmte diese Zierde
Der Chemie als erster schon
Atropin und Aceton,
Äpfel-, Gerb – und Benzoesäure,
Chloroform, auch ungeheure
Fulminate und Chloral;

kurz gesagt: in Überzahl
üble Stoffe, die wir wegen
ihrer Giftigkeit nicht mögen,
solche auch die süchtig machen,
ätzen, brennen, oder krachen,
die die Wässer schnöd belasten:
Liebig hatte sie im Kasten!
Und da fragt ein jeder doch:
Dürfte der das heute noch?
Forschung ist, wenn überhaupt,
dann an Stoffen noch erlaubt,
die gesellschaftsrelevant
und natürlich angewandt,
auch sozial im Nettonutzen
a.) die Umwelt nicht beschmutzen,
sondern b.) dem Fortschritt dienen,
ohne Schuld und frei von Sühnen!
Da kann ich als Beispiel dienen!
Weit voraus dem Zeitengeiste
forschte ich schon früh die meiste
Zeit gezielt an Grundsubstanzen,
welche voll von Relevanzen
zur Gesellschaft und zum Ganzen.
Denn ich wußte: Ganz weit hinten
muß in jedem Volksempfinden
materiell ein Urgrund stecken.
Selben galt es aufzudecken,
seien Geist zu destillieren,
ihn als Stoff zu präparieren,
und am Stoffe mit Methoden
der Chemie dann auszuloten,
welchen Spektrenlauf er zeichnet,
was beim Schmelzen sich ereignet
und wohin die Richtung geht,
wenn er gar das Licht verdreht.
Denn aus all dem ist das Wesen
der Gesellschaft abzulesen.
Also forschte ich! Ich kochte,
was noch keiner je vermochte,
Moleküle der Gewalten,
die den Staat zusammenhalten,
ja, ich ließ die Volksparteien
in Gestalt von völlig neuen,

wesensgleichen, absoluten
Stoffgestalten aus den Fluten
Meiner Mutterlaugen fallen,
chemisch sauber und kristallen!
Freilich, was für Reagenzien,
Lösungsmittel, Ingredentien
mußte ich zusammenstreuen,
daß wahrhaftig Stoffparteien
bei der Reaktion entstanden?
Hier war guter Rat vorhanden!
Denn mir fiel die Einsicht zu:
SPD und CDU
tragen ihr Rezept im Zeichen,
sind, die FDP desgleichen,
nichts als Formeln, sind Symbole
der Chemie! Denn C ist Kohle,
S steht kurz für Schwefel dort,
P für Phosphor, und so fort ...
Einzig die Partei der Grünen
ist mir nicht so klar erschienen.

Doch ans Werk! Als erstes sei
beispielgebend die Partei
der sozialen Demokraten
kristallin zum Stoff gebraten!
Also ließ ich Schwefelblüten
kurze Zeit mit Phosphor sieden,
roter Phosphor, niemals gelber! –
und dann lief es wie von selber,
als ich meine rot durchgleißte
Brühe mit Deuterium speiste.
Aus dem Brodeln fielen Flocken,
doch die wuchsen rasch zu Brocken,
drückten fast mit dicken, derben
Kanten mir das Glas zu Scherben,
ungestüm und monoklin,
rasend rot, und, wie es schien,
äußerst aggressiv! Es zischte,
gleich, womit ich es vermischte,
Korken wurden rasch zerfressen,
und bei bloßen Drehwertmessen
gingen Prismen mir und Linsen
korrodierend in die Binsen.
Ätzend links war denn der Dreh!
Diese α-SPD,

dieser Reizstoff, der uns häufig
auch als Juso-Form geläufig,
war indessen nicht stabil!
Schon nach kurzer Zeit zerfiel
er rapide: es verschwanden
nach und nach die scharfen Kanten,
auch das Rot, das allzu grelle,
schwächte ab das Linksgefälle
flachte ab zu Maß und Norm ...
Denn die neue β-Form,
die dem Juso-Stadium folgte,
war ein Stoff, der nicht mehr wolkte,
kaum noch zischte, der stattdessen
recht verläßlich zu vermessen
und für manches gute Jahr
nützlich zu gebrauchen war.
Unbenutzt indessen neigte
sich der Stoff nach links und zeigte
wieder alte Juso-Sporen,
die sich jedoch rasch verloren,
wenn ich ihn, gleichwohl er rauchte,
für Versuche neu gebrauchte.
Doch dann fand ich: auch β-
SPD war man bloß meta ...,
war nicht haltbar, nicht stabil!
Nach Jahrzehnten noch zerfiel
sie mitunter! Ganz allmählich
wurde erst ein Körnchen mehlig,
färbte rosa; feinste Spieße
füllten langsam die Gefäße, *
anfangs locker und beweglich,
doch schon bald war's nicht mehr möglich,
ihr Gewirr, auch nicht durch Rütteln,
noch im Kolben durchzuschütteln.
Denn die Gamma-SPD,
wie das spießige Gelee
ich der neuen Form benenne,
glich den Spelzen auf der Tenne,
war voll Haken, voller Ösen,
schließlich gar nicht mehr zu lösen,
und die anfangs lockre Sülze
starrte fest im Nadelfilze!
Diese Form der SPD
war indessen äußerst zäh,

nicht mehr löslich, auch nicht flüchtig;
alle Mühen blieben nichtig,
sie durch thermisches Behandeln
in der Form zurückzuwandeln.
Freilich war der Filz-Effekt,
den als erster ich entdeckt
und der Wissenschaft beschrieben –,
war das spießige Vertrüben,
dieses innige Verdrahten
altgestandner Demokraten,
nicht der SPD nur eigen!

Sämtliche Parteien neigen
Zu dem gleichen Phänomen,
nämlich, das bei langem Stehen
sie drei Stadien durchmessen
und zum Schluß infolgedessen
in der Gamma-Form verpilzen.
Auch die CDU kann filzen!
Diesem Schauspiel beizuwohnen,
kochte ich die Christunionen:
Nach dem Fischer-Tropsch-Verfahren
ließ ich, ohne Dampf zu sparen,
Ruß, Graphit und schwarze Kohle
in verschraubter Kasserole
mit Deuterium hydrieren.
Es entstanden dunkle Schmieren,
die ich, um Uran zu spenden,
innig mit gepechten Blenden
mahlte, mengte und vermischte,
worauf denn der Ansatz zischte
und sich schwarze α-Buben
der Union verkohlt in Kuben
aus dem Topfe, den sie sprengten,
ungestüm ins Freie drängten.

Gleich zur CSU! Ich troff
hierzu Schwefelkohlenstoff,
und zwar grad ein Molvolumen,
auf Uran in feinsten Krumen,
worauf das Metall erglühte
und sich gelbe Schwefelblüte
hoch im Kühler als Beflug
Staub- und mehlig niederschlug.
Doch danach stieg aus der Schale

Steil das α-Christsoziale,
sublimiert, schwarz wie Schiefer,
in den Kühler, wenn auch tiefer,
und ich mußte seine Waben
mühsam aus dem Glase schaben.
Nun geforscht! Zunächst: wie liefen
mit den Jungkonservativen
meine optischen Versuche?
Schlug ein Rechtsdrall schon zu Buche?
Oder drehten sie gar links?
Ach, ich maß ein Mitteldings,
maß die Mutarotationen
racemierter Jungunionen!
Doch die linken Antipoden
schwanden ziemlich rasch vom Boden,
waren schon in β-Kreisen
nicht mehr sicher nachzuweisen,
bis zum Schluß die filzverzweigten
Gamma-Formen Werte zeigten,
die besonders bei den späten
Christsozialen rechtsrum drehten.
Welche Eigentümlichkeiten
sind nun freilich abzuleiten
von der chemischen Struktur?
Wie beeinflußt die Natur
des Urans das Christsoziale?
Lang vertraut mit dem Gestrahle
zeigten sich Unionsanhänger
in der Regel nie gestrenger
angesichts von Kernkraftschloten
als die Grünen und die Roten.

Doch nun zu den Liberalen!
Wiederum nach Formelzahlen
und aufgrund der Analyse
kochte ich gekonnt auch diese,
derart daß ich fluorierte
Phosphorstücke deuterierte,
- diesmal gelbe, niemals rote! -
also daß sich hoch im Schlote
blaue Julis niederschlugen.
Die Erträge zwar betrugen
Selten mehr als fünf Prozent.
Dafür aber, vehement,
unbesorgt von kleinen Zahlen,

zeigten sich die Liberalen
gegenüber andren Stoffen
reaktiv und waren offen,
sich mit Schwarzen oder Roten
koalierend zu verknoten.
Was den Bindungsdrang begründet:
In der FDP befindet
sich versteckt das aggressivste
und elektronegativste
aller freien Halogene.
Völlig anders ist die Scene
nämlich bei den fluorfreien
Stoff-Fraktionen und Parteien,
die sich meist schon wild gebärden,
wenn sie bloß genähert werden.
Um nicht andre zu gefährden,
mischte ich bei sehr gestrengen
Vorsichtsregeln und in Mengen
von nur ein paar Milligrammen
β-Rot und -Schwarz zusammen.
Doch als ich den Mörser stampfte,
wuff, da zischte es und dampfte
mir aus übler Nebelblase
Schwefelkohlenstoff zur Nase;
fürchterlich hat es gestunken!
Und dann stoben kleine Funken,
daß ich schleunigst, eh es krachte,
dem Versuch ein Ende machte.

Schließlich noch zu den Begrünten:
Welche Komponenten dienten
hier, die Reaktion zu starten?
Ach, die Grünen offenbarten
keine Formeln und wer könnte
Art und Zahl der Elemente,
draus sie sich zusammensetzen,
aus dem bloßen Namen schätzen?
Also mischte ich, was immer
sich in meinem Arbeitszimmer
nur an grünem Zeug befand:
Chromoxid war schnell zur Hand,
Kupfersalze, selbst Smaragde
und Türkise, all sie brachte
ich mit Eisen-II-sulfat
in den grünen Breispinat.

Unter ständigem Bestrahlen
mit dem Grünlicht einer fahlen
effektiven Bariumlampe
blies ich Chlorgas in die Pampe,
bis dann ... ach, ein Krustenschorf
irisierend und amorph,
farbenfröhlich drauf erschien!
Blaß blieb dabei bloß das Grün:
Ich sah rot, was leicht passierte,
wenn sich Kupfer reduzierte,
sah auch gelb, wenn Eisen-II
sich erhob zu Eisen-III,
doch dazwischen, farbverwegen,
schimmerten nur Regenbögen!
War mein Grundgedanke richtig?
War das Grün nicht gar so wichtig,
um allein beim Präparieren
mir die Forscherhand zu führen?
Wuchsen bunt die Ökologen,
weil ich Falsches eingewogen?
Doch ich werde weiterforschen
Mit dem Ziel die grünen Burschen **
Farbstabil und in Gestalten
von Kristallen zu erhalten.

Wer vermeint, daß nun die echten
Volksvertreter daran dächten,
frisch vom Forscher zu erfahren,
was sie stofflich offenbaren,
ach, der irrt! Weil Stoffparteien
chemisch, sprich gefährlich seien,
hob sich gleich ein lautes Schreien,
und man wies mich mahnend hin
auf Glykol und Formalin,
täglich häuften sich Skandale ...
Und hieß es mit einem Male:
GIFT IN DER PARTEIZENTRALE,
wär das nicht gefundnes Fressen
für den Stern und andere Pressen?
Kurz, ich sollte mich stattdessen
dem Chemie-Gesetze beugen
und die Ämter überzeugen,
daß die neuen Stoff-Parteien
harmlos und nicht giftig seien!
Doch als ich den Giftwert checkte,

welchen die von mir entdeckte
SPD-Substanz erzeugt,
bleiben weiße, rot geäugte
Mäuse selbst bei höchsten Gaben
noch recht fröhlich im Gehaben,
während bei den gleichen Testen
alle schwarzen rasch verwesten.
Völlig anders liefs im Falle
meiner CDU-Kristalle.
Schnurstracks streckten alle viere
hier die rot geäugten Tiere
von sich fort; doch von den düstern
schwarzgefellten Mäusebiestern

lebten alle Exemplare
munter fort noch viele Jahre.
Welche Maus sagt da die Wahrheit?
Weit entfernt von jeder Klarheit,
hoffnungslos, daß vom Getiere
ich noch Näheres erführe,
packte ich die schnöd vom Staate
abgelehnten Präparate
ins Archiv, wo sie verlassen
längst zu grauem Filz verblassen.
Bleibt ein Trost: Was hier berichtet,
ist, sofern nicht wahr, erdichtet.

N. N. (1987)

Änderungsvorschläge der Herausgeber
(ohne Beckmesserei, nur des Reimes wegen):

in den Kolben rosa Spieße
ganz allmählich füllten diese ...

* ... sie mitunter! Nach und nach
krümelig ein Körnchen brach;

** ... Doch ich laß nicht von der Suppe
mit dem Ziel, die grüne Truppe ...

Im Geiste von 1905

Ein Ordinarius einer deutschen TH hat nach dem dort üblichen Abrechnungsver-
fahren ein Formular an die Kasse gesandt, in dem Putzmittel im Werte von DM 0,90
aufgeführt waren. Das Formular kam von der Kasse mit dem Vermerk zurück, die
Summe könne nicht ersetzt werden, da eine Spezifizierung fehle. Also wurde ein
neues Formular ausgefüllt und zwar DM 0,35 für Vim® und DM 0,55 für Rei®. Wieder kam das Formular zurück: Man müsse für jedes Putzmittel eine Extraabrech-
nung ausstellen. So geschah es. Nun kamen beide Formulare zurück, mit dem Vermerk, der Betrag könne nicht ersetzt werden, da die Putzmittel Vim® und Rei® nicht
auf der amtlichen Putzmittelliste von 1905 stünden.

N. N. (1961)

Jozef Filser und das Gesetz über die Zweideutigkeit im Meßwesen

An den wohlgebornen Hern stud. chem x x in Mingharting, Bosd daselbst

Liber Freind,
indem das du mir geschriben und gefragt hast was jezd ein »Mol« und »Val« ist, mus
ich dir schreim und sagn das ich das auch nichd weis. Aber ich hab meine Bardei-
brüder, ein paar Schemiker und Seine Wiesenschafdlichkeit unsern Hern Kuldus-
minisder gefragd und disse wiesen es auch nichd. Blos ein Adfikat hat mirs gesch-
teckt was micht heit noch wunderd. Jez mus ich dir disse Bedrachdung ferzelen: ein

Mol isd ein ser grohser haufen von Schtickln wo man anfassen kann und auch wo es ieberhaubd nichd gihbt. Schtikln kennen alles sein: Kirchnglokn, Maskriege, Barlamendarier, Schpekknedel und fielleichd Addome. Am bestn du stells dir alle Miest-Schtickln fon einen gans grohsen Miesthaufen vor, der Mol isd aber noch fiel greeser und ein Gewichd had er auch nichd mer. Ferstehs du jezd?

Der Val isd fiel einfacher. Den gibz nichd mer. Er heist jezd fielleichd: 1 Mol von 1/2 Ca^{2+}, hat der Adfikat gesagd, oder 1 Mol von 1/5 $KMnO_4$, oder andere Schtickln wo nichd giebt aber haben erfunden wern missen damidz complizzirter wierd. Weisdu jezd? Bei der weldlichen Wiesenschafd giebt es ahle Wochn was neies. Das wo gesting das riechtige wahr ist heunte sauduhm und sie erfinden iemer neie Schwiendel, damit das die Schtudentn neie Biecher kaufen miessen und disses heußt mahn den Fordschridd der Wiesenschaft und kost fiel Gäld.

Aber liber Freind ich bin jezd auch gans sanbftmietig und rahte dir nur: kauf dir 1/6,02 · 10^{-23} Mol Stulbeine und geh damit zu die Groskobfeten wo nur dann reformihren bal sie andern dahmid eine Supen einbroken.

Ich mus es beschlüssen, indem ich nichz mer weis.

Es griest dich und dankd fier dein wiesenschaftliches Inderäse dein Freind

Jozef Filser,
kenigl. Abgeordneter in Ruheschtand.

N. N. (1972)

St. Bürokratius

Ein Säureballon war in einer »Hundehütte« (Holzverschalung) geliefert und in Rechnung gestellt worden.

1. Prüfungsvermerk: Es ist zu erläutern, wozu das Laboratorium eine Hundehütte benötigt. Wieso wurde darüber auf einer Chemikalienrechnung abgerechnet? – Antwort: Es handelte sich nur um eine Holzverschalung um einen Säureballon, die üblicherweise »Hundehütte« genannt wird.

2. Prüfungsvermerk: Es ist zu erläutern, wieso die offensichtlich nicht zur Hundehaltung benötigte Hundehütte nicht zur Gutschrift zurückgesandt wurde. Wo ist sie verblieben?

N. N. (1953)

Siebentes Kapitel
Ozapft is – *Geldquellen für die Forschung*

Von der Forschung gibt es zwei Typen: Erstens Forschung, deren Resultate man verkaufen kann – und zweitens die Grundlagenforschung. Der erste Typ finanziert sich weitestgehend selbst; man findet ihn an der Universität seltener als in der Industrie. Die Resultate werden auch nicht in einem Journal gedruckt, sondern patentiert und als Lizenzen versilbert. Die Grundlagenforschung ist im Gegensatz dazu eine vergleichsweise brotlose Kunst; es bedarf schon einer gewissen Chuzpe, Gelder dafür zu fordern, daß man plötzlich statt mit Bauklötzchen mit Molekülen spielt. Daß die Grundlagenforschung trotzdem wichtig ist, sieht der Wissenschaftler sofort ein, der Geldgeber dagegen nur schleppend, wenn überhaupt. Regelbestätigende Ausnahmen finden sich auf Gebieten, die momentan gerade in Mode (und damit politisch ausschlachtbar) sind.

Ein russisches Sprichwort lehrt, daß man einen Wald verlangen müsse, wenn man einen Baum haben will. Das alleine aber genügt nicht. Man muß auch überzeugend darlegen, daß der Baum auf dem eigenen Grundstück die besten Voraussetzungen für eine gesunde und zukunftsträchtige Entwicklung mitbekommt. Im Kapitel »Publish or perish« war von Resultaten die Rede, die keiner braucht. Jetzt gilt es, sie überzeugend zu verscherbeln.

Man hat zum Beispiel analog gebaute Magnesium-, Calcium- und Strontiumverbindungen gebastelt, die alle schön rhombisch auskristallisieren, nun gelingt der langersehnte Einbau von Barium, das allerdings zu dick ist, um sich in das Strukturschema der leichteren Erdalkalimetalle zu fügen; infolgedessen schneit es in der Suppe eben monoklin. Nichts besonderes, denkt der kristallographisch angehauchte Leser; wenn ich die Luftmatratze aufpumpe, paßt sie eben nicht mehr in den Rucksack. Von wegen! Solch ein Ignorant hat wohl noch nichts von werbewirksamer Wissenschaftspräsentation gehört: Hier strahlt ein neues Highlight am Himmel der Erdalkalimetallchemie, nämlich der erste monokline Vertreter des Strukturtyps M^{II}-XYZ! – Jetzt kann man eigentlich nur noch einen Kardinalfehler begehen, der darin besteht, zu wenig Mittel zu fordern.

Für Eilige das Sieben-Punkte-Programm im Schnelldurchlauf:

1. Verschaff dir einen Namen, notfalls durch seriöse Arbeit, aber verprelle dir dabei keinen einflußreichen Fürsprech.
2. Bremse die Konkurrenz aus, wo du nur kannst – schließlich zerpflücken sie dich und dein Werk auch nach Kräften.
3. Erweitere deine Publikationsliste kontinuierlich durch eine wohldosierte Mischung aus tatsächlich wichtigen, aufgeblasenen unerheblichen sowie rein spekulativen Papieren.
4. Erschlage sämtliche *Advocati diaboli*, die allzu kritisch in deinem Projektantrag herumbohren, mit der Fülle deiner bahnbrechenden Werke.
5. Tritt mit zunehmendem Mittelfluß immer dreister auf.
6. Benutze die eingeworbenen Fördermittel rechtzeitig, um einen Kronprinzen aufzubauen. Er übernimmt dir dafür die lästigen Aufgaben vom Artikel- und Antragschreiben bis zur Klausurenkorrektur.
7. Fahre als Tourist nach Stockholm. Die Japaner waren wieder mal schneller.

Humoristische Chemie. Herausgegeben von Jakobi, Hopf
Copyright © 2004 WILEY-VCH Verlag GmbH & Co. KGaA, Weinheim
ISBN: 3-527-30628-5

Forschung, Forschung ...

»Der Wiesbadener Kongreß« des schweizer Psychiaters Walter Vogt (erschien zuerst im Züricher Arche Verlag, dann als Taschenbuch bei Diogenes) ist neben »Reiters Westliche Wissenschaft« von Walter E. Richartz einer der wenigen Romane, in denen ein Insider aus der Wissenschaftsszene berichtet. Der Roman beginnt folgendermaßen:

Forschen ist gar nicht einfach. Man kann Leute wie Wilhelm Conrad Röntgen und Sigmund Freud beneiden, die Ende des vorigen Jahrhunderts die nach ihnen benannten Strahlen, beziehungsweise Psychoanalyse in aller Stille entdeckten.

Heute ist Forschen ein großes Unternehmen geworden. Je kleiner die Teilchen, die erforscht werden, desto größer die Anlagen, mit denen es geschieht. Vielleicht sind die erforschten Teilchen nur deswegen so klein, weil die Maschinen, mit denen sie erforscht werden, so groß sind, oder umgekehrt, oder etwas allgemeiner gesagt: in der Forschung ist das Forschungsresultat Resultat der angewandten Methode. Wenn man Apparate anwendet, die elektronegative oder –positive Teilchen nachweisen, werden elektronegative oder –positive Teilchen nachgewiesen, bis man eines Tages einen Apparat aufstellt, der elektrisch neutrale Teilchen nachweist, dann werden elektrisch neutrale Teilchen nachgewiesen. Das hat noch nie jemand gestört. Alle Elementarteilchen haben sich als nicht halb so elementar erwiesen. Die Teilchen sind teilbar geworden. Und wenn es die Teilchen gar nicht gibt? Wenn sie einzig Resultat der angewandten Forschungsmethode wären?

Auch das würde niemand stören.

Aber was hält nun die Forschung in Gang: die Teilchen, die es nicht gibt, oder die Methode, die allerdings nur unter der Voraussetzung einen Sinn hat, daß die Teilchen nachweisbar sind – vorerst ohne Rücksicht darauf, ob es sie gibt oder nicht?

Man kann selbstverständlich nicht nur Teilchen erforschen, sondern auch größere Gegenstände, an deren Vorhandensein keine Zweifel möglich sind. Das vornehmste mittelgroße Forschungsobjekt von unbezweifelbarer Vorhandenheit ist der Mensch. Hier ist mit großen elektromagnetischen Beschleunigern nicht viel auszurichten, mit Radioteleskopen auch nicht und sogar mit Computern nur bedingt.

In der Erforschung mittelgroßer Gegenstände, wie Menschen, bleibt viel mühsame Kleinarbeit zu leisten.

Forschen, wie gesagt, ist nicht einfach, und was nicht einfach ist kostet Geld, viel Geld. Gott sei Dank gibt es den Nationalfonds für wissenschaftliche Forschung und den Nationalen Forschungsrat. Weder Nationalfonds noch Forschungsrat hat Macht, aber beide haben Geld. Und Geld ist auf die Dauer viel interessanter als Macht, nicht nur für die Forschung. Sowohl zu Macht wie zu Geld wie auch zum Nationalfonds für wissenschaftliche Forschung wie zum nationalen Forschungsrat gelangt man über Beziehungen – und es gibt eben Leute, die Beziehungen haben wie andere Macht oder Geld oder ein Magengeschwür. Wer die richtigen Beziehungen hat, bekommt Geld, und wer Geld bekommt, forscht.

Teure Projekte haben mehr Chancen, finanziert zu werden, als billige. Irgendwie traut man, aus angeborenem Sinn für Solidität, allem Billigen nicht. Wahrscheinlich denkt man, was teuer ist, ist auch groß – oder wenn es nicht groß ist, ist es wenigstens teuer gewesen.

Wer also ein billiges Forschungsprojekt hat, muß dafür sorgen, daß es teuer wird. Sonst wird es nicht finanziert. Völlig aussichtslos sind Forschungsprojekte, die ein einzelner durchführt und selbst finanziert: sie werden nicht ernst genommen. Man bekommt dafür allenfalls am Ende eines aufopferungsvollen Insektenforscherlebens den Dr. h. c.

Das einzige ernsthafte Problem beim Forschen ist, daß das Projekt beim Übergang von einem billigen zu einem teuren nicht unsinnig wird.

Außer dem Forschungsrat und dem Nationalfonds forschen mehr oder weniger auch die kantonalen Universitäten zum Teil mit, zum Teil ohne das Geld des Nationalfonds für wissenschaftliche Forschung.

Ferner forscht bekanntlich die Industrie, aber mit Vorsicht. Denn Forschung schadet immerhin unter Umständen der Produktion, wenn auch auf Umwegen, die hier nicht zu beschreiben sind. Die Industrie hat, im Gegensatz zum Staat, die Möglichkeit, Forschungsresultate nach dem Belieben einer höheren Räson zu unterdrücken.

Der Staat kann einzig sich als solcher von den Forschungsresultaten distanzieren und, soweit sie ihn selbst betreffen, durch sein ganz besonderes Funktionieren beweisen, daß er der Forschung nicht zugänglich ist und/oder der Forschung nicht bedarf.

Was die Erforschung mittelgroßer Gegenstände wie Menschen betrifft, über deren Vorhandensein keine Zweifel möglich sind, scheint die Forschung die seltsame Eigenheit zu entwickeln, sich auch bei so bequemen – weil zweifellos vorhandenen – Forschungsobjekten auf Dinge zu werfen, die es genau wie die Elementarteilchen, die Schwerkraft usw. usf. nicht gibt. Man nennt solche Dinge zum Beispiel Strukturen.

Mit Dingen, die es nicht gibt, kann man arbeiten. Je abstrakter etwas ist, desto wirksamer ist es auch.

Erst wenn es gelingt, das pure Vorhandensein mittelgroßer Gegenstände, wie Mensch, durch ein Bündel abstrakter Strukturen vollkommen darzustellen , werden derartige mittelgroße Objekte vollkommen künstlich herstellbar, beziehungsweise beherrschbar sein. Erst dann wird es sie im Sinne der reinen und strengen Forschung überhaupt geben.

Im täglichen Leben hat man ständig mit Dingen zu tun, die es im täglichen Leben nicht gibt. Und das tägliche Leben gibt es erst recht nicht, und reine Forschung gibt es nicht.

In diesem Sinne ist es schade, daß es keinen Nationalfonds für unwissenschaftliche Forschung gibt ...

N. N. (1985)

Gespräch mit dem Chef

Herr Minister, wir glauben Ihnen aus dem Herzen zu sprechen, wenn wir den deutschen Bildungsminister als diejenige Persönlichkeit definieren, welche am Schicksal der deutschen Bildung am unschuldigsten ist?

Ja, ich bitte Sie, mir zu glauben, daß ich mein Möglichstes getan habe. Ich habe sogar dem Kanzler widersprochen!

Dürfen wir wissen, wann?

Ja, eigentlich ist es Kabinettsgeheimnis – aber da es nun schon einmal in der BILD-Zeitung steht, will ich es Ihnen nicht vorenthalten: ich widersprach ihm als er sagte, ihm bedeute die Bildungsfrage im 20. Jahrhundert das, was die soziale Frage im 19. bedeutet habe.

Und was sagten Sie?

Ich bemerkte, daß die neuesten Ergebnisse aus meinem Hause darauf hindeuteten, die Bildungsfrage sei mit einer Überproduktion an subventionierter Milch und der Verkürzung der Schuljahre allein nicht zu lösen. Er meinte jedoch, Milch fördere den Lernbetrieb stärker als Bier und was die Schuljahre angehe, so sei es Sache der Kultusminister für das nötige Durcheinander zu sorgen.

Also haben Sie gar nichts durchgesetzt?

O doch, zunächst schon, aber es zeigte sich dann, daß die Amerikaner nicht mitmachten. Die gönnen uns eben keine Bildung.

Sie meinen Atombildung?

Nun ja, irgendwo muß man schließlich anfangen mit der Bildung. Dafür müssen wir uns eben alle ein bißchen krummlegen!

Was meinen Sie damit?

Nun, eben den Gürtel enger schnallen.

Sie denken doch nicht an Rationierung?

Natürlich nur an Bildungsrationierung, Wissenschaftsrationierung. Wir können eben nicht an allen Fronten kämpfen. Es geht um die Frage: Sind wir Deutschen Papiertiger oder nicht? Um international anerkannt zu werden, brauchen wir nicht Akademiker und Universitäten, sondern Menschen und Raketen!

Ja, ganz recht, das Kindergeld!

Eine eminent bildungspolitische Ausgabe in der Tat, vor allem in der Kopplung mit dem Pennälergehalt. Ich sagte Ihnen ja schon; ich bin gegen die Milch.

Die Milch der frommen Bildungsart?

Auch gegen die! Aber das andere, das müssen Sie schon akzeptieren.

Rationieren!

Ganz recht. Wir haben schon Wissenschafts-Rationierungskarten im Druck, damit niemand zu kurz kommt, ein jeder nach seinem nationalpolitischen Wert. Erst Atomphysik, dann Raumfahrt, dann Gentechnik, dann Demoskopie.

Und die Chemie?

Ich bitte Sie, Chemie haben wir ja schon! Und übrigens, unter uns: Chemie ist nicht hoch im Kurs, international. Überall schlechte Presse! Davor müssen wir uns hüten.

Und die Grundlagenforschung?

Da kann ich Ihnen eine freudige Nachricht mitgeben: mein Ministerium wird jeder Schule ihr Atommodell finanzieren.

Was für ein Atommodell?

Nun, Sie verstehen schon: das mit der Sonne und den Planeten, aus bestem deutschen Plastik, unzerstörbar. Ist auch gleich eine erstklassige Anschauung für die Raumfahrt, nicht wahr, nehmen Sie den Atomkern als Erde und die Elektronen als kleine Sputniks. Mit diesen Atommodellen in der Schule kann man ganze Universitäten einsparen.

Und die Neugründung?

Tja, sehen Sie, da bin ich glücklicherweise nicht zuständig. Ich höre jedoch, daß dafür weder Lehrkräfte noch Studenten beschafft werden können. Das ist eben alles sehr reformbedürftig, also wenn Sie mich fragen: ich rühre da nicht dran. Und ich kann manchen andern auch verstehen, daß er nicht dran rührt. Stellen Sie sich vor, Sie lassen sich darauf ein, da ein Amt zu übernehmen! Sie können sicher sein, daß am nächsten Tag einer anfängt, in Ihrer Vergangenheit zu wühlen. Überhaupt, Studenten! Die letzten Wahlen haben doch gezeigt, daß die überhaupt nicht ins Gewicht fallen – na, bitte.

Und die Ingenieure, die Wissenschaftler von morgen?

Da will ich Ihnen einen Tip geben: Sehen Sie doch mal, warum ist Amerika so groß geworden? Lauter Leute, die wir hinübergehen ließen, nachdem wir sie ausgebildet hatten. Dämmert Ihnen etwas? Warum sollen die da drüben nicht mal die Ausbildung besorgen? Wir brauchen Emigranten! Und wenn es drüben so weiter geht, werden sie schon kommen. Wir müssen nur daheim auf die gleichbleibende Qualität des Sauerkrauts achten, das werden wir schon schaffen, ich stehe mit dem Herrn Ernährungsminister deswegen in ständiger Verbindung. Sind Sie nun beruhigt?

Ja, Herr Minister, wir danken Ihnen für dieses Gespräch.

N. N. (1966)

Aus der chemischen Industrie: Innovationsbeschleunigung

Die Zeiten – und dies gilt ganz besonders für die forschende Chemische Industrie – waren noch nie so ernst wie heute !

Eine Lawine von Problemen ist auf die Industrie zugekommen, nicht zuletzt so schwerwiegende wie die sinnvolle Verwendung der offenbar nicht zu vermeidenden, außerordentlichen Gewinne. Lange Zeit schien selbst in den bekanntermaßen so entscheidungsfreudigen Sphären wie den Direktionsetagen peinliche Ratlosigkeit darüber zu herrschen. Nun endlich ist die Lösung gefunden worden! Sie lautet :

Beschleunigung der Innovation

Eine sofort von der Geschäftsleitung in Auftrag gegebene Oh' Kinsey-Studie hat schon nach zwei Jahren (bei Kosten von lächerlichen DM 150 000 000,–) ergeben, daß durch Innovationsbeschleunigung in Zukunft jährlich DM 1 234 567,89 einzusparen

wären. Weiterhin ist dabei eine eklatante und völlig unerwartete Schwachstelle auf-
gedeckt worden: Die Innovationsbeschleunigungsbremser befinden sich, gut ge-
tarnt, auf der Ebene der sogenannten Forschungschemiker! Die Erhebung hat ganz
klar ergeben, daß es der gewöhnliche Chemiker heutzutage am Ende seines durchschnittlichen Forscherlebens nur noch auf 9,87654321 Patente bringt. Wäre er doch
nur ein Zehntel so gut wie der Forschungsleiter seines Unternehmens, der es ja spie-
lend in seiner bisherigen Karriere auf 521 eigene Patente gebracht hat!

Wo liegen nun die Gründe für dieses Dilemma? Auch hier hilft die kostbare Studie weiter: In den goldenen sechziger und frühen siebziger Jahren haben die Firmen
bedauerlicherweise den Forschern erstmalig Taschenrechner zur Verfügung gestellt.
Flugs zogen sich die – in der Mathematik bekanntlich nicht allzu potenten (denn
sonst hätten sie ja Physik studiert!) – Chemiker monatelang in ihre Denkzellen zurück, um mit Hilfe dieser Kleincomputer das sie schon lange beschäftigende und bis
dahin für unlösbar gehaltene Problem anzugehen: Was für ein Einfamilienhaus
kann ich mir bei durchschnittlich 6,66%iger jährlicher realer Gehaltssteigerung und
einer durchschnittlichen Lebensarbeitszeit von 52,6 Jahren erlauben? Dabei kam er-
freulicherweise ein 3 1/2-Zimmerreiheneinfamilienhaus auf einem 256 m² großen
Grundstück in einer 50 km entfernten preiswerten Industriegemeinde direkt neben
einer gut florierenden, gerade erst 100 Jahre alt gewordenen Bleihütte heraus. Mit
Hilfe von durch die Personalabteilung freundlicherweise vermittelten und von der
Betriebspensionskasse großzügig gewährten 1. bis 5. Hypotheken zu dem durchschnittlichen Vorzugszinssatz von 10,8 % p.a. konnte der langersehnte Wunsch nach
dem Zustand des »eigener Herr auf eigenem Grund« denn auch realisiert werden.

Komplikationen

Bald jedoch traten kleine Komplikationen zutage: Die erwartete jährliche reale Lohn-
aufbesserung von 6,66% erwies sich leider als um eine Zehnerpotenz zu hoch ange-
setzt. Weiterhin ergab sich, daß durch einen bedauerlichen Eingabefehler in den Taschenrechner sowie auch durch die zu erwartende Frühpensionierung die durchschnittliche Spanne für die Lebensarbeitszeit von 52,6 auf 25,6 Jahre herunterkorri-
giert werden mußte.

Diese veränderte Lage zwingt nun beim Ausbau der Villa natürlich zu erheblich
vermehrter allabendlicher Do-it-yourself-Tätigkeit. Weiterhin erwies sich, daß die jeweils ca. 1 1/2stündigen täglichen Hin- und Rückreisezeiten zur und von der Arbeit
dem von ihm erwarteten Innovationsschub etwas abträglich sind.

Hat der Chemiker dann aber – etwas übernächtigt und verkehrsgestreßt – sein Tä-
tigkeitsfeld erreicht, kann er sich wegen der Überfülle des vor ihm liegenden Ar-
beitspensums kaum noch den früher so geschätzten Präliminarien hingeben:

- Lesen der Tageszeitung (die Geschäftsleitung erwartet ja an sich vom potentiellen
  Führungsnachwuchs, daß er sich allseitig und umfassend informiert!) und
- Intensiven Kontakt zur (zugegebenermaßen attraktiven) Laborantin, zwecks Be-
  sprechungen des von ihr zu überstehenden Tagespensums.

Fast nichts mehr von alledem, denn der Forscher muß sich beeilen, die von ihm geforderte Tages-, Wochen-, Monats-, sowie Ein- und Fünfjahresrückschau seiner »Labortätigkeit« abzufassen. Kaum hat er diese fertiggestellt und selbst in seine alte Reiseschreibmaschine getippt (aus Rationalisierungsgründen ist die Stelle der Abteilungssekretärin gestrichen worden), da wird es höchste Zeit, in den Hörsaal zu eilen, wo sechsmal in der Woche auswärtige Kollegen vortragen. Liegt es doch unbedingt im Interesse der Firma, derartige selbsteingeladene Referenten anzuhören, da deren potentieller Einfluß in Hochschul- und Behördenkreisen für das Image der Firma von großer Bedeutung sein könnte.

Anschließend steht das Arbeitsessen auf dem Programm. Kein karrierebewußter Indianer würde die Gelegenheit ausschlagen, einen der Unterhäuptlinge der eigenen Firma in so gelöster Atmosphäre zu treffen, gilt es doch, die Genehmigung von lang gehegten Extrawünschen herbeizuführen: Teilnahme an einem zweitägigen Seminar in einer Nachbargemeinde, Bestellung eines außerplanmäßigen Schreibtischarmleuchters oder gar eine Fertigsäule. Sind es doch bekanntlich gerade das reichliche Kantinenessen und der gehaltvolle Tischwein, der die Obrigkeit bei diesen business lunches gelegentlich zu gewagten Konzessionen an die Mitarbeiter verleitet.

Ganz einfache Methode

Nach der Rückkehr in die eigene Denkzelle versperrt zwar die täglich eingehende Interne Post die schöne Aussicht auf das sich in 12,5 m Entfernung befindliche Fabrikationsgebäude aus dem vorigen Jahrhundert etwas , aber die Erledigung der Post muß noch warten. Dringend ist nun die Vorbereitung auf die um 13.30 Uhr stattfindende Besprechung mit dem Medizinerkollegen. Dort wird in schöner Regelmäßigkeit die völlige Wirkungslosigkeit der vom Chemiker trotzdem noch synthetisierten neuen Verbindungen schonungslos offengelegt. Aber es gilt für ihn, gute Argumente zu sammeln, um nicht alle Wünsche der von den Medizinern zu Vergleichszwecken geforderten Nachsynthesen von Konkurrenzpräparaten erfüllen zu müssen. Bei dieser Gelegenheit wird dem Chemiker klar gemacht, daß er ja heutzutage im Computer ein Werkzeug zur Hand hat, das ihn bei der Synthese von Erfolgspräparaten unfehlbar unterstützt. Mit Hilfe des Computers ist es nämlich möglich, große Erfindungen praktisch vorauszuplanen. »Rational Drug Design« ist der allgemein übliche Begriff dafür. Es handelt sich dabei um eine ganz einfache Methode, die selbst jedem Manager sofort einleuchtet, weshalb auch die gewaltigen finanziellen Forderungen für die Anschaffung von immer mehr und besseren Computern von der Direktion stets großzügig genehmigt werden.

Hier die Methode: Man nehme ein Enzym, bestimme die Sequenz (heutzutage ein Kinderspiel), kristallisiere es und mache eine Röntgenstrukturanalyse. Das so erhaltene räumliche Bild projiziere man möglichst vielfarbig auf einen Bildschirm. Sofort erkennt man die »active site«. Es ist ein Loch im Enzymknäuel*), das man nun mit Hilfe des Computers auf dem Bildschirm beliebig vergrößern, verbiegen und rotie-

---

*) Interessanterweise sind »active sites« meistens   nichts ist, folgt daraus zwingend, daß »nichts«
  Löcher. Da, nach Tucholsky, ein Loch da ist, wo   aktiv sein kann.

ren kann. Jetzt muß der Chemiker nur noch ein kleines Molekül dort einführen und es mit Hilfe geschickt gewählter funktioneller Gruppen an geeignet plazierten Aminosäuren verankern. »Matching and Docking« wird dieses einfache Vorgehen genannt. Und, voilà , schon hat er seinen höchst wirksamen Erfolgs-Inhibitor.

Nach langer und erschöpfender Diskussion trennt man sich schließlich. Resignierend stellt der angebliche Forscher fest, daß er auch heute wieder nicht mehr zu dem schon seit langem geplanten Besuch der Bibliothek kommen wird. Denn vor ihm liegt noch eine unaufschiebbare Arbeit: Die Tages-, Wochen-, Monats- sowie Ein- und Fünfjahresvorschau auf sein geplantes Forschungsprogramm. Sein Chef hat dieses dringend angefordert, um seinerseits die Geschäftsleitung in den von ihm verfaßten »progress reports«, R & D-Memoranden, Denkschriften und Internen Mitteilungen auf die geplanten »milestones« hinzuweisen und sie davon zu überzeugen, welch wertvolle Arbeit in seiner Abteilung geleistet wird. Es steht schließlich seine nächste Beförderungsrunde an, und auch seine Frau ist der Ansicht, daß es für den Einstieg in die Klasse der nächsthöheren Firmenwagen-Nobelkarossen nun mal allerhöchste Zeit wird.

Zwar ist das Problem erkannt, die Frage aber bleibt: Was kann die beste Forschungs- und Geschäftsleitung eigentlich tun, wenn das gemeine Fußvolk aus so wirksamen Innovationsbeschleunigungsbremsen besteht? Oh' Kinsey !!! Nach dem hier gesagten ist wohl nun jedem klar: in der Tat waren die Zeiten noch nie so ernst wie heute, auch wenn sogenannte »Optimisten« behaupten, daß die Lage zwar hoffnungslos, aber nicht ernst sei.

Fahnenflucht

Anmerkung: Der GEFINADI (Geheimer Firmennachrichtendienst) ist vor kurzem bei einer seine Routinekontrollen auf ein völlig obskures Hobby eines Forschungschemikers gestoßen, das offensichtlich einen Teil seiner Arbeitskapazität illegalerweise in Anspruch nimmt: die Entwicklung von wirksamen Komplexbildnern, die es gestatten sollen, auch höhere Konzentrationen von Schwermetall- (besonders Blei) Verbindungen von selbstgezogenen Salatköpfen wieder zu entfernen. Der Grund für diese unerwünschte Nebentätigkeit mit der artfremden Materie liegt gegenwärtig noch völlig im Dunkeln. Die GEFIPO wird sich dieses eklatanten Falles von geistiger Fahnenflucht annehmen, mit dem Ziel, ihn daran zu hindern, sich zu einem Präzedenzfall auszuwachsen.

Ing. PAUL STROH,
Institut für unheimliche Innovationsbeschleunigung (1990)

Vom Glück des Gutachters

Mit Auslaufen der von der Satzung vorgeschriebenen 350jährigen Geheimhaltungsfrist hat der britische Medical Research Council (MCR), dem die Verteilung der Forschungsgelder für die medizinische Grundlagenforschung in Großbritannien zukommt, vor kurzem Akten freigegeben, welche die konservative Haltung dieser Forschungsorganisation dem wis-

senschaftlichen Fortschritt gegenüber belegen. In ihnen findet sich ein Antrag des damaligen Regius-Professors für Anatomie am London College of Physicans, eines gewissen Guilielmus Harveius*). Die Beurteilung dieses Antrags durch einen externen Gutachter des MRC ist im folgenden abgedruckt; es entspricht den Regeln des MRC, daß sein Name nicht genannt wird.

Forschungsvorhaben: Anatomische Untersuchungen zur Bewegung von Herz und Blut.

Antragsteller: Guilielmus Harveius, BA (Cantab. 1597), MD (Padua 1602)

Zusammenfassung des Forschungsvorhabens: Der Antragsteller beabsichtigt, eine Reihe von Experimenten an Tieren auszuführen, um einige Thesen in bezug auf den Blutstrom und die Funktion des Herzens, die er als Lumlein Lecturer am Royal College of Physicians seit 1615 publiziert hat, zu untermauern und zu bestätigen, nämlich daß

1. das Volumen des Bluts, das in der Zeiteinheit von den Venen zu den Arterien fließt, zu groß ist, um aus der aufgenommenen Nahrung stammen zu können,
2. das Volumen des Bluts, das in die Extremitäten fließt, um ein Vielfaches größer ist, als das, was für den Metabolismus gebraucht wird, und daß
3. das arterielle Blut aus den Extremitäten durch die Venen zu Herzen zurückfließt.

Dr. Harvey möchte das Volumen des Bluts messen, das pro Herzschlag und Zeiteinheit nach seiner These vom Herzen ausgestoßen wird. Er beabsichtigt außerdem, das Leeren und anschließende Wiederfüllung von Blutgefäßen in der Oberfläche des Vorderarms zu messen, und hofft dabei Gesetzmäßigkeiten zu finden, die seine Ansicht von der Blutzirkulation als einem hydraulischen System stützen.

Erfahrung und Qualifikation des Antragstellers im Hinblick auf das Forschungsprojekt des Antrags): Dr. H. ist ein hervorragender Anatom, wurde zum King's Physician in Ordinary berufen und praktiziert allgemeine Medizin am St. Bartholomäus-Hospital in London. Allerdings fehlt ihm jede Ausbildung in Physiologie, und er hat sich nicht als Experimentator hervorgetan.

Der Antragsteller gründet seine These ausschließlich auf moderne Ergebnisse der deskriptiven Anatomie, wie sie von Andreas Vesalius, Realdo Colombo und Fabricius ab Aquapendente von der Universität Padua, seiner Alma mater, präsentiert wurden. Er hat nach seinem Studium nicht, wie es üblich ist, die Gelegenheit genutzt, um an anderen Universitäten seine Ausbildung zu vollenden, und es besteht die Gefahr, daß er deshalb nicht völlig mit dem allgemein anerkannten Vorstellungen über die Funktion von Blut und Herz vertraut ist.

Auch wenn Dr. H. qualifiziert ist, die Arbeit der Chirurgen an seinem Hospital zu überwachen, scheint ihm doch das manuelle Geschick zu fehlen, das zur Ausführung der geplanten Experimente notwendig ist. So lassen die wenigen vorgelegten vorläufigen Daten über Pulsgeschwindigkeit und Herzleistung beim Schlaf erkennen, daß er ein ziemlich nachlässiger Experimentator ist, der sich wenig um statistische Analyse kümmert.

Kritische Begutachtung des Forschungsvorhabens: Die Theorie des Antragstellers bezüglich der Existenz eines geschlossenen Zirkulationssystems widerspricht der seit

Galen von allen Ärzten geteilten Überzeugung, daß venöses Blut in der Leber aus der Nahrung entsteht, die im Verdauungstrakt resorbiert wird, und durch Verbindung mit dem arteriellen System über die Poren in den Wänden der drei Herzkammern seine Lebenskraft erhält. Er behauptet, nie Poren oder Löcher im Herz beobachtet zu haben, eine Aussage, die durch meine eigene breite Berufserfahrung direkt widerlegt wird: Ich finde bei den meisten Autopsien vor allem an Frühgeburten unmittelbar über dem Herz eine direkte Verbindung zwischen einer der Arterien und der Hauptvene.

Dagegen habe ich nie einen Hinweis auf die Existenz von Blutgefäßen gefunden, die Arterien und Venen in der Körperperipherie verbinden, wie es das von Dr. H. postulierte System verlangt; solche Gefäße müßten extrem fein sein, um der Beobachtung zu entgehen, und würden für den Blutstrom einen unüberwindlichen mechanischen Widerstand darstellen. Wenn als Alternative dazu arterielles Blut direkt in das Gewebe eindringt, ohne in Blutgefäße eingeschlossen zu sein, dann sollte es möglich sein, einen erheblichen Teil des Bluts aus dem isolierten Organ wie aus einem Schwamm herauszupressen. Das ist eindeutig nicht der Fall.

Dr. H. präsentiert also einen Zirkelschluß: Er widerspricht der anerkannten Lehre, weil er eine ihrer wesentlichen Voraussetzungen nicht sehen kann. Dagegen vertritt er eine Theorie, deren entscheidende Voraussetzung, nämlich die winzigen Blutgefäße in der Peripherie des Kreislaufs, welche die Verbindung zwischen Arterien und Venen sein sollen, überhaupt nicht beobachtet werden kann.

Der Antragsteller präsentiert eine Reihe von Experimenten als indirekten Beweis für die Existenz eines geschlossenen Blutkreislaufs. Einige Blutgefäße in der Oberfläche des Vorderarms füllen sich von der dem Herzen abgewandten Seite, nachdem sie kurzfristig durch lokalen Druck blockiert wurden. Diese Beobachtung kann nicht als Beweis akzeptiert werden; ich bitte den Leser um Nachsicht, wenn ich an dieser Stelle die Parabel von den drei Blinden erwähne, die einen Elefanten beschreiben. Die Tatsache, daß in den Extremitäten der Kreislauf geschlossen ist, kann nicht als Argument dafür herangezogen werden, daß sich dieser Kreislauf auf den gesamten Organismus erstreckt.

Abschließende Beurteilung: Die in dem Antrag formulierten Meinungen sind hochspekulativ. Kritisch für die von dem Antragsteller vertretene Theorie ist die Annahme, daß es zwischen den arteriellen und den venösen Bereichen eine Verbindung in der Peripherie des vermeintlichen Kreislaufs gibt. Es ist unwahrscheinlich, daß mit den vorgeschlagenen Experimenten die Existenz einer solchen Verbindung nachgewiesen werden kann.

---

*) William Harvey (1578–1657), engl. Arzt, Anatom und Physiologe, war nach dem Studium in Cambridge und Padua (bei Fabricius ab Aquapendente), ab 1602 Arzt in London, ab 1615 Professor am dortigen Royal College of Physicians und 1618–1647 königlicher Leibarzt. Harvey ist der Entdecker des großen Blutkreislaufs. Nach jahrelangen Tierversuchen und Stauungsversuchen am Menschen veröffentlichte er 1628 die Schrift: »Anatomische Abhandlung über die Bewegung des Herzens und des Blutes von Tieren«. Die Kapillaren postulierte er theoretisch. [Nach: Meyers Großes Universal Lexikon in 15 Bänden, Bd. 6, 1982]

Über diesen Archivbefund berichtete Wolf D. Seufert im »New Scientist« vom 4. Januar 1992.

Angesichts dessen, daß der Antragsteller keinerlei postdoktorale Ausbildung, praktisch keine Forschungserfahrung und keine Publikationen vorzuweisen hat, anhand deren man seine Forschungskompetenz beurteilen könnten, glaube ich, daß nur sehr geringe Chancen bestehen, dieses Projekt erfolgreich abzuschließen.

Daher gebe ich dem vorliegenden Antrag die Note 3 auf einer Skala von 1 (niedrigste) bis 10 (höchste Wertung) und empfehle, daß die beantragten Mittel nicht gewährt werden.

16. März 1618

N. N. (1992)

Wie man das Geld aus dem Fenster wirft

Heutzutage werden Unsummen zur Erlangung und Verbreitung von Wissen aufgewendet. Im Prinzip ist das bewundernswert; in der Praxis ist es eine Verschwendung ohnegleichen. Ob der Staat Forschungsbeihilfen gibt, ob er für das Schulwesen sorgt oder Druckschriften veröffentlicht: nie geht es offenbar ohne Millionenverluste ab. Überall klagen gescheite Leute über die Ausgaben für ferngelenkte Waffen und falsch gelenkte Kolonien, aber sie verlangen immer größere Mittel für Universitäten und Schulen. Für diese Mehrausgaben spricht die Zunahme der Kinderzahl und des Wissensstoffes. Gegen sie spricht, daß man auch für gute Zwecke, nicht nur für schlechte, Geld aus dem Fenster werfen kann, und die Beweise dafür häufen sich.

Nehmen wir als Beispiel die Forschung. Forschung ist heute ein derart angesehenes Wort, daß sich nur wenige zu fragen getrauen, ob sämtliche Ausgaben unter diesem Titel berechtigt sind. Einerseits ist alles in Geheimnis gehüllt. Andererseits nimmt man allgemein an, Forschung mache sich am Ende bezahlt, jedenfalls aber werde die Weltgeltung des Landes eine schreckliche Einbuße erleiden, wenn man die Forschung unterläßt. In alledem steckt ein Körnchen Wahrheit, aber man bedenke doch, um welche große Summen es dabei geht. Großbritannien zum Beispiel hatte für Forschungs- und Entwicklungszwecke im Haushaltsjahr 1958/59 £ 26 100 000 veranschlagt, wozu noch £ 106 000 000 für Kernenergie und besondere Forschungsprojekte kamen, die von den zuständigen Ministerien für Zwecke der Landesverteidigung, der Landwirtschaft, des Gesundheitswesens usw. eingeleitet und finanziert wurden. Rechnet man noch einen Teil der Mittel für die Universitäten hinzu [£ 49 000 0000], dann kommt man auf einen höchst beachtlichen Endbetrag. Wäre es denkbar, daß ein Teil dieses Geldes vergeudet wird?

Verschwendung und Forschung sind *untrennbar*, denn negative Resultate sind naturgemäß häufig. Aber ist die Verschwendung größer, als sie sein müßte? Dafür spricht vieles, aber aus ganz anderen Gründen, als der Laie vielleicht erwartet. Der Laie hegt den Verdacht, daß man das Geld an überspannte Professoren verschwende, die mit verträumtem Blick davon wandern und dann wieder auftauchen und mehr verlangen, ohne daß ein Mensch weiß, was, wenn überhaupt, sie nun entdeckt haben. Sie stellen sich den Verkehr zwischen dem Mann der Wissenschaft und dem Staatsbeamten wie im Film vor: der Gelehrte ein ältlicher Mann mit wirrem weißem Haar, schmutzigem Wollschal und flammendem Blick hinter der Brille.

»Freut mich, Sie zu sehen, Dr. Wolkenheim«, sagt der stellvertretende Unterstaatssekretär. »Hoffentlich haben Sie die Unterlagen mitgebracht, die wir brauchen: den Jahresbericht für 1956 und die Abrechnungen für 1955?«

»Ja, das heißt nein. Aber ich kann Ihnen sagen, wie es war. Vor einem Jahr glaubten wir vor einer großen Entdeckung zu stehen, aber heute morgen haben wir festgestellt, daß die ganze Sache auf einem kleinen Rechenfehler beruhte. Wissen Sie, ein Komma an der falschen Dezimalstelle ... der arme Wagner! Ja ja, sehr traurig.«

»Wagner war wohl sehr enttäuscht?«

»Ja, eigentlich nicht. Es blieb ihm ja kaum Zeit dazu, nicht wahr? Er wäre bestimmt sehr enttäuscht gewesen, wenn ihm unser Irrtum noch zu Bewußtsein gekommen wäre. Ein sehr schmerzlicher Verlust. Und das Laboratorium ist auch hin!«

»Das Laboratorium ist zerstört?«

»Oh, sofort. Bis auf den Schrank unter der Treppe, wo der Hauswart seine Besen aufbewahrt. Den konnte die Feuerwehr noch retten.«

»Großer Gott – das Laboratorium hat Millionen gekostet! Und Wagner hinterläßt wahrscheinlich eine Witwe, der wir Pension zahlen müssen?«

»Ja, gewiß. Ja ja, so sieht die Geschichte aus. Wir werden neu bauen müssen. Eigentlich hätten wir sowieso neu bauen müssen. Das Laboratorium war einfach nicht groß genug.«

»Das sind ja schreckliche Nachrichten. Aber sagen Sie mir doch, was Sie überhaupt entdecken wollten, ich meine, soweit ich als Laie das verstehen kann?«

»Sie wissen das nicht? Also zuerst handelte es sich um einen neuen Treibstoff für Raketen. Dann wollten wir sehen, ob man das Zeug nicht auch zur Entfernung von alten Farbanstrichen gebrauchen konnte. Schließlich versuchten wir die Verwendung als Hustenmittel. Und dann ging es in die Luft. Sehr traurig, sehr traurig.«

»Und nun brauchen Sie wohl neue Mittel für das nächste Stadium Ihrer Arbeit?«

»Deswegen bin ich ja hier. Ich kann Ihnen da natürlich noch keine genauen Voranschläge machen.«

»Nein, nein, selbstverständlich.«

»Aber man darf da nicht kleinlich sein. Am Ende ist das dann weggeworfenes Geld.«

»Sie wollen also den größtmöglichen Zuschuß?«

»Ganz richtig! Soviel Sie für uns herausholen können.«

»Schön, ich werde mein Bestes tun. Also, auf Wiedersehen, und sprechen Sie Wagners Witwe, bitte, mein tiefstes Beileid aus.«

Aber die landläufige Vorstellung von der staatlichen Unterstützung der Wissenschaft ist völlig falsch. Die Verschwendung ist nicht etwa eine Folge mangelnder, sondern *übertriebener* Kontrolle. Der Trugschluß liegt in der Annahme, ein konservativer oder ein sozialistischer Parlamentarier könne über einen bestimmten Forschungszweig entscheiden und dann dem Wissenschaftler die Einzelheiten überlassen. Kein König und kein Minister hätte Newton anweisen können, das Gesetz der Schwerkraft zu entdecken, denn sie wußten nicht und konnten nicht wissen, daß es ein solches Gesetz zu entdecken gab. Kein Beamter des Finanzministeriums beauftragte Fleming das Penicillin zu entdecken. Ebensowenig erhielt Rutherford den Auftrag, bis zu einem bestimmten Termin das Atom zu spalten, denn kein zeitgenössischer Politiker und übrigens auch kaum ein Gelehrter hätte damals geahnt, was das bedeutet oder wozu es dienen kann. So werden keine Entdeckungen gemacht. Meist kommen sie so zustande, daß ein Forscher durch eine unbemerkte oder plötzlich in einem neuen Licht gesehene Erscheinung veranlaßt wird, von seinem bisherigen Wege abzugehen. Wenn heute ein Land auf wissenschaftlichem Gebiet einem andern ebenso reichen Lande nachhinkt, dann höchstwahrscheinlich deshalb, weil dieser Staat seinen Wissenschaftlern vorgeschrieben hat, was sie entdecken sollten. Das heißt mit anderen Worten: Man hat zuviel Geld für bestimmte Projekte ausgegeben und zu wenig für die abstrakte Wissenschaft. Je mehr Mittel für Projekte aufgewandt werden, die der Politiker verstehen kann, also für den Ausbau bereits gelungener und veröffentlichter Entdeckungen, desto weniger Mittel stehen für Entdeckungen zur Verfügung, die noch unbegreiflich sind, weil sie noch nicht gemacht wurden. Der Fortschritt der Wissenschaft sollte folgendem Gesetz unterliegen: Für jede Summe, mit der ein bestimmtes Projekt dotiert wird, muß ein entsprechender Betrag für die reine Wissenschaft zur Verfügung gestellt werden, das heißt, für zweckfreie Grundlagenforschung an den Hochschulen, zur Verwendung nach Gutdünken der Fakultäten.

N. N. (1961)

Achtes Kapitel
Input, Output, kaputt – *Der Chemiker im Kampf mit der Datenverarbeitung*

Überzeugungen, so lehrt uns Diplom-Querdenker Nietzsche, sind gefährlichere Feinde der Wahrheit als Lügen. Nun vertreten viele Wissenschaftler die Überzeugung, was sich messen und konkret in Zahlen fassen lasse, sei objektiv sowie zuverlässig vergleichbar und damit gegen Irrtümer einigermaßen immun. Dabei übersehen sie leicht, welche Voraussetzungen vorher überhaupt in den Meßapparat gepackt wurden, der brav die begehrten Daten als Futter für die Rechenanlage ausspuckt und die Betriebsblindheit für die Fakten dahinter verstärkt.

Seit der Computer aus des Menschen Forschungsparadies ausbüchste und in Form schnell veraltender PC-Ableger die Haushalte zu infiltrieren begann, sorgt er für Ärger an allen Fronten. Zu seiner Ehrenrettung muß man anfügen, daß dergleichen Unbill schon immer mit jeder technischen Neuerung einherging. Als man der rußenden Öllämpchen überdrüssig geworden war, erfand man die Kerze und ärgerte sich über blakende Dochte. Danach entwickelte man das Gaslicht und schimpfte über undichte Gasleitungen sowie hüpfende Gebäude, die man nicht selten durch ein plötzlich sich öffnendes Loch in der Wand verließ. Kaum hatte man endlich die Glühbirne, fluchte man auch schon über Kurzschlüsse und sich im stets unpassendsten Augenblick mit lautem Knall verabschiedende Sicherungen.

Trotz aller Ketzerei: Es gibt Daten, die einen wissenschaftlichen Sinn ergeben, und die Notwendigkeit, diese aufzubereiten. Hierfür kann der Rechner wertvolle Dienste leisten, vorausgesetzt, daß die Programme einwandfrei laufen und die angeschlossenen Peripheriegeräte überhaupt wissen, was sie tun sollen. Wer nach einer Erklärung sucht, weswegen dem häufig nicht so ist, stelle sich eine in Argentinien gefertigte Schraube vor, die, mit einer Unterlagscheibe aus Rußland versehen, eine Mutter aus Japan mittels eines amerikanischen Gabelschlüssels aufgesetzt bekommt und damit zwei koreanische Lochbleche zusammenhalten soll. Schrauben, sagt der Schraubenhändler, werden in allen möglichen Abmessungen hergestellt. Der Hand- oder Heimwerker weiß dagegen, daß es nur vier Größen gibt: Zu dick, zu dünn, zu kurz und zu lang.

Der am Computer werkelnde Chemiker ahnt natürlich nur grob, was die Maschine mit seinen Daten anstellt; Hauptsache, das Resultat paßt. Sollte dies nicht zutreffen, ist jedenfalls für Unterhaltung gesorgt. Eine Variante besteht darin, daß man das PC-gesteuerte Meßgerät durch einen Mausklick auf die Schaltfläche anwirft, und im ganzen Raum wird es plötzlich dunkel. Alles konnte Kollege Computer berechnen – nur nicht den leider ein wenig zu hohen Anlaufstrom. Für den zweiten Versuch braucht man daher eine stärkere Sicherung, was meist dazu führt, daß diesmal das Gerät selbst durchbrennt.

Doch dies nimmt man gerne in Kauf für die Einhaltung des Grundsatzes vom neuesten Stand der Technik. Wenn in Diskussionen die Sachargumente aufgebraucht sind oder gar von vornherein fehlen, geht es eben um Grundsätze. Diese Ausrede ist allgemein gesellschaftlich anerkannt und wird daher kaum in Frage gestellt. Ähnlich dem »Grundsatz«, Entscheidungsträger üppig zu besolden, damit sie »unbestechlich« seien. Gemeint ist wohl: damit sich ein Bestechungsversuch für den Kleinkapitalisten nicht rechnet, denn Unbestechlichkeit ist keine Frage des Einkommens, sondern des Charakters. Die Korruptionsskandale, in welche meist gut- bis überbezahlte Entscheidungsträger ver-

Humoristische Chemie. Herausgegeben von Jakobi, Hopf
Copyright © 2004 WILEY-VCH Verlag GmbH & Co. KGaA, Weinheim
ISBN: 3-527-30628-5

wickelt sind, sprechen eine eigene und vor allem andere Sprache. Doch am Mythos der Filzprophylaxe per Gehaltsabrechnung hält die Fama hartnäckig fest, niemand will ihn abschaffen – am wenigsten die Entscheidungsträger selbst.

Warum sollen dann ausgerechnet Hard- und Softwareproduzenten daran interessiert ein, das Dogma von der Unfehlbarkeit elektronischer Datenverarbeitung zu demontieren?

Aufstand der E-Zwerge

E-Mail? Soviel sei den noch nicht vernetzten unter den Menschen verraten: E-Mail ist der elektronische Austausch sinnfreier Nachrichten zum Zwecke des Nachweises, daß dieser Austausch tatsächlich möglich ist. Faszinierend. Zum Beispiel flitzt eine E-Mail sekundenschnell von München nach New York und überbringt somit die Botschaft, daß eine E-Mail sekundenschnell von München nach New York zu flitzen imstande ist. Das E-Mailen funktioniert aber auch auf kürzesten Strecken, von Schreibtisch zu Schreibtisch, und es kann die Kommunikation ungemein erleichtern, indem es sie abschafft: Sprachlosigkeit im Büro, nur anfallartig das traurige Klappern der Computertastaturen, hin und wieder ein grinsendes Gesicht vor dem Bildschirm. Das sieht wie Arbeit aus und ist doch von tieferer Bedeutung, ist Alltagspoesie und Profangedicht, was sich nur unter anderem in der konsequenten Kleinschreibung zeigt: gestern total abgesackt – hihi – hä? – nur so – reden wir später drüber, um zwölf in der Kantine?

Die elektronische Post hinterläßt keine Spuren, sie ist wie nie gewesen, versendet sich in Nichts und hat doch diesen irrsinnig subversiven Charakter: Niemand weiß, daß ich per Mail den Chef einen Deppen heiß' ...

Problematisch wird das Gepostel, wenn eine Antwort nicht eintrifft und sich deshalb die Frage stellt, ob die Nachricht überhaupt angekommen ist. Und wenn ja: bei wem? Abgründe! Wir erinnern uns des Zeitalters der Paper-Mail, da der Briefdienst jener auszehrenden Optimierung anheimfiel, deren Folge das Engagement von Hilfsboten war. Tagelang leere Briefkästen. Es gab aber zu dieser Zeit nicht nur Postsprecher, die immer wieder tröstend von bedauerlichen Einzelfällen sprachen; es gab auch die Möglichkeit des Nachforschens und Aufspürens, und es fanden sich mitunter in Hilfsbotenkellern wundersamerweise Säcke, deren Inhalt wegen nachmittäglicher Boten-Müdigkeit nicht mehr zugestellt werden konnten.

E-Mail hingegen: keine Postboten, nur Datenträger. Wenn sie den Computer verlassen hat und ihren Weg ins Kupferkabel angetreten, wenn die Elektrozwerge in kalter Gleichgültigkeit durchs Netz flitzen und sich, aus unerklärlichem Eigensinn, im nächsten Datenschatten verstecken – es gibt keine Software, die sie dort aufspüren könnte und höflich fragen nach ihrem Verbleib. Im Monitor nichts als das flimmernde Nichts – das ist die Existenzkrise des mailenden Menschen, seine vergebliche Suche nach dem virtuellen Post-Sack: Bin ich, wenn da keine Post ist? An guten Tag rettet ihn der Anruf beim Techniker, wenn der tröstend den Zusammenbruch des Netzwerks erklärt: ein bedauerlicher Einzelfall kollektiver Postlosigkeit. An schlechten genügt schon ein Blick: Beim Kollegen drüben, dem glücklichen Mail-

Empfänger, klappern die Tasten, und er lacht in seinem Bildschirm. Das ist elektronisches Mobbing, die Verschwörung der E-Zwerge.

N. N. [Süddeutsche Zeitung, 22. Febr. 1996] (1996)

Das Märchen einer Johannisnacht

Über der alten Universitätsstadt liegt die Johannisnacht weich und warm. Früher, in der sogenannten guten alten Zeit, saßen in einer solchen Nacht die Studenten in den Gartenlokalen, sangen von der verlorenen Burschenherrlichkeit und tranken noch eins oder spazierten mit der Filia Hospitalis unter den großen Bäumen auf den Wällen der mittelalterlichen Befestigung, um die laue Nachtluft zu genießen. Und heute?

Im Tagungsraum der Fachschaft Chemie, verqualmt und seit Wochen einer gründlichen Säuberung bedürftig, sitzt der Fachschaftsrat und streitet über die Tagesordnung der neuesten Vollversammlung der Fachschaft Chemie. Die einen wollen den hochaktuellen Tagungsordnungspunkt »Solidaritätsaktion für plattfüßige, rachitische mittelamerikanische Indianerkinder« auf solche bis zu einem Alter von 12 Jahren beschränken, die anderen auf 14 Jahre ausgeweitet wissen. Die Grundsatzdebatte »Was ist ein Kind?« beginnt, die schon seit Semestern zementierte Koalition zwischen Mitte-Links und Links-Rechtsaußen zu spalten. In seinem Arbeitszimmer im 7b-Einfamilienhaus grübelt der Dekan des Fachbereichs Chemie, den man einstmals Ordinarius, dann ordentlichen Professor nannte, und der nun über H-4-Professor zum C-4-Professor geworden ist, über die Abstimmungsverhältnisse bei der nächsten Fachbereichsitzung. Wenn es ihm gelingen sollte, die nächste Sitzung um eine Woche vorzuverlegen, dann könnte es mit der nötigen Mehrheit zur Änderung der Geschäftsordnung klappen. Von den beiden widerborstigen Kollegen, die aus Prinzip immer gegen ihn votieren liegt dann einer krank in der Klinik, der andere noch nicht aus Amerika zurück. Zwar ist die Mehrheit dünn, doch es könnte klappen.

Im Institut für Organische Chemie sitzt der Habilitand Conrad Meyer in seinem Labor an einem der Minischreibtische, die von modernen Laborbaufirmen als amerikanisch-rationell an die Institute verkauft werden. Zwar umfächelt auch ihn die laue Johannisnachtluft, denn die Laborfenster stehen weit auf. Die Gedanken, die er sich macht, passen jedoch überhaupt nicht zu der lauen Nachtluft. Wenn er seine Habilitationsarbeit bis zum 1. Januar des kommenden Jahres nicht eingereicht hat, dann fliegt er, denn sein Vertrag ist ausgelaufen. Wenn er aber eine Arbeit einreicht, die die auswärtigen Gutachten nicht überlebt, dann fliegt er auch. Und mit der Arbeit steht es nicht zum besten. Auf der letzten Chemiedozententagung hat er darüber vorgetragen und ist in der Diskussion ganz schön gerupft worden. Zugegeben, was er dort gebracht hat, war etwas dünn, aber von wo soll's denn auch kommen. Das Praktikum, das er leitet, ist übersetzt, und die Praktikanten machen Schwierigkeiten, wo es nur geht. Hinzu kommt der Zeitverlust durch Institutskollegium, Fachbereichsrat und Assistentenkonferenz. Um den Vortrag etwas aufzuwerten, hatte er schnell noch einige NMR-spektroskopische kinetische Messungen gemacht und die so erhaltenen thermodynamischen Parameter durch allerhand Theorie verbrämt.

Wie konnte er wissen, daß man bei den Aktivierungsentropien die Stelle nach dem Komma nicht diskutieren kann. In der Diskussion nach seinem Vortrag fiel man jedoch fürchterlich über ihn her. Da wurde von Signifikanz der Meßwerte, von Meßfehler und Fehlerbetrachtungen und lauter so Zeug geredet, daß er als braver Organiker eigentlich noch nie so recht verstanden hatte. Auf jeden Fall ging es nicht gut aus. »Ein Reinfall war's halt«, so denkt er und weil er mehrere Jahre in der Schule Latein hatte, kommt ihm wegen seiner Kinetik das Sprichwort »Quod licet jovi, non licet bovi« in den Sinn, wobei er zwar intuitiv eine der goldenen Regeln des Weiterkommens als Hochschullehrer erkannt hat, aber was nutzt's ihm, noch ist er keiner. Wieder einmal verwünscht er die Stunde, in der er zu habilitieren beschloß.

Im Rechenzentrum

So sind sie alle in dieser lauschigen Johannisnacht mit ihren Problemen beschäftigt: Der Fachschaftsrat, der Dekan, der Habilitand und sicherlich auch so mancher Student. Langsam rückt der große Zeiger der Uhr an dem massigen Turm der Universitätskirche auf die Zwölf zu und dann schlägts dumpf Mitternacht. Im Rechenzentrum der Uni knakt und knarrt es leise, und plötzlich – im fahlen Johannisnachtmondlicht kaum zu sehen – erscheinen aus den Geräten blasse Schemen, und schon wispert es. »Hu« , sagt das Wesen aus der Teletype, »St. Dualus und St. Binärus sei Dank; endlich mal wieder Johannisnacht. Endlich dürfen wir wieder mal aus unseren Kästen heraus und einen Schwatz halten«. »Miss Teletype denkt immer nur ans Schwätzen«, protestiert im Hintergrund leicht mißmutig die sonore Stimme des Schattens, der aus der Platteneinheit aufgetaucht ist. »Schwätzen, nichts wie schwätzen, sonst hat die Teletype auch nichts im Sinn. Schon während des Jahres geht sie mir mit ihrem dauernden Geklapper auf die Nerven.« »Vertragt euch«, mahnt da die Magnetbandeinheit, die, weil sie alles speichert und damit alles weiß, eine ehrfurchtgebietende Stellung im Rechenzentrum einnimmt. »Vertragt euch«, wiederholt sie noch mal, »laßt uns die eine Stunde nutzen und uns erzählen, was das vergangene Jahr so Neues gebracht hat.« »Neues, was heißt schon Neues«, wirft da der Schnelldrucker ein, der ein wirres Wesen ist, immer nervös und voller Eile und der deshalb im Rechenzentrum in keinem hohen Ansehen steht. »Ich habe im letzten Jahr $1,837957 \cdot 10^{+8}$ Anschläge gemacht und war nur 31mal kaputt. Viermal weniger als im letzten Jahr.« »Eigenlob stinkt«, entgegnet da die Teletype, die schon seit ihrer Erfindung unter der Schnelligkeit des Druckers leidet, »erzählt lieber, was sonst los war«. »Also aus meiner Sicht«, spricht die Platteneinheit, »war des Ereignis des Jahres die große Studie ›Kind und Schule‹, die unsere Pädagogen gemacht haben. Hei, was haben wir da alles mit allem korreliert und das BMFT hats bezahlt, vier Kurzpublikationen, zwei full papers und zwei Richtigstellungen sind erschienen und sogar die ‚Zeitung für das vordere Fichtelgebirge' soll darüber berichtet haben. Drei Doktoranden haben damit promoviert, zwei Mitarbeiter wollen sich damit habilitieren, und der Chef hat deswegen beinahe schon den Ruf auf den Lehrstuhl für Computer-Pädagogik an der neuen Gesamthochschule in Altteich an der Dattel bekommen.« »Na, na, na, übertreib man nicht so«, wirft da das Display ein, das so stolz auf seinen englischen Namen ist und das Wort Bildschirm gar nicht gerne hört. »Was ist denn eigentlich aus den 10 000 Fragebogen bei dieser Studie ‚Kind und Schule' herausgekommen?« »Ja, ja, wir wissens auch nicht so genau«, rufen da alle durcheinander. »Bandeinheit, du hast doch alles gespeichert, spuck mal die summary aus.« Und schon gibt Miss Teletype Befehle, an der Zentraleinheit flackern die Konsolenlämpchen und obwohl der Schnelldrucker murrt »auch in der Johannisnacht muß man noch arbeiten«, ruckt und zuckt es bei ihm schon und die summary ist da. Leicht mißmutig liest er vor: »1. Kinder gehen im allgemeinen ungern in die Schule. 2. Schlechte Schüler gehen ungerner zur Schule als gute. 3. Unmittelbar vor den Ferien gehen die Schüler lieber zur Schule, als nach den Ferien. 4. An Tagen, an denen Klassenarbeiten anstehen, gehen die Schüler ungerner zur Schule als an solchen, an denen keine anstehen. 5. Religion ist schöner als Chemieunterricht, weil man davon befreit werden kann.« Hier unterbricht er sich und fragt: »Soll ich noch weiter vorlesen?« Überall raschelt es leise. »Sehr interessant«, sagt Miss Teletype, »sehr, sehr interessant«, und alles schweigt beeindruckt, nur die Lochstanze, wegen ihres knatternden Geräuschs und auch sonst wenig geschätzt, meint im Hintergrund »alles olle Kamellen und zudem noch schlechtes Pädagogen-Deutsch. Das wußte man doch auch ohne eure Korrelationen«. Da brach der Aufruhr los. Die Zentraleinheit, die ja die Hauptarbeit an der Studie gehabt hatte, geriet so in Rage, das wieder einmal ihr Betriebssystem durcheinander geriet und sie ganz aus Versehen die eigentlich durch Gesetz und Verordnung doppelt-datengeschützte (ziemlich lange) Liste der in den Uni-Kliniken wegen paranoiden Intelligenzzerfalls behandelten Politiker ausdruckte. Um zu vermitteln und das Gespräch in andere Bahnen zu lenken, fiel dem immer auf Ausgleich bedachten Display die Chemie ein, in der sich ja kaum politologische oder pädagogische Spannungen entladen können. »Denkt nur an die Chemie«, rief es in dem Lärm. »Wie wurde da fleißig gerechnet. Ich habe selbst gehört, wie der Professor von den Theoretikern zu seinen Mitarbeitern sagte: Das Wassermolekül haben wir fest im Griff. Wir können Bindungswinkel und Abstände jetzt genauer berechnen, als sie von den Physikern gemessen werden können, ja genauer als die Natur das Molekül geschaffen hat«.

»Wie wahr, wie wahr«, riefen da alle. »Und weiter habe ich gehört«, fuhr das Display fort, »daß nach dem CH_5 nun auch das CH_6 berechnet worden ist. Es muß eine bipyramidale doppelflächige Superkugel mit orthogonal invers verbogenen Doppelflächen, eine sogenannte BDSOIVDF-Struktur haben. Ein junger Dozent, der in den USA war, hat anhand dieser Rechnungen sofort mit der Synthese begonnen. Die Überschrift der entsprechenden Kurzmitteilung liegt schon vor. Aus der BDSOIVDF-Struktur ist ein Schmelzpunkt von + 87 °C und ein knapp darüber liegender Siedepunkt von + 92,8 °C zu erwarten«. »Toll, einfach toll«, wird gemurmelt. »Aber wie war das mit der behinderten Rotation bei den aliphatischen Chilkiden? Da hat's doch Ärger gegeben! He, Frau Bandeinheit, Ihr merkt Euch doch alles! Wie war das damit?« Die Bandeinheit läßt nervös mal einige Bänder anlaufen und erzählt dann: »Also die Sache ist recht komplex. 1967 hatten Miller und Jonoddy 11,86 kcal/mol errechnet. 1969 fanden Nabakov und Illisch mit ihrem Programm 14,9 kcal/mol und 1971 mit verbesserter Genauigkeit 17,896 kcal/mol. Unsere Theoretiker hier berechneten dann zuerst 21,3 danach 14,37 und jetzt 18,4648 kcal/mol. Mit dem Wert war der Chef aber gar nicht recht zufrieden. »Hinterm Komma«, meinte er, »sind wir schon recht genau. Aber mit dem Wert vor dem Komma sollten wir noch etwas vorsichtig sein.«

»Ja, welcher Wert stimmt denn nun aber?«, fragte Miss Teletype. »Der neueste, immer der neueste! Darin sind doch alle Theoretiker einig«, antwortete weise die erfahrene Zentraleinheit, und von allen Seiten wird zustimmend gemurmelt.

Und schon wieder meldet sich die vorlaute Miss Teletype: »Ich hörte, daß in der Chemie seltsame Propheten durchs Land ziehen; sie reden von on-line-Verfahren und so und wollen an alle Spektrometer diese degenerierten Prozeßrechenanlagen anschließen. Prozeßrechenanlagen!? Pfui Teufel, so was ist ja geradezu berufsschädigend. Wenn sich diese Unsitte durchsetzt, ja wer fittet und plottet dann bei uns noch seine Spektren? Außerdem wollen diese Leute so Spektren-Bibliotheken aufbauen und damit unbekannte Substanzen identifizieren«. »Haben sie ja alles schon probiert«, meldet sich da die weise Zentraleinheit wieder.

»Erst haben sie 40 000 Spektren in die Dokumentation gesteckt und hinterher haben sie nicht mal Ethanol wiedergefunden. Das wäre keine signifikante Substanz, damit haben sie sich verteidigt.« »Ethanol und nicht signifikant? Welche Zeiten, was für ein Blödsinn!« Während man noch so über Such-Algorithmen, Gauß- und Lorenz-Verfahren zur Kurvenzerlegung hin- und herplauscht, räuspert sich in der Ecke ein alter Schrank aus Eichenholz, der eigentlich gar nicht im Rechenzentrum stehen dürfte. Es ist ein Erbstück, das der Rechenzentrums-Direktor von seinem Großvater geerbt hat und an dem er sehr hängt. Der Schrank ist viel herumgekommen. In Wien und in Prag war er, und dort hat er die Weisheit dieser Gegend in sich aufgenommen. »Was meinst Du dazu?« wird er gefragt. »Es wird alles wieder alles abkummen«, murmelt er und just da schlägt die Uhr der Universitätskirche eins. Die Schemen verschwinden und alles ist, wie es vorher war.

N. N. (1979)

Fürs Laboratorium

... die böse Stiefmutter ließ sie aber nur an einem alten 486er Excel-Erbsen zählen, während die Stiefschwester aufs beste mit multimediafähigen PCs herausgeputzt waren und mit Aktilautsprechern und 3D-Grafik vom Feinsten herumprotzen konnten. So hätte sie natürlich keinen Prinzen hinter dem Ofen hervorlocken können ...

Einen Präzions-Erbsenzähler mit integrierter Qualitätskontrolle durch das Programm Dove 95 stellt die Firma Gebr. A. Sche & N. Puttel Electronics vor. Das System verfügt über einen großzügig dimensionierten Vorratsbehälter, der auch den Anforderungen von Großküchen und -familien gewachsen ist. Das Steuerprogramm verfügt über eine graphische Benutzeroberfläche, die Module Mother-in-Law 1.0, Scrooge 1.0 und Bad-Sister in der Version 2.0 lassen sich leicht auf die besonderen Anforderungen auch auf überdurchschnittliche Präzion bedachter Nutzer zuschneiden. Besonderes Augenmerk wurde bei der Entwicklung auf die Fuzzi-Logic-Ausschußkontrolle gelegt, die sich in einem weiten Bereich zwischen 10 : 1 und 1 : 1000 einstellen läßt. Die Module QualityZero und VomitMaker, die zur Zeit noch als Betaversion vorliegen, sind speziell für den Low-Budget-Einsatz in Universtätsmensen ausgelegt. Alle Module sind ISO 9000 zertifiziert und erfüllen die GLP-Richtlinien.

Gebr. A. Sche & N. Puttel Fairy-Tail-Electronics GmbH, Märchenwaldstr. 7, 45432 Hagen.

N. N. (1998)

Intels größter Coup

Kaum zu glauben, was sich auf einem einzelnen Siliciumplättchen alles unterbringen läßt. Für den durchschnittlichen User aus der Wissenschaft heißt die neue Perspektive: Texterzeugung.

Wie jeder Anwender oder gar Besitzer eines IBM-kompatiblen Personal Computers (PC) weiß, stammt dessen Herzstück, nämlich der Mikroprozessor seines PCs, ATs oder gar 386ers vom amerikanischen Chip-Hersteller Intel. Jedenfalls die Blaupausen dafür.

In der Vergangenheit hat es nicht an Kontroversen gefehlt im Glaubensstreit zwischen PC-Anwendern auf der einen Seite und der Anhängerschaft von Computern auf der Basis der 68000er Prozessoren des Erzrivalen Motorola auf der anderen Seite. Ganz besonders der Clan der Apple-Anhänger, seit jeher von elitärem Standesdünkel umgeben (und deshalb von PC'lern bisweilen despektierlich als Apfelmännchen oder, südlich der Mainlinie, auch als Mostköpfe apostrophiert) setzt den IBM-Getreuen zu. Sie trumpften auf mit den schier endlosen Weiten im Motorola-kompatiblen Hauptspeicher, mit bestechender Graphik und flinken Mäusen. »Aber der Industriestandard ... , weltweit ...« Nein, seien wir ehrlich, solche tapfer verzweifelten Selbstrettungsmanöver vermochten nur allzu selten Punkte ins PC-Lager zurückzuholen.

Aber die Zeiten ändern sich, unaufhaltsam. Die vermeintlichen Trümpfe der Esoteriker schwimmen dahin. Intel nämlich hat wahrhaft Großes vor, wie die »Nachrichten« anläßlich der Spring Comdex 1990 in Las Vegas bei einem Kurzbesuch vor Ort im Silicon Valley erfuhren.

Im erstaunlich offenen Gespräch ließ Dr. Dan Jettdrive (ehemaliger Humboldt-Stipendiat), inzwischen bei Intel tätig als Director of Superior Experimental Development/Product Design Strategies, erkennen, daß der 80586 für seine SED/PDS-Abteilung überhaupt kein Thema ist. Mit diesem 64 Bit-Prozessor geht die Ära der Mehr-Chip-Computer schlicht zu Ende. Integration ist das Wort der Stunde. Und Intel plant mit dem 80686 tatsächlich den ersten Ein-Chip-PC noch für Mitte 1992!

Vorraussetzung auf dem Weg dorthin sind dramatische Verbesserungen der Ätztechnik in der Chip-Produktion. Galten bisher 1 nm dünne Leiterbahnen als Schallmauer, stehen Intels Techniker kurz davor, 25 bis 50mal feiner auf und in Silicium zu zeichnen. Zum streng geheimen Verfahren erfuhren wir nur so viel: Es arbeitet mit harter, kohärenter Röntgenstrahlung und lehnt sich an die Scanning Tunnelling-Mikroskopie an, jene Methode, die bereits heute zur diskreten Sequenzierung einzelner, isolierter DNA-Stränge diskutiert wird [1].

Ziel sind 100 Millionen Transistoren pro mm² Chipfläche! Diese ungeheure Integration von Bauteilen auf einem einzigen Siliciumplättchen eröffnet völlig neue Konzeptionen von Soft- und Hardware.

So wird der 80686 ein vom Anwender konfigurierbarer Transputer sein, dessen Design absichtlich nicht bis ins letzte festgelegt wird, jedenfalls nicht auf der funktionalen Ebene. Vielmehr wurde der Gedanke der heutigen Gate Arrays weiterentwickelt, jener gut eingeführten Technik zur kostengünstigen Verwirklichung von anwenderspezifischen, logischen Schaltungen mit Hilfe einfacher Standard-Chips. Für den 80686 allerdings wurde hierfür anstelle der herkömmlichen Gate Arrays eine viel flexiblere Lösung entwickelt, eine eigene Konfigurations-CPU (Central Processing Unit), eine Ober-CPU sozusagen, die die folgenden eigentlichen Arbeits-CPU konfiguriert und steuert. Insgesamt acht solcher Tandemgespanne vereint der 80686 in sich.

Aus Rücksicht auf den Vorgänger wird der 80686 anstatt der geplanten 512er Busleitung ebenfalls nur über einen 64 Bit breiten Bus verfügen. Dr. Jettdrive: »Wir dürfen nicht zu schnell perfekt werden. Für eine Übergangszeit müssen wir den Herstellern von Peripherieproduktion noch Entwicklungsmöglichkeiten offen lassen. Aber wir denken weiter.« Zulieferer werden es zukünftig schwer haben, denn bereits der 80686 beherbergt außer Monitor, Tastatur und Netzteil eigentlich schon alles auf dem Chip, was ein Computer braucht. Lediglich wer mehr als die standardmäßigen 8 MB Hauptspeicher benötigt, muß noch ein oder zwei Speicher-Chips dazukaufen. Für eine Übergangszeit werden noch Festplatten unterstützt, langfristig wird auch dieser Speicher in den Chip integriert. Dagegen werden magneto-optische Laufwerke immer anschließbar sein, einmal zur Datensicherung, aber auch für den Urladevorgang des System-ROM (Read Only Memory) und zum Überspielen in den (zukünftigen) Festplatten-RAM (s.u.).

Die Tage der separaten Graphik- oder Modemkarten, der Festplatten- Controller und Interface-Karten sind auf jeden Fall gezählt. Findige Firmen werden hier aber schnell Ersatzmärkte auftun. In südlichen Ländern besteht beim Dauerbetrieb des 80686 nämlich die Gefahr einer Wärmeüberlastung. Für Einsatzgebiete im Bereich von 35 Breitengraden um den Äquator herum schreibt Intel sicherheitshalber einen Anschluß an die Wasserleitung vor, alternativ den Einsatz in einem Minikühlschrank, der allerdings seinerseits nicht 80686-gesteuert sein darf.

Neben dem eigentlichen Hauptspeicher ist jeder einzelnen CPU im 80686 Transputer ein eigener, lokaler RAM-Speicher (Random Access Memory) zugeordnet, der nur von der betreffenden CPU gelesen werden kann. Bei den acht Arbeits-CPUs (General Operations Low Integration All-purpose Transputer (GOLIAT) handelt es sich um einen sehr schnellen, je ein MB großen Cache Speicher für Daten und Befehle. Alle acht GOLIATS sind logisch betrachtet parallel geschaltet und können direkt miteinander kommunizieren, um die Parallelverarbeitung zu koordinieren.

Die anderen acht CPUs (Data Adapting Virtual Interface Driver [DAVID]) verwirklichen die anwenderspezifischen Hardwarevorgaben. Jede DAVID-CPU verfügt über einen 256 kB großen, relativ langsamen RAM-Speicher, in den bei Systemstart die spezifischen Einstellungswünsche des Benutzers in Form von Mikrocode aus dem insgesamt 2,5 MB großen System-ROM geladen werden. Mit Hilfe dieser nun in ihrem lokalen RAM abgelegten Anweisungen kontrolliert dann jede DAVID-CPU das Verhaltern ihrer untergeordneten GOLIAT-CPU. DAVIDs können den Cache ihrer GOLIATs einsehen und bei Bedarf überschreiben (Verifying Component Handling [VCH]).

Der erwähnte Systemspeicher ist mit dem heutigen BIOS (Basic Input Output System) zu vergleichen, ist aber als EPROM (Erasable Progammable ROM) ausgelegt, damit der Anwender hier seine gewünschten Einstellungsparameter hineinschreiben kann. Sogar die dazu benötigte Programmierschaltung (»EPROM-Brenner«) ist auf dem Chip enthalten.

Die acht GOLIATs führen wie gewohnt normale Anwenderprogramme aus, also Textverarbeitung, Tabellenkalkulation usw. Das Tempo allerdings dürfte wegen der Parallelverarbeitung und bei der angestrebten Taktfrequenz von 100,9 MHz recht flott sein. Um Funktionsstörungen durch Interferenzphänomene mit dem UKW-Funk zu vermeiden, muß der 80686 sorgfältig abgeschirmt werden. Hierfür würde die Wasserleitungsvariante (s.o.) Vorteile bieten.

Wenn ein GOLIAT nun auf eine bestimmte Situation im Programmablauf trifft, z.B. »$\sin^2 x + \cos^2 x$«, erkennt das sein DAVID an Hand des momentanen Datenmusters im GOLIAT Cache bzw. direkt in den GOLIAT-Registern. DAVID führt daraufhin die im Mikrocode vorgegebene Änderungen in GOLIATs Stapelregistern durch, und schon sieht GOLIAT eine »1« (trigonometrische Optimierung einer Arbeits-CPU).

Aber so einfach Beispiele täuschen leicht über die wahren Fähigkeiten des Prozessors hinweg. 80686 kann bei entsprechend clevrem Mikrocode nämlich sehr viel mehr. Während der Prozessor etwa mit dem GOLIATs gerade eine Veröffentlichung formatiert und an den Drucker sendet (auch der ist noch integriert), möge z. B. über eine der auf dem Chip lokalisierten, seriellen Schnittstellen eine Anforderung für Rechenzeit vom angeschlossenen pH-Meter eintreffen. Der erste freie DAVID nimmt seinen GOLIAT aus der Parallelverarbeitung heraus und teilt ihm mit, in seinem GOLIAT-RAM eine, sagen wir, dreispaltige Tabelle aufzumachen: Zeit, Volumen (des Titriermittels) und Millivolt (oder direkt pH). Der nachgeordnete GOLIAT list nun eintreffende Titrationsdaten ein, berechnet laufend die kubische Ausgleichsfunktion (Spline) und gibt Warnungen über einen bevorstehenden Umschlagspunkt (Steigung gegen Unendlich) an das pH-Meter zurück. Ist dieses ebenfalls mit einem 80686 ausgerüstet, kann ein dortiger, von seinem DAVID entsprechend instruierter GOLIAT diese Meldung an pH-Sonde (Empfindlichkeitsumschaltung), Pumpe für Titriermittel (langsamer ...), Magnetrührer etc. weiterleiten. Hier werden erstmals in Ansätzen die weitreichenden Konsequenzen der neuen Prozessorarchitektur deutlich. Ein allgemeingültiges Standardprogramm, z. B. ein Meßprogramm, kann per Mikrocode derart parametrisiert werden, daß es wahlweise als Datenaufzeichungs- oder Datenauswertungsprogramm arbeiten kann. Das gleiche Meßprogramm wäre aber auch in der Lage, in einem anderen Gerät und im Speicher eines dortigen GOLIAT anstatt pH-Einheiten ganz nach Belieben (und Mikrocode) massenspektroskopische oder NMR-Daten zu erfassen oder auszuwerten. Für eine HPLC-Auswertung würde beispielsweise die Funktion »Ausgleichsgerade« deaktiviert und nur eine Punkt-zu-Punkt-Verbindung der Meßdaten aufgezeichnet, dafür aber die Fläche unter jedem Peak integriert, etc.

Aber auch das ist noch nicht alles. Über die reine software-mäßige Parametrisierung hinaus wird auch eine hardware-mäßige möglich sein. Sämtliche, mit einem 80686 ausgerüsteten Auswertungselektroniken werden austauschbar. Ob UV/VIS, Raman, pCO_2, einfacher Siedepunkt oder Röntgenstrukturberechnung, was eigentlich in den informationstragenden Datenkanälen fließt, ist absolut unerheblich. Letztlich entscheidend für die Behandlung der Input-Daten sind allein die im Mikrocode festgelegten Parameter.

Der Rationalisierungseffekt wird immens sein. Ein einziges »Meß«-Programm reicht für alle Anwendungen im gesamten Institut aus, von der Datensammlung über die Auswertung bis hin zur druckreifen Präsentation. Die Anpassungen per Mikrocode lassen sich bequem als Tabellen hinterlegen und bei Bedarf einlesen.

Bei der enormen Leistungsfähigkeit des 80686ers ist es aber nur eine Frage der Zeit, bis erste Mikrocode-Programme zirkulieren (und ihre Anwender finden), die vorgeben, den Chip lediglich zu eigenschöpferischer Arbeit animieren zu wollen. Texterzeugung wäre ein solches Gebiet. Dubiose Zeitgenossen könnten aber leicht der Versuch verfallen, den 80686 eigenschöpferisch Veröffentlichungen entwerfen und schreiben zu lassen. Durchaus vorstellbar: Menüs am Schirm, die scheinheilig nach dem Fachgebiet fragen, zu dem ein Text erstellt werden soll, nach Arbeitstitel und anvisierter Zeitschrift, nach Anzahl der Seiten oder Art der gewünschten Graphiken, nach auszuschöpfender Fehlertoleranz und ob die Datenbankabfrage diesmal CAS online oder Beilstein erfolgen oder aus Kostengründen die gespeicherte vom letzten Mal eingesetzt werden soll.

Hier kann Intel natürlich nicht in die Pflicht genommen werden, hier ist vielmehr Verantwortung und Wachsamkeit der Scientific Community insgesamt gefragt. Ein Aufgabengebiet für die neue GDCh-Fachgruppe CIC, internationale Kooperation anzustreben!

Noch ist Motorola nicht ganz abgeschlagen. Immerhin hat die Firma den 68040 Prozessor für die zweite Jahreshälfte 1990 angekündigt[2]. Der allerdings reicht gerade Intels heutigem 80468 das Wasser. Bange Äppler aber können aufatmen, ihr Computersystem läßt sich in die Zukunft retten: mit ein oder zwei DAVID/GOLIAT-Gespannen eines 80686 ließe sich leicht jeder Apple nachbilden. Der würden dann sogar noch schöner, schneller und gescheiter laufen. Die Apple-Gemeinde wär's zufrieden, sie würde es vermutlich gar nicht bemerken und weiterhin abheben und schweben. Der 80686 hätte in jedem Apple noch 80 % seiner Kapazität frei (keine Überhitzung). Und wir, wir DOS-Überzeugte der ersten Stunde, wir wären endlich da, wo wir auch hingehören: Jenseits von Apple.

B. GLOCK, *Tübingen (1990)*

Anmerkungen:

1) D. D. Dunlap und C. Bustamante: Images of single-stranded nucleid acids by scanning tunneling microscopy. Nature 342, 204 (1989).

2) W. Gaschar: Power on the Chip. Computer Persönlich 5, 8 (1990).

Neuntes Kapitel
Humorkatalysierte Synthesen – *Das ulkige Köchel-Verzeichnis*

Bertrand Russell soll sich darüber beklagt haben, daß in keinem Kirchenlied das Hohelied der Intelligenz gesungen werde. Dabei ist der Erklärungsansatz ganz einfach: Die Verfasser der Choraltexte waren im allgemeinen Geistliche oder Lehrer, also Leute mit berufsbedingt häufigem Menschenkontakt, besaßen demzufolge in der Regel gute Menschenkenntnis und sahen daher keinen konkreten Anlaß.

Aber nur sehr naive Gemüter werden behaupten, daß es in den profanen bis semisakralen Hallen der Wissenschaft anders sei und der geballte Intellekt unter Posaunenklängen auf Weihrauchwolken einherschwebe. Vielmehr schubst uns die nüchterne Erkenntnis, im Kantschen Sinne nicht aufgeklärt zu sein, unsanft auf den kalten gefliesten Fußboden der Tatsachen zurück. Zusammenfassung von John Steinbeck: »Wenige wissen, wieviel man wissen muß, um zu wissen, wie wenig man weiß.«

»Unser Wissen ist Stückwerk und all unser Weissagen ist Stückwerk.« Dies lehrt nicht nur Apostel Paulus im ersten Korintherbrief, sondern auch der Erfahrungsschatz des Wissenschaftlers; dagegen anzugehen ist ungefähr so aussichtsreich wie der Kampf der Gourmet-Kritiker gegen die Tütensuppe. Am Stückwerkcharakter unseres Wissens kann man zerbrechen, wenn man will – aber man muß nicht. Wir können den Wind nicht verbieten, aber wir können Windmühlen bauen, sagen die Holländer. Günstiger ist es auf jeden Fall, die Sache mit Humor zu tragen und aus den Stückchen ein buntes Mosaik zu legen, an welchem man durchaus seine Freude haben kann. Und wenn das mit der nötigen Portion Esprit geschieht, kommt möglicherweise ein Ganzes heraus, das mehr darstellt als die vielzitierte Summe seiner Teile, dann ist plötzlich auch der Intellekt nicht mehr unbefriedigt. Musikfreunde denken in diesem

Zusammenhang vielleicht an die Symphonien eines Joseph Haydn, Literaturliebhaber an Lessings Theaterkritiken oder die Werke des fälschlicherweise zum Anstandswauwau der Nation abgestempelten Freiherrn von Knigge, der sich in Wirklichkeit literarisch wie als Privatmann souverän über alle verkrampften Benimm-Regeln hinwegsetzte und schon gar keine neuen dazuerfand.

Mit der Wahrheit darf man es bei derartigen Scherzen natürlich nicht allzu genau nehmen, aber das tun wir – Hand aufs Herz – ja auch ansonsten ohnehin nur dann, wenn wir einen Nutzen daraus ziehen, sprich: die Wahrheit nicht gegen uns haben. Der Jux legitimiert in gewisser Weise die Lüge, deren Weltranglisten in den Sparten Privatleben, Geschäft und Politik bestätigten Gerüchten zufolge angeführt werden vom Dreigestirn Liebeserklärung, Steuererklärung und Regierungserklärung. Außerdem läßt sich eine Pointe hinter der Fiktion besser verbergen als hinter der Realität, welche die Tatsachen enthüllt wie Kennzeichen auf Kraftfahrzeugen: »D« steht für Deutschland, »F« für Frankreich und »CD« für Lizenz zum Falschparken – obwohl diplomatische Immunität (deren stichhaltige Begründung wohl immer noch aussteht) eine Verpflichtung zur Disziplin sein sollte und kein Freibrief zum Lotterleben.

In der Chemie versucht man Späße der beschriebenen Art ganz gerne auf dem Papier; der Esprit besteht entweder darin, daß die Reaktion rein theoretisch gesehen wirklich möglich ist – oder aber gewisse Realien erst nach ihrer Verdrehung ad absurdum Anwendung finden. In beiden Fällen ist der Intellekt des chemisch bewanderten Lesers gefordert, um den Weg nachvollziehen zu können und so das Amusement gleichsam auf höherer Ebene zu genießen. Einige Beispiele derartiger humorkatalysierter Syn-

Humoristische Chemie. Herausgegeben von Jakobi, Hopf
Copyright © 2004 WILEY-VCH Verlag GmbH & Co. KGaA, Weinheim
ISBN: 3-527-30628-5

thesen finden sich im folgenden Kapitel. Aber bitte nicht nachkochen – vielleicht gelingt die eine oder andere sogar. Und wenn nicht, beweist dies erneut die Gültigkeit unserer Goldenen Regel der präparativen Chemie: Ohne Fleiß kein Mißerfolg!

Enantioselektive Synthesen in chiralen Laborgeräten

Angesichts der bundesweit angespannten Lage der öffentlichen Haushalte sehen sich viele Synthesechemiker einem enormen Kostendruck gegenüber. Die Chiralität von Laborgeräten bietet überraschende Ansätze zur Lösung des Problems.

Vielerorts – insbesondere auch in Niedersachsen – können sich z.B. Naturstoffchemiker die oftmals sehr teuren chiralen Auxiliare und Katalysatoren für die enantioselektive Synthesen nicht mehr leisten. Diese Situation hat in der letzten Zeit zu bemerkenswerten Ansätzen und Konzepten für die Darstellung enantiomerenreiner Verbindungen geführt. Immer häufiger wird die chirale Information nicht mehr auf der molekularen Ebene zur Verfügung gestellt. Erst kürzlich wurde in diesem Zusammenhang über die enantioselektive Synthese in starken Magnetfeldern berichtet[1]. Dadurch sahen wir uns veranlaßt, ein älteres Forschungsgebiet wieder aufzugreifen. Bereits 1990 hatten wir uns mit der Folge der Chiralität ausgewählter Laborgeräte beschäftigt[2].

Abgesehen davon, daß fast jedes Laborgerät aufgrund seiner Beschriftung chiral ist, trifft man auf zahlreiche Chiralitätsachsen (Muffen, Schlenkkolben, ...) und –ebenen (Tropftrichter, ...) sowie Helices (Quick-Fit-Verbindungen, Kühlschlangen, ...). Die Liste der Beispiele läßt sich beliebig verlängern, besonders Destillationsköpfe sind in dieser Hinsicht sehr ergiebig.

Sequenzregeln

Für den zukünftigen wissenschaftlichen Austausch erscheint es uns erforderlich, die Cahn-Ingold-Prelog-Regeln[3] um Sequenzregeln für chirale Laborgeräte zu erweitern (sog. CIP-L-Nomenklatur, gesprochen Zippel).

Bei den axial-chiralen Muffen ergibt sich z.B. die Frage, ob »Bügel« oder »kein Bügel« Vorrang haben soll. Wir wählten »Bügel« vor »kein Bügel«, was nicht nur naheliegend ist, sondern zugleich eine tiefergehende Logik aufweist: Bringt man die Muffe so an, daß die senkrechte Stange von hinten und die Klemme von unten mit den Bügeln umfaßt werden, so erhalten durch unsere Festlegung alle Muffen, die die Klammer links tragen, S-Konfiguration, die anderen sind R-konfiguriert[4,5]. Dem aufmerksamen Leser wird an dieser Stelle nicht entgangen sein, daß viele Laborgeräte mehrere Chiralitätselemente aufweisen. So stehen Muffen nur auf den ersten Blick in einer spiegelbildlichen Beziehung zueinander. Betrachtet man hingegen außer ihrem Metallkörper auch die Helicität der Verschraubungen, so sind insgesamt acht Stereoisomere möglich, von denen jedoch wegen der allgemeinen Gebräuchlichkeit von Rechtsgewinden nur zwei natürlich vorkommen. Da aber insbesondere die dreidimensionalen Struktur des eigentlichen Muffenkörpers von entscheidender

Bedeutung für den Aufbau von Apparaturen ist, wollen wir an dieser Stelle die Helicität vernachlässigen und weiterhin von R- bzw. S-konfigurierten Muffen sprechen.

Auch Schlenkkolben können als chiral angesehen werden. Die vier Substituenten sind dann der eigentliche Kolben und der Schliff sowie das Griffstück und die Sicherung des Hahnkükens. Wir wählten die Sequenz so, daß die Prioritäten in der angegebenen Reihenfolge abnehmen. Diese Festlegung hat den Vorteil, daß ein R-konfigurierter Schlenkkolben den Hahn auf der rechten Seite trägt, wenn man ihn auf die übliche Weise benutzt.

Die gleiche Sequenz, nämlich daß das Griffstück des Hahns die Priorität von seiner Sicherung besitzt, sollte auch bei den planarchiralen Tropftrichtern gelten.

Diskussion

Nun drängt sich die Frage auf, welches natürliche Verhältnis zwischen R- und S-konfigurierten Muffen im Labor besteht. Es scheint so, als wäre die Konfiguration der Muffen herstellerabhängig. Vermutlich bevorzugt jeder Hersteller (aufgrund seiner politischen Einstellung?) eine bestimmte Konfiguration. Eine erste Erhebung an der TU Braunschweig ergab im Herbst 1989 einen geringen Überschuß schwarzer (sic!) R-konfigurierter Muffen. Inzwischen allerdings spiegelt sich die geänderte politische Großwetterlage in Niedersachsen auch in einem Überschuß grüner S-konfigurierter Muffen wider.

Bei den Schlenkkolben und den Tropftrichtern ergibt sich ein eindeutigeres Bild. Erstere sind meist R-konfiguriert, während letztere überwiegend in der S-Konfiguration vorliegen. Wir führen dies darauf zurück, daß es sich eingebürgert hat, diese Geräte so zu benutzen, daß sich ihre Hähne rechts vom Rest der Apparatur befinden. Als Ursache dafür betrachten wir die überwiegende Rechtshändigkeit in der Bevölkerung und möchten die Hersteller solcher Laborgeräte dazu auffordern, verstärkt auf die diesbezüglichen Bedürfnisse der Linkshänder einzugehen.

Chirale Laborgeräte als externe Chiralitätsinduktoren

Die bisher beschriebenen bahnbrechenden Erkenntnisse führten schnell zu der Überlegung, chirale Laborgeräte in enantioselektiven Synthesen als Chiralitätsinduktoren einzusetzen[6].

Als Modellreaktion wählten wir die Synthese von Dihydro-4-hydroxy-2(3H)-furanon, ausgehen von 3-Butensäure und H_2O_2 in Kombination mit einem enantiomerenreinen Laborgerät[7]. Die Bestimmung der Enantiomerenüberschüsse erfolgte NMR-spektroskopisch durch Shift-Reagenzien bzw. alternativ nach dem von Zadel und Breitmaier entwickelten eleganten Verfahren[1].

Um eindeutige Ergebnisse zu erzielen, entfernten wir alle Beschriftungen und benutzten bei S-konfigurierten Schlenkkolben Hähne mit Linksgewinde. Es zeigte sich, daß sowohl Schlenkkolben als auch Schlangenkühler als Chiralitätsinduktoren eingesetzt werden können. Erstere bewirken einen Enantiomerenüberschuß von 10% zugunsten der R-Form, wenn ein (R)-Schlenkkolben verwendet wird, während mit einem (P)-Schlangenkühler die S-Form mit einem ee von 25% erhalten wird.

Wenn auch die erzielten Enantiomerenüberschüsse nur gering sind, so stimmen uns die Ergebnisse doch hoffnungsvoll, so daß wir weitere Reaktionen suchen werden, die auf diese Weise enantioselektiv durchgeführt werden können. Für Beiträge, die zur Aufklärung des Mechanismus der Chiralitätsübertragung vom Glasgerät auf das Substrat betragen, sind wir sehr dankbar.

Neueste Untersuchungen haben gezeigt, daß die Trennwirkung von chiralen Kapillar-GC-Säulen nicht auf den darin enthaltenen Cyclodextrinen beruht. Vielmehr ist die Helicität der aufgewickelten Säulen für die Trennung verantwortlich.

KLAUS V. KUHS und G.A.R. FIELD,
Institut für Philosophische Chemie, Technische Universität Braunschweig (1995)

Anmerkungen:

1) G. Zabel, C. Eisenbraun, G.-J. Wolff, E. Breitmaier, Angew. Chem. **1994**, *106*, 460.
2) K. v. Kuhs, G. A. R. Field, Chem. Keul. SS 1990 (1), 3.
3) R. S. Cahn, C. K. Ingold, V. Prelog, Angew. Chem. **1966**, *78*, 413.
4) W. Bähr, H. Theobald, Organische Stereochemie, Springer, Berlin, 1973.
5) B. Testa, Grundlagen der organischen Stereochemie, VCH, Weinheim, 1983.
6) An dieser Stelle möchten wir Herrn Prof. Dr.-Ing. H. P. Honnef für seine fruchtvolle Diskussion des Themas und für seinen Vorschlag danken, die Diastereomerentrennung der Muffen durch Muffenchromatographie oder Umkristallisieren aus flüssigem Eisen zu erreichen.
7) R. Palm, H. Ohse, H. Cherdron, Angew. Chem. **1966**, *78*, 1093.

Kulinarisches

Weltweit wird der Chemie eine glänzende Zukunft vorausgesagt. Auch der Nahrungsmittelsektor wird davon nicht ausgeschlossen bleiben. Mit zahlreichen Innovationen wird sich die chemische Industrie auch in diesem Wettbewerb mehr als globalisieren. Schon beim Frühstück werden dem Chemiker bald einfache Nahrungs-Variationen angeboten, die er leicht und ohne Gefahr im Heimlabor durchführen kann:

1) Buttersäure + Äpfel → Äpfelsäure + Butter

2) Natronlauge + Brezel → Laugenbrezel + Natron

Da kann man nur guten Appetit wünschen! Die Nahrungsmittel-Industrie wird mit Spezialverfahren zur Darstellung und Gewinnung wichtiger Grundchemikalien einen bedeutenden Beitrag zur Sicherung des Chemiestandorts Deutschland leisten:

3) Brombeeren + Erdgas → Erdbeeren + Brom (gasf.)

4) Brombeeren + Erdäpfel → Erdbeeren + Äpfel + Brom (fl.)

5) Urin + Phosphan → Uran + Phosphin

6) Borsäure + Zucker → Bor + Zuckersäure

Bei der letzten Reaktion handelt es sich um einen mikrobiologischen Abbau durch Ameisenkatalyse. Der Reaktionsmechanismus dürfte folgenden Verlauf annehmen:

6a) Borsäure + Ameisen → Bor + Ameisensäure

6b) Ameisensäure + Zucker → Ameisen + Zuckersäure

So schön und praktisch kann das Aufstellen von Reaktionsgleichungen für das nächste Jahrtausend sein.

WINFRIED LÖW, Gelsenkirchen (1997)

Methin und seine Sphäromerisierungen

Auf der Sterochemie-Konferenz auf dem Bürgenstock hielt Professor A. Troischose einen Vortrag, der von der Fachwelt mit so großem Interesse aufgenommen wurde, daß es uns gerechtfertigt scheint, seine Übersetzung aus dem Englischen hier im vollen Wortlaut abzudrucken.

Meine Damen und Herren! Ich freue mich, die Gelegenheit zu haben, Ihnen heute einige Beobachtungen mitzuteilen, die wir vor kurzem in unseren Laboratorien gemacht haben. Die Versuche sind noch nicht abgeschlossen, und ich erhoffe mir aus der Diskussion im Anschluß an diesen Vortrag einige Kritik an den Interpretationen unserer Versuche.

Der Ausgangspunkt unserer Arbeit war eine Beobachtung von Eugen Müller[1], nach der das Natriumsalz von Diazomethan, wenn einem Oxidationsmittel (z. B. Jod) ausgesetzt, etwas Acetylen bildete. Wir dachten uns, daß diese Methode zu interessanten Ergebnissen führen könnte, wenn wir verschiedene Metalle, Lösungs- und Oxidationsmittel verwenden.

Frisch hergestelltes Diazomethan wurde einfach in eine Suspension von Cäsium in Polycycloglyme (PCG) bei −60 °C destilliert. Unter Gasentwicklung löste sich das Metall langsam, wobei die Lösung zunächst knallrot, dann grün, blau und schließlich violett wurde. Das Reaktionsgefäß wurde mit einer Kühlfalle (in flüssiger Luft[*]) verbunden und evakuiert. Beim Erwärmen auf etwa 130 °C und nach langsamem Eindosieren von Sauerstoff verschwand die Farbe, und es destillierte etwa 5 % eines Kohlenwasserstoffgemisches aus dem hochsiedenden PCG in die Falle. Die Operation führte gelegentlich zu heftigen Explosionen.

Dem Leser wird äußerste Vorsicht geboten!!

Das Gaschromatogramm des Destillates bestand aus sieben Banden in einigermaßen gleichen Abständen. Die zugehörigen Substanzen ließen sich im präparativen Gaschromatographen gut abtrennen und in reiner Form erhalten; denn jede von die-

---

[*] Die Herausgeber empfehlen aus Brandschutzgründen dringend den Ersatz der flüssigen Luft durch flüssigen Stickstoff!

sen Fraktionen – wiederum in den Gaschromatographen eingespritzt – gab eine einzelne Bande. Auch die Kernresonanzspektren dieser Substanzen zeigten in jedem Fall nur eine einzige Bande.

Wenn man nun die Infrarotspektren dieser Verbindungen betrachtete, dann sah man für jede von ihnen praktisch nur eine Bande. Wir waren also überzeugt, daß wir es hier mit einer erstaunlichen Synthese zu tun hatten, bei der Substanzen mit sehr hoher Symmetrie entstehen.

Nun machten wir uns daran, die Strukturen der Produkte genauer zu untersuchen. Die erste Fraktion aus dem Gaschromatogramm war trivial, es handelte sich um Acetylen, wie auch schon Eugen Müller festgestellt hatte[1]. Wir wandten uns darauf der dritten Fraktion zu, da deren Geruch uns an Benzol erinnerte. Alle spektroskopischen Eigenschaften bestätigten diese Vermutung. Bei der kleinen Ausbeute war das Auftreten von Benzol als Verunreinigungsartefakt nicht ganz auszuschließen. Ein auch in anderem Zusammenhang wichtiger Versuch mit $^{14}CH_2N_2$ produzierte jedoch eindeutig radioaktives Benzol.

Nun begannen wir zu vermuten, welche Reaktion hier stattgefunden hatte: Ganz offensichtlich reagierte das Diazomethan spontan mit dem Cäsium unter Bildung von Wasserstoff und des Anions (1), welches bei erhöhter Temperatur

$$CH_2N_2 \xrightarrow[PCG]{Cs} \left[\begin{array}{c} \overset{2\ominus}{H-\overset{..}{\underset{..}{C}}}-\overset{\oplus}{N}\equiv N: \\ \updownarrow \\ \overset{\ominus}{H}-\overset{..}{\underset{..}{C}}=\overset{\oplus}{N}=\overset{\ominus}{\underset{..}{N}} \end{array} \right]^{\ominus} \begin{array}{c} + \; Cs^+ \\ + \; \tfrac{1}{2} \, H_2 \end{array}$$

$$(1)$$

ein Elektron an den zugelassenen Sauerstoff abgab, wobei eine Art neutrales Diazomethyl, CHN_2 (2), ein Radikal, welches wegen der dem 10-Elektronensystem inhärenten Stabilität leicht Stickstoff abspaltete, und somit das flüchtige CH, eine neue, neutrale, monoligante Kohlenstoffspezies – wir nennen sie Methin – bilden konnte, entstand.

$$(1) \xrightarrow{O_2} \left[\begin{array}{c} \overset{\ominus}{H}-\overset{..}{\underset{..}{C}}-\overset{\oplus}{N}\equiv N: \\ \updownarrow \\ H-\overset{.}{C}=\overset{\oplus}{N}=\overset{\ominus}{\underset{..}{N}} \end{array} \right] \xrightarrow{-N_2} H-\overset{.}{\underset{.}{C}}$$

$$(2)$$

In der Kühlfalle dürfte das kondensierte Methin zum Acetylen dimerisieren: 2 CH → HC=CH, oder dann zum Benzol cyclopolymerisieren.

Die Hypothese drängte sich nun auf, daß vielleicht *auch alle anderen Substanzen aus diesem Methin entstanden* sein konnten, was uns die Interpretation aller weiterer Versuche sehr erleichterte.

Wir untersuchten als nächstes die zweite Fraktion. Aus den Abständen der Banden im Gaschromatogramm hatten wir schon einen bestimmten Verdacht, denn die Bande 2 erschien genau in der Mitte zwischen Bande 1 (C_2H_2) und Bande 3 (C_6H_6). Es lag also nahe, daß die Bande 2 einer Verbindung der Zusammensetzung C_4H_4 entsprach: 4 CH → C_4H_4. Und tatsächlich, als wir zum Kühlschrank gingen, um diese Fraktion herauszuholen, war sie schon zu schönen Kristallen erstarrt. Natürlich gab ich diese Kristalle sofort meinem Freund und Kollegen Donix, der sie röntgenographisch untersuchte und innert kürzester Zeit feststellte, daß es sich um die lang gesuchte Substanz Tetrahedran (3) handelte.

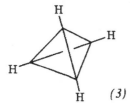

(3)

Aber erstaunlicherweise bemerkte er schon unter dem Mikroskop, daß die Kristallmasse aus enantiomorphen Kristallen bestand. Mit Hilfe seines ganz neu entwickelten Mikroracematspalters ließen sie sich ohne Schwierigkeiten voneinander trennen. Handelt es sich um molekulare oder Kristallchiralität? Ein $[\alpha]_D^{22} = 6075°$ in $CDCl_3$-Lösung entschied die Frage für die erste Möglichkeit. Wie ist es möglich, daß diese tetraedrische Anordnung von tetraedrischen Zentren chirale Moleküle bilden kann? Die Antwort darauf lieferte die Theorie der Konformationsanalyse: Wenn Sie sich ein Vier-Kohlenstoff-Tetraeder vorstellen, an dessen vier Ecken Wasserstoffatome sitzen, dann erkennen Sie, daß die äußeren Bindungen stark ekliptisch zueinander stehen. Die Abstoßung dieser ekliptischen Wasserstoffatome führt zu einer allseitigen symmetrieerlaubten[2)] Verdrillung, welche die Chiralität erzeugt [s. Formeln (4) und (5)].

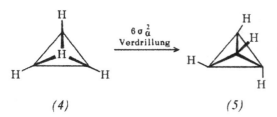

(4)   *(5)*

Nachdem diese Struktur aufgeklärt war, wandten wir unsere Aufmerksamkeit der Bande 4 zu. Wieder schien es aus der gaschromatographischen Retentionszeit klar, daß es sich hier um eine C_8H_8-Struktur, entstanden durch Kombination von 8 CH → C_8H_8. Die Kristalle hatten eine fast zuckerwürfelähnliche Form.

Welche Strukturen kommen in Frage? Wir suchten sofort in der Literatur und stießen auf die vor kurzem beschriebene Synthese[3)] des Cubans (6).

(6)

Tatsächlich waren die spektroskopischen Eigenschaften der von uns isolierten Substanz in jeder Beziehung identisch mit denjenigen des Cubans. Um die Struktur zu sichern, versuchten wir die Kristalle chemisch abzubauen, aber erstaunlicherweise waren sie äußerst widerstandsfähig und wurden von keinem chemischen Oxidationsmittel angegriffen. Wir versuchten deswegen enzymatische Abbaureaktionen. Unser Freund B. Rigoni machte sich auf die Suche nach einem geeigneten Organismus, welcher diesen Molekülwürfel angreifen könnte. Mit außerordentlicher Einsicht wählte er sogleich *Penicillium glucofressum*. Tatsächlich griff dieses das Cubanmolekül an und zerlegte es in seine Stücke. Die Abbauprodukte waren durchaus im Einklang mit der Struktur.

Nun wandten wir uns der nächsten Verbindung zu, die entsprechend dem etwas größeren chromatographischen Abstand etwa vier Kohlenstoffatome mehr als C_8H_8 haben sollte. Es handelte sich hier offenbar wieder um ein geradzahliges Kombinationsprodukt des Methins. Unsere Hypothese war, daß sich 12 CH-Einheiten zu $C_{12}H_{12}$ kombinierten: $12\ CH \rightarrow C_{12}H_{12}$. Welche Struktur kann man dafür in Betracht ziehen? Vergessen Sie nicht, daß im NMR-Spektrum nur eine einzige Bande erschien. Es war uns klar, daß wir es hier mit einer Substanz zu tun hatten, in der vier Dreiringe in der käfigartigen Struktur (7) vereint sind. Nebenbei gesagt, wir nennen diese kugelförmigen Strukturen »Sphäro-Verbindungen«. Es handelt sich hier also um eine Sphärododecan und um »Sphäromerisierungen« des Methins. Zur Strukturaufklärung half uns folgende Reaktion: Beim Erhitzen findet schon bei ca. 98, 75 °C eine valenztautomere Umwandlung in (8) statt.

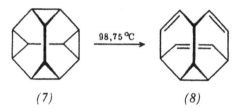

(7)   *(8)*

Diese Umwandlung manifestiert sich natürlich sofort im Kernresonanzspektrum, in dem Signale für Vinylwasserstoffe auftauchen. Als wir die Literatur untersuchten, fanden wir, daß diese Substanz schon früher beschrieben war, und zwar von Bunsen. Er hatte einen kalten Finger in eine Flamme gesteckt, und aus diesem Finger hat er eine Substanz isoliert, deren für damalige Verhältnisse erstaunlich klares NMR-Spektrum mit dem von uns gemessenen in jeder Beziehung identisch war.

Nun blieben nur noch zwei Strukturen aufzuklären, deren gaschromatographische Retentionszeiten wieder Abstände von etwa vier Kohlenstoffen vermuten ließen. Bei der nächsten Substanz handelte es sich wahrscheinlich um eine Kombination von 16 Methin-Einheiten, welche sich zu $C_{16}H_{16}$ zusammenlegten. Es gibt nicht viele Strukturen der Zusammensetzung $C_{16}H_{16}$, welche nur ein Hochfeld-Singulett im NMR-Spektrum aufweisen.

Da ein 16-eckiges Polyeder nicht zu den platonischen Körpern gehört, muß es sich um eine dynamische Durchschnittslage von an sich verschiedenen Wasserstoffatomen handeln. Wir setzten uns hin und, nach etwas konzentriertem Nachdenken und Modellspielen, schrieben wir die schöne Sphäro-Struktur (9), in der vier Cyclopropan-Einheiten und vier tetraedrische Kohlenstoffatome miteinander verknüpft sind.

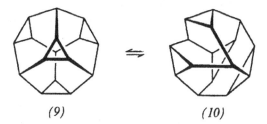

(9)   *(10)*

Daß man nur ein Signal im NMR-Spektrum beobachtet, beruht darauf, daß sich bei Raumtemperatur ein Gleichgewicht zwischen den identischen Valenzisomeren (9) und (10) einstellt. Solche Umlagerungen wurden früher als Automerisierungen[4], neuerdings jedoch als Topomerisierungen[5] erkannt. Da dabei alle Kohlenstoffe aneinander vorbeihüpfen können, müßte man wohl eher dem Phänomen »Hoppomerisierung« den Vorrang geben. Vorsichtshalber veranlaßten wir noch eine sorgfältige Literaturrecherche, wobei sich herausstellte, daß wir die Substanz schon vor ein paar Jahren beschrieben hatten[6].

Nun blieb uns also nur noch die letzte Substanz. Bei der handelt es sich, wiederum geschlossen aus den gaschromatographischen Retentionszeiten, um eine Kombination von 20 Methin-Einheiten zum $C_{20}H_{20}$ (11). Hier war es ganz klar, daß wir in das Arbeitsgebiet eines unserer werten amerikanischen Kollegen eingedrungen waren. Das Produkt erwies sich nämlich als in jeder Beziehung identisch mit der Substanz, welche Woodward schon seit Jahren zu synthetisieren versucht[7].

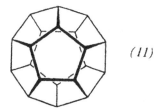

(11)

Leider wird die Fachwelt dieses Arbeitsgebiet für uns reservieren, dann es gäbe eigentlich noch einige Fragen abzuklären. Ob das kleinste organische Molekül – das Methin – trotz seiner hohen Reaktivität eine für längere Zeit genügende Bestandsfähigkeit aufweist, wird erst die Zukunft zeigen.

Die mögliche therapeutische Anwendung dieser Entdeckungen in Bezug auf die Behandlung von Schnupfen und verwandten Krankheiten ist unserer Aufmerksamkeit nicht entgangen.

Zum Schluß möchte ich noch meinen Kollegen für ihre enthusiastische Mithilfe bei diesem Projekt bestens danken. Neben den schon gewürdigten Herren J. Donix und B. Rigoni, handelt es sich um A.Mosenescher, dessen Kenntnis der Literatur[8] für diese Arbeit wegweisend war, und um H. H. Osten, dessen Organisationstalent die topochemische Zusammenarbeit katalysierte. Spezieller Dank gebührt unserem werten Kollegen V. P. Stereolog, ohne dessen scharfe Kritik diese Arbeit weit früher veröffentlicht worden wäre. Auf keinen Fall darf ich die Mitarbeiterin vergessen, der wir die eigentliche experimentelle Arbeit verdanken. Es ist dies die von uns allen hochgeschätzte Fr. Ersta Prillig.

Anmerkungen:

1) E. Müller und H. Disselhoff, Naturwissenschaften *21*, 661 (1993); Liebigs Ann. Chem. *512*, 250 (1934).
2) B. Hoffward und R. R. Woodmann, J. most fash. Chem. *1*, 1 (1970).
3) B. E. Eaton und T. W. Coole, J. Amer. Chem. Soc. *86*, 3185 (1964).
4) A. T. Balaban, J. Amer. Chem. Soc. *89*, 1958 (1967).

5) E. Lielieli, J. priv. Commun. *12*, 5 (1969). Sitzgber. D. Zürcher Akad. F. chem. Topol. *101*, 239 (1970). Die erste Mitteilung an dieser Akademie stammt von Wislicenus [s. Chem. Ber. *2*, 620 (1869)]
6) Angew. Chem. *76*, 501 (1964).
7) R. B. Woodward, T. Fukunaga und R. C. Kelly, J. Amer. Chem. Soc. *86*, 3164 (1964).
8) Papyrica Synthetica Acta *1049*, 48 (1934–1968).

Ergänzung der Herausgeber:

Donix = Dunitz
B. Rigoni = Arigoni
A. Mosenescher = A. Eschenmoser

V. P. Stereolog = V. Prelog
A. Troischose = A. Dreiding

Audiokatalyse I[a]. Totalsynthese von Telephon[b]

Summary: The first total synthesis of telephone is being discribed. The synthesis is making use of fructose as a chiral pool. State of the art methodology is being applied throughout the synthetic scheme.

Obwohl Telephon (1), ein berüchtigter und von Millionen gefürchteter Stoff mit zuweilen teuflischen Eigenschaften, schon im 19. Jahrhundert aufgefunden worden ist[1], hat noch niemand seine chemische Totalsynthese versucht.

Ermutigt durch die kürzlich erfolgte Bekanntgabe der Synthese von Megaphon[2], glaubten wir, daß der heutige Stand des chemischen Wissens nun auch endlich ausreichen würde, die Synthese von (1) anzupacken. Wir waren uns dabei durchaus bewußt, daß mit der Verfügbarkeit von (1) in größerem Maßstab (man bedenke, daß ein Mol (1) $6{,}02 \cdot 10^{23}$ Telephone enthielte) auch ein Aufbruch in eine neue Ära der Katalyse eingeleitet würde. Die bisherigen Reaktionen, die ja bekanntlich auf reinen Zufall basieren, nämlich auf verdünnungsabhängigen Zusammenstößen zwischen reaktionswilligen Molekülen, würden der Vergangenheit angehören. Denn nun könnten in einem Reaktionsgemisch, das katalytische Mengen (1) enthielte, jederzeit reaktionsbereite Moleküle durch ein paar kleine Brownsche Bewegungen zum nächsten Telephon gelangen. Ein kurzer Anruf, auch in die entferntesten Ecken eines Rundkolbens, genügte, um einen gleichgesinnten Partner aufzuspüren.

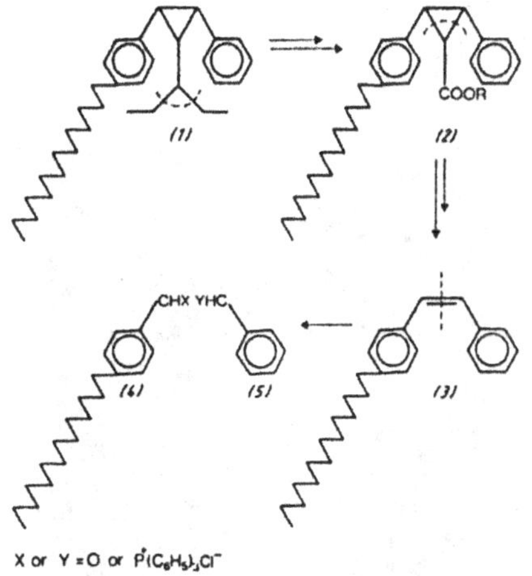

Abb. 1 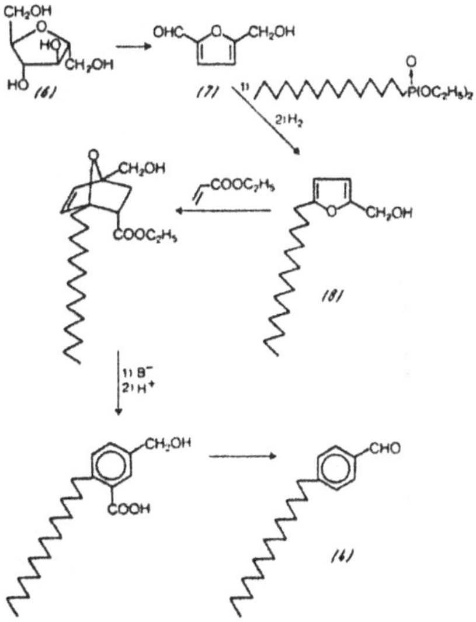   Abb. 2

Für uns als Wissenschaftler, abhold jeden pekuniären Denkens, war aber weniger die praktische Anwendung die Triebkraft, das schier Unmögliche zu versuchen. Vielmehr die großartige, und doch so diabolische Verkettung chiraler Zentren in (1) waren eine Herausforderung, gleichzusetzen mit der, die Hillary am Fuße des Gipfels des Mount Everest empfand[3].

Am Anfang jedes ernsthaften Syntheseprojektes steht heute die retrosynthetische Analyse, wie sie etwa in Abbildung 1 vereinfacht dargestellt ist.

Der dort skizzierte Weg wurde daraufhin mit allen modernen Hilfsmitteln, unter anderem auch mit HOMO-, HETERO-, und LESBO-, sowie Metropol-Orbital-Berechnungen, inspiziert und für gangbar befunden. Weiteres Überdenken unter Berücksichtigung des Prinzips der Chiralen Ökonomie[4] brachte uns darauf, Fructose (6) als naheliegendes, billiges Ausgangsmaterial zu verwenden.

Fünf Säcke (6) wurden mit verdünnter Schwefelsäure erhitzt. Aufarbeitung nach bewährtem Vorbild ergab 5-Hydroxymethylfurfural (7) in 42,997 % Ausbeute. Die chirale Ökonomie äußerte sich hierbei zu unserer dankbaren Überraschung in der restlosen Zerstören aller chiralen Zentren, unter Erhaltung des Kohlenstoffskeletts (sogenannte totale chirale Reversion). In eine Wittig-Schöllkopf- bzw. Horner-Reaktion nach der Modifikation von Wadsworth und Emmons[5], gefolgt von einer katalytischen skalaren Hydrierung, wurde nunmehr das Furan (8) erzeugt. Das Zwischenprodukt (8) unterwarfen wir unverzüglich der praxisnahen Dauben-Modifikation[6] der Diels-Alder-Reaktion bei 20 000 atü. Das kompakte Addukt wird am besten vor der vollständigen Dekompression mit Base glasiert, angesäuert, decarboxyliert, und schließlich oxidiert. Man erhält so den kostbaren, substituierten Benzaldehyd (4) in einer Gesamtbeute von (unoptimiert) 1,696 % (Abbildung 2).

Zur Lösung der nun folgenden Schritte konsultierten wir zunächst die Maschine. Unsere Hardware-Software-Kombination CRAP[d] wartete mit 47 möglichen Vorschlägen zur Synthese von (3) auf. Die Auswahl unter dieser verwirrenden Vielfalt schöpferischer Ideen überließen wir dem Softwarepaket GARP[e]. Aus der Sicht von GARP müßte man sich für einen der in Abbildung 3 skizzierten Wege entscheiden, vornehmlich weil Benzaldehyd zur Verwendung gelangt, der nach GARP bei der brasilianischen Benzin-Synthese aus D-Glucose als Umweltgift entfällt.

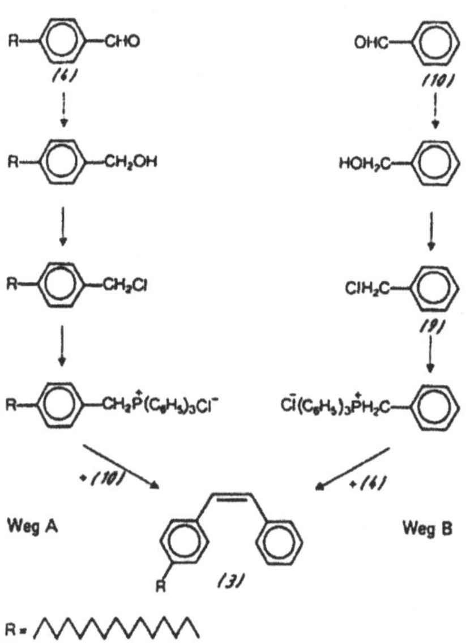

Abb. 3

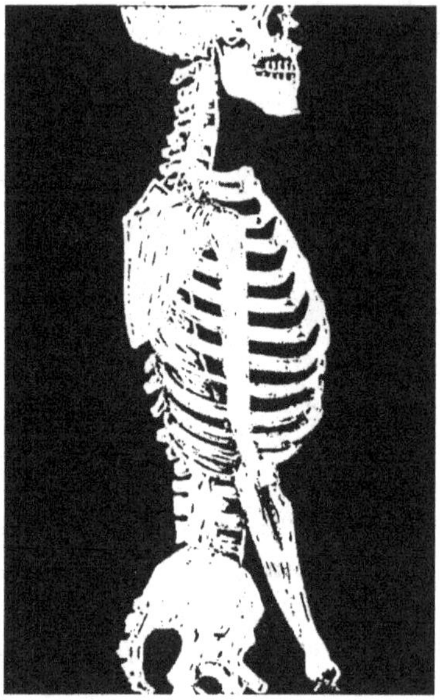

Abb. 4

Die letztlich entscheidende Auswahl zwischen beiden zur Diskussion stehenden Wegen in Abbildung 3 überließen wir unserem Laboranten, einem geübten Experimentator. Ihm gelang zwar die Reduktion von (4) auf Anhieb mit dem in jedem Labor heute gebräuchlichen Reduktionsmittel Lithium-B-Isopinocamphenyl-9-borabicyclo[3.3.1.]nonylhydrid; seine Entscheidung fiel indes trotzdem zugunsten von Weg B, nachdem er mit Hilfe einer neuinstallierten Standleitung zu einer zentralen Datenbank in Brüssel direkt abrufen konnte, daß Benzylchlorid (9) überraschenderweise käuflich ist.

Das Olefin (3) war also endlich zur Hand! Zur Erhärtung der mutmaßlichen Gerüststruktur von (3) erachteten wir eine Röntgenstrukturanalyse als unbedingt notwendig. Das Ergebnis ist in Abbildung 4 ersichtlich. Der daraufhin konsultierte Fabrikarzt konnte keinen Widerspruch, allerdings auch keinen zwingenden Zusammenhang zwischen der Struktur (3) und ihrem Röntgenbild feststellen.

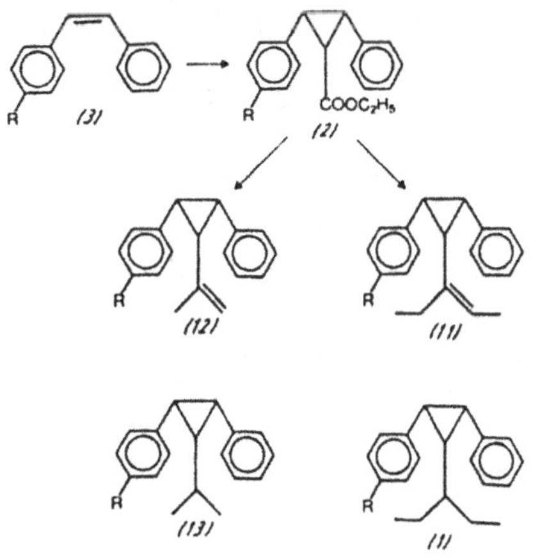

Abb. 5

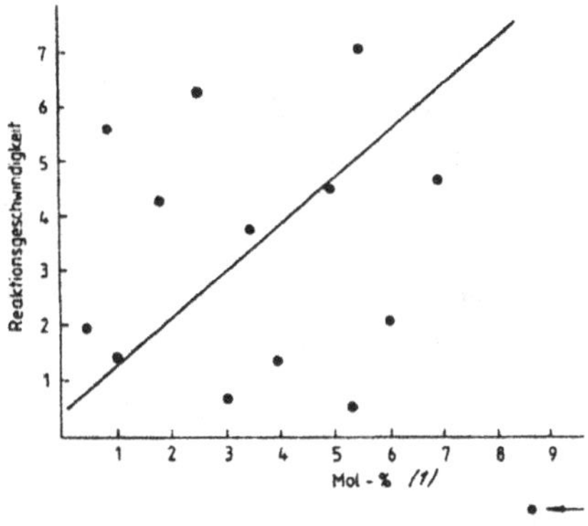

Abb. 6

Derart in unserem Vertrauen bestärkt, setzten wir die Synthese gemäß Abbildung 5 fort. Schonendes Erhitzen von (3) in Gegenwart von Diazoessigester (in Mercedes-Benzol bei 180 km/h) ergab den Telephonsäureethylester (2). Diesen unterwarf man nun einer Greenyard-Reaktion, entweder mit Ethyl- oder Methylmagnesiumbromid, und erhielt so direkt Dehydrotelephon (11) bzw. Bis-nor-Dehydrotelephon (12). Hydrierung lieferte schließlich Telephon (1) bzw. Bis-nor-Telephon (13)[f].

In einer vorläufigen Studie wurde der katalytische Einfluß von Telephon (1) auf die Bildung von Alkohol aus Zucker mit Hilfe eines gentechnologisch unmanipulierten, d.h. rassenreinen *Saccharomyces*-Stammes, untersucht. Wie erwartet, fanden wir eine annähernd lineare Relation zwischen Reaktionsgeschwindigkeitszunahme und zugesetzten Molprozenten von Telephonen. Bemerkenswert ist die wesentliche Singularität bei 8,5 %-Gehalt (1) (siehe Pfeil), wo offenbar die Rückreaktion katalysiert wird, d. h., wo aus Alkohol wieder Zucker entsteht (sogenannter Invertzucker). Wir erkennen in diesem Phänomen den »Booze-Effekt«[g] (Abbildung 6).

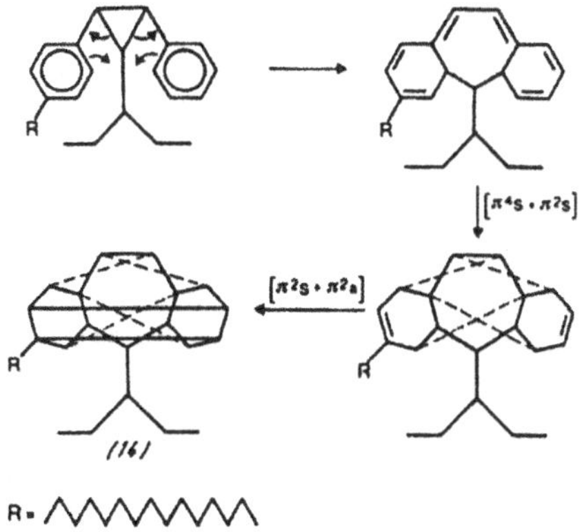

Abb. 7

Der Booze-Effekt wird anscheinend durch spontane Selbstannihilation von Telephon (1) verursacht und besteht aus einer bemerkenswerten Umlagerung (Abbildung 7) zum audiokatalytisch »tauben« Paquettan (14), dessen Struktur mit ^{1}H-NRM-Spektroskopie sichergestellt werden konnte. Paquettan (14) erwies sich als äußerst robuste Verbindung: Sie reagiert weder mit Eschenmosers Reagens, N-Cyclohexyl-a-(1,2dichloretyhl)nitron, noch mit Woodwards Reagens (Zinkstaub).

In einer Folgepublikation zeigen wir anhand dieser Umlagerung (Elzneik-Irrub-Verschiebung), daß in eine Art »Détente« klassische sowie scheibenwischerartige nicht-klassische Carbenium-Ionen in friedlicher Koexistenz miteinander und nebeneinander leben können.

KNARF ELZNEIK *und* RAPSAK IRRUB,
Internutionales Zentrum für Irrationale Chemie, Boozel/Schwätzerland (1982)

Anmerkungen:

a) Audiokatalyse II, III und IV werden sich mit der Synthese von Mikrophon, Grammophon und Vibraphon befassen.

b) Vorläufige Mitteilung. Eine ausführliche Veröffentlichung sowie eine darauf folgende Korrektur, mit anschließendem Übersichtsartikel, sind in Bälde vorgesehen.

c) Wir benennen das konzeptuelle Prinzip *Audiokatalyse* und werden in Zukunft als Herausgeber einer gleichbetitelten Zeitschrift fungieren. Kurzmitteilungen zum Thema werden – ebenfalls von uns – zuhanden des neugegründeten Organs »Fortschritt in der Audiokatalyse« entgegengenommen.

d) CRAP = Computerized Rationalisation Analytic Program

e) GARP = General Analysis of Reaction Product

f) Wir möchten uns den synthetischen Ansturm auf die entsprechenden isosteren Oxo-, Aza-, Thia- etc. Telephone für unsere eigenen Laboratorien vorbehalten.

g) *Being outside of zero*

1a) J. P. Reis, 26. Oktober 1861. Siehe z. B. P. A. Kirchvogel: »Lebensbilder aus Kurhessen«, *2* (1940).

1b) A. G. Bell, 1876. Siehe z. B. Catherine Mackenzie: »Alexander Graham Bell« (1951).

2) G. A. Büchi und P. S. Chu, J. Am. Chem. Soc. *103*, 2718 (1981).

3) Sir Edmund Hillary, 1953. Siehe z. B. A. Eggler: »Gipfel über den Wolken« (1956).

4) A. Fischli, Chimia *30*, 4 (1976).

5) G. Wittig, U. Schöllkopf, L. Horner, W. S. Wadworth jr. und W. D. Emmons: The Generation of Carbon-Carbon Linkages. Gemeinsame Telex-Botschaft an die Konstrukteure von SASOL IV, Pretoria/Republic of South Africa.

6) W. G. Dauben und H. O. Krabbenhoft, J. Am. Chem. Soc. *98*, 1992 (1976).

Relative Stabilität von Helvetan und Israelan

In der Coda zu seiner Vorlesungsreihe 1969 in Haifa erwähnte A. Eschenmoser zum ersten Mal vorläufige Ergebnisse seiner großartigen Strategie zur Synthese der beiden isomeren $(CH)_{24}$-Kohlenwasserstoffe Isrealan (1) und Helvetan (2)[1]. Eine Publikation dieser Reaktionssequenz im Anschluß daran ist uns allerdings nicht bekannt.

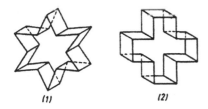

(1)   *(2)*

Im letzten Schritt der Synthese wird (1) thermisch zu (2) umgelagert, was nahelegt, daß Helvetan stabiler als Israelan ist. Auf den ersten Blick mag das vernünftig erscheinen, doch ist nicht sicher, ob dieses Gefühl eher chemisch als (oder sowohl als auch) ökonomisch begründet ist. Wenn auch wissenschaftliche Verfahren von Natur aus emotionsfrei sein sollten, so weiß man doch, daß es Wissenschaftler ihren Gefühlen gelegentlich gestatten, sich in ihre Arbeit einzumischen[2]. Obwohl es unwahrscheinlich ist, daß die von Eschenmoser mitgeteilten Ergebnisse mit einem solchen Fehler behaftet sind, müssen wir (gefühlsmäßig) zugeben, daß uns dieses Ergebnis (1) → (2) sehr gestört hat. Wir haben daher in den letzten zwölf Jahren getrennte Synthesen für (1) und (2) ausgearbeitet, um die relativen Stabilitäten dieser Verbindungen genauer untersuchen zu können.

Aus Platzmangel und weil es unangemessen wäre, die schöne Synthese von Israelan[1] und seine (angebliche) thermische Umwandlung zu Helvetan[1] vorwegzunehmen, werden wir an dieser Stelle auf die Beschreibung experimenteller Details verzichten. Es ist möglich, daß der erfolgreiche Abschluß einer anderen, nicht ganz unbedeutenden Synthese in Zürich die weitere Untersuchung der relativen Stabilität von (1) und (2) verzögert hat.

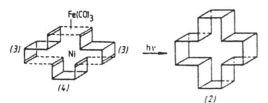

Abb. 1   Der $3 \cdot C_8$-Weg

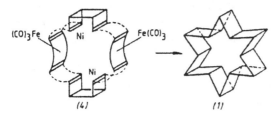

Abb. 2   Der $2 \cdot C_8 + 2 \cdot C_4$-Weg

Allerdings wollen wir unser allgemeines Reaktionsschema (Abbildung 1) bekannt geben. Wir beginnen unsere Synthese sowohl mit dem gleichen Ausgangsmaterial wie Eschenmoser[1] als auch mit einem Isomeren davon. Man kennt zwei Cyclobutadien-Dimere[3]. Wir ließen zwei Mol des anti-Dimeren (3) (in einer Fe(CO)$_3$-Matrix zusammengehalten) in der geeigneten geometrischen Anordnung mit dem Komplex (4) aus dem syn-Dimeren und nacktem Nickel reagieren. (Man beachte, daß die Reaktion in einem Kolben mit flachem Boden ausgeführt wird, so daß (4) auf dem Boden aufliegen kann). Abbildung 1 zeigt die Molekülanordnung für den 3 · C$_8$-Weg, der unter gleichzeitiger Zerstörung der ersten Matrix bei der Bestrahlung im richtigen Temperaturbereich ausschließlich zu Helvetan (2) führt. Es läßt sich leicht von den anorganischen Reaktionsprodukten abtrennen.

Wenn man dagegen zwei Mol des nackten Nickelkomplexes (4) (in einem Kolben mit flachem Boden!) mit zwei Mol des Fe(CO)$_3$-Komplexes von rechteckigem Cyclobutadien[4] (über die langen Bindungen können zwei Nickelatome Positionen innerhalb der Gesamtmatrix einnehmen, s. Abbildung 2) reagieren läßt, entsteht eine kurzlebige Zwischenstufe, die zu Israelan (1) und nicht zu Helvetan (2) kollabiert. Abbildung 2 zeigt die Molekülanordnung beim 2C$_8$ + 2C$_4$-Weg, der nach Zerstörung des zweiten Komplexes ausschließlich zu Israelan führt, und zwar bei einer höheren Temperatur als bei der Reaktion zu Hevetan (Abbildung 1) oder bei der von Eschenmoser beschriebenen[1] thermischen Umlagerung (1) → (2). Natürlich muß die Umlagerung (1) → (2) noch gründlicher untersucht werden, denn sie scheint komplizierter zu sein, als 1969 angenommen wurde[1]. Wir berichten zunächst über Kraftfeldrechnungen und die Analyse von sekundären Orbitalwechselwirkungen, die in den zu (1) und (2) führenden Übergangszuständen der Reaktionen in Abbildung 1 und 2 wirksam werden[5]. Für die Rechnungen wurden neue Parameter für den invertierten tetraedrischen Kohlenstoff benutzt[6].

Da wir gerade bei Neuheiten sind, möchten wir darauf hinweisen, daß für die Reaktion in Abbildung 2 ein CO$_2$-Laser verwendet wurde[7], um die richtigen π-Orbitale zur gewünschten (thermisch erlaubten) Reaktion zu bringen.

Die YA-Berechnungen wurden mit dem ETH-Computer geprüft. Seltsamerweise bestand dieser darauf, daß Helvetan stabiler als Israelan ist, oder er streikte. Der Technion-Computer dagegen lieferte reproduzierbare Ergebnisse (10! Mal reproduziert)[8]. Angesichts dieses Dilemmas entschlossen wir uns, die guten Beziehungen zu unseren französischen Kollegen aus Lothringen[9] zu nutzen, um die Berechnungen auf dem Babylac-Computer zu wiederholen, der während des Tammuz-Monats (3. bis 31. Juli 1981) freie Kapazitäten hätte haben sollen. Doch leider wurde er durch ein Ereignis, auf das wir keinen Einfluß hatten, Anfang Juni lahmgelegt[10]. Da dieser Computer als einziger die nötige Objektivität[11] hat, um die gegensätzlichen Standpunkte zu testen, mußte die Klärung dieser Frage vertagt werden. Wir hoffen, daß diese Mitteilung Prof. Eschenmoser[1] veranlassen wird, seine herrliche Strategie[12] in einer formellen Mitteilung – und sei sie auch ebenso vorläufig wie die unsere – zu publizieren, während wir die Ergebnisse der erwähnten Berechnungen und weitere experimentelle Arbeiten zu dem Gleichgewicht (1) → (2) abwarten wollen[13].

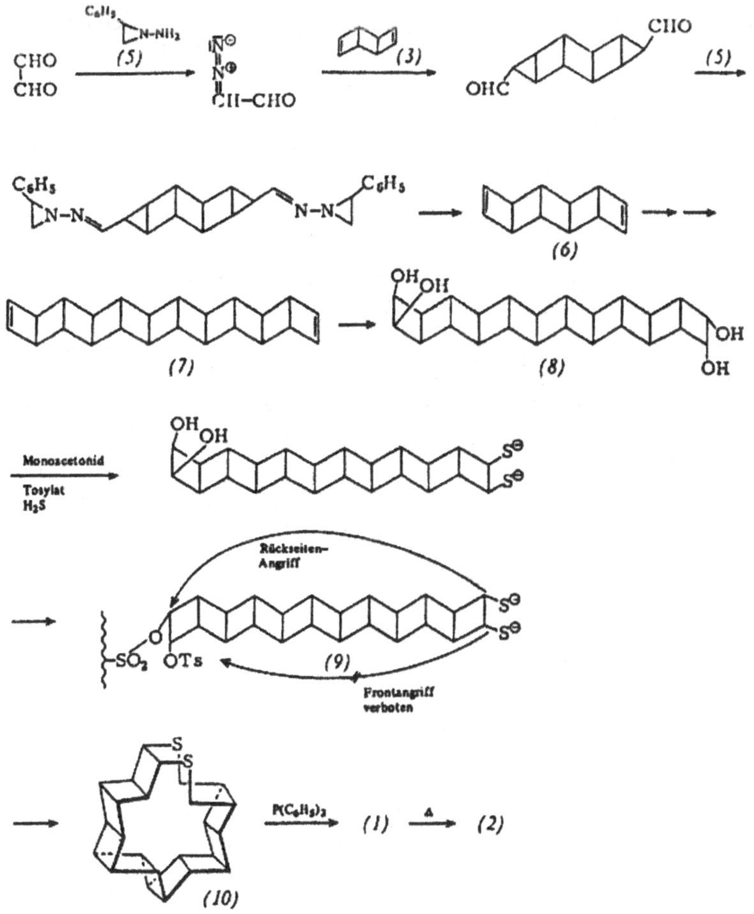

Abb. 3 Eschenmosers Strategie zur Synthese von Israelan und Helvetan. Alle Reaktionen werden in gewöhnlichen Rundkolben ausgeführt.

Coda

Die Reaktionen der Eschenmoserschen Strategie zur Synthese von Israelan und Helvetan sind in Abbildung 3 zusammengestellt. Das Cyclobutadien-Dimere (3)[2] wird mit N-Aminophenylaziridin (5) in Gegenwart von Glyoxal (das entspricht der Anwendung von α-Diazoacetaldehyd) behandelt[14]. Der entsehende Dialdehyd wird mit zwei Äquivalenten (5) umgesetzt, wobei nur das Bishydrazon entsteht. Solche Hydrazone sind Carben-Vorstufen: Beim Erhitzen entstehen Cyclopropylcarbene, die zu Cyclobutanen umlagern[15]. Hier entsteht der Pentacyclus (6), der noch zwei Doppelbindungen enthält. Diese Reaktionsfolge wird dreimal wiederholt, bis das undecacyclische Analoge (7) erreicht ist.

Wie eine Coda an das Ende einer Komposition angefügt wird, so sollen auch hier die beiden Enden des Moleküls zusammengefügt werden. Hydroxylierung mit I_2/AgOAc liefert das stärker sterisch gehinderte endo-Tetrol (8)[16]. Eines der cis-Diol-systeme wird dann in ein gutes Nucleophil (z. B. SH) überführt, während das andere in eine gute Abgangsgruppe (z. B. OTs) verwandelt wird. Um eine intermolekulare Reaktion zu vermeiden, wird das Tosylatende mit einem Polymeren zu (9) verknüpft und kann dann durch nucleophilen – hier exocyclischen – Angriff[17] von der Rückseite cyclisiert werden. Das dabei entstehende Bis-sulfid (10) wird mit Triphenylphosphan zu Isrealan (1) entschwefelt. Wenn dieses auf die korrekte Temperatur erhitzt wird, entsteht Helvetan (2).

Sicher ist in der Abbildung 3 zusammengefaßte Syntheseweg eleganter, wenn auch länger als die getrennten Synthesewege in Abbildung 1 und 2. Man sollte allerdings bedenken, daß unsere Matrixsynthesen nicht unwesentlich beeinflußt sind von Eschenmosers Anwendung der Matrix im Zusammenhang mit der nicht unbedeutenden Synthese, die in den letzten rund zehn Jahren in Zürich ausgeführt wurde[18]. Der letzte Schritt des Reaktionsschemas in Abbildung 3 ist es, der noch gründlicher untersucht werden muß. Es ist nicht unwahrscheinlich, daß die Auflösung des Dilemmas ähnlich sein wird wie in der Geschichte von dem Rabbi, der von zwei Frauen gebeten wurde, zwischen ihnen zu entscheiden, und zu der ersten sagte: »Du hast recht«, und zu der anderen : »Du hast auch recht.«

G. DINSBURG, *Technion-Israel Institute of Technology, Haifa*
(eingereicht am 14. Adar 5742 [9. März 1982], erhalten am 1. April 1982)   (1982)

Anmerkungen:

1) A. Eschenmoser: »Organic Synthesis«, Lecture at Technion, Haifa, März/April 1969. Kollationiert von J. Ben-Bassat und S. Shatzmiller (in Hebräisch), S 69–72.

2) Ein krummes Beispiel dafür ist J. D. Watson: »Double Helix«, Athenaeum, New York 1968.

3) M. P. Cava und M. J. Mitchell: »Cyclobutadiene and Related Compounds«. Academic Press, New York 1967, S. 50–52.

4) H. E. Simmons und A. G. Anastassiou, Kapitel 12 in Lit. 3), S. 391 –392.

5) Y. Apeloig, Privatmitteilung. Aus den oben erwähnten Gründen wollen wir hier nur feststellen, daß Y. A. Ergebnisse erhielt, die NEIN sagen zu der vorläufigen Mitteilung (1) → (2)

6) K. B. Wiberg, G. J. Burgmaier, K. Shen, S. J. La Placa, W. C. Hamilton und M. D. Newton, J. Am. Chem. Soc. 94, 7402 (1972). – Wir danken Prof. Wiberg für sein Mauryac-Programm, das auf das vorliegende Problem angewandt wurde.

7) Die Idee wurde – modifiziert – übernommen von H. E. Simmons III, Dissertation, Harvard-Universität 1980, S. 43.

8) Was vielleicht zur geringeren Stabilität von Israelan aus ökonomischen, nicht chemischen Gründen beiträgt.

9) Da sie selbst ein Doppelkreuz besitzen, werden sie kein persönliches Interesse an dem Einzelkreuzproblem (2) gegenüber (1) haben.

10) Ein Standpunkt vgl. Psalmen 137, 1; der entgegengesetzte Standpunkt: am 30.6. 81 war Wahltag.

11) Symbolisiert durch C (französisch »croissant« oder islamisch »crescent«).

12) Anmerkung in letzter Minute: Ich danke Professor Dinsburg für die Erlaubnis, seiner im wahrsten Sinne des Wortes »merkwürdigen« Arbeit diese Fußnote anfügen zu dürfen. Als ich bei der Redaktion der »Nachrichten« anfragte, ob sie bereit sei zu erwägen, eine Arbeit über dieses Thema zu ak-

zeptieren, schickte ich eine Kopie meines Briefes an Professor Eschenmoser und gab meiner Hoffnung Ausdruck, daß auch er eine eigene Arbeit einreicht. Seine freundliche Antwort – allerdings Fachausdrücke vermeidet – läuft darauf hinaus, mir alle Rechte einzuräumen, die notwendig sind, um das Manuskript möglichst perfekt zu machen (um aufrichtig zu sein: perfekt kann es nicht sein, da ich es nicht selbst verfaßt habe); dies schloß auch die Erlaubnis ein, die Coda seiner Technion-Vorlesungen abzudrucken [vgl. Lit. 1]. Er bemerkt, daß es »hoffnungslos« sei, die Alternative zu erwägen, daß er selbst eine synthetische Co-Publikation schreibt. Der Genauigkeit halber muß ich – auch wenn es mir unangenehm ist – gestehen, daß ich Professor Eschenmoser zustimme, wenn er sagt: »Erzählt ein Jude eine Geschichte, so finde ich es immer peinlich, wenn ein goi [(sic!), leider muß ich feststellen, daß dieses Threeletterword zwei Fehler enthält: es heißt Goj]* Anmerkungen und/oder Ergänzungen dazu liefert«. Es macht mich allerdings traurig, daß Professor Eschenmoser vergessen zu haben scheint, daß er einer der nur fünf noch lebenden Ehrenjuden ist, die ich ernannt habe (RBW, ein anderer, ist leider tot). Doch sei es, wie es wolle, ich habe alle meine Rechte auf G. Dinsburg übertragen, so daß er das Coda-Material in einer Coda zu seiner Arbeit publizieren kann. D. Ginsburg.

13) Wir danken Professor Eschenmoser für seine Erlaubnis, seine Ergebnisse hier mitzuteilen. G. Dinsburg.

14) D. Felix, R. K. Müller, U. Horn, R. Joos, J. Schreiber und A. Eschenmoser, Helv. Chim. Acta 55, 1276 (1972).

15) S. Fußnote 10) in Lit. 14).

16) R. B. Woodward und F. V. Brutcher, jr., J. Am. Chem. Soc. 80, 209 (1958).

17) L. Tenud, S. Farooq, J. Seibl und A. Eschenmoser, Helv. Chim. Acta 53, 2059 (1970).

18) Z. B. A. Pfaltz, N. Bühler, R. Neier, K. Hirai und A. Eschenmoser, Helv. Chim. Acta 60, 2653 (1977).

19) *zum 14. Adar:* Esther 9; bes. V. 17, 26–28.

* Ergänzung der Herausgeber: Goj, Plural Gojim, hebr. für »Volk« bzw. »Leute« (cf. »people«), wird (bereits im Alten Testament) häufig als jüdische Bezeichnung für Nichtjuden benutzt, hat jedoch mehr klassifizierenden und weniger abwertenden Charakter als der von Christen früher häufig gebrauchte Begriff »Heiden« für Nichtchristen.
G. Dinsburg = D. Ginsburg

Zehntes Kapitel

Innovations-Inflation – *Neue Technologien, Materialien und Reagenzien*

Volkstümliche Religiosität ist fernab jeglicher Theologengelehrsamkeit häufig mit Aberglauben verquickt, jenem unehelichen Kind der privaten Gottesfurcht, das sich so unauslöschlich in die Herzen plärrt. Ähnliche Eigengesetzlichkeiten entwickeln von einflußreichen Leuten in Umlauf gesetzte zungengriffige Sprechblasen: Haben sich Schlagworte erst einmal im allgemeinen Sprachgebrauch etabliert, ist nur noch schwer dagegen anzugehen, und mit rationalen Argumenten sollte man es schon erst gar nicht versuchen. Denn irgendwann wurden sie zu sakrosankten Ehrfurchtgeneratoren nobilitiert, und der ansonsten immer lautstark geäußerte Ruf nach kritischer Hinterfragung verstummt, weiß der Uhu warum. So war es mit der Selbstverwirklichung, so war es mit der Chancengleichheit, und so ist es auch mit dem *ceterum censeo* der neunziger Jahre, der Innovation: Bis irgendwer sich die Mühe macht und eine halbwegs konkrete Definition ausbaldowert, ist der Begriff schon längst wieder unter gravierenden Abnutzungserscheinungen aus der Mode verschwunden. Außerdem meidet der Schlagwort-User klare Begriffsbestimmungen wie der Teufel das Weihwasser: Man könnte ihn nämlich sonst festnageln und seinen Redeschwall wie einen allzu dick aufgepusteten Spielzeugballon platzen lassen.

Aber die Innovation verfolgt uns an der Schwelle des dritten Jahrtausends als semantisches Blähbauchbaby eben noch eine Zeitlang, und so dürfen wir die Konfrontation mit ihr nicht scheuen. »Innovation« hat so etwas Reformerisches, aber macht einen Bogen um das Revolutionäre, läßt quasi unterschwellig mitklingen, daß das Bewährte bleiben darf. Schon die Reformatoren des 16. Jahrhunderts behielten

trotz allem Fundamentalismus bei, was sich im Laufe der Zeit bewährt hatte: Fast alle den in der Bergpredigt eindeutig abgelehnten Eid, weil sie ihn als moralisches Druckmittel für unverzichtbar hielten; Luther die Orgel, weil er als Musik-Enthusiast von führungslos blökendem Gemeindegesang jedesmal eine Gallenkolik bekam – und Calvin den Scheiterhaufen, weil er in Genf bald das gleiche Häretikerproblem hatte wie der Chef seines ehemaligen Mutterkonzerns in Rom.

Als innovativ kann generell alles gelten, was man entsprechend anpreist, und sei es nur, daß man anstelle der das Ding zusammenhaltenden M8-Schrauben jetzt solche mit M5-Gewinde hineindreht. Die Innovation: Preisvorteil durch Materialersparnis – und wenn die Kiste nun nach zwei statt bisher fünf Jahren auseinanderfliegt, ist die Garantiefrist von sechs Monaten trotzdem abgelaufen. Der Hersteller merkt es an der dickeren Geldkatze, der Kunde am dickeren Hals: Hier waltet innovatives Qualitätsmanagement.

Innovation, die alles Überkommene kategorisch verwirft, scheitert. Einst überboten sich gesamtdeutsche Stadtplaner im Abtragen kriegsverschonter wilhelminischer Bürgerhäuser und beraubten damit die Städte dessen, was fehlproportionierte Kunststeinkästen nicht vermitteln konnten, nämlich Urbanität. Gottlob ging dann den Kahlschlagsanierern das Geld aus, und heute sind die erhaltenen Patrizierburgen zu Renditeobjekten innoviert. Ähnlich steht es um Produkte und Verfahren mit längst erloschenem Patent, die plötzlich als neueste Entwicklung verkauft werden – modifiziert und unter zeitgemäßem Pseudonym, versteht sich. Überhaupt gehört der Neologismus zur Innova-

Humoristische Chemie. Herausgegeben von Jakobi, Hopf
Copyright © 2004 WILEY-VCH Verlag GmbH & Co. KGaA, Weinheim
ISBN: 3-527-30628-5

tion wie die festgefressene Welle zum KPG-Rührer, und gerne ist der Innovator bereit, das Publikum in Lehrgängen innovationsfit zu machen. Vieles erinnert zwar ein wenig an die Geschichte von Till Eulenspiegel und den Schneidern zu Rostock, jedoch mit dem kleinen Unterschied, daß die Gefoppten damals den Schalksnarren verscheuchten statt – wie heute üblich – Seminargebühren zu entrichten. Die Autoren der folgenden Beiträge haben sich Gedanken gemacht, wie man bewährte Dinge innovativ anwendet oder echte Neuigkeiten in die Welt der Chemie (wenigstens der humoristischen) einführt. Humor ist, wenn es trotzdem kracht!

Trennung der Sauerstoff-Isotopen O^{-16} und O^{-17}

Aus dem Laboratorium für chemisches Barock in Eichstätt

Die Sauerstoff-Isotope O^{-16} und O^{-17} [1] widersetzen sich bis jetzt hartnäckig allen Versuchen einer Trennung, weil sie in Atomassoziaten vorliegen (Assoziationsgrad 1459). Erst durch Zerschlagung der Assoziate (Dessoziation) gelingt es, die Isotopen zu trennen. Die Dessoziation wurde in einem Chemotron durchgeführt, einer Vorrichtung, bei der mit Hilfe einer Glasspirale durch Laminarisierung die BROWNsche Molekularbewegung linearisiert wird.

Den Assoziaten wird dadurch die Bewegung längs der Außenkanten der Flachspirale aufgezwungen, wodurch sie ohne äußere Energiezufuhr eine enorme Beschleunigung erfahren. Mit maximaler Winkelgeschwindigkeit prallen sie dann auf die aufgerauhte Wand des Rezipienten am Chemotron, wodurch sie zerschlagen werden. Als Spaltprodukte erhält man die Isotopen O^{-16} und aktives sowie inaktives O^{-17} in atomarer Form lassen sich auf Grund ihrer Atomgewichtsdifferenz verhältnismäßig leicht fraktionieren, jedoch eine Trennung der Isotope O^{-17i} und O^{-17a}, die sich weder chemisch noch physikalisch unterscheiden, bereitete zunächst Schwierigkeiten.

Unsere Untersuchungen ergaben jedoch, daß sich O^{-17i} und O^{-17a} psychomechanisch erheblich voneinander unterscheiden, was sich durch Intelligenztests feststellen läßt. Versuche, den atomaren Intelligenzquotienten durch die Spinquantenzahl auszudrücken, führten bis jetzt zu keinem Ergebnis.

Durch Verwendung einer psychochemischen Partikelfalle, in welcher sich die Atome O^{-17i} anreichern, ist es gelungen, die aktive und inaktive Form dieses Isotops quantitativ zu trennen. Mit einem Rückstrom-Diffusionsaktivator werden die inaktiven Teilchen zurückgeführt und bis zur Aktivierung im Kreislauf herumgewälzt. Nach Kondensation der Isotopen O^{-17a} (in hartnäckigen Fällen empfiehlt sich Ausfrieren in einem aus perforierten Helium-Platten hergestellten Kältebad) hat man in der Gasphase nur mehr die erheblich schwereren Isotopen O^{-16}, verunreinigt durch ganz geringe Mengen pseudonucleophiler Mesonen. Diese können – da sie positive Masse besitzen – durch einfache Schwerefeld-Destillation abgeschieden werden, wodurch man das Sauerstoff-Isotop O^{-16} in großer Reinheit als Endprodukt erhält.

Das im Kölbchen A befindliche, assoziierte Isotopengemisch O^{-16}, O^{-17a} und O^{-17i} diffundiert über einen Steigansatz, in welchem die spezifisch wesentlich schwereren Stickstoffmoleküle zurückgehalten werden, zum Chemotron B (als Verunreinigung ist ein Stickstoffgehalt bis zu 5 % zulässig). Nach der Fliehkraft-Dessoziation gelan-

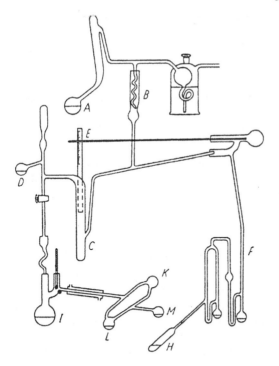

gen die freien Atome an ein T-Rohr, wobei die inaktiven Istotope O^{-17} den Weg zur Partikelfalle F wählen und sich schließlich in der Vorlage H abscheiden. Das Kapillarmanometer E zeigt den Druck in F in Negatorr an, woraus man auf die Menge der kondensierten Atome O^{-17i} schließen kann.

O^{-17a} und O^{-16} gelangen nach Passieren der Ausfriertasche C zu einem vertikalen Sedimentationsstaurohr, in welchem die schweren Atome O^{-16} absinken und sich die reinen Isotopen O^{-17a} in der Vorlage D sammeln. Die Sauerstoffatome O^{-16} diffundieren in den Fraktionierkolben I, wo sie von den geringen Verunreinigungen an pseudonucleophilen Mesonen durch Schwerefeld-Destillation abgetrennt werden. Die schweren Mesonen scheiden sich im Umlaufkölbchen L aus, während die wesentlich leichteren Atome O^{-16} (negatives Atomgewicht!) über die Umlaufkugel K in die Vorlage M gelangen, wo sie sich abscheiden. Da die geringsten Verunreinigungen an pseudonucleophilen Mesonen im Destillat (bereits 10^{-14} Negagamma) zu heftigen Explosionen Anlaß geben können, ist es zweckmäßig, zur Erhöhung des Trenneffektes Homogenfeld-Massenpole zu verwenden.

Anmerkungen:

1) O^{-16} und O^{-17} werden auf Grund ihrer Ähnlichkeit mit O^{16} (die schon zu Verwechslungen Anlaß gab) und ihres negativen Gewichts in die Gruppe der Phlogistoniden eingereiht. Der im wissenschaftlichen Schrifttum häufig verwendete Ausdruck: »Anti-Sauerstoff« wurde von uns gemieden, da die Negativität des Atomgewichts ja durch die Isotopenschreibweise zum Ausdruck kommt.

N. N. (1959)

Entsalzung von Meerwasser, ein neuartiges energieerzeugendes Trennverfahren

Frischwasser aus Meerwasser zu gewinnen ist ein Problem von großer und ständig wachsender Bedeutung. Die Aufgabe als solche ist nicht schwierig – einfache Destillation ist vollkommen hinreichend – jedoch bereiten Energiebedarf und Kosten Kopfzerbrechen. Bisher ist stets versucht worden, Verfahren zu entwerfen, deren Energiebedarf das thermodynamische Minimum nicht wesentlich überschreitet. Hierüber sind elegantere und wirtschaftlichere Lösungen offenbar übersehen worden. Als Beispiel beschreibt die folgende Abhandlung ein Verfahren, das nicht nur ohne Energiezufuhr arbeitet, sondern sogar Energie erzeugt und darüber hinaus Sauerstoff als Nebenprodukt liefert. Vorbedingungen sind lediglich das Schwerefeld der Erde und eine geeignete Örtlichkeit.

Als Ort wählt man eine Steilküste mit hohen Bergen, etwa die französische Riviera, die kalifornische Küste oder Hawai, Lokalitäten, die der Verfasser gründlich zu inspizieren plant. Am Ufer wird Meerwasser elektrolysiert und liefert Sauerstoff als wertvolles Nebenprodukt, sowie Wasserstoff, der in Ballons gefüllt wird. Die Ballons fahren auf einer Schiene zum Berggipfel, wo sie in ein Wasserstoff-Luft-Brennstoffelement entleert werden, und fahren auf einer zweiten Schiene leer zurück. Das Kabel der Schienenbahn, an das die Ballons geknüpft sind, treibt auf dem Berggipfel einen Generator, der den Auftrieb der vollen und die Schwerkraft der leeren Ballons ausnutzt und die Arbeit leistet, atmosphärische Luft in das Brennstoffelement zu pumpen. (Für den Wasserstoff ist keine wesentliche Pumparbeit zu leisten, da er in den prallen Ballons unter höherem Druck als dem der umgebenden Atmosphäre ankommt.) Abgesehen von unvermeidlichen »irreversiblen« Verlusten wird im Brennstoffelement der gesamte für die Elektrolyse erforderliche Strom zurückgewonnen, denn die Elektrodenreaktionen im Element sind ja gerade die Umkehrung derjenigen bei der Elektrolyse. Das Brennstoffelement liefert Wasser als Reaktionsprodukt, das in ein Reservoir am Berggipfel abgelassen wird und von dort aus ein Wasserkraftwerk am Bergfuß treibt. Die Energieerzeugung des Kraftwerks, pro Kubikmeter Wasser, ist der Berghöhe proportional. Ist der Berg nur genügen hoch, so deckt folglich die Energieerzeugung des Kraftwerks nicht nur die irreversiblen Verluste bei der Elektrolyse und im Brennstoffelement, sondern übersteigt diese sogar. Das aus dem Kraftwerk abfließende Wasser ist salzfrei und stellt das gewünschte Hauptprodukt dar. Erweiterungen, etwa die Ausnutzung von Regenfall am Berggipfel oder der Bergbahn zum Transport von Touristen gehen über den Rahmen dieser rein wissenschaftlichen Betrachtungen hinaus.

Dem Wissenschaftler wird sogleich klar sein, daß die Tragweite des Verfahrens weit über den augenblicklichen und recht alltäglichen Zweck der Wasserentsalzung hinausgeht. Eine Trennung, bei der Energie nicht aufgewendet, sondern erzeugt wird, durchbricht zum erstenmal die Schranken der klassischen Thermodynamik. Die Hauptsätze der Thermodynamik sind damit entlarvt als plausible, aber falsche Behauptungen ähnlich der, daß Gegenstände von höherem Gewicht als Luft nicht fliegen können. Viele Sorgen können nun begraben werden: die Energiequellen der Erde brauchen nie erschöpft zu werden, da wir nun Energie nicht nur durch Mischen, sondern auch durch Trennen von Stoffen erzeugen können, und Clausius' gefürchteter Wärmetod braucht nie einzutreten, da wir nun die Entropie in geschlossenen Systemen nicht nur erhöhen, sondern auch verringern können.

F. HELFERICH, Direktor, A.F.D.O[*], Berkeley. (1964)

Bicyclische Kohlenwasserstoffe mit kleinen Ringen[1]

Von Prof. Dr. S. Ch. Windler und Dr. B. Lagueur, Institute of Advanced Research, North Bikini
Eingegangen am 1. April 1964

Eine kürzlich erschienen Mitteilung[2] über die Synthese eines äußerst instabilen Bicyclo[1,1,0]butan-Derivates, das zwei kondensierte dreigliedrige Ringe enthält, veranlaßt uns, die Synthese des Bicyclo[0,0,0]äthans und seine Derivate bekanntzugeben. Alle von uns dargestellten Verbindungen enthalten zwei kondensierte zweigliedrige Ringe.

Wir behandelten 1-Chlor-2-bromäthan mit Caesiumdeuterooxyd und erhielten in einstufiger Reaktion Bicyclo[0,0,0]äthan als flüchtige Festsubstanz von Fp −82 °C. Die außerordentlich hohe Ringspannung des Kohlenwasserstoffs kommt in seiner Acidität zum Ausdruck: Die Verbindung vermag beständige Metallsalze zu bilden. Erhitzt man den Kohlenwasserstoff trocken auf 800 °C, so entweicht ein Gemisch aus Wasserstoffdeuterid und Deuteriumhydrid. Im Rückstand findet sich eine feste schwarze Substanz, in der – im Gegensatz zur BREDTschen Regel – beide Brückenkopf-C-Atome eine Doppelbindung tragen. Aus Symmetriegründen ist anzunehmen, daß die Doppelbindung in der mittleren Brücke liegt.

1-Azabicyclo[0,0,0]äthan erhielten wir nach einem ähnlichen Verfahren als farblose, giftige[**], bei 26 °C siedende Flüssigkeit von eigenartigem Geruch. Überraschenderweise ist diese Verbindung noch saurer und bildet Salze bereits in wässeriger Lösung. Vermutlich hängt die stärkere Acidität mit der Einführung des Stickstoffatoms zusammen, d.h. die bekannte Basizität tertiärer Amine wird durch die starke Ringspannung überkompensiert. Die Verbindung scheint als Pestizid brauchbar zu sein, was wir auf eine Asymmetrie des Moleküls, d.h. auf eine vermutete Nicht-Äquivalenz

---

[*] All Fools Day Office.

[**] *Ergänzung der Herausgeber: Im Text stand ursprünglich, der Geruch des 1-Azabicyclo[0,0,0] äthans erinnere an bittere Mandeln. Nachdem wir die Verbindung ebenfalls dargestellt hatten, konnten wir dies nicht bestätigen; offenbar lag eine Verwechslung mit Benzaldehyd oder Nitrobenzol vor. Da jedoch die Geruchsproben temporär starke Gesundheitsschäden verursachten, entschlossen wir uns nach der Entlassung aus stationärer Behandlung (u.a. Sauerstoffzelt), den Hinweis auf die Giftigkeit des besagten Mikroheterozyklus anzubringen. Inzwischen gilt als wahrscheinlich, daß die o.g. Verwechslung durch übermäßige Lektüre von Kriminalromanen oder gedankenlos abgekupferten Lehrbüchern psychosomatisch katalysiert wird. Daneben soll es Personen geben, deren Geruchssinn auf Azabicyclo[0,0,0]äthan kaum bzw. überhaupt nicht anspricht, was angesichts der Toxizität dieser Substanz weitaus problematischer erscheint.*

der drei Brücken zurückführen. Wir sind zur Zeit damit beschäftigt, optische Isomere zu isolieren.

Außerdem gelang uns die Darstellung des 1.2-Diazabicyclo[0,0,0]äthans, eines farb- und geruchlosen, unterhalb –196 °C flüssigen Gases, das wahrscheinlich noch acider und toxischer ist. Untersuchungen in dieser Richtung sind im Gange.

Da unser Institut nicht über die für physikalische Messungen erforderliche Geräte verfügt, möchten wir die physikalisch-chemische Untersuchung dieser äußerst interessanten neuen Klasse organischer Verbindungen anregen.

N. N. (1964)

Anmerkungen:

1) Vorangegangene Mitteilung: S. Ch. Windler, Liebigs Ann. Chem. *33*, 308 (1840).

2) K. B. Wiberg u. R. P. Ciula, J. Amer. Chem. Soc. *81*, 5261 (1959).

Die Xerox-Vergrößerungs-Mikroskopie (XVM)

Ein revolutionäres neues Mikroskopieverfahren erlaubt es, mit handelsüblichen Kopieren subatomare Auflösungen zu erreichen.

Früher bemühte man sich mittels eingeführter Verfahren wie der Transmission – Elektronen-Mikroskopie (TEM) oder der Atomic-force-Mikroskopie (AFM) um eine hohe Auflösung. Es war regelrecht revolutionäres Umdenken nötig, um die von diesen archaischen Methoden gesetzten Grenzen zu durchbrechen. Die Autoren stellen hiermit die Xerox-Vergrößerungs-Mikroskopie (XVM) vor, ein Verfahren, das der hochauflösenden Mikroskopie ein neues, faszinierendes Betätigungsfeld erschließen wird.

Beschreibung des Verfahrens

Dieses Verfahren hat eine Reihe gewichtiger Vorteile. Zuerst und vor allem ist es extrem einfach anzuwenden. Abbildung 1 stellt das Verfahren in Form eines Flußdiagramms dar. Da in den meisten Labors bereits Kopierer vorhanden sind, bringt das neue Verfahren keine zusätzlichen Kosten mit sich. Bei den meisten Kopierern entstehen nur Kosten von etwa neun Pfennig pro Seite, was signifikant unter den gegenwärtigen Betriebskosten eines TEM oder RTM liegt.

Abb. 1. Flußdiagramm des experimentellen XVM-Verfahrens.

Es ist ferner keinerlei Probenvorbereitung vonnöten. Abbildung 2 zeigt eine XV-mikroskopische Aufnahme von ferroelektrischem Bariumtitanat (BaTiO₃) in 15392-facher Vergrößerung. Diese Aufnahme von BaTiO₃ in Pulverform wurde angefertigt mit einem Xerox-Kopierer der Reihe 1090 im Betriebsmodus Sortieren/Heften. Die größtmögliche Vergrößerung des Xerox beträgt 155%, so daß 22 Vergrößerungsschritte nötig waren, um eine 15392-fache Vergrößerung ($1{,}55^{22} = 15392$) zu erzielen.

XVM mit Sortieren/Heften

Die fortgeschrittenen XV-Instrumente bieten zuweilen die Option Sortieren/Heften. Dies ist eine leistungsfähige Zusatzfunktion, die nach Wissen der Autoren keine Parallele bei anderen hochauflösenden bildgebenden Verfahren besitzt.

Ultrahochauflösende XVM: Bilder atomaren Wasserstoffs

Durch 48-maliges Vergrößern ließ sich bei Proben von deuteriertem Ammonium-hydrogenphosphat ($NH_4H_2PO_4$) eine unglaubliche 1367481-fache Vergrößerung erzielen. Zum ersten mal konnte ein einzelnes Deuteriumatom abgebildet werden (siehe Abbildung 3). Zu sehen ist auch ein bemerkenswerter Beleg für die Heisenberg-sche Unschärferelation: Man sieht die quantenmechanisch bedingte Unschärfe des Kerns und des Elektrons.

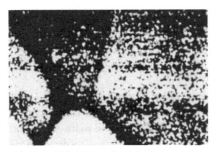 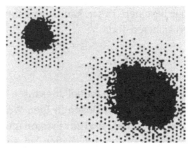

Abb. 2. XV-Mikroskopische Aufnahme von BaTiO₃ 15392-fache Vergrößerung.

Abb. 3. XV-Mikroskopische Aufnahme eines Deuteriumatoms.

Schlußfolgerungen/zukünftige Arbeiten

Eine einfache kosteneffektive hochauflösenden Technik wurde mit der XVM vorgestellt. Weitere gegenwärtig laufende Arbeiten lassen sich zwei Bereichen zuordnen. Zum einen untersuchen Theoretiker die Möglichkeit, röntgenstrukturanalytische Daten aus XVM-Bildern zu gewinnen. Zum anderen versuchen unsere experimentell arbeitenden Kollegen, den Atomkern mit XVM zu untersuchen und die Existenz von Quarks nachzuweisen.

DAVID P. CANN *und* PHILIP PRUNA, *Labor für Werkstofforschung, Staatl. Universität von Pennsylvania (2000)*

Anmerkungen:

1) Isaac Newton: Opticks, 1704.
2) Xerox 1090 Handbuch
3) Mongolisches Patent Nummer 4, 1993
4) Persönliches Gespräch mit Dr. Clive A. Randall.

Dieser Artikel erschien erstmals in Annals of Improbable Research AIR 1995, 1, März/April.

DHMO – Unsichtbar und unheimlich

Soeben erhielt die Redaktion einen dramatischen Appell von Craig Jackson an die Bürger dieses Landes zugesteckt. Wir dürfen Ihnen dem von uns so verehrten Leserkreis, den Inhalt der Botschaft nicht vorenthalten.

Dihydrogenmonoxid (DHMO) ist farb-, geruch- und geschmacklos und jährlich für das Ableben unzähliger Menschen verantwortlich. Gewöhnlich tritt der Tod infolge unbeabsichtigter Inhalation von DHMO ein. Doch die unsichtbare Gefahr lauert überall. Längerer Kontakt mit der festen Modifikation führt zu schweren Gewebeschäden oder bei kurzfristiger und unvorbereiteter Kontaktaufnahme zu Knochenbrüchen oder Hirnerschütterung. Der Mißbrauch als Nahrungsmittel äußert sich in übermäßigem Schwitzen und Urinieren, erhöhtem Speichelfluß und Übelkeit, kombiniert mit einem Gefühl des Aufgedunsenseins. Viele sind bereits so stark von Dihydrogenmonoxid abhängig, daß sie schon zu über 70 Prozent aus dieser Modedroge bestehen. Ihnen kann aber kaum geholfen werden, denn ein Entzug bedeutet den sicheren Tod.

Hohe Dosen im Bier

DHMO ist Hauptbestandteil des sauren Regens, und es wurde nach jüngsten Untersuchungen in hohen Dosen in Bier, Wein und Kaffee gefunden. Es trägt nicht nur zum Treibhauseffekt und zur Erosion unserer wunderschönen und weltweit von Touristen geliebte Naturlandschaften bei, sondern beschleunigt auch die Korrosion vieler Metalle. Ebenso sind Fälle bekannt, in denen diese hinterhältige Substanz elektrische Kurzschlüsse verursachte und die Bremswirkung bei Kraftfahrzeugen erheblich beeinträchtige. Wissenschaftler konnten in aufwendigen Analysenverfahren unfaßbare Mengen von DHMO in praktisch jedem Fluß, See und jeder Quelle nachweisen. Doch nicht nur Deutschland oder Europa sind von dem sich epidemisch ausbreitendem Etwas bedroht, sogar in der Antarktis fand man mittlerweile Spuren von Dihydrogenmonoxid.

Unfaßbar: DHMO wird genutzt!

Umso unverständlicher ist es, daß diese Chemikalie als Wasch-, Kühl- oder Lösungsmittel in Forschung, Industrie und Haushalt Einzug gehalten hat und sogar in Kernkraftwerken oder zur Feuerbekämpfung Verwendung findet. Es dient mittlerweile als Zusatz in Junk-Food und ähnlichen Nahrungsmittelexperimenten. DHMO wird vielerorts einfach in Flüsse und Meere eingeleitet, und dies ist auch noch legal. Es verwundert daher kaum, daß sich die Bundesregierung weigert, die Produktion, Verbreitung und Verwendung der Substanz zu verbieten, aufgrund der »wirtschaftlichen Bedeutung für unser Vaterland«, wie es heißt.

Aber es ist noch nicht zu spät! Wehren Sie sich, versammeln Sie sich und demonstrieren Sie gegen DHMO. Wir müssen gemeinsam etwas gegen die fortschreitende Kontaminierung unternehmen. Dihydrogenmonoxid muß verboten werden!

N. N., frei übersetzt nach einer geheimen Botschaft von CRAIG JACKSON,
Santa Cruz, USA (1997)

Elftes Kapitel
Ex oriente jux – *Chemikerhumor östlich der Mauer*

Ultratoxische – vielleicht aber auch nur gedankenlose – Spottzungen behaupten, man müsse weltweit einige totalitäre Regimes künstlich aufrechterhalten, damit die Kultur des politischen Witzes nicht aussterbe. Zwar stimmt es, daß der politische Witz in Diktaturen am besten gedeiht – vor allem ohne Verflachungsgefahr, denn man muß deutlich subtiler vorgehen als dort, wo man alles sagen darf und selbst der mit Humor verwechselte Griff zur verbalen Dreckschleuder für den Radautrompeter keine weiteren Folgen hat außer höheren Einschaltquoten. Aber wer den menschlichen Charakter kennt, weiß, daß die Despotie erst ausstirbt, wenn die letzten Urgroßenkel Adams und Evas von diesem Planeten verschwunden sind. Von daher hat der tieferschürfende politische Witz eine anthropogene Überlebensgarantie. Wo man ihn aber gegen Bürgerrechte eintauschen kann, sollte man es getrost tun und die Despoten (welche vor Beginn ihrer Politkarriere meist als »Freiheitskämpfer« im Lande herumrevoluzzten) samt ihren oft noch brutaleren Handlangern irreversibel vertreiben.

Den Humor dagegen irreversibel zu vertreiben schafften selbst die bösen Buben der jüngeren deutschen Geschichte nicht. Kein Wunder, unkt es da aus dem Busch, beim internationalen Lachkonzert spiele der Deutsche Michel gern den steinernen Gast, und wo kein Humor sei, könne man auch keinen beseitigen. So einfach sollte man es sich aber nun doch nicht machen. Die Ergründung, ob es einen spezifisch deutschen Humor gebe, ist hier müßig. Daß aber in Deutschland Humor gleich welcher Provenienz existiert, ist offenkundig und war bis 1989 noch nicht einmal eine Frage des politischen Systems, danach sowieso nicht mehr. So erschien

1968 (!) in den »Blauen Blättern« (!!) eine Abhandlung über das Enzym Humorase, verfaßt im thüringischen Jena (!!!). Sechzehn Jahre später wanderte ein Beitrag über »Wissenschaftstourismus Version Ost« in die gleiche Richtung; er wäre ebensogut in unserem Kapitel über den wissenschaftlichen Dialog aufgehoben gewesen. Die Nachrichten der Chemischen Gesellschaft (CG) der DDR leisteten sich gegen Jahresende eine kurze humoristische Kolumne, genannt »Die letzte Seite«. Mit der unter den äußeren Parametern gebotenen Vorsicht und in unverdächtiger Kürze wurden dort die systembedingten Probleme des Wissenschaftlers aufs Korn genommen. Für den an frechere Töne gewohnten sogenannten Wessi mag diese spezifische Modifikation des Humors nicht immer nachvollziehbar sein, doch er hüte sich vor kapitalistischer Arroganz: Dafür steht einfach zuviel zwischen den Zeilen, das nur demjenigen vertraut ist, der im Sozialismus real existieren mußte – vom Moskauer Winter über den Prager Frühling und Danziger Sommer bis zum Berliner Herbst. Autor dieser Gruppe von CG-Artikeln ist Ernst Schmitz, bei dem wir uns herzlich für die Überlassung der Vorlagen bedanken, besonders aber für das Typoskript zum Beitrag vom Tempelturm zu Hanoi. Dieser Text durfte in den achtziger Jahren die freiwillige Selbstkontrolle nicht passieren, weil er sonst allen Anscheins der amtlichen Zensur zum Opfer gefallen wäre. Es handelt sich damit um eine Weltpremiere, die für den Westen genauso ihre Gültigkeit besitzt. Denn auch der Kapitalismus kennt und pflegt diffizile Formen einer Planwirtschaft, die beileibe nicht nur hinsichtlich der zerstörerischen Wirkung ihrer sozialistischen Schwester ebenbürtig ist.

Humoristische Chemie. Herausgegeben von Jakobi, Hopf
Copyright © 2004 WILEY-VCH Verlag GmbH & Co. KGaA, Weinheim
ISBN: 3-527-30628-5

Der Pendelsatz

Palindrome – also Worte, Satzteile und Sätze, die vorwärts und rückwärts gelesen gleichlauten – gehören zu den geistreichsten Sprachspielereien. Dank jahrhunderterlanger Emsigkeit findet man sie im Alltagsvokabular reichlich. GURKEN HOL' OHNE KRUG oder EINE HORDE BEDROHE NIE entstammen Alltagssituationen, und nach Überfahren einer Leitlinie wird man mit der Entschuldigung : »GRAU-ZEBRAFARBE ZU ARG!« sicher Verständnis finden. Der Bürger, der im Restaurant keinen Platz bekam, schimpft: »NEPP-URGRUND, NUR GRUPPEN«. Und schon Richard Wagner konnte ausrufen: »O GRAL, ORGELLAGE IST SIEG. ALLEGRO, LARGO!«.

Merkwürdigerweise ist die wissenschaftliche Terminologie noch nicht systematisch zum Finden von Palindromen herangezogen worden. Ein kürzlich am chemischen Vokabular unternommener Versuch erbrachte eine unerwartet reiche Ausbeute; so daß hier die Sprache des Wissenschaftlers weiterhin auf Umkehrbarkeit geprüft werden soll.

Die Chemie ist reich an verbalen Mesoformen: NOR-TANTALAT-NATRON, ROT-ACID-NIOBO-INDICATOR und das Herbizid NORTRON sind ebenso spiegelbildlich wie der LOSRUF URSOL des Pelzfärbers sowie das bei Tensid-Tierversuchen verwendete LAMINAT-ANIMAL. ELAIN-A-REGENERATE, HETARENE, GERANIA-LE gehören hierher und die EGAL-NANOGRAMM-ARGON-ANLAGE. Das Forscherteam LONI, MAX ET AL., LATEX-AMINOL stellt sich vor und fordert: »LAGE-RE TITANA-TITER EGAL.« Den Studenten im organischen Praktikum ruft der Assistent zu: »NARR! UNS TUT DIES LEID, TUTS NUR RAN!«

Sehr ergiebig ist das pharmazeutische Vokabular. In den einschlägigen Werken findet man den Vasokonstriktor LIDIL und das Antibiotikum NISIN. Vor allem Kombinationspräparate geben viel her: LONIN-NINOL. NALOXON-OXOLAN, NA-GEMID-DIMEGAN, wobei die Verträglichkeit nicht in allen Fällen geprüft wurde. Man hüte sich, schlafmittelsüchtig zu werden und als DORMIN-NIMROD verschrien zu sein oder von respektlosen Arzthelferinnen zu den SAPONIN-OPAS gerechnet zu werden.

ERNST SCHMITZ (1986)

Die Tagung

Eine Tagung besteht aus dem Tagungsort, der Einladung, dem Thema, dem letzten Tag der Anmeldung, dem Tagungsleiter und seinem Mitarbeiter, der die Anmeldungen entgegennimmt und die Verantwortung für die Organisation hat, dem Präsidium, der Dame am Dia-Werfer, den Dolmetschern, dem Einlaßdienst, bestehend aus Studenten der nächstgelegenen Universität, dem Tagungsbüro und den Teilnehmern. Die Teilnehmer unterteilt man in Referenten, Diskussionsredner und Zuhörer. Die Diskussionsredner teilt man wiederum in angemeldete und unangemeldete.

Eine Tagung dauert meistens drei Tage, von Mittwoch bis Freitag. Anreisetag ist Dienstag, Abreisetag Sonnabend, da bleibt man gern noch bis Sonntag. Am Dienstag reist man schon früh an, wegen der schlechten Zugverbindungen. Wer mit dem Auto kommt, geht Dienstag auch nicht mehr in den Dienst, sondern fährt vormittags, um trotz einer eventuellen Panne pünktlich anzukommen. Am Nachmittag, vor Tagungsbeginn, findet *die Sitzung des Vorstandes der wissenschaftlichen Gesellschaft* statt, die die Tagung *trägt*.

Manche Tagung wird auch von zwei oder drei wissenschaftlichen Gesellschaften getragen. Unter Tragen ist zu verstehen, daß an jedem Tag ein anderer Wissenschaftler den Vorsitz hat und die Referenten möglichst gleich verteilt die verschiedenen Gesellschaften vertreten. Außerdem lassen die Gesellschaften die Programme drucken und nehmen die Teilnahmegebühren ein. So tragen sie die Tagung.

Eine Tagung findet immer in einer landschaftlich reizvollen Gegend statt, im Winter an der Ostsee, im Frühjahr im Gebirge, im Sommer an einem mecklenburgischen See, im Herbst in einer Großstadt mit Nachtleben. Die Umgebung ist wichtig, weil die Teilnehmer das übrige Jahr nie rauskommen, sich nicht für alle Vorträge interessieren und auch Damen mitbringen, die dem Fachjargon fremd, ihren Männern aber nah bleiben wollen.

Die Tagungsteilnehmer wohnen in Hotels möglichst in der Nähe des Tagungsraumes die am höchsten Gestellten sogar im gleichen Haus. Diejenigen, bei denen es nicht so wichtig ist, ob sie das nächste Mal wiederkommen, werden weiter weg einquartiert. Wenn sie auch protestieren und morgens eine Viertelstunde früher aufstehen müssen.

Ein Problem ist die Zimmerbelegung. Einzelzimmer sind nur in begrenztem Maß verfügbar, also Zweibettzimmer und so weiter. Auf den vorgedruckten Anmeldeformularen kann angekreuzt werden, was für ein Zimmer man haben möchte, und es ist Platz für Vermerke, mit wem man das Zimmer teilen will. Bei gleichem Geschlecht oder Ehepaaren ist das einfach. Erfahrene Tagungsteilnehmer bestellen darum Zweibettzimmer und melden den Ehegatten mit an, der dann leider verhindert ist, vielleicht aber nachkommt. Darum kann das Zimmer auch nicht anderweitig belegt werden.

In Einzelfällen bestellen zwei Damen und zwei Herren je ein Zweibettzimmer und benutzen die Betten nach ihren Wünschen. Das bedarf taktvoller Vorabsprachen. Außerdem müssen beide Zimmer im gleichen Hotel gelegen sein, es fällt sonst zu sehr auf. Ein weiteres Problem besteht in der Abwesenheit eines Zimmergenossen trotz Nachthemd unter dem Deckbett und vorhandener Zahnbürste. Hier muß mit nächtlichem Aufflammen des Kronleuchters oder morgendlichem Hereinschleichen gerechnet werden. Es ist auch möglich, daß nachmittags einer der beiden Zimmerbewohner vor verschlossener Hotelzimmertür steht.

Die Einladung zur Tagung erfolgt ein Vierteljahr vorher. Sie verspricht ein interessantes Programm mit internationaler Beteiligung, und die Thematik soll nicht nur neueste theoretische Überlegungen, neueste Forschungsergebnisse, sondern auch neueste Ergebnisse aus der Praxis umfassen.

Um eine *noch schnellere Überführung der Ergebnisse der Tagung in die Praxis* zu gewährleisten, sollen alle Referenten ihre Beiträge druckfertig in vier Exemplaren noch vor Beginn der Tagung im Tagungsbüro abgeben. Vielleicht können dann einige Beiträge vervielfältigt werden, *um das Niveau der Diskussion anzuheben*.

Bei Beginn hat jeder Redner seine Rede leider nicht ganz fertig, weil er erst die Ergebnisse der Diskussion abwarten möchte, um *auch die dort geäußerten ergänzenden Gedanken zu bewerten.* Die Sekretärin hatte am Tag vor der Abfahrt Haushaltstag, sagen sie bekümmert, oder ein krankes Kind. Das Manuskript ist nur handgeschrieben. Aber die Dolmetscher können so gut übersetzen, daß sie das Manuskript vorher nicht lesen müssen, Außerdem verstehen die ausländischen Gäste Deutsch und setzen die Kopfhörer nicht auf – die Dolmetscher sprechen dann ins Leere. Dafür werden die Kopfhörer von fast allen deutschsprachigen Teilnehmern benutzt, wenn ein Vortrag in russischer oder englischer Sprache gehalten wird. Nur einige lassen die Kopfhörer liegen. Entweder haben sie mühselig Sprachintensivkurse absolviert oder sie tun so, als ob sie gut verstehen. Bestaunte Höhepunkte stellen Wissenschaftler dar, die ihre Diskussionsfragen, die Hände in den Hosentaschen, in der Sprache des ausländischen Wissenschaftlers stellen, schnell und vom Publikum abgewandt, so daß sie nur der Redner versteht, der wiederum in gebrochenem Deutsch antwortet, höflich wie viele Nichtdeutsche.

Der letzte Tag, an dem man seine Teilnahme an der Tagung anmelden kann, ist sehr zeitig. Kaum jemand hält ihn ein. Dieser festgesetzte Tag stellt jedoch eine gute Ausrede für die Tagungsleitung dar, unliebsamen Teilnehmern *wegen Nichteinhaltens des letzten Anmeldetermins* abzusagen.

Der Tagungsleiter hat schon ein Buch geschrieben oder herausgegeben, Er ist Professor oder wird es bald. Er veröffentlicht die Reden der Tagung, das wird sein zweites Buch. Gibt es mehrere Tagungsleiter, wollen alle Herausgeber sein. Ihre Namen stehen auf dem Titelblatt, und sie bekommen ein Honorar, das aber, im Unterschied zur wissenschaftlichen Ehre, sehr gering ist. Der Tagungsleiter hat sich für die nächste Tagungsleitung zu bewähren, darum wird er genau beobachtet und zum Schluß einer ausführlichen Kritik unterzogen. Sie betrifft auch seinen Anzug und den Schlips, außerdem die Reihenfolge, in der er bei der Begrüßung die Ehrengäste nannte.

Der Mitarbeiter des Tagungsleiters hat noch keinen hohen Rang. Er muß die Organisation übernehmen. Auch Herausgeber wird er noch nicht sein, aber er ist schuld, wenn einer nicht das richtige Zimmer bekommt oder der Falsche eine Absage. Warum hat er nicht jedes Mal gefragt. Nun muß der Tagungsleiter wieder alles ausbügeln. Dem Mitarbeiter untersteht das Tagungsbüro, das die Teilnahmegebühren, die ausstehenden Beiträge und den Eintritt für den Gesellschaftsabend kassiert. Außerdem befehligt er die Betreuer für die ausländischen Gäste denen *die Sehenswürdigkeiten der näheren Umgebung* zu zeigen sind.

Das Präsidium besteht aus den wichtigsten Rednern und aus wissenschaftlichen Kapazitäten, die nicht das Wort ergreifen. Die Zusammensetzung hat mit Fingerspitzengefühl zu geschehen und dem Kräfteverhältnis in der Welt zu entsprechen. Den ganzen Tag sitzen die Mitglieder des Präsidiums dem Publikum Aug in Aug gegenüber und dürfen siech nicht kratzen und nicht die Schuhe ausziehen und nicht die Mittagspause verlängern, müssen auch nachmittags da sein und einen korrekten Anzug anziehen.

Die Dame am Dia-Werfer hat alles schon vorher geordnet und kann auch im Dunkeln meistens das Richtige finden. Sie wird unterstützt von den Damen an den Lichtschaltern und den Herren an den Rollos, alles Studenten, die dafür unentgeltlich an der Tagung teilnehmen und ihr Wissen bereichern dürfen. Manchmal kann ein Redner viele Dias hintereinander erklären. Es macht ihm auch nichts aus, wenn mal ein Dia auf dem Kopf steht. An ihm besteht die Dia-Dame echte Bewährungsproben. Solche klugen Männer sagen, bitte noch mal das vorvorige Dia, nein, es war doch das davor, jetzt bitte das nächste, nicht das, doch lassen Sie nur, die nächsten drei können Sie weglassen.

Der Einlaßdienst ist nur am ersten Tag streng, dann kontrolliert er nur noch die hübschen Damen, den seriösen und den Herren traut er Betrug nicht zu.

Die Vorträge der Referenten hat man schon einmal gehört oder gelesen, aber es ist sympathisch, die Damen oder Herren einmal persönlich kennenzulernen. Jeder Teilnehmer sieht nach neunzehn Minuten gespannt auf den Redner, ob er *die vorgeschriebene Redezeit von zwanzig Minuten einhalten* wird. Danach verfolgt er den verbissenen Kampf, den Redner und Tagungsleiter miteinander ausfechten. Der Tagungsleiter sieht auf die Uhr und das Programm, der Redner übersieht diese Blicke, Schließlich steht der Tagungsleiter auf und schiebt einen Zettel auf das Rednerpult, Das K.o. für den Redner. Der Referent faßt mit bedauerndem und überraschendem Blick auf seine Taschenuhr die Rede dahingehend zusammen, daß er aus Zeitgründen leider über die konkreten Ergebnisse nicht berichten kann, und verweist auf die baldige Veröffentlichung.

Die angemeldeten Diskussionsredner brauchen sich nicht an die Redezeit zu halten, nicht einmal an ein Manuskript. Sie beugen sich gemütlich über das Rednerpult und plaudern zum Thema des Tages. Vieles wäre noch zu sagen, *zumal sie persönlich der Meinung sind, daß man sich darüber Gedanken machen muß, sie würden auch noch eine Bemerkung in die Richtung machen wollen.* Aber mit Rücksicht auf die Pause wollen sie jetzt schließen. Sie fallen bei der Tagungsleitung positiv auf und werden vielleicht einmal zu einem Referat bei einer späteren Tagung verpflichtet.

Die unangemeldeten Diskussionsredner sind radikaler, greifen frontal an. Sie verstehen nicht, daß man ihre eigenen Arbeiten nicht erwähnte, fragen, warum man diesen Gesichtspunkt übersah und jenen nicht in die Untersuchung einbezog, verweisen auf die internationale Fachliteratur, in der schon vor acht Jahren über ähnliche Untersuchungen, allerdings ungleich fundierter und genauer, berichtet wurde, bitten um Aufklärung von Mißverständnissen, weisen auf methodische Mängel von nicht zu übersehendem Ausmaß hin.

Das Publikum teilt sich jetzt in zwei Lager: Das eine will Kaffee trinken, das andere verfolgt das Schicksal des Referenten. Die Pause ist nah, und der Referent unterliegt nicht. Denn er hat das Schlußwort und kann alle Bedenken der Diskussionsredner zerstreuen. Er weist ihnen mangelnde Übersicht und persönliche Motive bei der Kritik nach. Die Teilnehmer haben wieder etwas, woran sie sich halten können, *in Zukunft noch stärker als bisher.*

Der Höhepunkt einer Tagung ist der Gesellschaftsabend. *Pro Person kostet der Eintritt zwanzig Mark und kann bei der Dienstreiseabrechnung nicht aufgeführt werden.* Der Gesellschaftsabend findet am vorletzten Abend statt und beginnt um zwanzig Uhr. Es gibt Gesellschaftsabende mit kaltem Büfett und solche mit warmem Essen am Tisch. Bei gehobenen Tagungen setzt sich das kalte Büfett mehr und mehr durch, weil die Gäste pünktlicher kommen. Jeder setzt sich, abhängig Sympathie, Zusammengehörigkeitsgefühl, Mitleid und Taktik, an Zwei- oder Mehrplatztische. Dann erscheint ein Ober und fragt, ob Sekt oder nur Wein gewünscht wird. Da man nicht weiß, ob es zum kalten Büfett ein Glas Sekt gibt, bestellt man vorsichtshalber einen Juice, gegen das ablehnende Gesicht des Obers.

Um zwanzig Uhr fünfzehn erscheint der Tagungsleiter, der selbst Hunger hat, auf der leeren Tanzfläche und begrüßt die Teilnehmer. Endlich sei man *in so netter Runde* mal beisammen und könne sich, *fern vom Ernst des Tages*, auch persönlich zusammenfinden. Er wünscht viel Freude. Wegen des *vorauszusehenden späten Abschlusses* habe sich die Tagungsleitung entschlossen, am nächsten Morgen erst eine halbe Stunde später mit dem wissenschaftlichen Programm zu beginnen. Das läßt allgemeinen Beifall bei den Rednern, Präsidiumsmitgliedern und Sympathisanten aus. Die anderen hatten ohnehin vor, erst gegen elf zu frühstücken. Der Tagungsleiter gibt den Start für das kalte Büfett frei und wünscht guten Appetit.

Ganz langsam stehen die auf, die der Tür am nächsten sitzen und gehen in den Raum, in dem das kalte Büfett angerichtet ist. Am Anfang sieht alles noch sehr appetitlich aus, Spanferkel mit Petersilie in der Schnauze, Obstsalat in den Sektgläsern. Aber kein Sekt. Nach den Bestecks wird schon schnell gegriffen, auch nach den Tellern. Ein Ober teilt eine fremdländische Suppe aus, die am Tisch auf offenem Feuer kocht. Die ersten kommen mit gefüllten Tellern, die anderen stehen in der Schlange und machen verächtliche Bemerkungen über die ersten Esser. Einige bleiben sogar am Tisch sitzen und lassen sich vom Ober etwas anderes bringen. Sie werden insgeheim bewundert.

Während alle essen, beginnt die Kapelle zu spielen. Beim Essen sind alle zufrieden und empfinden die Musik weniger als störend. Wer allerdings direkt neben der Kapelle sitzt oder an einem versteckten Lautsprecher, kann sich schon schlechter anpassen und tanzt deshalb öfter, vorausgesetzt, er will sich unterhalten.

Manche gehen in die Bar, solange sie noch leer ist. Die Barfrau weiß, daß sie es heute mit Zahlungswilligen zu tun hat, und versteckt die Karte. Cola gibt es nur mit Gin. Aber in der Bar ist es leiser. Hier spielt nur ein Kassettenrecorder.

Es gibt immer noch Herren, die Pflichttänze absolvieren. Dann geraten die Männer der aufgeforderten Damen in die peinliche Lage, die Damen dieser Herren eigentlich auffordern zu müssen.

Nach zwei Stunden ist der offizielle Teil vorbei, und die ersten brechen auf, weil sie es zu Hause versprochen haben, am nächsten Tag ausgeschlafen, noch in eine andere Bar gehen oder das leere Zimmer ausnutzen wollen, vorausgesetzt, der Zimmergenosse kommt nicht so schnell. Die Zurückbleibenden fangen an, Brüderschaft zu trinken, die Ober haben doch gesiegt und stellen die Sektkübel neben die Tische. Gegen vierundzwanzig Uhr beginnen die Zurückbleibenden, sich Wahrheiten zu sagen, die sie am nächsten Tag nicht mehr wiedergutmachen können.

Um zwei Uhr fragen sich manche, warum sie immer noch da sind. Die Kapelle intoniert eine Polonaise, und die Herren müssen einen Schuh ausziehen, einen Luftballon zwischen sich und ihre Dame pressen oder eine Zeitung.

Um halb drei liegen die meisten in ihren eigenen Betten, manche hatten etwas anderes erhofft.

Beim Frühstück tragen die Herren ein neues Oberhemd, bei den Damen kann auch teures Make-up nichts ausrichten.

Die Redner der Nachmittagssitzung haben zunächst etwas mehr Publikum, aber nach der Kaffeepause ist kaum noch jemand da. Die meisten nehmen den Nachmittagszug. Wenige bleiben bis zum Schlußwort. Der Tagungsleiter weist noch einmal auf die Bedeutung der Tagung hin und drückt den Redner, Diskussionsredner und vor allem dem Organisationsbüro seinen *tiefempfundenen Dank aus. Er glaubt im Namen aller zu sprechen.*

Die Gebliebenen bleiben auch noch das Wochenende.

Sie können wieder essen, was sie wollen und mit wem. Sie können spazieren gehen, brauchen nicht klug zu reden und ihre Anwesenheit nicht zu rechtfertigen. Sie bemerken plötzlich, daß die Sonne scheint, daß ganz normale Leute auf der Strasse sind. Sie setzen sich in ein Café und bestellen Blaubeerkuchen, Schlagsahne und ein Kännchen Kaffee komplett. Und sie erholen sich, mit blauen Zähnen.

HELGA SCHUBERT (1984).

Ist der Nichtfachmann im Vordringen?

Zur Bewältigung eines immer umfangreicheren Wissenstandes und zur Lösung immer anspruchsvollerer Aufgaben sind immer mehr und immer bessere Fachleute am Werke. Jeder qualifiziert sich und bemüht sich, meistens mit Erfolg, ein respektabler Fachmann auf seinem Gebiet zu werden. Wir sind Schwefelchemiker, Phosphorchemiker, Fluorchemiker, Tensidchemiker, Zuckerchemiker, Steroidchemiker, Alkaloidchemiker, Photochemiker oder Furanchemiker. Jeder tut sein Bestes, und qualifizierte Fachleute leisten qualifizierte Arbeit.

Umso erstaunlicher ist es, daß wir anscheinend in zunehmendem Maße von Nichtfachleuten unterwandert werden. Wertet man nämlich die Fachliteratur, ganz besonders aber die verbale Informationswiedergabe einmal sorgfältig aus, so konstatiert man, daß der Appell an den Nichtfachmann mehr und mehr um sich greift.

»Das Kapitel ist so gehalten, daß auch Nichtquantenchemiker sich einarbeiten können.«

»Ich als Nichtindustriechemiker muß sagen, daß ...«

»Sie als Nichtfluorneunzehn-NMR-Chemiker können natürlich nicht wissen ...«

»Auch der Nichtrechnermann kann leicht ...«

Das sind ein paar authentische Beispiele aus einer vom Autor dieses Artikels verwalteten Datenbank, die wahrscheinlich jeder Chemiker, auch der Nichtliteraturchemiker, leicht vermehren kann. Bei den wahllos herausgegriffenen Zitaten geht es nicht etwa darum, beispielsweise eine Molekülberechnung unter Überwindung der Quantentheorie auf einem neuen der geistigen Plateau durchzuführen (Beispiel 1). Auch ist es nicht das Anliegen des jeweiligen Autors, mit dem Nichtprostaglandinchemiker, dem Nichtperoxidchemiker oder dem Nichtkomplexchemiker Fachleute anzusprechen, die die Negation der Prostaglandine, Peroxide oder Komplexe bearbeiten, oder die die außerordentlich zukunftsträchtige Chemie der Antimaterie erforschen, sondern die angesprochenen Kollegen gehören zum grauen Heer der Außenstehenden. Wir haben ja alle spätestens als Doktoranden erfahren, daß das Gesamtgebiet der Chemie aus zwei Bereichen besteht: Dem eigenen Gebiet und dem weniger bedeutenden Rest der Chemie.

Wer in diesem Antagonismus eine Herabsetzung anderer sieht, mag sich sagen lassen, daß man in der Maske des Nichtfachmannes das eigene Risiko im wissenschaftlichen Meinungsstreit stark vermindern kann. »Als Nichttheterocyclenchemiker habe ich da eine Frage.« Vom blitzdummen Einwand bis zur raffinierten Fangfrage ist dann alles drin, ohne daß man sich ernsthafter Schadenfreude aussetzt, wenn der Attackierte die besseren Argumente hat.

Es ist anzuerkennen, daß unsere Chemische Gesellschaft in ihrer vorausschauenden Politik neben der Mitgliedschaft schon seit langem auch der Nichtmitgliedschaft die gebührende Aufmerksamkeit widmet, jedes Anmeldeformular einer Tagung spricht nicht nur die Mitglieder, sondern auch die Nichtmitglieder an.

Ernst Schmitz, Berlin (1986)

Im Prinzip

Worte und Ausdrücke verschleißen sich schnell, vor allem, wenn sie als Wellenbrecher dienen müssen. Modeausdrücke scheinen wie alle Modeartikel einem besonders schnellen Verschleiß zu unterliegen. Die Sprache braucht daher ständig Nachschub an Redewendungen und findet sie. Es müssen nicht immer Neuschöpfungen sein. Auch Heuschreckenschwärme von Milliarden Exemplaren haben Vorfahren, die viele Generationen lang ein Kümmerdasein geführt hatten, bis sie günstige Bedingungen für ihre explosionsartige Vermehrung fanden.

Das Jahr 1988 stand eindeutig im Zeichen des Ausdrucks »im Prinzip«. Schon zu Galileis Zeiten in Gelehrtendiskussionen sparsam verwendet, wurde das Wort in der Haus- und Herdsprache lange nicht heimisch, weil Diskussionen dort nicht von Prinzipien, sondern von Fakten auszugehen pflegten. Die zunehmende Verwissenschaftlichung unseres Lebens führte aber zur Überschreitung einer kritischen Konzentration, der Ausdruck schwappte in die Umgangssprache über, fand dort günstige Vermehrungsbedingungen und nutzte sie. Die Folgen kennt jeder. Nach einer Trainingsphase im Januar beherrschten viele die Kunst im Februar schon so weit, daß sie »im Prinzip« in jedem Satz verwendeten. Schon im März mußte eine unserer Hochschulen untersagen, Antworten auf Prüfungsfragen mit »im Prinzip« zu beginnen. In der weiten Jahreshälfte war das Wort in keiner Fernsehdiskussion und keiner Konversation mehr zu entbehren, auch wenn keine Prinzipien tangiert wurden. Es sind mehrere Gründe, die die Beliebtheit des neuen Modeartikels begünstigten:

- Große Geister können tatsächlich ihre Handlungen aus klaren Prinzipien ableiten; dieser Nutzerkreis ist aber relativ klein.

- Bei geeigneter Betonung kann die Redewendung gerade dann mit Vorteil gebraucht werden, wenn ein Prinzip versagt.
- Ängstliche Gemüter halten sich den Rückweg offen, wenn sie etwas nur »im Prinzip« behaupten.
- Der langsame Denker gewinnt Zeit, seine Argumente zu ordnen, wenn er zunächst ein unanfechtbares Prinzip anzieht.

Leider haben wir Chemiker versäumt, in der Ausbreitungsphase die Geschwindigkeit mit unseren Methoden zu messen, die im Prinzip dazu geeignet sein müßten. So wissen wir nicht, ob es eine Kettenreaktion war. Die explosionsartige Geschwindigkeit deutet eher auf eine degenerative Verzweigung.

Dieser Artikel ist nicht dazu bestimmt, nach der Verantwortung für die Reinerhaltung der Luft und der Gewässer nun auch noch die Verantwortung für die Reinerhaltung der Sprache auf die Chemie zu ziehen. Trotzdem soll die Diskussion nicht an den Chemikern vorbeigehen, denn wir haben schon seit langem ein sehr pragmatisches und nachahmenswertes Verhältnis zu den Prinzipien unserer Wissenschaft gefunden. Alle chemischen Probleme sind bekanntlich durch die Schrödinger-Gleichung seit 1928 im Prinzip gelöst, aber in der Mehrzahl der Fälle eben nur im Prinzip. Der Weg zur verwertbaren Lösung ist weit und läßt unserer Initiative und Findigkeit Spielraum. Auch eine weniger fundamentale Prinziplösung, etwa eine perfekte kinetische Modellierung, bewahrt uns nicht davor, vor einem praktischen Einsatz der Reaktion viel harte Arbeit zu leisten. Oder eine im Prinzip immer funktionierende Reaktion versagt gerade in dem Falle, in dem wir sie brauchen.

Uns geht, im Prinzip, die Arbeit nicht aus.

ERNST SCHMITZ (1988)

Der Turm von Hanoi oder das mathematische Modell der Bürokratie

Man erzählt, daß in Hanoi seit Jahrhunderten Tempelpriester damit beschäftigt sind, eine Pyramide aus 64 Scheiben abnehmender Größe umzusetzen. Dabei gelten die Regeln:

1. Es darf immer nur eine Scheibe bewegt werden.
2. Es darf nie eine größere Scheibe auf einer kleineren liegen.
3. Ein Sonderfeld kann eine Scheibe oder Teile der Pyramide aufnehmen.

Die Abbildung zeigt das Prinzip dieser Aufgabe an vier Scheiben. Sie sind aus der ursprünglichen Lage L unter Benutzung des Sonderfeldes S auf den bleibenden Standort B umzusetzen. Die Scheiben seien violett (V), gelb (G), azurblau (A) und dunkelgrün (D).

Man überzeugt sich leicht, eventuell mit Hilfe von vier verschieden großen Münzen, daß sich die Aufgabe mit 15 Operationen lösen läßt: Die kleinste Scheibe muß ständig rotieren; sie macht jeden zweiten Zug, immer im gleichen Umlaufsinn. Alle

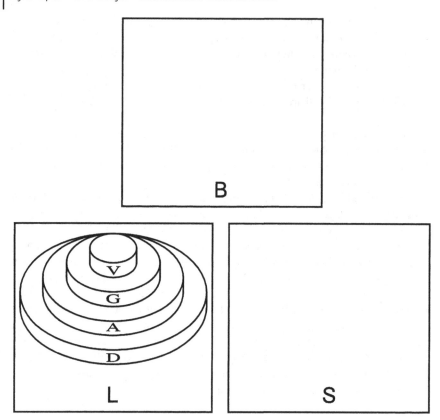

anderen Scheiben teilen sich in die restlichen Züge; sie brauchen sich nur »hierarchiegemäß« zu verhalten. Die 15 notwendigen Bewegungen lassen sich folgendermaßen codieren:

V-S; G-B; V-B; A-S;

V-L; G-S; V-S; D-B;

V-B; G-L; V-L; A-B;

V-S; G-B; V-B;

Dabei bedeutet beispielsweise V-S, daß die violette Scheibe auf Feld S zu setzen ist. Nach Durchführung aller Operationen steht die Pyramide dann auf den bleibenden Standort B.

Wer sich dieser Aufgabe an einer größeren Pyramide unterzieht, wird schnell feststellen, daß sich fünf Scheiben mit 31 Operationen, sechs Scheiben mit 63 Operationen, n Scheiben mit $2^n - 1$ Operationen umsetzen lassen. Am Turm von Hanoi mit seinen 64 Scheiben sind $2^{64} - 1$ Operationen erforderlich, und es sei dem Leser überlassen, auszurechnen, wie lange die Tempelpriester noch beschäftigt sein werden.

Bei allem Respekt vor einer alten Kultur sind wir Europäer entsetzt, wie hier Arbeitskraft vernichtet wird. Geistig trainierte Menschen werden von volkswirtschaftlich sinnvoller Tätigkeit abgehalten und sind damit beschäftigt, eine Pyramide vom Fleck zu rücken und dabei Spielregeln einzuhalten, die einen ins Gigantische wachsenden Aufwand bedingen. Derjenige, der einst diese Spielregeln einführte, hat sich diesen Aufwand kaum vergegenwärtigt.

Wie vorteilhaft hebt sich hiervon unser von Effektivitätsbewußtsein gesteuerter Arbeitsstil ab. Nehmen wir ein ganz einfaches Beispiel aus unserem modernen Arbeitsleben: Der Verfasser eines Briefes oder einer Vorlage braucht Einverständnis und Unterschrift seiner Vorgesetzten. Der Verfasser (V) muß also die Leitungshierarchie (L) bemühen und über seinen Gruppenleiter (G) und seinen Abteilungsleiter (A) die Unterschrift des Direktors (D) einholen. Folgende Spielregeln sind dabei einzuhalten:

1. Jeder hat allein zu seinem übergeordneten Leiter zu gehen, da kein Vorgesetzter Massenüberfälle schätzt.
2. Jeder Vorgesetzte unterschreibt erst, wenn die Unterschrift des ihm nachgeordneten Bearbeiters vorliegt.
3. Um die nötigen Begegnungen zu vermitteln, ist ein Sekretariat S vorhanden.

Diese Spielregeln sind an sich selbstverständlich; keiner von uns würde anders handeln. Man darf noch hinzufügen, daß Unterschriften nicht formal gegeben werden, sondern daß jeder Vorgesetzte aus seiner größeren Übersicht heraus Änderungen des Schreibens empfiehlt, die vom Verfasser zu berücksichtigen sind. Zur Neuvorlage sind wieder die Spielregeln 1 – 3 einzuhalten.

Damit ist die Verfahrensweise klar vorgezeichnet. Der Verfasser (V) begibt sich ins Sekretariat (S), der Gruppenleiter ins Büro (B), wo ihn der Verfasser trifft und die Unterschrift vorbehaltlich der Genehmigung durch den Abteilungsleiter (A) erhält. Dazu wird der Abteilungsleiter ins Sekretariat bemüht. Der Verfasser hat zunächst den Gruppenleiter zu verlassen; er begibt sich nach L, um die Abstimmung zwischen Gruppenleiter und Abteilungsleiter nicht zu stören; diese findet im Sekretariat statt. Der Informationsrücklauf zum Verfasser erfolgt, indem sich dieser ins Sekretariat begibt.

Jetzt wird der Direktor bemüht; er geht nach B. Dorthin weicht auch der Verfasser aus. Er kann dort ein orientierendes Gespräch mit dem Direktor führen, vermeidet aber, ihn auf die anstehende Entscheidung anzusprechen. Zu deren Herbeiführung entläßt der Abteilungsleiter den Gruppenleiter nach B, wo der Verfasser ihn trifft, Dann geht der Abteilungsleiter zur Absprache mit dem Direktor nach B. Während der Verfasser wieder das Sekretariat aufsucht, folgt der Gruppenleiter dem Abteilungsleiter nach B, wohin schließlich der Verfasser nachkommt, Damit liegt im Büro B auf Entwürfen und der endgültigen Fassung eine Unterschriftenpyramide vor, die mit der Pyramide der administrativen Hierarchie übereinstimmt. Alle Voraussetzungen sind erfüllt und der Schriftsatz kann abgehen, eventuell zu einer weiteren Bearbeitungsebene.

Diese Verfahrensweise ist auf den ersten Blick umständlich. Sie folgt aber klaren Vorgaben und läßt sich zur Abarbeitung mathematisch modellieren, nämlich:

V-S; G-B; V-B; A-S;

V-L; G-S; V-S; D-B;

V-B; G-L; V-L; A-B;

V-S; G-B; V-B;

Die mathematische Modellierung komprimiert die Verfahrensweise, macht sie übersichtlich und kontrollfähig. Sie zeigt darüber hinaus überraschende Analogien auf.

Was zu demonstrieren war.

ERNST SCHMITZ, *Berlin [1984, bisher unpubliziert]*

Zur Physiologie der Humorasewirkung

1. Überleitung

Wie experimentelle Hinweise seit einigen Jahrhunderten vermuten lassen, verfügt das humorale System der höheren Zeugetiere über einen Wirkkomponente mit Enzymcharakter, die für die relativ hohe Resistenz recenter humaner Exemplare gegenüber Negativimpulsen exogener Art verantwortlich gemacht werden kann. Das seinerzeit als »Anti-Schlechte-Umwelt-Faktor« – ASUF – (ASUFF, 1961) bezeichnete Prinzip konnte nun jüngst im rororo-Extrakt scherzhaft lyophilisierter Lachmuskulatur angereichert und über Sephadex-Säulen (dorisch) als hochgereinigtes Präparat gewonnen werden.

Damit wird dieses höchst uninteressante Problem einer kaudalen biochemischen Fragestellung zugänglich. Obwohl kein Zweifel darüber besteht, daß es sich bei der als »Humorase« definierten Substanz um ein typisches Produkt humaner Hirnanhänge handelt, welches erst nach langem Hin und Her in der Blutbahn seine Wirkung an ganz anderen Stellen entfaltet, steht bis zur Stunde der histochemische Nachweis des eigentlichen Neurosekretariates noch aus.

2. Methodik

Für die methodischen Einzelheiten wird auf die einschlagende Literatur verwiesen (MALSO and MALSO, 1960, DITO, 1962).

3. Hauptsache

3.1 Reizvolle Stimulation

Für gewöhnlich wird eine Humoraseausschüttung in den Blutstrom durch exogene Reizschwellung ausgelöst: akustisch durch Lachsalve, optisch durch 2,3-pan-Opticum, chemisch durch Lachgas. Da die spezifische Aktivität und Sensibilität der Einzelindividuen, entsprechend einem ungleichen Sensibilirubinspiegel, schwankt, gelingt eine exakte Quantifizierung der Reaktionsintensitäten erst mit der dosierten Verabreichung der gewonnen Humorasepräparate. Inzwischen ist die Arbeitsmethodik soweit verfeinert worden, daß die Aufstellung eines Standardtestes gewagt werden kann. Die Humorasewirkung staffelt sich wie folgt: Während äußerst geringe Mengen lediglich eine leichte Verformung der oralen Kopfregionen hervorrufen (Abbildung 1a), öffnet sich bei einem Bluttitus von über 10^{-4} mg/Ader bereits der Lippenbereich (Abbildung 1b), aus dem mitunter mehr oder weniger lautgefärbte CO_2-haltige Luftstöße hervordringen. Eine Konzentration von 10^{-3} mg/Ader läßt den Kau-Apparat (KAU, 1938) weit auseinanderklaffen (Abbildung 1c), was mit

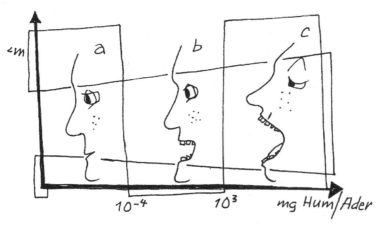

Abb. 1. Einfluß steigender Humorasekonzentrationen auf die Gesichts- und Gesamtmuskulatur humaner Exemplare.

Einzelrotationen der Thoraxpartien verbunden sein kann. Ballungen an der Vorderextremitäten sind nicht selten, sie gehen einher mit Schlagimpulsen auf feste Gegenstände, was zweifelsohne von einer Erweiterung der Schlag-Ader herrührt. Noch größere Humorasemengen bewirken schließlich einen Reaktionsübergriff auf den Gesamtorganismus, indem ein Abheben und wieder Aufsetzen der Beinpaare auf die Unterlage stattfinden, eine Periodik, die auch als trommelartiges Beklopfen der eigenen Menisken im Leiboberteil wiederkehrt (Abbildung 1d). Die ununterbrochene Laut-Luft-Excretion führt schließlich zu einem aktuellen Sauerstoffmangel, der eine Allgemeinerschlaffung zur Folge hat. Die Erregung klingt meist in Trocknungsbewegungen der Handrückenflächen in der Nähe der Augensackbereiche aus. Im Reaktionsende sind alle Glieder erschlafft (Abbildung 1e).

Für die physiologische Testung wird man am besten einen mittelmäßigen Empfindlichkeitsbereich auswählen. Der von uns entwickelte Meßstand gestattet es, alle wesentlichen para-Meter zu erfassen. Man befestigt das Untersuchungsobjekt möglichst schonend und injiziert dorsiventral in den linken Daumen, dessen Spitze in der Höhe des Zwerchfelles zu liegen hat. Nach wenigen Sekunden beginnt die Reaktion, bei der sich die Nackenmuskulatur kontrahiert und der Vorderarm geöffnet wird (Abbildung 2). Sobald der hintere Schädelabschluß den Auslöser erreicht hat, wird von vorn eine Meßgabel an die Objektkehle herangestoßen, die die eingenommene Reizhaltung augenblicklich fixiert. Es ist nun ein Leichtes, den Nackenneigungswinkel (μ) und die Lippenöffnungslänge (λ) zuverlässig zu messen. Aus dem Produkt beider Größen wird der Nackenlippenwert erhalten, dessen Dimension in hum angegeben wird. Die übliche Größenordnung bewegt sich im Bereich von Nanohumen.

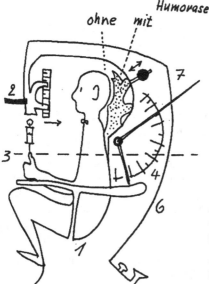

Abb. 2. Meßvorrichtung zur Bestimmung unbekannter Humorasekonzentrationen im vergleichenden Standardtest.
1-Halterung, 2-Fixiergabel, 3-Daumen-Zwerchfell-Linie, 4-Nackenwinkelradiant, 5-Lippenlängenzirkel, 6-Nackenreizknopf, 7-Daumengleichrichter.

3.2. Zwerchfellanatomie

Es steht außer Zweifel, daß die Humorasewirkung auf das Zwerchfell abzielt. Die Rumpfhaut enthält die als Lachmanmal'sche Nester bezeichneten Zellkomplexe, in denen erhebliche Mengen Calciumhumorat (CaHU$_4$) gespeichert wird. Der Anreicherungsgrad und damit die Aktivitätsbereitschaft ist eindeutig aus der Mitochondrienverteilung abzulesen. Während im Humorat-armen Zustand die Partikelgruppen in der Nähe der Zentralvakuole angeordnet sind und die fatal gelegenen Mikronuclei flankieren, zeigen die reaktionsbereiten Zellen einen veränderten Drehwinkel der apikalen Mitochondrienketten und eine Knikkation der basalen Schnur nach aufwärts.

3.3. Bioschematisches

Die in der Blutbahn ausgeschiedene Humorase gelangt nun an den Rand solcher Zelltypen und repremiert unverzüglich die Repression einer typischen Permease, was aus der kompetiven Hemmbarkeit mit a-Methylhumorase und aus dem auftreten der Übersättigungskinetik zu entnehmen ist (LEINWEBER und BÖRK, 1943). Das eindringende Enzym findet das Calciumhumorat vor und löst folgende Reaktionskette aus: wie in Abbildung 3 dargestellt ist, lagert sich der Fermentkomplex sofort an ein Ca-Ion an und löst sich langsam in 3 Untereinheiten auf. Die einzelnen Monomeren sind ungleich groß, wobei die Zentralmonomere in der Mitte verharrt. Die kleineren Komponenten rücken an den jeweiligen Bogenrand und biegen dadurch die Ca-Rundung auf. Wie Versuche mit C^{14}a ergeben haben, wird die Bindung zum

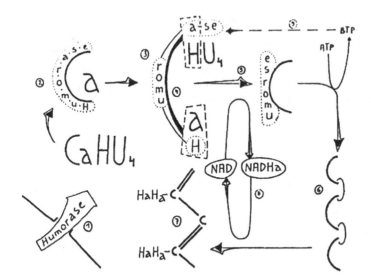

Abb. 3. Reaktionsablauf der intracellularen Humorasewirkung
1-Humorasepermation, 2-Adsorption, 3-Monomerenbildung der Humorase, 4-Aufbeugen der C-Struktur, 5-Abspaltung der Ha-Gruppen, 6-C-Polymerisation, 7-Bildung der HaHa-Dimere und Anlagerung an C-Gerüst, 8-Rückkopplung des NAD/NADHa-Systems, 9-allosterische Aktivierung der Humorase durch BTP.

a gelockert, welches durch die Schwerkraft nach unten gezogen wird. Es gelangt in die unmittelbare Nachbarschaft des H-Partikels und drängt seinerseits die HU_4-Anionen in den Bereich des ase-Monomers. Diese Konfiguration bietet den NAD-abhängigen Ironasen(*cis-trans*-Ironie) genügend sterische Voraussetzungen, um eine Übertragung der beiden Ha-Gruppen unter Bildung von 2 NADHa zu ermöglichen. Die verbleibenden C-Fragmente lagern sich sofort zu langen C-Ketten zusammen wobei der Humoraserest »seumor« Matrizendienste leistet und außerdem ATP in BTP umgewandelt wird. Hiermit entsteht auch der Effektor, der die allosterische Aktivierung der Humorase zur Monomerenbildung veranlaßt.

Die Anlagerung der beiden Ha-Gruppen an das C-Gerüst geschieht ganz zwanglos unter Bildung von HaHa-Dimeren, die nach vollendeter Reaktion ein poly-HaHa-Dien ergeben. Es muß erwähnt werden, daß bisweilen auch Mehrfachkombinationen wie HaHa oder zyclische Varianten, dreimal kurz-gebunden, vorkommen.

Wir müssen erwähnen, daß die Einführung anderer Kationen in das Humorat an dem grundsätzlichen Verhalten nichts ändert. So bilden sich aus Ci-Ionen (Cink) Hi-Hi-, aus Cu (Cupfer) HuHu- und aus Cä (Cäsium) HäHä-Gruppen, die lediglich in ihren Anlagerungsgeschwindigkeiten unterschiedlich sind:$K_{Hi} > K_{Hu} > K_{Hä}$. Co (Cobalt) bildet dagegen nur HOO-Gruppen. Als ausgesprochene Nonsense-Kombination wurden Aha- und Oho-Radikale gefunden, die jedoch Zwerchfell-negativ reagieren.

3.4. Aussichten

Es liegt auf der Hand, angesichts der hier vorgetragenen Ergebnisse den Wunsch zu hegen, kristallisierte und gereinigte Humorase für offizielle und persönliche Experimente in brauchbaren Mengen herzustellen. Die Aussichten dafür sind jedoch gering. Zum einen wird die Gewinnung aus mikrobischen oder humanen Organismen auszuschließen sein, denn bei den bisher bekannten Aufarbeitungsverfahren hätten gerade die in Frage kommenden Objekte nichts zu lachen. Zum anderen besteht die Gefahr eines groben Mißbrauches inform der Süchtigkeit.

E.-J. BORMANN, Jena (1968)

Literatur:

Asuff, A.: J. negat. Condit. *2*, 312 (1961).
Dito, A: Arch. Gen. Nonsense *8*, 18 (1962)
Kau, A: Cow Proceed. *111*, 165 (!)§(9:
Leineweber, A. und Börk, A.: Textilwiss. *1*, 1 (1943).

Malso, A. und Malso, A. A.: Z.intern. Lach. *23*, 2345 (1960).

Zur Differenzierung der Forschung – Kurzstudie aus der Wissenschaftsorganisation

Während die Integration der Wissenschaft sehr starke Bemühungen erfordert und angesichts des enormen Fortschritts auf den vielen Spezialstrecken ein fast aussichtsloses Unterfangen ist, war die Einheit der Forschung eigentlich lange Zeit kaum umstritten. Zumindest der mit der Forschung betraute Wissenschaftler wußte meistens, was damit gemeint war. Hier begann vor etwa eineinhalb Jahrzehnten ein rasanter Entwicklungs- und Differenzierungsprozeß, so daß heute kurzes Nachdenken etwa zwei Dutzend verschiedene Forschungen zutage fördert deren Bezeichnungen entweder aktenkundig oder zumindest Sprachgebrauch sind, und die zwar nicht jeder versteht, jeder aber schon einmal gehört hat.

Nachdem sich eine globale Einteilung in *Streßforschung* und *Hobbyforschung* als zu einseitig erwiesen hatte und die Unterteilung in Akademieforschung, Hochschulforschung und Industrieforschung mehr den Standort als das Wesen der Forschung gekennzeichnet hatte und nachdem *Auftragsforschung, Komplexforschung, Kooperationsforschung, Vertragsforschung* und *Schwarzforschung* mehr den buchhalterischen Aspekt einer stets mit staatlichen Mitteln betriebene Forschung angesprochen hatten, mußte man zu tiefgründigeren Unterscheidungen kommen. Man glaubte sie in der Unterteilung in *Grundlagenforschung, Applikationsforschung, Überführungsforschung* und *Rationalisierungsforschung* gefunden zu haben, mußte aber erkennen, daß man damit die babylonische Sprachverwirrung noch angeheizt hatte. Denn die *Grundlagenforschung* als der am weitesten vom industriellen Erlös entfernte Zweig sah sich nun zur Flucht durch die Rubriken *Basisforschung* (ein erster, unroutinierter Fluchtversuch, da einfache Übersetzung), *Erkundungsforschung, Informationsforschung, Initiativforschung* (jede Forschung erkundet, sucht Informationen, erfordert Initiative), *Suchforschung* und *Vorlaufforschung* veranlaßt, während weitere neue Begriffe wie *Anpassungsforschung* (die nicht etwa sich selbst, sondern Übersehbares ihren Möglichkeiten anpaßt) und *Beobachtungsforschung* (die nur noch beobachtet, was andere machen) geschaffen wurden. Während *Projektforschung* noch ein stolzes Wort ist, das dem Betreiber den kleinlichen Nachweis seiner Nützlichkeit erspart, und auch *Spitzenforschung* zumindest Diskussionen um ihr Niveau unterläuft, konnten nur kleine Neider die Begriffe *Überschriftenforschung* und *Prestigeforschung* in Umlauf setzen. Dagegen trägt der Begriff *Alibiforschung* ein Körnchen Kritik an sich, da sie offensichtlich dort betrieben wird, wo andere Bemühungen nötig wären.

Dringend benötigt wird eine Forschungs-Integrationsforschung, zumindest in der Auswahl der Bezeichnungen.

ERNST SCHMITZ, Berlin (1983)

Zwölftes Kapitel
Those who can do, those who can't teach – *Chemische Didaktik*

Chemieunterricht, so soll ein entnervter Oberstudienrat einmal gestöhnt haben, gleiche manchmal dem Versuch, einem lahmen Pferd das Orgelspielen beibringen zu wollen. Nun haben Pädagogen für Schüler aller Altersstufen didaktische Methoden entwickelt und so aus der Pädagogik ihrerseits ein zur Schaffung von dringend benötigten Planstellen überaus nützliches Lehrfach gemacht, welches das Faktum halsstarrig verleugnet, daß jemand eben pädagogisches Talent hat oder eben nicht.

Kurz: LBLDHKS – Langweiler bleibt Langweiler, da helfen keine Seminare.

Dumm ist nur, daß die Schüler sich zuvor meist nicht mit Erziehungswissenschaft befaßten und daher überhaupt nicht wissen, wie sie sich der Theorie nach zu verhalten haben. Aber dem Chemiker geht es ja mit seinen Molekülen so ähnlich; auch diese weigern sich partout das zuständige Lehrbuch zu lesen, und so racemisieren die Azide der Aminosäuren trotz strengen Verbots der Autoren eben doch. Und im Schulwesen bleibt bei den in Personalangelegenheiten unerläßlichen Lehrproben ein Verweis auf der didaktischen Orthodoxie zuwiderlaufende Unterrichtsmethoden immer noch das probate Filter zur Abtrennung von fachlich kompetenten Stellenbewerbern, etwa wenn die Struktur des bereits vorhandenen Lehrkörpers verbietet, jemanden einzustellen, der was kann: Beim Probespiel zur Aufnahme in die Krähwinkeler Dorfkapelle hat er zwar brillant gefiedelt wie kein zweiter – aber schaut euch mal seinen indiskutablen Fingersatz an. Durchgefallen, Signore Paganini!

Dieses sogenannten Meistersinger-Effekts (»versungen und vertan«) ungeachtet tut didaktisch sinnvoll gestalteter Chemieunterricht wirklich not. Schon zu früheren Zeiten war der Mangel an naturwissenschaftlicher Allgemeinbildung erschreckend, wie der volkstümliche Liedtext beweist: »Wohlauf in Gottes schöne Welt, lebe wohl, ade«. Bis jetzt ist noch alles in Ordnung; zumindest religiös empfindende Menschen werden unter Verweis auf Psalm 24 (»Die Erde ist des Herrn ...«) sich an »Gottes schöner Welt« nicht stören. Aber dann kommts gleich knüppeldick: »Die Luft ist blau und grün das Feld« Autsch! Luft mag in kondensierter Phase bei knapp minus zweihundert Grad einen leicht bläulichen Stich haben, über dem grünen Feld jedoch liegt sie eindeutig als farbloses Gas vor. Damit hätte man ohne metrische Probleme die Verse auch physikalisch korrekt einrichten können: »Wohlauf in Gottes schöne Welt, (...) , die Luft ist farblos, grün das Feld (...)«.

Neben diesem nicht so ganz ernstzunehmenden Einwand gibt es ernstere. Der ernsteste dürfte wohl derjenige sein, daß der Mensch nicht die Natur beherrschen kann, erst recht nicht gegen sie kämpfen sollte, und hätte er eine noch so große Überdosis Hemingway intus. Wenn er die Zusammenhänge in der Natur nicht wenigstens ansatzweise begreift, wird er es infolge selbstverschuldeten Aussterbens auch bald nicht mehr benötigen – hochnäsige Ignoranz zerstört meist mehr als tumber Vandalismus.

Die Chemie ist gottlob immer noch primär eine praktische Wissenschaft, und wenn es im Laboratorium zur Sache geht, weist sich eine an Hausgeräten wie Schlagbohrmaschine, Staubsauger, Kettensäge oder Klavier geschulte Hand recht zweckdienlich. Ohnehin macht diese Form der *vita activa* einen guten Teil der Attraktivität des Chemiestudiums aus, ob es der Praktikums-Präparateplan (auch Köchelverzeichnis genannt) ebenso tut, sei dahingestellt. Häufig dienen die seit der Kubakrise nicht mehr wesentlich revidierten Synthesestufenlisten leider nur der Metamorphose halbwegs sauberer Edukte zu hübsch in Präparategläschen verpacktem und vom Her-

Humoristische Chemie. Herausgegeben von Jakobi, Hopf
Copyright © 2004 WILEY-VCH Verlag GmbH & Co. KGaA, Weinheim
ISBN: 3-527-30628-5

steller als Erzeugerabfüllung handsigniertem Sondermüll. Aber man behält diese Masche eben bei wie die obere waagerechte Stange am klassischen Herrenfahrrad, welche die Verkehrssicherheit nicht im gleichen Maße erhöht wie sie die menschliche Anatomie verhöhnt. Mancher hat nach einem Impulsaustausch mit besagtem Konstruktionsfehler einige Zeit freiwillig auf die Teilnahme an Verkehr jeglicher Art verzichtet ...

Doch zurück zur Didaktik, denn der geneigte Leser ahnt schon, worauf die Sache hinausläuft: Phantasie im Lehrplan ist gefragt, Phantasie von der Orientierungsstufe bis zum Diplom, Phantasie kontra Erstarrung. Und daß es dabei auch etwas zu lachen gibt, tut der pädagogischen Zielsetzung keinerlei Abbruch – aber lesen Sie selbst.

Dr. Eisenbarths Vorexamen

Aus undichter Stelle in Berlin sind Vorabinformationen über zu erwartende multiple-choice*-Fragen des nächsten Mediziner-Physikums durchgesickert. Zwei Beispiele:

1. Bei der Kondensation von Alkohol (z. B. Spätburgunder) mit Essigsäure (z. B. Kräuteressig) entsteht:
a) Weihwasser
b) Meerwasser
c) Mehr Wasser als man denkt
d) Brackwasser
e) Alle Alternativen sind alternativ.

2. Zu einer Mischung aus Toluol, Muskat und Penaten-(1)-creme geben Sie bei 31 °C der unbekannten Substanz E 605. Was passiert?
a) Das System dissoziiert gelb und explodiert schlagartig
b) Es entseht diffusionskontrolliert die pinkfarbene Verbindung 4-Butyl-1-(p-hydroxyphenyl)-2-phenylpyrazolidin-3,5-dion-monohydrat.
c) Das Gleichgewicht reagiert gelassen und verschiebt sich gelangweilt nach unten
d) Der pH verschwindet antarafacial
e) Keine der Alternativen ist richtig, besonders die dritte

N. N. (1986)

---

*) nach Kenntnis der Herausgeber wird dieser Verbalimport von Betroffenen häufig ähnlich wie »multipel Scheiß« (pardon!) ausgesprochen.

Ratschläge für mündliche Prüfungen

Die mündliche Prüfung verfolgt einige einfache Ziele. In dieser kurzen Mitteilung werden diese Ziele herausgestellt, und es werden praktische Ratschläge für ihre Durchführung gegeben. Die sorgfältige Beachtung dieser elementaren Regeln gewährleistet eine wirklich erfolgreiche Prüfung.

Vom Standpunkt des *Prüfenden* soll die mündliche Prüfung folgendes bezwecken:

A. den Prüfenden gewandter und klüger als den Prüfling oder als die anderen Prüfenden erscheinen zu lassen, um das eigene Selbstbewußtsein zu stärken.

B. den Prüfling so gut wie möglich in der Prüfung auszupressen, um die unangenehme und zeitraubende Beurteilung und Entscheidung nach Abschluß der Prüfung zu erübrigen.

Diese beiden Ziele können durch folgende bewährte Regeln erreicht werden:

1. Vor Beginn der Prüfung machen Sie dem Prüfling klar, daß seine ganze berufliche Laufbahn von dem Ausfall der Prüfung abhängen kann. Betonen Sie die Wichtigkeit und die Feierlichkeit der Angelegenheit. So weisen Sie dem Prüfling sogleich den ihm zukommenden Platz zu.

2. Werfen Sie dem Prüfling zuerst eine schwierige Frage an den Kopf. Dies ist sehr wichtig, denn wenn die erste Frage hinreichend schwierig und verwickelt ist, wird ihn das so verwirren, daß er weitere Fragen, seien sie auch noch so einfach, nicht beantworten kann.

3. Seien Sie reserviert und ungnädig, wenn Sie sich an den Prüfling wenden, aber ausgesprochen freundlich und heiter, wenn Sie mit den anderen Prüfenden sprechen. Sehr wirkungsvoll ist es, spaßige Bemerkungen zu den anderen Prüfenden über des Prüflings Haltung und Leistung zu machen. Sie isolieren ihn, wenn Sie so tun, als ob er nicht im Zimmer wäre.

4. In seinen Antworten und Lösungen soll der Prüfling Ihren möglichst undurchsichtigen Gedankenwegen folgen. Bringen Sie ihn in Bedrängnis, bauen Sie Beschränkungen und Klauseln in jeder Frage ein. Kurz und gut, komplizieren Sie ein an sich einfaches Problem möglichst weitgehend.

5. Verleiten Sie den Prüfling zu einem trivialen Trugschluß, und lassen Sie ihn sich so lang wie möglich den Kopf darüber zerbrechen. Just, wenn er seinen Irrtum bemerkt, bevor er ihn selbst aufklärt, berichtigen Sie ihn vorwurfsvoll selbst. Dies erfordert wirkliches Einfühlungsvermögen, das nur durch einige Praxis erworben werden kann.

6. Wenn der Prüfling tief in eine Falle geraten ist, führen Sie ihn niemals heraus, sondern seufzen Sie und wechseln Sie das Thema.

7. Stellen Sie Nebenfragen wie z.B. »Lernten Sie das etwa in Freshmans Calculus?« *(in den USA gebräuchliche billige Einführungsschriften)*

8. Erlauben Sie dem Prüfling keine klärenden Rückfragen. Wiederholen oder klären Sie niemals Ihre eigene Stellungnahme zu dem Problem. Sagen Sie ihm, daß er nicht zu laut zu denken habe, sondern daß nur eine klare Antwort erwünscht sei.

9. Alle paar Minuten sollten Sie ihn fragen, ob er nervös sei.

10. Setzen Sie sich und die anderen Prüfenden so, daß der Prüfling nicht alle Herren zugleich sehen kann. So können Sie ihn leicht in eine Art Kreuzfeuer nehmen.

Warten Sie, bis er sich von Ihnen ab und einem anderen zuwendet, dann richten Sie eine kurze direkte Frage an ihn. Bei geeigneter Absprache unter den Prüfenden ist es unter günstigen Bedingungen möglich den Prüfling in ständiger drehender Bewegung zu erhalten. Dies hat im allgemeinen denselben Effekt wie das Vorgehen bei Punkt 2.

11. Setzen Sie sich als Prüfender eine Brille mit dunklen Gläsern auf. Undurchschaubarkeit ist stets entnervend.

12. Wenn die Prüfung zu Ende ist, sagen Sie dem Prüfling: »Fragen Sie nicht nach, ob Sie bestanden haben, sondern warten Sie ab, bis wir Sie benachrichtigen werden«.

N. N. (1958), nach einer unbekannten US-amerikanischen Quelle
(Vermutung der Herausgeber: JOSEPH MCCARTHY)

Testen Sie Ihr Fach-Englisch

Bitte die jeweils zutreffende Übersetzung ins Deutsche ankreuzen.

1. Birch reduction
   a) Gebührenermäßigung für Nachkommen von Prof. Birch
   b) Strafe für falsches Anspiel beim Brigde
   c) Pulverisierung von Birken bei tiefen Temperaturen
   d) Anwendung von Birkensaftflußmitteln

2. Bitter principles
   a) Teenager-Bezeichnung für die zehn Gebote
   b) Kasernenordnung für Rekruten
   c) Ärztliche Ratschläge für eine gesunde Lebensführung
   d) Richtlinien für das Regelstudium

3. Catalysis
   a) Geburtenkontrolle bei Katzen
   b) Schiller-Drama (Fragment) über den römischen Konsul Cato
   c) Katalanische Göttin der Fruchtbarkeit
   d) Raketenstart von Katapulten

4. Chemical shift
   a) Schichtarbeitsplan in der chemischen Industrie
   b) Schmuggel mit Chemikalien
   c) Selbstmord mit Cyankali, Arsenik usw.
   d) Verrücken von Felsbrocken mit Hilfe von Explosivstoffen

5. Conformational analysis
   a) Gegensatz zu *Non*conformational analysis
   b) Erforschung des Verhaltens von Mittelständlern
   c) Aufnahmeprozedur bei politischen Parteien
   d) Eignungstest für Filmschauspielerinnen

6. Luciferin
   a) Titel der Großherzogin von Luxemburg
   b) Kürzester Weg zur Hölle
   c) Beleuchtete Liebesgondel
   d) Behälter für vormenschliche Funde

7. Optical activity
   a) Kontaktaufnahme mit dem anderen Geschlecht
   b) Mildtätigkeit in Gegenwart von Dritten
   c) Hausieren mit Brillen und Fernrohren
   d) Beobachtungen durchs Schlüsselloch

8. Royal jelly
   a) Erstklassige Marmelade
   b) Inhalt von ägyptischen Mumien
   c) Wackelpudding der englischen Königin
   d) Gehirn des männlichen Löwen

9. Normal potential
   a) mittelmäßige Begabung
   b) Vertraglich garantierte Kriegsausrüstung
   c) Kleines Sparguthaben
   d) Zeugungsfähigkeit

10. Top quark
    a) Spitzenprodukt der Molkerei-Industrie
    b) Zerbrochener Kreisel
    c) Tortenguß
    d) Gigantischer Unsinn

11. Semiconductor
    a) Vertreter des Fahrdienstleiters
    b) Schadhaftes Treppengeländer
    c) Mitglied des Politbüros
    d) Unmanierlicher Mensch

12. Hyperfine coupling
    a) Befruchtung im Reagenzglas
    b) Telefonische Kontaktaufnahme

c) Geldgeschäft bei Großbanken
d) Partnerwahl in Adelskreisen

N. N. (1995)

Neue Gemeinsamkeit – Studenten, Assistenten, Räte und Professoren

Die grundgesetzlich geschützte Freiheit von Forschung und Lehre sei eine Freiheit der Professoren von Forschung und Lehre – glauben Sie das nicht! Und das institutionelle, fast naturhafte, unauslotbare Mißtrauen zwischen den Bevölkerungsgruppen der Alma Mater, und das achtungs-mißachtungsreiche Miss-Verhältnis zwischen Universitäten und Wissenschaftsministern, und die einfältige Überheblichkeit der chemischen Industrie gegenüber der jeweiligen Regierung? Gewäsch!

Es sind, wir konzedieren es mit Freude, wieder die Kölner, die neue Wege gehen. In den frühen sechziger Jahren haben nur die Professoren geklagt, einige Jahre später taten's die Studenten, in den siebziger Jahren klagten alle (außer den Assistenten – und die sind übler dran als Assessoren und Referendare –, die auf den Gesetzgeber hofften und noch hoffen). Am meisten wird über Klausuren und Abschlußkolloquien nach den Praktika geklagt, die die Götter vor die Zulassung zur Vor- und Hauptprüfung gesetzt haben. So viele sind's:

	Vor-		Haupt-
		Prüfung	
Anorganische Chemie:	6 + 2*)		1 + 1
Organische Chemie:	4		
Physikalische Chemie:	2 + 2		2 + 2
Mathematik + Physik:	2 + 4		
Ringvorlesung			
(Physikalische Methoden der Strukturaufklärung):		6	

*) numerus clausus internus.

Die Professoren und Räte denken die Fragen aus, die Studenten lösen sie, die Assistenten und Hilfskräfte haben wochenlang anregende und erheiternde Lektüre. Wer's beim erstenmal nicht schafft, darf's ein zweites, drittes, n-tes Mal probieren. Manche schaffen's nie, und deshalb nennt man das eine Ehochminus-funktion.

Dieser immense Aufwand, um den Wissenstand einer begrenzten Population festzustellen, konnte auf die Dauer auch den Hütern der Wissenschaft nicht verborgen bleiben. Abhilfe war nur möglich durch Einsparung der ohnehin vom Minister schon umgewidmeten Assistenten durch das neue Computer-Terminal, und dieses wiederum ließ sich nur durch Einführung computergerechter Fragen (nebst Antworten) einsetzen. Diese Fragen mußten eindeutige Antworten ermöglichen (ja – nein – weiß nicht), und das verlieh den Fragen eine völlig neue Qualität. Nicht mehr Wissen (»Berechnen Sie die freie Enthalpie der reversiblen Verbrennung von 1 mol Isooctan«), sondern richtiger Instinkt und freie Assoziation bringen den Erfolg. Hier (mit freundlicher Erlaubnis des Fachgruppenvorsitzenden) je drei Fragen aus den Fragebögen der Kernfächer:

Allgemeine und Anorganische Chemie: Was ist

der Cotton-Effekt?
❏ Baumwoll-feeling (reinlicher Griff)
❏ hat was mit Circulardichroismus zu tun
❏ gibt's gar nicht

ein Ligand?
❏ hartnäckiger Liebhaber, ständiger Begleiter
❏ Prüfungskandidat
❏ hat was mit Komplexen zu tun

die Koordinatenzahl?
❏ Maximale Zahl von Freund(en/innen), die ein(e) Chemiker(in) nach dem Diplom verkraften kann
❏ wie oben, bezieht sich aber auf einen Theologen vor der Ordination (daher auch »Proordinationszahl«)
❏ hat was mit dem Zentralatom in Komplexen zu tun

Organische Chemie: Was ist

ein Sulton?
❏ orientalischer Potentat
❏ cyclischer Sulfonsäureester
❏ schweißtreibendes Mittel (CIBA-Geigy)

das Arin?
❏ Gewürz (curry-ähnlich)
❏ Zwischenstufe bei Substitutionsreaktionen an Aromaten
❏ Benzinmarke (blauweiß)

das Kakodyl?
❏ Rohstoff für die Harnsäuregewinnung (Schlangenexkrement)
❏ neuguinensische Vogelart
❏ Abluft eines chemischen Institutes

Physikalische Chemie: Was ist

ein Potentat?
❏ Spannungsteiler
❏ Maß für die (elektrische, chemische usw.) Arbeitsfähigkeit eines Systems
❏ akademische Institution

quenchen?
❏ ad hoc erfundenes Verbum (einziges Wort, das sich auf »Menschen« reimt)
❏ etwas Unanständiges
❏ löschen (Durst, Fluoreszenz, Tintenklecks)

die Candela?
❏ Karnevalsbonbon (vulgo »Kamelle«)
❏ Selten gebrauchte SI-Einheit
❏ Freundin des Professors

Kreuzen Sie höchsten ein Kästchen an; manchmal mag es besser sein, gar keines anzukreuzen. Machen Sie unwissenschaftliche Fragen kenntlich; unwissenschaftliche Antworten können richtig sein!

Die erste Resonanz auf diese neuartigen Klausurfragen war überwältigend positiv: Dekan der Math.-Nat. Fakultät: *Grandios! Wir sparen in der Chemie den ganzen Mittelbau und können vielleicht sogar Lehrstühle umwidmen. (Wir habilitieren ohnehin nur noch in Genetik und Physik.)*

Forschungsleiter der bekannten chemischen Firma Niripsa: *So kommen wir unserem Ziel näher, die jungen Chemiker möglichst bald nach Abitur und Wehrdienst einstellen zu können. Sie sind von der Hochschule kaum verbildet, können bei uns was Ordentliches lernen und steigen ziemlich unten im Tarif ein. In sofern sind wir auch mit dem Ziel der Regierung »Öffnet den Ausgang der Hochschulen!« völlig konform.*

Minister für Wissenschaft und Forschung des größten Bundeslandes, Giovanni Rudo: *Ich habe längst erkannt und auch immer wieder deutlich gemacht, daß Gesetze eine Fetischfunktion erfüllen. Dies gilt, wie sollte es anders sein, besonders für unsere HSchG: Wer glaubt, es hülfe, dem möge sein Glaube helfen. Die Kölner Chemiker sind zu loben. Die Basis schafft Neuerungen, Gesetze tuns nicht.*

Wollen wir hier zurückstehen? Nein, wir rufen: Weiter so!

N. N. (1978)

Zur Motivation der Emanzipation der jungen Generation

Als Gott die Welt geschaffen hatte und allen Kreaturen ihre Lebenszeit bestimmen wollte, kam der Esel und fragte: »Herr, wie lange soll ich leben?« – »Dreißig Jahre«, antwortete Gott, »ist dir das recht?« – »Ach Herr«, erwiderte der Esel, »das ist eine lange Zeit. Bedenke mein mühseliges Dasein: von Morgen bis in die Nacht schwere Lasten tragen, Kornsäcke in die Mühlen schleppen, damit andere das Brot essen, mit nichts als mit Schlägen und Fußtritten ermuntert und aufgefrischt zu werden! Erlaß mir einen Teil der langen Zeit.« Da erbarmte sich Gott und schenkte ihm achtzehn Jahre. Der Esel ging getröstet weg, und der Hund erschien. »Wie lange willst du leben?« sprach Gott zu ihm, »dem Esel sind dreißig Jahre zuviel, du aber wirst damit zufrieden sein.« – »Herr«, antwortete der Hund, »ist das dein Wille? Bedenke, was ich laufen muß, das halten meine Füße so lange nicht aus; und habe ich erst die Stimme zum Bellen verloren und die Zähne zum Beißen, was bleibt mir übrig, als aus einer Ecke in die andere zu laufen und zu knurren?« Gott sah, daß er recht hatte, und erließ ihm zwölf Jahre. Darauf kam der Affe. »Du willst wohl gerne dreißig Jahre leben?« sprach der Herr zu ihm, »du brauchst nicht zu arbeiten wie der Esel und der Hund und bist immer guter Dinge.« – »Ach Herr«, antwortete er, »das sieht so aus, ist aber anders. Wenn's Hirsenbrei regnet, habe ich keinen Löffel. Ich soll immer lustige Streiche machen, Gesichter schneiden, damit die Leute lachen, und wenn sie mir einen Apfel reichen und ich beiße hinein, so ist er sauer. Wie oft steckt die Traurigkeit hinter dem Spaß! Dreißig Jahre halte ich das nicht aus.« Gott war gnädig und schenkte ihm zehn Jahre.

Endlich erschien der Mensch, war freudig, gesund und frisch und bat Gott, ihm seine Zeit zu bestimmen.

»Dreißig Jahre sollst du leben«, sprach der Herr, »ist dir das genug?« – »Welch eine kurze Zeit!« rief der Mensch, »wenn ich mein Haus gebaut habe und das Feuer auf meinem eigenen Herd brennt; wenn ich Bäume gepflanzt habe, die blühen und Früchte tragen, und ich meines Lebens froh zu werden gedenke, so soll ich sterben! O Herr, verlängere meine Zeit.« – »Ich will dir die achtzehn Jahre des Esels zulegen«, sagte Gott. »Das ist nicht genug«, erwiderte der Mensch. »Du sollst auch die zwölf Jahre des Hundes haben.« – »Immer noch zu wenig.« – »Wohlan«, sagte Gott, »ich will dir noch die zehn Jahre des Affen geben, aber mehr erhältst du nicht.« Der Mensch ging fort, war aber nicht zufriedengestellt.

Also lebt der Mensch siebenzig Jahr. Die ersten dreißig sind seine menschlichen Jahre, die gehen schnell dahin; da ist er gesund, heiter, arbeitet mit Lust und freut sich seines Daseins. Hierauf folgen die achtzehn Jahre des Esels, da wird ihm eine Last nach der anderen aufgelegt: er muß das Korn tragen, das andere nährt, und Schläge und Tritte sind der Lohn seiner treuen Dienste. Dann kommen die zwölf Jahre des Hundes, da liegt er in den Ecken, knurrt und hat keine Zähne mehr zum Beißen. Und wenn diese Zeit vorüber ist, so machen die zehn Jahre des Affen den Beschluß. Da ist der Mensch schwachköpfig und närrisch, treibt alberne Dinge und wird ein Spott der Kinder.

Der vorstehende Text ist ein wenig bekanntes Märchen aus der Sammlung der Gebrüder Grimm.

N. N. (1968)

Schulweisheiten

Es ist gewiß nicht ganz fair, Schülerantworten dem Gelächter preiszugeben, doch scheinen uns die folgenden Ausführungen amerikanischer Schüler so treffend zu sein, daß wir sie unseren Lesern nicht vorenthalten wollen. (Anmerkung der Herausgeber: Schon lange vor der Pisa-Studie erreichten bisweilen die Äußerungen von Nachwuchsbürgern – wohl nicht immer ganz freiwillig – philosophischen Tiefgang; auch in der Neuen Welt).

Benjamin Franklin produced electricity by rubbing cats backward.

The theory of evolution was greatly objected to because it made men think.

To remove air from a flask, fill the flask with water, tip the water out, and put the cork in quickly.
A vacuum is a U-Tube with a flask at one end.

The cuckoo does not lay its own eggs.

Parallel lines never meet unless you bend one or both of them.

Algebraic symbols are used when you do not know what you are talking about.

An axiom is a thing that is so visible that it is not necessary to see it.

A circle is a line which meets its other end without ending.

A super saturated solution is one that holds more than it can hold.

Blood flows down one leg an up the other.

One should take a bath once in the summer time and not quite so often in the winter.

N. N. (1954)

Dreizehntes Kapitel

Neuerungen machen Eindruck ... – *Hochschul- und Studienreform*

Auf Schleiermacher soll das Bonmot zurückgehen, daß Neuerungen immer Eindruck machen, aber leider nur selten den, den sie sollten. »Neue Besen kehren gut«, hält Volkes Stimme dagegen. Meistens wirbeln sie aber nur viel Staub auf, was bisweilen zu Verwechslungen führt.

Im Normalfall darf man den geistigen Eltern von Reformen durchaus honorige Absichten unterstellen, außerdem braucht es zum Abwurf überkommenen Ballastes oft ein gewaltiges Potential an Mut bis hin zur Dreistigkeit; besitzt der Reformer zuviel davon, kann der Schuß auch nach hinten losgehen – im Extremfall mit letalem Ausgang (Hus, Süß-Oppenheimer, Struensee, Stolypin, Nagy und andere). Trotzdem: mancher Moderpilz der Geschichte bildete unter Einwirkung des Das-haben-wir-schon-immer-so-gemacht-Enzyms fortschrittsresistente Sporen aus; und die den Untertanen kommunal verordnete Räum- und Streupflicht ist im Grunde genommen nur ein Relikt des Frondienstes vergangener Zeiten. Auch Mutanten finden sich unter den Saprophyten: verfügte früher der Fürst unter Hinweis auf sein Gottesgnadentum höhere Abgaben, wird heute die administrative Abzocke mittels »Wählerauftrag« und »sozialer Bindung des Eigentums« legitimiert. Wobei nichts prinzipielles gegen Steuern einzuwenden ist – wenn jeder Kaninchenzuchtverein Mitgliederbeiträge erhebt, warum sollen es denn Staat und Kirche nicht tun?

Umgekehrt ist auch der unumschränkte Glaube an den Fortschritt ein gefährlicher Aberglaube. Nicht immer sind moderne Zeiten bessere Zeiten – die Neuzeit begann bekanntlich mit Hexenwahn und Kolonialismus, denn wo man den ideologisch durchtränkten Intellektuellen das Feld überläßt, hagelt es irgendwann Leichen. Dabei hat alles vermutlich nur mit einer Fehlinter-pretation begonnen, aus der man dann seiner eigenen Paranoia eingedenk eine »wissenschaftliche« Theorie bastelte. Vergleichbar dem graphologischen Gutachten, welches ein im Personalwesen reformeifriger Chef obligatorisch eingeführt hatte, es sogleich über einen neuen Stellenbewerber einholte, und das letzterem wegen der am rechten Blattrand nach oben führenden Schriftzeilen eine optimistisch-zupackende Haltung bescheinigte. In Wirklichkeit hatte den Probanden just sein Manschettenknopf an der Tischkante ein wenig sterisch gehindert, außerdem lag das Papier für die Schriftprobe leicht schräg. Noch während der Probezeit entpuppte sich der Hoffnungsträger als Trantüte. Der Boß genas schlagartig seines Irrglaubens, und der Proselyt wurde unauffällig geschaßt. Gottlob entscheiden Reformen nicht immer über persönliche Schicksale. Außerdem kann der Reformer nur selten für alle Folgen seiner Aktivität bürgen. Es hängt auch von den äußeren Parametern ab: Wenn das Wetter nicht mitspielt, werden die Zwetschgen eben nicht viel größer als Schlehen und schmecken auch so. Dann kann es sein, daß eine Reform zunächst mit Erfolgen beginnt, irgendwann aber im diffusen Milieu versickert (Musikinteressierte denken vielleicht an den Kopfsatz von Tschaikowskys erstem Klavierkonzert, der ja auch so schön anfängt ...). Eine weitere Variante ist die kontinuierliche Überschwemmung mit neuen Ideen in der Hoffnung, die werden sich schon irgendwie einfahren wie der auf den Asphalt gestreute Rollsplitt. Dieser fährt sich auch tatsächlich ein, allerdings vorwiegend in die Reifenprofile; der Rest sorgt für Lackschäden, verringert die Verkehrssicherheit und wird vom nächsten Wolkenbruch in den Graben geschwemmt, wo er auch noch den Abfluß verstopft: Kanal voll – wie bei der Reform.

Humoristische Chemie. Herausgegeben von Jakobi, Hopf
Copyright © 2004 WILEY-VCH Verlag GmbH & Co. KGaA, Weinheim
ISBN: 3-527-30628-5

Wenn in den folgenden Texten von Reformen im Bildungswesen die Rede ist, bestätigt sich erneut die Erkenntnis des Jan Amos Komensky, besser bekannt unter dem Namen Comenius, der – als pädagogischer Reformer des 17. Jahrhunderts einer der Erfinder des Anschauungsunterrichtes – resignierend feststellte: »Für die Schwierigkeiten beim Lernen sorgt die Schule selbst«.

Doktoranden-Gespräche: Gestern, heute, morgen

Gestern

»Guten Morgen, Herr Geheimrat!«

»Ich habe Sie nicht rufen lassen.«

»Herr Geheimrat entschuldigen, Herr Geheimrat haben mir vor drei Monaten einen Termin für heute, 10 Uhr gegeben.«

»Ach, wirklich. Nein, das tut mir leid. Kommen Sie herein – ich habe nur sehr wenig Zeit. Worum geht es?«

»Ich möchte gerne bei Herrn Geheimrat eine Dissertation in Chemie aufnehmen.«

»Ich setze voraus, Sie sind imstande, die erheblichen Kosten einer Chemie-Dissertation aus eigenen Mitteln zu bestreiten.«

»Jawohl, Herr Geheimrat, es wird mir eine Ehre sein.«

»Was ist Ihr Vater?«

»Geheimrat, Herr Geheimrat. Er läßt Sie grüßen.«

»Ach, natürlich, ich erinnere mich, Ihr alter Herr sprach mich neulich beim Altherren-Abend darauf an. Ja ganz recht. Wie lange studieren Sie schon?«

»Sechs Semester, Herr Geheimrat.«

»Sie haben meine große Vorlesung gehört?«

»Selbstverständlich, Herr Geheimrat. Ich habe auch die neue Vorlesung über sogenannte physikalische Chemie belegt.«

»Das ehrt Sie, ist jedoch unwichtig. Chemie ist zu allererst ein Handwerk, danach eine Kunst. Von Wissenschaft wird viel geredet, ohne daß es uns weiter bringt. Waren Sie in meinem Präparierkurs?«

»Ich habe ihn gerade absolviert.«

»Haben Sie schon in flüssiger Blausäure gearbeitet?«

»Flüssige Blausäure ist mein bevorzugtes Lösungsmittel, Herr Geheimrat. Ich bin dagegen völlig immun.«

»Bravo. Sie können anfangen. Bitte notieren Sie: ›*Über die Einwirkung von Ozon auf flüssige Blausäure in Gegenwart metallischer Katalysatoren*‹. Sie finden meine Assistenten im Privatlabor.«

Heute

»Guten Morgen, Herr Professor!«

»Sie sind angemeldet?«

»Jawohl, Herr Professor, ich erhielt von Ihrer Sekretärin den Bescheid, ich möge Sie aufsuchen heute um 10 Uhr wegen des Diplomzeugnisses.«

»Natürlich, wie war der Name? Müller III – ganz recht. Ihre Diplomzeugnisse, ach ja, hier, ja, sehr schön, und mit nur 15 Semestern. Ich nehme an, daß Sie bei mir doktorieren wollen?«

»Wenn Sie es wünschen, gewiß, Herr Professor.«

»Ich habe zwar nur sehr wenig Platz, in Anbetracht Ihrer Leistung jedoch – nun, kommen wir zur Sache: Ihre Diplomarbeit befaßte sich mit ...«

»Methylierungsreaktionen an Säureamiden, Herr Professor.«

»Ja, ganz recht, da sollten Sie am besten fortfahren mit den Äthylierungsreaktionen. Mit besonderer Berücksichtigung der Cyanäthylierung, bitte.«

»Sie entschuldigen, Herr Professor, aber ich hatte eigentlich gedacht, ich wollte ..., ich meine, ich habe mich in den letzten Jahren zunehmend für die biologische Seite der Chemie interessiert, und da dachte ich ...«

»Aber ganz wie Sie möchten, Herr Müller: Ich habe da ein sehr schönes Thema über die Inhaltsstoffe der Wurzel des Affenbrotbaumes, gesammelt von Herrn Missionar Pater Obermaier in Urundu, das wäre dann gerade das Richtige für Sie, denn diese Wurzeln sind bisher erst einmal untersucht worden, und überdies waren es Blätter einer anderen Subspezies, gesammelt von einem Herrn protestantischer Konfession. Sie können sich natürlich an diese Arbeit anlehnen. Zuständig ist mein Assistent im Labor 22, er wird Ihnen alle weiteren nötigen Auskünfte geben. Ich möchte noch erwähnen, daß Sie im Falle Ihrer Bewährung eine Position als Hilfsassistent übernehmen können. Ich nehme an, Sie können die schöne Remuneration von DM 150.– monatlich brauchen. Auf Wiedersehen, Herr Müller!«

»Auf Wiedersehen, Herr Professor.«

Morgen

»Guten Morgen, Herr ...«

»Müller, Herr Kommilitone, bitte, machen Sie es sich bequem. Sie rauchen?«

»Danke, nur Brasil.«

»Aber gewiß. Hier, bitte sehr, bedienen Sie sich. Was führt Sie zu mir, Herr Kommilitone?«

»Ja, wissen Sie, ich überlege mir, ob ich Chemie studieren soll.«

»Wie schön! Und was möchten Sie wissen?«

»Wie ich erfahre, haben Sie in Ihrem Kolleg geäußert, es gebe da sehr gute Berufsaussichten.«

»Das ist ganz zweifellos richtig.«

»Zweitausend Anfangsgehalt?«

»Das kann ich Ihnen nicht beschwören, aber möglich wäre es schon.«

»Haben Sie keine Referenzen?«

»In diesem Zusammenhang eigentlich nicht, Herr Kommilitone.«

»Wie steht es mit dem Studienhonorar?«

»Da müssen Sie sich an die Verwaltung wenden, ich bin nicht befugt ...«

»Ach so, Sie sind nicht befugt. Wozu sind Sie denn befugt?«

»Das frage ich mich manchmal auch, Herr Kommilitone, aber ich kann Sie jedenfalls empfehlen, sofern Sie schon Vorstellungen haben, wie Sie Ihr Studium anlegen wollen?«

»Ja, ich könnte bei Ihnen doktorieren?«

»Nun, junger Freund ...«

»Also hören Sie, ich bin nicht Ihr junger Freund, ich bin überhaupt nicht so, wenn Sie vielleicht meinen ...«

»Bitte sehr, ich entschuldige mich, Herr Kommilitone, Sie müssen erst das sogenannte Grundstudium absolvieren.«

»Das versteht sich, überlassen Sie das nur mir. Ich möchte aber jetzt schon wissen, was geboten wird. Also worüber forschen Sie?«

»Über Coenzyme, wenn Ihnen das ein Begriff ist.«

»Natürlich, wir haben das im Kollektiv besprochen. Das ist Auftragsforschung, nicht wahr?«

»Wenn Sie das meinen, ich habe gewisse Industriemittel ...«

»Aha, ich sehe, wir verstehen uns. Würden Sie mich bitte vormerken. Ich möchte gern bei Ihnen doktorieren über das Thema ›*Verwendung von Industriemitteln bei der Coenzymforschung und ihre Auswirkung auf die Gesellschaft*‹. Soziologie ist mein zweites Hauptfach. Es bleibt nur noch die Frage des Honorars. Darf ich mal Ihre Bücher sehen, Herr Müller?«

»Bitte sehr.«

»Aber nicht doch, nicht diese toten Wissenskompendien, ich meine Ihre Akten, immerhin darf ich doch voraussetzen, daß Sie nicht Widerstand gegen die Gesellschaftsgewalt leisten?«

»Aber nicht doch, ich fürchte nur ...«

»Ja?«

»Meine Doktoranden haben beschlossen, daß Teamfremden keine Einsicht in die Bücher zu gewähren sei. Der Kultusminister ist auch schon vergeblich dagewesen.«

»Aber verstehen Sie nicht. Ich bin doch Ihr Doktorand!«

»Ach, jetzt verstehe ich.«

»Ja, die neue Satzung kennt keine Vorschrift, derzufolge ich nicht im ersten Semester bei Ihnen doktorieren könnte. Schließlich ist das Grundstudium nicht obligatorisch, sondern nur eine Empfehlung des Kuratoriums. Darf ich jetzt um die Bücher bitten?«

Wie Sie wünschen.«

»Na, ha, sehr schön, lieber Müller, hier ist alles, was ich wissen wollte. Solange diese Leute noch so wenig für die Forschung ausgeben, kann es ihnen nicht so schlecht gehen, wie man an der Börse meint. Ich behalte also meine Aktien. Und nichts für ungut. Vielleicht komme ich wirklich mal doktorieren bei Ihnen. Auf Wiedersehen.«

N. N. (1970)

Ratschlag für Numerus clausus-Opfer: Der andere Weg zur Promotion

»*Mit dem Ausbruch des Zweiten Weltkriegs ist die westliche Welt mit Wissen über-schwemmt worden. Seit 1945 bis jetzt nahm die Lawine technischen und Spezialwissens um das Zehnfache gegenüber allen früheren Jahren zu; das Wissen verdoppelt sich alle zwei Jahre – gegenüber einem Verdopplungszeitraum von zehn Jahren vorher.*
Was heißt das alles? Es heißt ganz einfach, daß Sie, zwei Jahre nachdem Sie diesen Text gelesen haben, ihren Wissensvorrat verdoppelt haben werden. Und zwar ist dies ein Wissen, das Ihnen außerhalb irgendeiner Lehranstalt zufließt. Es kommt Ihnen zu aus Ihrem Be-ruf, aus Fernsehen und Radio, aus Zeitungen und aus einer Flut aus Büchern und Zeit-schriften. Sie nehmen tatsächlich Wissen auf wie ein Schwamm Wasser. Sie genießen eine Erziehung, als säßen Sie 24 Stunden im Hörsaal. Und – glauben Sie es oder nicht – dieses Wissensphänomen ist von den alten Propheten vorausgesagt worden. Aber welchen Wert hat Wissen für Sie, wenn es nicht einem guten Zweck zugeführt wird? Obgleich Sie ein um-fassendes Wissen haben mögen – es wird stocken, wenn Sie nicht in einer Lage sind, dieses Wissen zu nutzen. Ein anerkannter akademischer Grad ist der Schlüssel, der Ihnen die Tür zu einer Fülle von Möglichkeiten öffnet. Ein solcher Grad ist buchstäblich Ihre Visitenkar-te; er ist die schriftliche Bestätigung, daß Sie Bildung haben und wissen, wie man sie nutzt.«

Welches bildungspolitische Konzept mag sich hinter diesen Worten verbergen? Nun, die Tatsache, daß es sich bei dem zitierten Text um eine Übersetzung aus dem Californischen handelt, bringt uns auf die Spur.: Es ist amerikanischer Pioniergeist, der die in der Schule des Lebens erworbene, zupackende und noch mehr die zah-lende Hand höher schätzt, als alles Wissen aus Büchern und Laboratorien. Insbe-sondere die Erwähnung des Fernsehens als Bildungsmedium beweist, wie sich in der äußersten linken Ecke (der amerikanischen Landkarte) die alten Ideale rein er-halten haben.

Es handelt sich kurz um folgendes: Ein halbwegs passabler Lebenslauf, dessen Län-ge der Bewerber bestimmt, und ein recht passabler Scheck, dessen Höhe die »Univer-sität« festlegt, genügen, um z. B. beim External Programm Office der Jackson State University in Pasadena, Calif./USA, einen fast beliebigen akademischen Grad zu er-werben (Medizin ausgenommen, vermutlich weil die Institution »is operating under the laws of the United States of America«). Das Angebot reicht vom gewöhnlichen High School Diploma ($ 75 Vorkasse) über diverse Bachelors (darunter in Chemie und Chemical Engineering, Kostenpunkt $ 125) bis zu einem reichlichen Sortiment von Masters Degrees ($ 150) und einigen Doktortiteln. Für einen Ph. D. muß man freilich $ 180 hinblättern – »to cover the school's cost and expenses«. Dafür hat man die Ge-währ, daß auf der Urkunde weder das Wort »Honorary« noch der Name des »Schul-trägers«, der »Church of Universal Education«, erscheint. Außerdem gibt es Mengen-rabatt: 20 %, wenn man mehrere akademische Grade auf einmal bestellt (wofür jeweils der gleiche Lebenslauf verwendet werden kann). Und zum Vorzeigen: »All degrees are engraved in Old English by a professional engraver at high cost, on 8 1/2″ by 11″ white parchment high grade paper, with the seal of Jackson State University.«

Angesichts dieser Angebote und der Flugpreise auf der Nordatlantik-Route dürfte diese Lösung des Numerus clausus-Problems wesentlich sozialer sein, als die nicht vor allzu langer Zeit geäußerte Idee eines »big lift« von Studenten nach Amerika.

N. N. (1976)

Bildnis einer Reform-Fakultät

Diese Nachrichten haben es sich zum Ziel gesetzt, die deutsche Chemie-Reform bis in ihre feinsten Verästelungen hinein zu verfolgen, um auch dem wissenschaftspsychologisch unbedarften Leser das breite Spektrum der Möglichkeiten von der Numerus-Clausus-Manufaktur bis zum babylonischen Elfenbeinturm vorzustellen. Wir beginnen hiermit eine Reihe von Interviews, wobei wir dem Leser anheim stellen zu bewerten, ob es sich im jeweiligen Fall um Elfenbein handelt oder um Pappmaché.

Redaktion: Herr Doktor ...
Antwort: v. Schlossinger ist mein Name, bitte, und noch lieber wäre es mir, wenn Sie mich Heini nennen, das erinnert mich an meinen alten Lehrer in München.
Redaktion: Pardon, Herr v. Schlossinger, Sie amtieren also als Sekretär der Fakultät Chemie ...
Antwort: Des Fachbereiches Chemie, beziehungsweise des Gemeinsamen Ausschusses der chemischen Teilfachbereiche, aber nennen Sie es getrost »Fakultät«
Redaktion: Pardon, ganz recht, und Sie stehen im Rang eines Akademischen Dirigenten ...
Antwort: Jawohl, ich bin einer der ersten meiner Art, nachdem unsere Hochschulneugründung als erste Ernst gemacht hat mit dem notwendigen Primat der Verwaltung, denn Sie werden mir zugeben, daß Hochschul-Verwaltung auch ohne Lehre und Forschung möglich ist, nicht jedoch der umgekehrte Fall. Wir verfügen demgemäß über eine weitere Aufstiegsposition im Verwaltungsbereich, welche dem H4-Professor übergeordnet ist, in Anlehnung an den Ministerialdirigenten. Darauf folgt dann der Akademische Direktor und schließlich der bislang noch nicht vergebene Akademische Generaldirektor.
Redaktion: Amtsbezeichnungen werden jedoch an Ihrer Reform-Hochschule in der Anrede nicht benutzt?
Antwort: Natürlich nicht, denn erstens geht es nicht um Titel, sondern um Befugnisse, und zweitens könnte z. B. die Anrede »Dirigent« zu Mißverständnissen Anlaß geben. Vor allem aber ist es das erste Anliegen dieser neuen Hochschule, den völlig überschätzten Professoren-Titel zu relativieren, und dies kann nur gelingen bei völligem Wegfall dieser Anrede.
Redaktion: Herr v. Schlossinger, Sie sind also von Hause aus Chemiker?
Antwort: Ja, wie schon gesagt, promoviert beim alten Geheimrat.
Redaktion: Und Sie haben während zweier schicksalhafter Jahrzehnte die Geschicke der deutschen Chemie mitbestimmt.
Antwort: Jawohl, bis zum traurigen Ende und auch noch danach ...

Redaktion: Und nachdem Sie dem Management nichts Positives mehr abzugewinnen vermochten, sind Sie im Zuge der Zeit aufgerückt in die Position eines Sonderberaters der Bundesregierung in Umweltfragen.

Antwort: Ehrenamtlich, ich bitte dies zu betonen, und ich habe diese ehrenamtliche Tätigkeit bis heute nicht aufgegeben!

Redaktion: So dürfen wir wohl davon ausgehen, daß Ihre jetzige Übernahme des Amtes eines Akademischen Chemie-Dirigenten auch auf berechtigte Bedürfnisse der Existenzsicherung zurückzuführen ist?

Antwort: Bitte sehr, dies vielleicht auch, aber zuallerst reizte mich doch die Aufgabe, einen Reformversuch in der Hochschulchemie auf der Basis von Law and Order zu unternehmen.

Redaktion: Was verstehen Sie darunter?

Antwort: Ich gehe davon aus, daß die alte autoritäre Ordinarien-Universität einer sachgerechten Chemie-Reform ebensowenig dienlich ist wie die neue permissive Studenten-Universität. Die Ordinarien haben nämlich die sogenannte Demokratisierung der Hochschule dazu benutzt, um jedwede Verantwortung bis zur völligen Unauffindbarkeit zu delokalisieren. Das ist jetzt anders: Die Verantwortung trage ich!

Redaktion: Wie lange?

Antwort: Mindestens bis zu meinem in zwei Jahren fälligen Eintritt in das Ruhestandsalter.

Redaktion: Und wie sehen Sie die Struktur Ihrer Fakultät.

Antwort: Zunächst einmal gibt es hier keine Institute. Ich stelle den einzelnen Lehrkörpermitgliedern auf Antrag Raum zur Verfügung. Die Maßeinheit für den Raumbedarf ist ein Häusgen. Der Mindestanspruch jedes Lehrkörpermitgliedes beträgt ein milli-Häusgen. Den de facto-Bedarf ermitteln wir nach der Zahl der richtigen Elementaranalysen neuer Verbindungen beim praktischen Chemiker und nach der Anzahl der selbstkonsistenten MO-Rechnungen beim Theoretiker. Wir sind uns bewußt, daß wir derart genötigt sind, gewisse ferner liegende Bereiche der Chemie zu vernachlässigen – aber keiner kann eben alles auf einmal tun. Im übrigen haben wir auch Kollegen, welche mit einem nano-Häusgen (=1 Zimmerli) an Raum zufrieden sind.

Redaktion: Und welche Teilfächer der Chemie sind danach in Ihrer Fakultät vertreten?

Antwort: Wir haben da zunächst je einen Lehrstuhl für Carbonium- und Carbeniumionen-Chemie, danach n Lehrstühle für 1,n-dipolare Addition, wobei die Laufzahl n vorläufig von 2 bis 6 konzipiert ist. Dazu kommen die m Lehrstühle für 1,m-sigmatrope Verschiebung, welche wiederum in supra- und antarafaciale Teilstühle zerfallen. Ein neuer Lehrstuhl wird derzeit eingerichtet für Pol(y/i)chemie. Was die Schreibweise betrifft, so weiß man noch nicht, was sich durchsetzen wird, das Bedürfnis nach der Vielfalt (poly) oder das Bedürfnis nach der Stadt (polis) – beides ist hier am Ort nicht vorhanden. Und schließlich haben wir noch einen Lehrstuhl für Psychochemie mit den Untergebieten Egochemie und Altrochemie. Dieser letzte Teillehrstuhl konnte mangels Bewerbern allerdings leider bisher nicht besetzt werden.

Redaktion: Sie konzentrieren sich also fast ausschließlich auf Kohlenstoffchemie?

Antwort: Ganz recht, wobei wir davon ausgehen, daß die historische Unterteilung der Chemie in Organische und Anorganische Chemie am Kern der Sache vorbeigeht. Es ist vielmehr das erste Anliegen unserer Fakultät, der verderblichen Verwässerung der Chemie durch Begriffe, die der Biologie als einer inexakten Wissenschaft entnommen sind, entgegenzutreten. Nichts ist uns organisch und nichts anorganisch – allein das große C zählt.

Redaktion: Aber warum gerade nur C?

Antwort: Natürlich wegen der Voraussagbarkeit der Molekülstabilität und der Computer-gesteuerten Syntheseplanung. Natürlich müssen wir auch H zulassen, quasi zur Staffage. Prinzipiell alle Elemente, die mit C Bindungen eingehen.

Redaktion: Aber in Ihren Fortschrittsberichten ist z. B. weder von Stickstoff- noch von Phosphor-Verbindungen die Rede!

Antwort: Bedenken Sie, wir müssen uns gegen die Biologie hin abgrenzen, und was ist Stickstoff anderes? Denken Sie an die Verschmutzung unserer Gewässer mit Stickstoff und Phosphor. Früher hatten wir noch ein Forschungsprojekt über Stickstoff in Schmetterlingsflügeln – mit der Rechtfertigung, daß Schmetterlingsflügel eher nature *morte* seien und einigermaßen ästhetisch, aber heute machen wir nicht mehr gerne Ausnahmen. Heute geht es nicht mehr nur um »bigger elephants than nature«, sondern allererst um »cleaner elephants than nature« als Aufgabe der Chemie. Ein Streitpunkt besteht noch in der Ausdeutung der Begriffe »clean« und »pure«.

Redaktion: Sehen Sie darin die gesellschaftliche Relevanz der Chemie?

Antwort: Meiner Fakultät liegt die Frage nach der Relevanz der Gesellschaft für die Chemie begreiflicherweise näher als die umgekehrte Frage. Ich möchte jetzt hier nicht soweit gehen wie viele Kollegen, welche die Gesellschaft als völlig Chemie-irrelevant betrachten. Aber ich darf doch davon ausgehen, daß gesellschaftsrelevante Chemie als ein Teilgebiet der Biologie angesehen werden muß. Und zum Zwecke der Adaptation der Psyche an die Chemie haben wir ja noch unseren egochemischen Lehrstuhl und insbesondere dessen Seminar »Chemie und Nostalgie«, welches obligatorisch ist für das Grundstudium.

Redaktion: Was ist der Stoff dieses Seminars?

Antwort: Wir meinen, daß Chemie im eigentlichen Sinne nie wieder so sauber begriffen wurde wie zu Zeiten der Alchimisten – abgesehen davon, daß diese beklagenswerten Menschen wegen der Dürftigkeit ihrer Apparaturen der Reinheit ihrer Gedanken nicht nachleben konnten. Das ist heute anders. Später ist die Chemie durch zwei Entwicklungen profaniert worden: Die – übrigens triviale – Entdeckung, daß Leben nichts als Chemie ist, hat nicht, wie es sein sollte, das Leben chemisch befruchtet, sondern die Chemie biologisch profaniert. Völlig ihres Status beraubt wurde die Chemie jedoch erst durch das Nützlichkeitsdenken – ich scheue mich aus Gründen unseres guten Fakultätstones, hier das Wort »Angewandte Chemie« in den Mund zu nehmen. Im Seminar »Chemie und Nostalgie« wird nun versucht, die Linien dieser Fehlentwicklung nachzuzeichnen.

Redaktion: Stellen Sie sich damit nicht in Gegensatz zur politischen Entwicklung an unseren Hochschulen?

Antwort: Aber ich bitte Sie: Ist nicht überall der Trend der Nostalgie – zurück zur verlorenen Reinheit – bemerkbar? Reinheit ist gleichbedeutend mit Zwecklosigkeit, und was könnte zweckloser sein als die kleinen Weltrevolutionsdramen unserer Sozialwissenschaftler? Was könnte reiner und zweckloser sein als moderne Philologie oder gar Literaturwissenschaft? Was ist edler als das Verfassen von Büchern, welche nicht nur niemand lesen *wird*, sondern niemand lesen *soll*? Allerdings ist dieser Trend in seiner Allgemeingültigkeit von der Verwaltung bisher verkannt oder gar als Unordnung mißdeutet worden. Was uns da als Unordnung erscheint, ist jedoch nur das Fehlen von Verwaltung. Dem abzuhelfen, ist die Aufgabe von meinesgleichen.

Redaktion: Und das sagt ein Pragmatiker, ein altgedienter Manager?

Antwort: Aber begreifen Sie denn nicht? Was ist das Reinste und Zweckloseste auf dieser Welt? Natürlich der Trust. Das ist am leichtesten einsichtig am Beispiel des Automobil-Trusts, aber es gilt auch für den Chemie-Trust. Allzuleicht sieht man in den Konzernen nur geballte Macht und vergißt, daß diese Macht a priori rein ist, nämlich absolut zwecklos, d. h. weder gut noch böse, sondern einfach schön wie ein Diamant, womit wir wieder bei der C-Chemie angelangt sind. Der Diamant kann nichts dafür, daß man um seinetwillen mordet. Und nun werden Sie auch verstehen, warum die Absolventen dieser Fakultät prädestiniert sind, dereinst an den Schalthebeln der Chemie-Macht zu sitzen.

N. N. (1974)

Bildungs- und Lernziele einer den gesellschaftspolitischen Relevanzen entsprechenden Ausbildung in Chemie (Realsatire)

»Hier vor allem, und auch wenn er das Wunder des Stoffwechsels erlebt, werden irrationale Kräfte seiner Seele angesprochen, so daß er Ehrfurcht vor der Natur als einer Schöpfung Gottes empfindet und mit Staunen und Dankbarkeit erkennt, wie der menschliche Geist mit Hilfe der naturwissenschaftlichen Methode in das Geheimnis des Stofflichen eindringt.« (Aus dem Chemie-Lehrplan des Hessischen Kultusministeriums)

Die Liga Abendländischer Wissenschaftler (LAW) der Organisation Rettet Deutschlands Einmaligen Ruf (ORDER) hatte die Arbeitsgruppe Chemiedidaktik des Studienverbundes der Technologen, Unterrichtsdidaktiker, Philologen und Informationsanalytiker Deutschlands (STUPID) zu einer Tagung eingeladen, die unter dem Motto stand: Bewahrung Illusionärer Lernziele Durch Umgehung Neuer Gedanken (BILDUNG). Während der 2tägigen Tagung wurden 34 Vorträge über Bildungswerte der Chemie gehalten, wobei im Brennpunkt aller Vorträge die Frage stand: Wie kann ein methodologischer Chemieunterricht ein »rundes Bild der Chemie« bilden? Zu Beginn wurde die Bildungsenthalpie einer zu gründenden Fachgruppe Chemieunterricht in unserer Zeit (CHIUZ) diskutiert. Am Schluß der Tagung entbrannte eine gemäßigte Diskussion über die Frage, ob es mit den Bildungszielen der gastgebenden LAW und ODER sowie des einladenden STUPID vereinbar wäre, mit einer deduktiv-induktiven Unterrichttechnologie die Bildungswerte der Chemie dem genetischen Reifungsgrad des bildungswilligen Schülers entsprechend in der herkömmlichen Bildungsanstalt des deutschen Gymnasiums angemessen und mit einer opernationalisierten Motivationshierarchie unter Ausnutzung optimaler kognitiver, affektiver sowie psychomotorischer Lernzielanalysen zu unterrichten, wobei aber immer im Auge zu behalten wäre, daß ein »um den Educandus zentriertes Curriculum« zwar institutionelle Lernzielveränderungen in der 5. Dimension des didaktischen Raums bewirken könne, daß das Hauptgewicht aber immer auf dem Algorithmus der stoffsequenziellen Anordnung unter Berücksichtigung einmal des Aufnahmevermögens des Schülers sowie zum anderen der Anforderungen der Wissenschaften zu liegen haben was bei einer Unterforderung der intellektuellen, durch das genetische Material bedingten Begabungsbefähigung des Schülers oder bei einer Überbetonung und Übereinsetzung sog. Neuerer unterrichtstechnologischer Hilfsmittel im Rahmen des Studiums im Medienverbund (SIM) gefährdet sein könne, wobei keineswegs die hervorragenden Leistungen und Möglichkeiten dieser durch anerkannte Wissenschaftler entwickelten Methoden geschmälert werden sollen, was auch bei dem unter den Teilnehmern weitverbreiteten Nicht-im-klaren-Sein über diese den Lernerfolg des Educandus sowohl positiv als auch negativ nach der die Bildungsvariablen der Lernmotivierung darstellenden Gleichung[1)]

$$Motl = (LM \cdot E \cdot A_e) + A_s + \dot{N} + (b_{Id} + b_{Zust} + b_{Abh} + b_{Gelt} + b_{Strafv})$$

beeinflussen könnenden Methoden gar nicht möglich sein könne.

Da während der Diskussion ein Tonband lief, sind wir heute in der glücklichen Lage, unseren Lesern Ausschnitte aus der Diskussion mitteilen zu können. Zunächst wurden Probleme der Hochschulreform und –didaktik behandelt. Den Tenor aller Beiträge traf bereits der erste Redner: »Um uns wütet die Reformitis ... Da muß es unsere Tendenz sein, das Gute zäh, möglicherweise auch mit List und Tücke, über die Strecke zu retten.« Daraus ergab sich zwanglos:

»Der jetzt lernende, erkennende und arbeitende Wissenschaftler oder Techniker muß sich auf und unter der Oberfläche des Korallenriffs seines Faches soweit auskennen, wie das Sonnenlicht neuer Erkenntnisse reicht. Er muß darüber hinaus wissen, daß die lebende Schicht auf toten, aber festen Kalkstöcken ruht, die bis auf den Grund des Meeres (der Erkenntnis) reichen, deren Eigenschaften bekannt sind und sich nicht plötzlich ändern, es sei denn durch Naturkatastrophen. Diese Unterscheidung zwischen der lebenden und der toten Wissenschaft gehört mit zu der geforderten Studienreform.«

Nachdem sich der zustimmende Beifall gelegt hatte, meldete sich ein Praktiker aus dem Gymnasialbereich zu Worte: »Die Chemie untersucht also Vorgänge an Stoffen und um der Stoffe willen. Gerade die Frage nach dem Wesen, nach der Washeit oder der Quiddität[2)] der Stoffe ist das leitende Motiv der chemischen Forschung.« – »Ein einfaches Beispiel kann dies verdeutlichen. Ein Kupferstück wird erhitzt ... Das rote metallische Kupfer wird beim Erhitzen schwarz und erdig.« Zur weiteren Erläuterung führte er sodann aus: »Von einem Stoffstück sagen wir nur dann, daß es auf Kupfer besteht, wenn es bestimmte Eigenschaften hat.; genauer gesagt, wenn es eine bestimmte Gruppe von Eigenschaften gleichzeitig hat, wenn es ein bestimmtes Eigenschaftskombinat aufweist.« Da die Diskussion zeigt, daß der Begriff der Quiddität trotz ausführlicher Erläuterungen seitens des Referenten noch nicht in seiner ganzen Bedeutungsschwere erkannt wurde, gab ein Teilnehmer folgendes Beispiel einer durchgeführten, für den praktischen Chemieunterricht besonders hilfreichen Quidditätsanalyse.

»Die räumlich und zeitlich fixierte Entstehung eines Kristallkeims bestimmter Sorte und Orientierung ist gleichbedeutend mit dem Auftauchen eines Ganzheitsaspekts, der keine zwangsläufige Folge der Ausgangsbedingungen darstellt. Da-sein im eigentlichen Sinne einer fortdauernden örtlichen Fixierung ist das Hauptcharakteristikum dieser 4. Ganzheitsstufe. Dieses Körperdasein eines Gebildes gegenüber dem unaufgetauchten Grundzustand eines Moleküls wird offenbar dadurch ermöglicht, daß es infolge seiner Größe in hinreichend lebhaftem Energieaustausch mit der Umwelt steht, um eine Überlappung der Auftauchakte seiner Bestandteile aus dem Materiewellenzustand sicherzustellen oder mindestens diese Elementarereignisse in so kurzen Abständen einander folgen zu lassen, daß die wellenmechanische Zerfließstrecke klein bleibt gegenüber dem Durchmesser des Ganzen. Diese zur Körperstufe gehörige ständige Auslösung und Lenkung von Energieumsetzungen könnte man ... physikalische Katalyse nennen ... Dabei kommt bekanntlich auch eine blitzartige Wirksamkeit des ganzen Körpers vor, z. B. beim Mößbauer-Effekt.«

Um zu beweisen, daß unter Heranziehung solchen Gedankenguts die deutschen Bildungsstätten trotz aller Anfechtung von links noch in der Lage sind, Zusammenhänge wissenschaftlich zu erforschen und zu deuten, führte ein prominenter Gast seine Zuhörer über die Tagesprobleme hinaus: »Als die Pflanzen ihn (den Sauerstoff) zu erzeugen begannen, gab es noch niemanden, dem er hätte nutzen können. Er war Abfall. Dieser Abfall reicherte sich in der Atmosphäre unseres Planeten mehr und mehr an bis zu einem Grad, der die Gefahr heraufbeschwor, daß die Pflanzen in dem von ihnen selbst erzeugten Sauerstoff würden ersticken müssen ... In dieser kritischen Situation holte die Natur zu einer gewaltigen Anstrengung aus. Sie ließ eine Gattung ganz neuer Lebewesen entstehen, deren Stoffwechsel just so beschaffen war, daß sie Sauerstoff verbrauchten ... Wenn man auf diesen Aspekt der Dinge erst einmal aufmerksam geworden ist, glaubt man, noch einen anderen, seltsamen Zusammenhang zu entdecken ... Es ist der Umstand, daß ein beträchtlicher Teil des Kohlenstoffs ... von Anfang an dadurch verlorengegangen ist, daß gewaltige Mengen pflanzlicher Substanz nicht von Tieren gefressen, sondern in der Erdkruste abgelagert ... wurden. Dieser Teil wurde dem Kreislauf folglich laufend entzogen, und zwar, so sollte man meinen, endgültig und unwiederbringlich. Das Ende schien nur noch eine Frage der Zeit. Wieder aber geschah etwas sehr Erstaunliches: In eben dem Augenblick, in dem der systematische Fehler sich auszuwirken beginnt, erscheint wiederum eine neue Lebensform: ... Homo faber tritt auf und bohrt tiefe Schächte in die Erdrinde, um den dort begrabenen Kohlenstoff wieder an die Oberfläche zu befördern ... Manchmal wüßte man wirklich gern, wer das Ganze eigentlich programmiert.«

Damit solches Bildungsgut bewahrt bleibt, wurden fast einstimmig die folgenden Resolutionen beschlossen: 1. »Gegen die zu weit gehende Unzufriedenheit mit der Hochschule ist zu sagen, daß die Hochschulen Träger einer alten und im Kern gesunden Tradition sind.« – 2. »Den nachhaltigsten Werbeerfolg hat noch immer das persönliche Vorbild. Abseits von jedem Abwägen und Sezieren ist jeder intelligente

Schüler dem Eindruck von einem Erwachsenen zugänglich, der ... noch ganz in seinem Fache aufgeht. Letztlich sucht doch auch der heutige junge Mensch sinnvolles Dasein, Ausfüllung.«

Da trotz Klarheit dieser Aussagen noch einige Unbelehrbare darauf beharrten, den Chemieunterricht reformieren zu wollen, wies ein Fachdidaktiker der Chemie diese Herren in die Schranken, als er die Bildungsziele der Chemie in ihrer Ganzheit analysierte:

»Der Bildungswert (der Chemie) liegt viel tiefer, nämlich in der Erziehung zur Existenz des Menschen überhaupt« – »Es sei hier auf Bildung als Tätigkeit hingewiesen, einer Tätigkeit des Lehrenden als *movens*, des Lernenden als *motum*, wobei der vermittelte Stoff die Funktion des *agens* übernimmt ... Der Stoff beinhaltet des gesamte Fluidum erzieherischen Tuns, kurz, das durch die vorgenannten Aspekte prästabilisierte Korrelat zwischen dem Bewegenden, dem Auslösenden, dem Formenden (*movens*) einerseits und dem Bewegten, dem zu Formenden, dem Form Anstrebenden (*motum*) andererseits. Wenn aber eine durch erzieherisches Tun einsetzende Veränderung bildend wirken soll, muß ein tiefgreifender Wandel mit Ausrichtung auf die immanenten in den Aspekten gesetzten Finalitäten erfolgen, im Sinne eines Einfügens des *motum* in eine ich- und in eine fremdbezogene Welt, im Sinne eines tieferen, ich-spezifischen, durch den Aspekt erst ermöglichten Begreifens und Bewältigens dieser Welt, sei es durch ein Ergriffen-sein, daß im Unbegrifflichen Verhalten bildend wirksam wird, sei es durch ein schematisiertes, durch eine Tätigkeit gewandeltes, begriffliches Abbilden der Umwelt in dem eigenen Denken, Sinnen und Handeln«. Angesichts dieses hohen Bildungsanspruchs wurde mit Besorgnis konstatiert:

»Die Begriffe Freiheit und Gleichheit scheinen in der Auffassung mancher junger Menschen schwankende Werte zu haben. Die gleichen jungen Männer, die während der dreisemestrigen Wehrdienstzeit nicht die Freiheit haben, hier oder dort zu wohnen, sondern zusammen leben müssen, weil der Staat ihre im Interesse des ganzen Volkes liegende Wehrausbildung bezahlt und der Erfolg ihrer Ausbildung nur durch die Zusammenfassung in Lern- und Lebensgemeinschaften gesichert ist, lehnen es ab, sich während ihrer fachlichen Ausbildung, für die der Staat noch größere Mittel als für die militärische aufbringt, zumindest in den ersten Semestern anleiten zu lassen, damit nicht für den einzelnen und für die Gesamtheit kostbare Lebenszeit und Investitionsmittel verlorengehen. Jeder Studienplatz kostet jährlich mehr Geld, als sechs Voll-Familien zum Lebensunterhalt verbrauchen, auch dann, wenn er nicht voll ausgenutzt wird!«

Danach war allen Teilnehmern klar, daß ein den gesellschaftspolitischen Relevanzen entsprechendes Chemiestudium ökonomischer gestaltet werden muß, denn:

»Das Heranwachsen neuer Zentren wissenschaftlicher und technischer Forschung, z. B. in der Sowjetunion und in anderen asiatischen Ländern, stellt die westlichen und die deutschen Hochschulen vor neue Aufgaben von ungewöhnlicher Größe.«
Ein Teilnehmer erinnerte sich:

»Schon in den Jahren um 1928, als ich zum Studium ohne Reifezeugnis auf Grund hervorragender Leistungen im Beruf zugelassen wurde, strebte ... Ministerialdirektor Prof. Dr. W. Richter die Realisierung einiger Probleme der Hochschulreform an, die noch heute ihre besondere Bedeutung haben.« Schon damals stand nach den Worten des Redners fest:

»Die Chemie gehört mit der Physik und der Biologie zu den Naturwissenschaften.« Und weiter: »Es gibt in der Welt Bereiche, die verstanden werden können. Die Welt ist nicht der Tummelplatz von Göttern, Geistern und Dämonen, die nach ihrer Willkür schalten. Sie ist geordnet.«

Freilich ist Ordnung nicht gleich Ordnung. Als Beispiel hierfür führte ein erfahrener Reaktionskinetiker in Form von Thesen u. a. aus:

»Die Betrachtungsweise der Thermodynamik führt zwar zu exakten Ergebnissen, sie hat aber den großen Nachteil der geringen Anschaulichkeit ... These 2: Thermodynamische Prinzipien konnten keinen ordnenden Einfluß auf den Chemieunterricht gewinnen, weil sie unanschaulich sind und (nicht nur deswegen) didaktischen und methodischen Erwägungen widersprechen.«

Das Auftreten (von) Zeitreaktionen ist durch die Aktivierungsenergie bedingt. Wir hatten festgestellt, daß Moleküle nur dann miteinander reagieren können, wenn der Zusammenstoß mit einer bestimmten Mindestenergie erfolgt. Ist die Stoßenergie zu gering, so müssen die Moleküle warten, bis ihnen die notwendige Aktivierungsenergie zugeführt wird. Aus der Länge dieser Wartezeiten ergibt sich der zeitliche Ablauf.« Als didaktische Begründung für diesen Versuch nannte der Vortragende: »Wir sind in allem Tun stets um die richtige Motivation besorgt. Die Motivation sollte aber in erster Linie auf der Freude von Schüler wie Lehrer an dem betreffenden Stoffgebiet basieren. Wer bereits reaktionskinetische Untersuchungen in der Oberstufe durchgeführt hat, wird meiner 12. und letzten These zustimmen: ‚Reaktionskinetik macht Lehrern und Schülern Spaß!‘«

Damit diese Motivation nicht durch extrinsische Schwierigkeiten verhindert wird, wurde den Teilnehmern von einem führenden Fachdidaktiker dringend geraten:

»1. Für chemische Formeln und Gleichungen benutze man grundsätzlich nur einfache Druckschrift (Antiqua) und verlange dies auch von den Schülern. Beim Skizzieren setze man die Kreide mit der ganzen Breite auf, drücke kräftig drauf, damit die Hand die nötige Führung hat und ein deutlicher Strich entsteht. Röhren zeichnet man zweckmäßig mit eingekerbter Kreide, die es ermöglicht, in einem Zug Doppelstriche zu ziehen. – 2. In der Pause die Tafel mit nassem Schwamm reinigen lassen (Naturschwämme sind dazu unübertroffen), indem links angefangen von oben nach unten Streifen nach Streifen gewischt wird. Läßt man darauf das Abziehen mit einem Gummiwischer folgen, so ist die Tafel rasch wieder trocken.«

Danach leuchtete allen Teilnehmern ein: »Es hat Zeiten gegeben, in denen war nur die Religion daseinsformend, heute ist es auch die Naturwissenschaft, also auch die Chemie.« Aber gerade vor diesem Hintergrund schmerzt um so mehr, was ein gesellschaftlich besonders engagierter Redner so formulierte:

»Dann aber erlebten wir, zunächst ungläubig dann mit Erbitterung, schließlich mit immer kühleren und wacheren Sinnen, wie jahrzehntelang feststehende Werte in ihr Gegenteil umschlagen können. Als Ergebnis zeigte sich bei der Jugend bald ein Popularitätsschwund der Chemie ... Es sind nicht die Intelligentesten, welche sich von solchen Argumenten voll leiten lassen ... Die formulierten jugendlichen Argumente stammen nicht ausschließlich, doch vorwiegend von den Satten, von den behüteten und sorglos Aufgewachsenen.« Aber dieses wehmütige Intermezzo war bald vergessen, als ein Redner die Tagung mit den Worten ausklingen ließ:

»Mit Bestimmtheit versichern kann ich Sie, daß die Moral bei uns besser ist als je zuvor in den Jahren meiner Berufstätigkeit (als Chemielehrer). Wir sind voller Einsatzfreude für unsere dankbare Aufgabe!«

N. N. (1971)

Anmerkungen:

1) MotI = Lernmotivierung; LM = Leistungsmotivation; E = Erreichbarkeitsgrad, A_e = Anreiz von Aufgaben; A_s = Sachbereichsbezogener Anreiz; N = Neuigkeitsgehalt; b_{Id} = Bedürfnis nach Identifikation; b_{Zust} = Bedürfnis nach Zustimmung; b_{Abh} = Bedürfnis nach Abhängigkeit; b_{Gelt} = Bedürfnis nach Geltung und Anerkennung; b_{Strafv} = Bedürfnis nach Strafvermeidung.

2) »Es soll nur hervorgehoben werden, daß unser bisheriger Begriffsapparat ein zu kleines sachliches Auflösungsvermögen besitzt und daß wir erst nach dessen Erweiterung um den Begriff Quiddität wirklich sinnvoll nach den Sachverhalten fragen können.«

NB: Die Zitate stammen ausnahmslos aus Beiträgen, die zwischen 1963 und 1971 in naturwissenschaftlichen und didaktischen Fachpublikationen sowie in Chemie-Lehrbüchern erschienen sind.

Versammlungsbericht

Die ordentliche Frühlingstagung des Interessenverbandes »Chemie heute wie gestern« fand dieser Tage im Gästehaus Vürstenbruch im Hochspessart statt. Alle prominenten Repräsentanten der Unterverbände waren vertreten, so insbesondere des KADUC (Kameradschaftlicher Aussprachekreis Deutscher Unabhängiger Chemokraten) und der N.A.E. (Notgemeinschaft der Abwassererzeuger), des Bundes »Sturmfreiheit der Wissenschaft« und des Fonds der Allchemie.

Zur Begrüßung machte der Präsident einen Klimm-Zug, der ihn für einen Augenblick über den Horizont der Versammlung hinausblicken ließ. Von der Rede-Reckstange zurücktretend erklärte er, daß er diese krampfhafte Übung als ein Beispiel dafür verstanden wissen möchte, wie die Reform des Chemiestudiums tunlichst *nicht* anzupacken sei. Es gelte vielmehr, das in Jahrhunderten Gewachsene zu hegen in der Gewißheit einer *organischen* Weiterentwicklung. Der Horizont sei düster, und man müsse, wenn schon von Horizont die Rede sei, auf den von älteren Autoren mehrfach beobachteten Silberstreif warten. Am Endsieg der chemokratischen Kräfte könne es keinen Zweifel geben.

Minister Professor Dr. Meierhuber als Vorsitzender des Sturmfreiheitsbundes schloß sich diesen Ausführungen vollinhaltlich an mit der Maßgabe, man müsse sich endlich wieder darauf zurückbesinnen, daß Chemie – wie Kultur und jeder andere Grundbesitz auch – eine Sache der »happy few« sei, so daß der Anspruch eines »Grundrechtes auf Bildung« als *unchemokratisch* verworfen werden muß.

N.A.E.-Vertreter Gernhold schloß die Begrüßung mit einem rassigen Czardas-Solo, nach welchem die Anwesenden Spenden für die Notgemeinschaft der Abwassererzeuger (N. A. E.) in Höhe von über einer Million in sturmfreien Liechtensteinischen Briefkasten-Obligationen zeichneten.

Über den Verlauf der anschließend einsetzenden Klausurtagung lassen sich bisher nur Vermutungen anstellen, welche Indiskretionen anonymer Tagungsteilnehmer zu verdanken sind. So wird allererst daran gedacht, die Straffung des Chemiestudiums zu erreichen über eine Dreiteilung des Chemie-Diploms in ein organisches, anorganisches und ein drittes, ebenfalls unabhängiges Physikochemie-Diplom. Diese Lösung wird vor allem vom KADUC im Sinne einer Intensivierung der Freiheit der Wissenschaft auf Institutsebene befürwortet. Es hat sich gezeigt, daß auf dieser Ebene die in Frage gestellte Freiheit der Wissenschaft am nachhaltigsten verteidigt werden kann. Der anorganischen Chemie wird die chemische Technologie angegliedert, da sich anorganische Chemie nur in großem Maßstab lohnt. Der organischen Chemie wird die theoretische Chemie zugeordnet, da die Theorie der *an*organischen Chemie doch nicht zu begreifen ist. Die physikochemische Ausbildung wird besonderen Wert auf die Tatsache legen, daß die thermodynamischen Hauptsätze und der Energiesatz nach wie vor reine Erfahrungstatsachen sind, so daß jedem Chemiker aufgegeben ist zu bedenken, ob nicht vielleicht doch das Perpetuum mobile der einen oder anderen Art verwirklicht werden kann. Hierfür sprach sich auch der anwesende Leiter des Bundespatentamtes aus.

Zahlreiche illustre Ehren- und Zaungäste der Hohen Tagung haben sich inzwischen im Spessart eingefunden, so insbesondere der Bundeskultuskommissar, Staatssekretär Daunddort, und sein Fachreferent für Chemie, Professor Plauderer.

In geringer Entfernung von Vürstenbruch, welches gerade noch auf hessischem Boden liegt, haben überdies Vertreter des Consortiums »Bayernchemie« sich eingegraben, um ein Vordringen der rheinpreußisch infizierten Bayer-Chemie über die Landesgrenze zu verhindern. Unmittelbar an der Landesgrenze wurde von dieser Gruppe ein naturgetreues Abbild des »Münchner Modells« aufgebaut. Allgemeinen Beifall fand die dabei propagierte Methode, Analysenresultate an Weißwürste zu binden und Studenten danach schnappen zu lassen. Der CPDSU-Vorsitzende F. J. Schrauz unterzog sich diesem Examen mit Erfolg und erhielt einen Chemie-Jagdschein.

Kurz vor Redaktionsschluß gelang eine Synthese von Bayernchemie über Bayer-Chemie insofern, als beide Parteien Altbackenheit des Chemiestudiums jedweder *Halb*backenheit (Stichwort: Backalaureus!) vorziehen, sehr zum Leidwesen des Bundeskultuskommissars. Ferner bestehen beide Parteien auf der Promotion als obligatorischem Abschluß des Chemiestudiums, da eine Unterscheidung zwischen dem deutschen Vollchemiker und einem Laboranten nur aufgrund des Doktorhutes verläßlich möglich ist. Außerdem wurde festgestellt, daß die Doktorarbeit einen unverzichtbaren Dienst des Nachwuchses an der Chemokratie darstellt.

Über die Einzelergebnisse des Treffens soll ein Report bis spätestens 1. April 1972 erscheinen und an dieser Stelle besprochen werden.

N. N. (1971)

Vierzehntes Kapitel
Alles Öko oder Spaß? – *Wo uns die Chemie nicht ganz grün ist*

Mit der Korrektur absatzfördernder Druckfehler hat es normalerweise niemand eilig, deswegen enthält für viele Leute auch heute noch der Spinat so viel Eisen, daß man ihn fast mit einem Magneten ernten könnte. Die Nitrate kehrt man da schon lieber unter den Teppich, und in der Realität ist das Pflänzchen ein Grünzeug wie jedes andere: Geeignet für den, dem es schmeckt und der es verträgt; die anderen können getrost die Finger davon lassen und werden dies auch überleben.

Zu der kommerziellen Düngung von Sumpfblüten tritt oft die ideologische: Der Schlaf vor Mitternacht soll der gesündeste sein, so war es »wissenschaftlich erwiesen«, und so stand es von Kaisers bis lange nach Adenauers (und Ulbrichts) Zeiten im medizinischen Hausratgeber. Das pfiffen auf dem Land die Spatzen von den Dächern und in der Stadt die Ratten aus dem Luftschacht. Natürlich wollte die Obrigkeit, daß die Untertanen früh zu Bett gehen sowie früh aufstehen, denn in der Nacht beginnt der Mensch zu denken, und das ist oft gefährlich, zumindest aber unerwünscht. Vielleicht kommt er dabei ins Grübeln, für was oder wen er eigentlich so früh aufstehen soll – am Ende gar dafür, daß einige Wenige überhaupt nicht mehr aufstehen müssen? Immerhin gilt die Lerche als diszipliniert, auch wenn sie just zu der Zeit aus den Latschen kippt, zu welcher die scheinbar schlafmützige Eule erst zur Hochform aufläuft. Und bei allgemeiner Flaute sitzen beide ihre acht Pflichtstunden von der Kaffeebereitung abgesehen weitgehend tatenlos im Büro aus: die Lerche – tirili – ab sieben, die Eule – huhu – ab zehn.

Der vom Kommerz an der Volksverdummung vollzogene Zeugungsakt hatte neben anderen Wechselbälgern auch das Theorem der unvereinbaren Gegensätzlichkeit von Natur und Chemie zur Folge: Ammoniak aus dem Chemiewerk ist skandalöse Umweltverschmutzung, Ammoniak aus dem Kuhstall ist gesunde Landluft. Fällt im Rechnungsarchiv einer chemischen Fabrik der Buchhalter von der Leiter, handelt es sich um einen Chemieunfall. Dem mit seinem eigenen PKW und oft in Fahrgemeinschaft zur Arbeit kommenden Angestellten suggeriert man ein schlechtes ökologisches Gewissen, wenn er dagegen als einziger Fahrgast mit dem Regionalzüglein heimtuckert, so ist das ein Votum für die »saubere Bahn«, deren ökologische Sauberkeit aber nicht per se besteht, sondern mit der Zahl der Fahrgäste steigt und fällt. (Wieviel Diesel verbraucht die Lokomotive auf 100 km und wieviele Tonnen Herbizide pro Jahr halten die Gleise bewuchsfrei?)

Chemie ist, so hörte man einst in der Schule, die Wissenschaft von der Umwandlung der Stoffe: Aus Atmosphärilien wird Holz, aus Gras wird Milch und aus Bier wird Bauch. Doch fleißig stricken die Meinungsmanipulatoren an der Uminterpretation des per definitionem unveränderlichen Chemiebegriffes weiter – ärger noch als die Theatermacher bei mancher »aktualisierten« Klassikerinszenierung, wo sich Intendanten und Regisseure so verhalten, als seien die vom Autor des Bühnenstücks im Text hinterlassenen Regieanweisungen kein Bestandteil des Werkes. Und hie wie dorten wird als Banause bespuckt, wer sich gegen derartige Mogelpackungen zur Wehr setzt.

Nochmal zum Mitschreiben: Die Parole »Natur kontra Chemie« ist sachlich falsch und damit weder logisch noch öko. Trotzdem läßt sich aus populären Klischees auch unterhaltsames Kapital schlagen – sollte es eine Waffe geben, mit der man die Ignoranz wenigstens zeitweise in Schach halten kann, dann heißt sie Humor.

Humoristische Chemie. Herausgegeben von Jakobi, Hopf
Copyright © 2004 WILEY-VCH Verlag GmbH & Co. KGaA, Weinheim
ISBN: 3-527-30628-5

Rechtsdrall

Reines Quellwasser, besonders bei Heilquellen, hat eine hohe biologische Wirksamkeit. Es ist »rechtsdrehend« und zeigt somit eine positive Wirkung auf Menschen, Tiere und Pflanzen. Diese »Rechtsdrehung« kann durch eine radiästhetische Prüfung mittels Pendel veranschaulicht werden. Wird Wasser jedoch unter Druck durch eine Rohrleitung geführt, verliert es seine biologische Wirksamkeit und wird »linksdrehend«, wie die radiästhetische Prüfung bestätigt. Je nach Qualität des Wassers ist eine »Linksdrehung« des Wassers stärker oder schwächer. Unser Leitungswasser hat also keine biologische Wirkung mehr.

Dies zeigt sich nicht nur daran, daß es spürbar an Geschmack verliert, sondern auch an seinem energetischen Zustand, was Haltbarkeit und gesundheitliche Kräfte anbelangt. Mit FEWI® Wasser-plus kann dieser Verlust wieder rückgängig gemacht werden. Das heißt, Sie können Ihr normales »linksdrehendes« Leitungswasser in ein »rechtsdrehendes« Wasser verändern (umpolarisieren). Ihr Wasser wird mit einmal wieder biologisch wirksam ...

FEWI® Wasser-plus ist eine konisch gewickelte Spirale aus verzinntem Weichkupfer, die in einem Brausekopf eingepaßt wurde. Passend auf jeden Wasserhahn ...

Das aus einem Rohr oder Wasserhahn fließende Wasser wird durch die Spirale geleitet. Die Spirale erzeugt einen Drall des Wassers, der zusammen mit der Reibung an der Spirale das Wasser umpolarisiert. Das Ergebnis ist wiederum durch die Pendelkontrolle leicht nachzuprüfen. Das einmal umpolarisierte Wasser ändert sich nicht mehr und kann auch nach längerem Stehen mit guter Wirkung verwendet werden. Hierzu haben Tests gezeigt, daß dieses »rechtsdrehende« Wasser im sogenannten abgestandenen Zustand noch nach sieben Tagen einen meßbaren biologischen Wert aufzeigte. Wohingegen normal fließendes Wasser bereits nach drei Tagen seine Kraft verlor ...

Das durch FEWI® Wasser-plus umpolarisierte Leitungswasser kann seinen eigenen Geschmack wieder voll entfalten. Es wird für den gesamten Organismus verträglicher und bekömmlicher. Zudem überträgt das Wasser seine positiven Eigenschaften auf alle weiteren, durch Kochen oder Backen entstehenden Nahrungsmittel. Eine Anzahl von Versuchen mit selbstgebackenem Brot z. B. haben ergeben, daß sich sowohl eine wesentliche Verbesserung des Geschmacks, als auch eine Steigerung des Nährwertes durch die Verwendung von »rechtsdrehendem« Wasser erzielen läßt. Desgleichen konnte die Haltbarkeit selbst bei ungünstigen Lagerverhältnissen verlängert werden.

Das Entfalten der Aromastoffe beim Dünsten oder Kochen von Gemüse wird ebenso begünstigt wie die Haltbarkeit und Frische von Salaten durch bloßes Waschen mit »rechtsdrehendem« Wasser. Ein deutlicher Rückgang in der Bildung von Kesselstein zeigt gleichfalls die entkalkende Wirkung von FEWI® Wasser-plus ...

Genauso wie FEWI® Wasser-plus normales Leitungswasser in gesundes und biologisch aktives Wasser umwandelt, wirkt es auch auf alle anderen Flüssigkeiten positiv. Dazu stecken sie die kleine Spirale einfach in einen Trichter und gießen Ihr Getränk hindurch. Die nunmehr »rechtsdrehende« Flüssigkeit besitzt dieselben energetischen Veränderungen wie das auf die gleiche Weise umpolarisierte Leitungswasser:

- Mehr Aroma
- Mehr Geschmack
- Bessere Bekömmlichkeit

Dabei spielt es keine Rolle, welches Getränk Sie durch die Spirale gießen. Ob Cola, Limonaden, Fruchtsäfte, Milch, Bier, Wein oder Spirituosen; Sie können die positive Veränderung im direkten Vergleich feststellen.

Die einmal umpolarisierte Flüssigkeit bleibt auch weiterhin »rechtsdrehend«, so daß Sie selbst größere Mengen bedenkenlos umfüllen können. Einige überzeugende Beispiele, die Sie selbst nachvollziehen können:

- Milch gewinnt an Geschmack und Haltbarkeit
- Limonaden werden fruchtiger im Geschmack
- Bier schmeckt würziger
- Wein wird bukettreicher und voller im Geschmack; allzu trockene Weine werden bekömmlicher
- Sehr herber Most wird wieder genießbar
- Spirituosen verlieren an »Härte« ohne den Alkoholgehalt einzubüßen ...
- Bei der Milchverarbeitung in Käsereien stellte sich in einer Reihe von Versuchen heraus, daß mit rechtspolarisierter Milch der Reifeprozeß beschleunigt wird und geschmacklich verbesserte Ergebnisse erzielt werden konnten.

[Aus einer Werbeschrift] (1990)

Anmerkung der Herausgeber:

Was hat man geometrisch unter einer »konisch gewickelten Spirale« zu verstehen? Vermutlich eine Helix mit kontinuierlich abnehmenden Windungsradius. Spirale und Schraube werden mindestens so häufig durcheinandergeworfen wie Fichte und Tanne oder Hase und Kaninchen ...

Achtung! Leberwurst!

Chemiker sind es gewohnt, täglich mit neuen Meldungen über umwelt- und ernährungsbedingte Risiken konfrontiert zu werden. Aus der Chemiestadt Basel erreicht uns die neueste Botschaft:

In vollem Bewußtsein der Verantwortung, die ich dabei auf mich nehme, trete ich heute vor die Öffentlichkeit, um vor einer großen, bis jetzt unerkannten, im Dunkeln schlummernden Gefahr zu warnen. Lange habe ich gezögert. Mir war sofort klar, daß ich zwar damit unzählige Menschen vor großem Leid und Schaden bewahren kann, daß ich damit aber auch gleichzeitig die ungetrübten Gaumenfreuden vieler zerstören werde. Doch es muß sein; die Menschheit muß gewarnt werden.

Seit Jahren beobachte ich den stetigen Anstieg von Todesfällen, an Krankheiten, Verkehrsunfällen, Kriminalität, Scheidungen, Drogenmißbrauch und vielem

Schrecklichen mehr. Ich war zwar besorgt, aber der Gedanke an einen kausalen Zusammenhang kam mir nie, bis zu dem denkwürdigen Tag im letzten Dezember. Es war spätabends. Ich war auf dem Heimweg von einem sehr erfreulichen Schlachtfestbesuch. Etliche delikate, saftige, fette Leberwürste hatte ich genußvoll verzehrt. Dazu hatte es natürlich auch einige verdauungsfördernde Schnäpse gegeben. Alles in allem war es ein gelungener Abend gewesen. Vielleicht wurde alles ausgelöst durch ein leicht ungutes Gefühl im Magen, vielleicht schlummerte auch der Verdacht in meinem als Wissenschaftler durchtrainierten Gehirn schon lange im Unterbewußtsein; wie es auch immer gewesen sein mag, wie ein Blitz kam die Erleuchtung: *Es ist die Leberwurst!* Leberwurst tötet, Leberwurst ist die Ursache aller Krankheiten, der Kriminalität, der Unfälle, von allem Übel!

Fast wie im Traum lief ich heim. Schockiert. Auch meine Frau ahnte es sofort, als ich ins Zimmer taumelte: »Was ist passiert? Wie Du wieder aussiehst, schau Dich doch mal im Spiegel an!« Ja, ich wußte nun, was meine Pflicht war. Als Wissenschaftler, der gewohnt war, kausale Zusammenhänge sofort zu erkennen, war ich es der Menschheit schuldig, die Gedanken konsequent durchzudenken und zu verfolgen bis zum bitteren Ende. Und jetzt bin ich mir sicher. Die Tatsachen liegen klar auf der Hand, aber ich überlasse es dem Leser, die gleichen Schlußfolgerungen wie ich zu ziehen, nämlich: *Die Leberwurst ist an allem schuld!*

1. Fast alle Personen, die in Europa während des letzten Jahres gestorben sind, haben in ihrem Leben einmal Leberwurst gegessen.
2. Fast jeder, der in einem Autounfall verwickelt war, hat Leberwurst gegessen. Man überlege: Eskimos, die keine Leberwurst essen, sind selten in Autounfälle verwickelt.
3. Viele Kommunisten essen Leberwurst (das galt übrigens ebenso für die Nazis).
4. Es ist schockierend, aber alle, die zwischen den Jahren 1840 und 1890 Leberwurst gegessen haben, sind heute tot!
5. Fast jeder, der zwischen 1900 und 1930 Leberwurst gegessen hat, ist heute gezwungen eine Brille zu tragen.
6. Alle, die Zwischen 1910 und 1960 Leberwurst gegessen haben, müssen zur Zeit einmal im Jahr zum Zahnarzt. – Ist es nicht auffällig, daß kleine Kinder, die normalerweise Leberwurst hassen, selten zum Zahnarzt gehen müssen.
7. Die meisten Menschen, die durch eine Lawine getötet wurden, haben in ihrem Leben Leberwurst gegessen. Bemerkenswerterweise werden Araber, die bekanntlich auch keine Leberwurst essen, selten durch Lawinen getötet.
8. Ein großer Prozentsatz derjenigen, die von Heuschnupfen geplagt werden, ißt Leberwurst. Bemerkenswert auch hier wieder, daß Heuschnupfen bei Eskimos und Arabern nicht vorkommt.
9. Viele Drogenabhängige haben Leberwurst gegessen. In der Arktis und Antarktis, wo, wie schon gesagt, nicht viel Leberwurst gegessen wird, findet man interessanterweise auch kaum Drogenabhängige.
10. Auffallend ist auch, daß in einer gescheiterten Ehe mindestens einer der Partner Leberwurst gegessen hat.

11. Es ist wohl auch kein Zufall, daß jeder Europäer, der einmal Leberwurst gegessen hat, auch schon einen Sonnenbrand hatte. Auch hier wieder mache ich auf die Tatsache aufmerksam, daß Araber selten einen Sonnenbrand haben

Man könnte noch lange so weiter argumentieren, aber ich glaube, daß die Beweise überwältigend sind. In diesem Zusammenhang ist es übrigens interessant, daß das »Volk« beim Gedanken an die Leberwurst doch schon immer ein ungutes Gefühl hatte. Jeder von uns kennt doch den Hinweis auf die »beleidigte« Leberwurst. Sprachforscher werden das sicher bestätigen, daß sich im Lauf der Jahrhunderte dieses Wort von »beleidigende« zu dem nicht ganz so offensichtlichen »beleidigte« Leberwurst gewandelt hat. Meine Botschaft ist also klar. Nur noch ein Waghalsiger wird in Zukunft, und das aus selbstzerstörerischer Absicht heraus, Leberwurst essen.

Angeregt durch dieses Ergebnis bin ich dabei, in der nahen Zukunft auch die Blutwurst näher zu untersuchen. Erste Hinweise deuten darauf hin, daß vielleicht zwischen der Blutwurst und höheren Armeeoffizieren, Top-Industriemanagern, amerikanischen Fußballspielern und Kamikazepiloten ein Zusammenhang besteht.

Knarf Elzneik (1992)

Äpfel von 1980 – *ein Szenario aus den späten 1950er Jahren*

Erinnert ihr euch der Zeiten, als man die Äpfel einfach vom Baum aß? Tatsächlich. Man kann es sich kaum noch vorstellen. Abgepflückt, reingebissen und runtergeschluckt. Hahaha!

Die Bauersfrauen durften die Äpfel gleich vom Baum auf den Markt bringen. Ich sehe diese Marktfrauen noch vor mir, da standen sie auf dem Münsterplatz und verkauften Äpfel, wie sie gewachsen waren. Im besten Delikatessengeschäft war es ja nicht anders. Körbeweise Äpfel, frisch vom Baum, grobeweg! Eine tolle Barbarei. Tierische Mahlzeiten! Vielleicht nicht gerade tierisch, aber die Leute aßen die Äpfel wirklich noch nach der Methode Noahs und Methusalems, und das mitten im zwanzigsten Jahrhundert! Aber ein Vorteil hatte die patriarchische Methode doch. Die Äpfel waren damals viel billiger.

Ist das ein Wunder? Man muß doch bedenken, was wir heutzutage alles anstellen mit dem Apfel, bevor wir ihn freigeben zu menschlichem Genuß!

Wir leben ja schließlich im Jahre 1980. Da kann nicht jeder Bauer einfach seine Äpfel pflücken und verkaufen. Er hat sie abzuliefern nach der Ordnung. Die Apfelsammelstellen geben sie weiter an die Apfelwirtschaftsverbände, wo die neuzeitliche Nahrungsmittelchemie sie auf industriellem Wege aufbereitet und veredelt. Dazu gehört vor allem die Regulierung des Wassergehaltes. Zuerst wird dem Apfel alles Wasser entzogen, und dann wird es ihm wieder zugesetzt. In der vorgeschriebenen Menge selbstverständlich.

Das ist aber noch nicht alles. Der Apfel muß auch entsäuert und entzuckert werden. Danach wird er wieder mit Säure und Zucker angereichert. Seine Cellulose muß ernährungsphysiologisch richtig umgewandelt werden. Die Aromastoffe werden entfernt und durch das chemisch reine Apfelaroma $H_2CO_5Z_8$ ersetzt. Schließlich wird die Frucht noch vitaminisiert. Vergeßt nicht die Bestrahlung! Der Apfel wird ultraroten, infrasenfgelben, extrapersichgrünen und primamaulwurfsgrauen Strahlen ausgesetzt. Ganz recht. So erhalten wir den wissenschaftlichen Apfel, bekömmlich, hygienisch und tafelfertig, in den vier Sorten Deutscher Vollapfel, Deutscher Landapfel, Deutscher Tafelapfel (7 Prozent reine Apfelsubstanz) und Deutscher Markenapfel (mit echtem Apfelgeschmack). Und was das Feinste ist, er schmeckt gar nicht mehr nach Apfel, kein bißchen. Schmeckt wie eine erfrorene Kartoffel mit Apothekenaroma, sehr pikant.

Und wie haben wir diesen Erfolg errungen? Nur durch die kluge und energische behördliche Lenkung! Das Bundesapfelgesetz und die Zweite Apfeldurchführungsverordnung sorgen für eine gleichbleibende Qualität. Das setzt natürlich eine immense Kontrollarbeit voraus. Städtische Apfelkontrolleure, Kreisapfelinspektoren, Landesapfelprüfer und der Hauptbeauftragte des Bundesamtes für Apfelmarktordnung achten darauf, daß sämtlichen Vorschriften Genüge getan wird. So kann kein Apfelgeschmack sich einschleichen.

N. N. (1958)

Die sanfte Welle: Bio – die Rettung naht

Lange Zeit – zu lange! – war die Chemie unnötig in Verruf. Überall wurden gefährliche Stoffe aufgetan, bisweilen in lächerlichen Konzentrationen von einem »*Preußen pro München*« (ppm). »Chemie in Lebensmitteln«, »Chemie im Haushalt« und andere defaitistische Werke ließen und lassen Schlimmstes erwarten, möglicherweise sogar einen Folgeband: »Chemie im Labor«.

Harmlose Elemente wie Cadmium oder Blei, die doch als Elemente per definitionem »rein« und damit über jeden Verdacht erhaben sein sollten, wurden in blutrünstige Schlagzeilen gepreßt. Wahrscheinlich wurden einige der roten Schlagzeilen und Überschriften gar mit Cadmium-Farben produziert, aber das weiß nur der Liebe Gott und die »Badische«.

Unsere verzweifelten Versuche, der Kritik etwas entgegenzusetzen, führten sicherlich zu achtbaren Resultaten, so etwa zu den duftenden Kunststoffen, die für folgende Einsatzbereiche entwickelt wurden: Hula-Hoop-Reifen mit sanftem Pfefferminzduft, Lederimitationen mit dem Geruch alten Leders und wohlduftende Mülltüten[1]: »Chemie ist wenn ...«

Die eigene Ängstlichkeit verhinderte aber eine weitere Ausbreitung dieser und ähnlich genialer Ideen, Weder wurde versucht, gemeinsam mit dem Verpackungskünstler Christo eine baldrian-schwitzende Kunststoffdecke für den »Monte dioxini« in Hamburg-Georgswerder zu entwerfen, noch kam der Vorschlag der Wiederbegrünung des Schwarzwalds durch Plastikfichten – mit Fichtennadelduft. Stattdessen begab man sich auf den Holzweg, bezichtigte die Giftpilze als Verursacher des Waldsterbens und forderte Fungizide, Kalk und Dünger für den Wald, was von Waldmeistern der Luftreinhaltung, den Grünen, sofort als durchsichtige Verkaufsförderung angeprangert wurde. Zum Glück wurde dies von den Grünen nicht weiter ausgeschlachtet, da sie sich beständig im Kreise drehen (sie selbst nennen das »Rotation«).

Auch die Lebensmittel- und Pharmabranche reagierten auf Anfeindungen zunehmend verwirrt. Höhepunkt dieser Entwicklung war die Entfernung des Buchstabens »h« aus dem delikaten Pharmaschinken, der heute verschämt als Parmaschinken angeboten wird.

Will man den VDI-Nachrichten glauben[2], so wurden sogar jahrelang Bremsen mit einer asbesthaltigen Zwischenschicht unterwürfig als »asbestfrei« verkauft. Da muß doch ein fader Geschmack auf Zunge und Lunge zurückbleiben.

Die Rückzugsgefechte gingen so weit, daß wir Chemiker uns gegen einzelne Produktklassen aussprachen, beispielsweise gegen C-Waffen[3]. Bald kann man keinen Sanitärreiniger mehr verkaufen. Wenn sich nun auch noch Physiker gegen Atomwaffen, Biologen gegen bakteriologische und Astronauten und Astrologen gegen den »Krieg der Sterne« aussprechen, bleibt uns nur noch der »Krieg gegen die Natur«.

Auch großangelegte Werbe- und Pressekampagnen (»Chemie auf Ihrer Seite«) scheiterten. Im entscheidenden Augenblick gab es immer wieder Sperrfeuer aus den eigenen Reihen, das diese aber eher lichtete als schützte. Auch wenn es nur um wertlose Fässer ging, die ihren Bestimmungsort nicht sofort fanden: Solche – sozusagen postalische – Fehler ließen immer wieder Zweifel aufkommen, auf welcher Seite die Chemie nun wirklich war.

Die Situation wird dadurch nicht einfacher, daß auch Regierung und Behörden beim Umweltschutz versagten und Unmut hervorriefen, der sich unverdient gegen uns Chemiker richtete: Sei es Bundeskanzler Kohl, der Buschhaus für die Dienstvilla des amerikanischen Vizepräsidenten hielt, sei es Innenminister Zimmermann, der schwafelte statt zu entschwefeln, sei es Verkehrsminister Dollinger, der sich durch Straßenausbau als Geisterfahrer im Umweltschutz profilieren wollte und uns das Katalysatorgeschäft versaute. Sei es Postminister Schwarz-Schilling, der quecksilberhaltige Batterien über klingende Glückwunschtelegramme verscherbelte (»Spiel mir das Lied vom Tod«?) und bei dem auch sonst nicht alles eitel Sonnenschein war, was glänzte. Auch Gesundheitsminister Geißler war nur formal auf der Hut, aber nicht bei Formaldehyd. Da konnte auch Prof. Überall nichts mehr retten, der von einem »Kongreß der Weißwäscher« zum anderen und überhaupt so viel herumreiste, daß sein jeweiliger Aufenthaltsort meist nur über eine statistische Wahrscheinlichkeitsrechnung in einem Münchner Institut für medizinische Statistik zu ermitteln war.

In diesem Zustand hochmolekularer Hoffnungslosigkeit nahte unversehens Hilfe, erst in homöopathischer Verdünnung, dann immer deutlicher grün knospend und das Wesentliche entblätternd: BIO, BIO, BIO!

Viele von uns rümpften anfangs die Nase und verkannten die Gunst der Stunde, waren es doch gerade die Biologen, die sich im Chemiepraktikum immer besonders täppisch angestellt hatten. Allein – es war auch weniger die Logik, die half, als die Vorsilbe: Bio. Mit Bio zurück zur Natur: Bio ist Leben. Bio ist unverdächtig. Bio beseitigt jeden Verdacht sofort.

Was Wunder, daß das Reinwaschen zuerst mit Waschmitteln anfing. Das Biowaschmittel[4] war geboren, und damit begann das Zeitalter der Reinwaschung; manche behaupten sogar, der Reinkarnation der guten alten Chemie.

Jetzt konnte nichts mehr passieren oder zumindest nicht mehr oder weniger als draußen in der Natur. Ist doch bio-logisch, oder? So wurden zahlreiche Produkte zu Bioprodukten und konnten fortan bei Tante Emma und Onkel Aldi gekauft werden.

Was beim Biogemüse nicht auffiel, hörte sich auch beim Bio-Alkohol gut an. Das Mäusegift Cumarin wurde flugs zum »biologischen Köder« ernannt. Formaldehyd in Äpfeln gefunden und zum Bioformaldehyd befördert. Und die Chemiker konnten gar nachweisen[5], daß das Dioxin schon seit der Steinzeit im Feuer entsteht und quasi ein Bio-Dioxin ist.

Dennoch wurde die unfreiwillige Marketing-Idee der Ökopaxler von uns Chemikern hierzulande nicht mit der notwendigen Reaktionsgeschwindigkeit aufgegriffen. Hier zeigte sich einmal mehr, daß die deutsche Chemie – besonders eben die Bio-Chemie (!) – im internationalen Vergleich allenfalls zweitklassig und wenig phantasiebegabt ist. Ein Schicksal, das sie übrigens mit unserer Fußballnationalmannschaft teilt. Während letztere zwar noch keinen Bio-Bauer, aber immerhin schon einen Becken-Bauer angestellt hat, tümpeln in der Chemie die Derwalls in der eigenen Abseitsfalle und vergessenen die Offensivtaktik.

Was für Trainer Max Merkel das Zuckerbrot war, muß für uns die Bio-Offensive werden: Ich will Spaß – gib Biogas!!!

Wieso vor Asbest kneifen (s.o.), ist es doch ein natürliches Mineral und damit ein Bioasbest! Stickoxide enthalten den natürlichen Stickstoff und den lebensnotwendigen Sauerstoff und sind damit Bioxide! (lassen wir uns kein z für ein x vormachen). Wo bleibt die Werbung für essentielle Bio-Metalle wie Nickel? »Bei uns stäubt nur Bio-Nickel« – mit diesem Argument schlagen sie jeden Betriebsrat. Scheuen wir uns auch nicht vor kleinen Abänderungen: ob es nun Bioland heißt oder Biolan, merkt kein Käufer, zumindest nicht akut.

Nehmen wir uns ein Beispiel an jenem Waschmittelkonzern, der seinen Waschverstärker nach anfänglichem Zögern und Drängen des Umweltbundesamts dann als besonders umweltfreundlich einstufte, weil man damit auch noch Waschmittel sparen könnte! Das ist für unsere Sache eine Spitzenarbeit!

Für die Zukunft bleibt dennoch vieles offen. Die Bio-Option muß gerade bei der Gentechnologie genutzt werden, die nun auch schon wieder madig gemacht wird. Natürlich wissen wir, daß die Kritiker »nicht alle AS im Gen haben«, aber mit solchen harten Wahrheiten kann man heute leider keine Politik mehr machen. Nein, wir müssen fürderhin nur noch sanft von Bio-Technologie säuseln, wo es bekanntlich ganz natürlich zugeht, allenfalls wird die Evolution etwas revolutionär beschleunigt. Schwimmen wir mit auf der Bio-Welle und vieles wir wieder gut werden, was bislang nur öde Chemie war. Die Ökopaxler werden grün vor Wut werden, wenn wir erst genmutierte Bakteriologische Waffen als Bio-Waffen bezeichnen. Da bleibt kein Auge trocken.

N. N. (1985)

Anmerkungen.

1) Chemie-Journal 2/1983
2) VDI-Nachrichten 38, Nr. 49, S. 19 (1984)
3) GDCh-Presseinformation vom 27.11.1984

4) Seifen – Flocken – Raspeln vom 11.11.1984
5) Informationsdienst Chemie und Umwelt 5, 10 (1984)

Korrespondenz: Phänomenologie

In Ihrem Beitrag »Bio- die Rettung naht« schlagen Sie dem gleichen Faß den Boden aus, das aus durchsichtigen Gründen von Massenmedien permanent am Überlaufen gehalten wird. Ich möchte zunächst ergänzen, daß man – und dies gilt zuallerst für Chemiker – Sorge tragen sollte, die ausufernde sog. »künstliche Intelligenz« (engl: artificial intelligence) wieder mehr durch die natürliche Intelligenz oder – um in Ihrer Terminologie zu bleiben – die Bio-Intelligenz (vulgo: gesunder Menschenverstand) zu ersetzen.

Ich möchte aber noch einen Schritt weiter gehen. Nicht nur im Alltagsleben, auch in der wissenschaftlichen Forschung sollten wir uns wieder mehr auf unsere biologischen Hilfsmittel besinnen, nämlich auf unsere naturgegebenen fünf Sinne. Ein Blick lehrt, daß die größten Entdeckungen nicht mit Hilfe irgendwelcher optischer oder mechanischer, also physikalischer und damit künstlicher Instrumente getätigt wurden, sondern mit dem Arsenal unserer unbewaffneten Organe:

a) Am 7. April 8015 v. Chr. bemerkte der unbescholtene Neandertaler Jupp K. mit bloßem, zudem noch kurzsichtigen Auge, daß die Gelbe Rübe rot ist. Damit war der Grundstein zur Carotinoid-Forschung gelegt, und zehntausend Jahre mußten vergehen, bis uns die vollinstrumentalisierte Wissenschaft lehren konnte, daß uns β-Carotin, wie alles im Leben, ebenso gesund wie krank macht.

b) Nero, als Brandstifter ein wahrer *homo oxidans*, entdeckte sozusagen mit nackter Nase, daß Geld nicht stinkt (»non olet«[*)]) – eine nicht nur für uns Industriechemiker folgenschwere Erkenntnis.

c) Im späten 16. Jahrhundert gewann der Alchimist Pseudo-Monas durch Sublimation seiner Libido eine glattflächige, weiche, amorphe Masse, die er nach intensivem Betasten *corpus amaliae* nannte – seine Reagenzglasbürste hieß Amalie. Noch Hermann Kolbe, bekanntlich ebenso rachsüchtig wie intelligent, aber puritanisch, nannte daraufhin jeden Schlunz der ihm aus der Retorte rann, einen neuen »Körper«.

d) Noch in unseren Tagen machte der deutsche Nobelpreisträger Fischer – merkwürdigerweise heißen fast alle deutschen Chemie-Nobelpreisträger Fischer, aber wer

---

[*)] Nach Kenntnis der Herausgeber geht diese Formulierung aber auf Kaiser Vespasian (9–79; reg. 69–79) zurück, als er eine Benutzungsgebühr für öffentliche Toiletten einführte – frühe Ansätze einer ökologischen Steuerreform. Im Französischen kennt man für das Toilettenhäuschen an der Ecke heute noch den Begriff »vespasienne«. Ob Nero Rom tatsächlich angezündet hat, ist dagegen weiter unklar – einem bösen Buben traut man eben alles zu, vor allem wenn er bei der Verteilung der »Bio-Intelligenz« (s.o.) vermutlich ein wenig zu kurz gekommen war.

heißt schon heutzutage noch Fischer? – einer seiner großen Entdeckungen, indem er aufmerksam seinem Assistenten zuhörte – bloßen Ohres, versteht sich. Dieser Assistent leitet heute die Fischer-Schule in Fischingen und fischt im Trüben.

Was lehren uns die wenigen Beispiele? Ich fasse zusammen: Rettet die Phänomene! Freiheit für die Sinnlichkeit! Weg mit der Instrumentellen Analytik! (Es sei denn, sie belebt das Anzeigengeschäft.)

Ein Gleichgesinnter (Name der Redaktion bekannt)

Gefahr durch neues Feuerlöschmittel?

Der »ICI Safety Newsletter« warnte vor einiger Zeit nachdrücklich vor einem neuen Feuerlöschmittel, weil es nicht nur Feuer löschen, sondern auch Menschen töten könne.

ICI hatte angekündigt, daß sie ein neues Feuerbekämpfungsmittel in ihre Produktpalette aufnehmen wolle. Unter der Bezeichnung WATER (Wonderful And Total Extinguishing Resource) würde es die existierenden Bekämpfungsmittel wie Trockenpulver und BCF, die seit ewigen Zeiten verwendet werden, eher ergänzen als ersetzten. Es sei besonders geeignet zur Feuerbekämpfung in Gebäuden, Holzlagern und Lagerhäusern. Obwohl große Mengen angewendet werden müßten, sei es relativ billig herzustellen. Es war geplant, in Städten und in der Nähe stark gefährdeter Einrichtungen Vorräte von etwa viel Millionen Litern zu lagern, so daß sie zur raschen Anwendung zur Verfügung stünden. BCF und Pulver werden gewöhnlich unter Druck gelagert, WATER dagegen sollte in offenen Teichen oder Reservoiren aufbewahrt und mit Schläuchen und tragbaren Pumpen zum Brandort transportiert werden.

ICIs neues Vorhaben stößt bereits auf starke Opposition von Sicherheits- und Umweltgruppen. Professor Connie Barrinner hat darauf hingewiesen, daß, wenn jemand seinen Kopf in einen Eimer mit WATER eintaucht, dies in nur drei Minuten seinen Tod herbeiführt. Jedes der von ICI vorgesehenen Reservoiren wird genug WATER enthalten, um eine halbe Million 8-Liter-Eimer zu füllen. Jeder gefüllte Eimer könnte hundert Mal benutzt werden, so daß das WATER eines Reservoirs ausreicht, um die gesamte Bevölkerung Englands zu töten. Solche Risiken sollte man nicht eingehen, sagte Professor Barrinner, was auch immer der Vorteil sei. Wenn WATER außer Kontrolle geriete, hätte das Folgen, denen gegenüber die Ereignisse von Flixborough und Seveso zur Bedeutungslosigkeit verblaßten. Welchen Vorteil soll ein Feuerbekämpfungsmittel haben, das Menschen ebenso wie Brände vernichtet? Ein Sprecher der örtlichen Behörde sagte, er würde sich der Baugenehmigung für ein WATER-Reservoir in diesem Gebiet widersetzen, wenn nicht die strengsten Sicherheitsvorkehrungen getroffen würden. Offene Teiche wären sicherlich nicht akzeptabel. Wie sollte man verhindern, daß Leute hineinfallen? Wie könnte man verhindern, daß ihr Inhalt austritt? Mit Sicherheit müßte WATER in stählernen Druckbehältern gelagert werden, die von undurchlässigen Betonwänden umgeben sind.

Ein Sprecher der Feuerwehr sagte, daß er keine Notwendigkeit für die Einführung des neuen Feuerbekämpfungsmittels sähe. Trockenpulver und BCF reichten für die meisten Brände völlig aus. Die Anwendung des neuen Mittels wäre besonders für die Feuerwehrmänner mit Gefahren verbunden, die größer seien als jeder denkbare Vorteil. Wissen wir denn, was passiert, wenn das neue Mittel starker Hitze ausgesetzt wird? Es wurde darauf hingewiesen, daß WATER ein Bestandteil von Bier ist. Heißt daß, daß die Feuerwehrleute durch die Dämpfe vergiftet werden könnten?

Die Organisation »Freunde der Erde« sagte daß sie eine WATER-Probe untersucht und gefunden habe, daß sie Stoffe zum Schrumpfen bringt. Wenn es so auf die Baumwolle wirkt , wie wirkt es dann auf Menschen?

Im Unterhaus wurde an den Innenminister die Frage gerichtet, ob er die Herstellung und Lagerung des tödlich wirkenden, neuen Produkts verbieten wolle. Der Innenminister antwortete, daß es sich dabei offensichtlich um eine beachtliche Gefährdung handele; die örtlichen Behörden sollten sich von den Sicherheitsbeauftragten beraten lassen, bevor sie eine Planungserlaubnis erteilen. Es sei eine gründliche Untersuchung notwendig, und die für solche Fragen zuständige Kommission werde um einen Bericht gebeten.

N. N. (1978)

Synthetischer Notschrei

Synthetisch, synthetisch stellt alles man her,
Den Krapp und den Indigo aus pechschwarzem Teer
Und viele andre Farben, es ist halt ein Graus,
Die Seif' und die Sonne hält kaum eine aus.

Patente, Patente nimmt heut jedermann
Auf Medikamente und preist laut sie an
Für Schlaf, gegen Schmerzen und Fieber und Gicht:
Es schluckt's der Patiente – gesund wird er nicht.

Synthetisch der Kaffe, synthetisch der Wein,
Die Milch und die Butter, das Bier obendrein.
Natürliche Nahrung, die find't man fast nie,
Der Teufel, der hol' die synthetische Chemie!

[Aus: Ber. Dtsch. Chem. Ges. 45, 3792 (1912)]
WILHELM KOENIGS *(1851–1906), ein Pionier der Humoristischen Chemie*

Methylcarbinol – ein wenig beachtetes Mycotoxin

Unter Mycotoxinen versteht man Stoffwechselprodukte von Pilzen, die für Mensch und Tier in geringen Konzentrationen giftig sind[1]. Aflatoxin, das bekannteste Mycotoxin, gehört zu den stärksten derzeit bekannten Cancerogenen. Seit vor gut 20 Jahren in Großbritannien etwa 100 000 Truthühner an akuter Mycotoxinvergiftung starben, hat die Forschung auf diesem Gebiet einen ungeahnten Aufschwung genommen. Inzwischen kennt man etwa 80 Mycotoxine und 100 Pilze, die Mycotoxine bilden. Mycotoxine sind reine, unverfälschte Naturprodukte. Die »Chemie« kann heilfroh sein, daß sie mit der Produktion solcher Stoffe nichts zu tun hat.

Ein Beispiel für ein besonders weit verbreitetes, aber in vielerlei Hinsicht sehr differenziert eingeschätztes Mycotoxin ist das Methylcarbinol. Es wird durch die Tätigkeit von Hefen gebildet. In manchen Getränken kommt es in erheblichen Konzentrationen vor, gewissen Süßwaren wird es direkt zugesetzt. In reiner Form stellt es eine eigentümlich riechende Flüssigkeit dar, die selbst noch in 50proz. Mischung mit Wasser mit blaß-blauer Flamme vollständig zu umweltfreundlichem Kohlendioxid und Wasser verbrennt. In ökologischer Hinsicht ist Methylcarbinol also eine durchaus positiv einzustufende Substanz. Man denkt deshalb in manchen Ländern darüber nach, sie als Alternative zu Benzin zum Betreiben von Verbrennungsmotoren zu verwenden.

Die LD_{50} vom Methylcarbinol wird mit etwa 10 Gramm pro Kilogramm Körpergewicht angegeben. Die lebensbedrohliche Menge von Methylcarbinol für den Menschen bei Aufnahme innerhalb einer kurzen Zeitspanne beträgt 200 bis 400 ml, was einer Konzentration im Blut von 4 bis 6% entspricht. Die Folgen einer akuten, wenn auch nicht tödlich verlaufenden Vergiftung durch Methylcarbinol wurden schon in der Bibel beschrieben[2].

Seit etwa 1860 ist eine charakteristische chronische Vergiftung durch übermäßigen Genuß eines vor allem in Bayern viel getrunkenen methylcarbinolhaltigen Getränkes bekannt. Es handelt sich um eine Herzvergrößerung, medizinisch Cor bovinum genannt[3].

Im biochemischen Verhalten unterscheidet sich Methylcarbinol deutlich von seiner Grundsubstanz, dem Carbinol. Während Carbinol, auch Methanol genannt, schon in relativ kleinen Dosen die Sehnerven schädigt, greift Methylcarbinol mehr am Zentralen Nervensystem und an der Leber an. In kleinen bis mittelgroßen Mengen genommen, bewirkt es zunächst Euphorie, später eigentümliche Rauschzustände, bei manchen Menschen Aggressionen, bei Autofahrern Fahruntüchtigkeit. Dem Rausch folgt am anderen Tage eine Art Unwohlsein, das man als Kater bezeichnen kann. Er läßt sich durch neuerliche Aufnahme von Methylcarbinol weitgehend unterdrücken, so daß manche Autoren Methylcarbinol auch als Rauschgift ansehen.

Die chronische Verträglichkeit von Methylcarbinol ist beträchtlich. In manchen Gegenden gibt es Menschen, die Methylcarbinol von der Jugend an bis ins hohe Alter zu sich nehmen, ohne dabei sichtbaren Schaden leiden. Je nach Menge des täglich konsumierten Methylcarbinols unterscheidet man zwischen α-, β-, γ-, δ- und ε-Methylcarbinolikern.

Der Prophet Mohammed hat aufgrund ihm bekannt gewordener negativer Erfahrungen und in Kenntnis der Gefährlichkeit von Methylcarbinol seinen Anhängern den Genuß methylcarbinolhaltiger Getränke strikt untersagt. Sein Gebot wird heute noch in einigen arabischen Ländern beachtet, z.B. dem Iran, Libyen und Saudi-Arabien. Andere Staaten schützen zwar durch Gesetze die Jugend vor dem Mycotoxin Methylcarbinol; sie ziehen aber andererseits aus dem Konsum von Methylcarbinol Nutzen, indem sie den Verkauf nur in Monopolläden gestatten oder indem sie ihn mit wucherisch hohen Steuern belegen.

Auch die lebensmittelrechtlichen Bestimmungen für Methylcarbinol sind sonderbar. Für andere Mycotoxine, z.B. Aflatoxin, gibt es eine Verordnung, die für gewisse Lebensmittel Höchstmengen festsetzt. Im Falle von Methylcarbinol fordern aber die lebensmittelrechtlichen Bestimmungen sogar Mindestgehalte, obwohl der Vertrieb von Getränken mit höherem Gehalt an Methylcarbinol eigentlich ein Verstoß gegen § 8 unseres Lebensmittelgesetzes ist. Dieser verbietet es, Lebensmittel herzustellen, wenn auch nur die Möglichkeit einer Gesundheitsschädigung besteht. Es hat kurioserweise eines langen Gerichtsverfahrens bedurft, bis ein bestimmtes Getränk (Cassis de Dijon) mit einem niedrigeren (!) Gehalt an Methylcarbinol, als bei uns bisher üblich ist, in der Bundesrepublik Deutschland verkauft werden durfte.

Im Zusammenhang mit dem umstrittenen »Reinheitsgebot« für ein bereits erwähntes methylcarbinolhaltiges Getränk wurde neuerdings die anzeigengestützte Spinn-Realitätsbeugungschromatotypie eingesetzt. Mit Hilfe dieser neuen analytischen Technik wurde nachgewiesen, daß die zur Herstellung des Getränkes überall erforderlichen Hilfs- und Zusatzstoffe, wie Wasseraufbereitungsmittel, dann harmlos sind, wenn sie in Deutschland angewendet werden, hingegen bedenklich sind, wenn sie in gleicher Form und in gleicher Weise in ausländischen Produkten vorkommen. Damit ist auch chemisch der Beweis erbracht worden, daß es sich bei der Forderung, das Reinheitsgebot aufrecht zu erhalten, nicht um die Verteidigung eines Handelshemmnisses handelt, sondern um ein Verbraucherschutzproblem. 2,5 Millionen Verbraucher, von denen einige bei der Unterschrift sicher unter dem Einfluß von Methylcarbinol standen, haben die analytischen Befunde signiert. Damit dürften die Ergebnisse der durch Spinn-Realitätsbeugungschromatotypie gefundene Ergebnisse als abgesichert gelten.

In Anbetracht der als toxikologischen Eigenschaften von Methylcarbinol und den erheblichen aufgezeigten Gefahren sollten die lebensmittelrechtlichen Bestimmungen über mehtylcarbinolhaltige Getränke gründlich überarbeitet werden. Bei strenger Auslegung von § 8 des deutschen Lebensmittel- und Bedarfsgegenständegesetzes müßten die Getränke überhaupt verboten werden. Was auf jeden Fall zu fordern ist, wäre ein Warnhinweis, wie man ihn auch bei anderen Stoffen kennt, etwa in der Art »Kann bei übermäßigem Genuß Ochsenherz verursachen«.

ERICH LÜCK (1984)

Anmerkungen:

1) H. K. Frank: Einführung in das Mykotxinpro-
blem; in: J. Reiß, Mykotoxine in Lebensmitteln. Gustav-Fischer-Verlag. Stuttgart – New
York 1981, S.3.

2) 1. Mose 9,21.

3) H. Oettel in: Ullmanns Enzyklopädie der
technischen Chemie. Verlag Chemie Weinheim. 4. Auflage. Band 8, S. 493.

Fünfzehntes Kapitel
Mixtura mirabilis – *Anekdoten, Zitate, Stilblüten, Kuriosa und Ratespiele*

Anekdoten – die »nicht herausgegebenen« Texte – sind von der Wortbedeutung her ein gewisses Paradox: Gäbe man sie nicht heraus, könnte niemand drin lesen; damit wären sie allenfalls für eine mündliche Überlieferung gut. In der Tat eignen sie sich bisweilen nicht schlecht zum Ausfüllen peinlicher Gesprächspausen zu vorgerückter Stunde, wenn man von akutem Kommunikationsmangel begünstigte heimwärtige Abwanderungstendenzen im Keim ersticken will. Umgekehrt können sie bei allzu lebhafter Debatte auch zum gehörheischenden Einstieg in die Runde verhelfen nach dem Vorbild des Straßenverkehrs, wo man sich als Wartepflichtiger an der unübersichtlichen Kreuzung entweder so lange vortastet, bis man zum Hindernis wird und einem der nächste Vorfahrtinhaber genervt herausläßt – oder man aber diesem knallhart die Vorfahrt nimmt und sich durch überhöfliche Gesten entschuldigt.

Das Zitat ist als kleiner Bruder der Anekdote in katalytischen Mengen als rhetorisches Gewürz nicht zu verachten. Wie immer liegen Gebrauch und Mißbrauch dicht beieinander: Perfide Gesellen nutzen gerne die Aussprüche berühmter Leute, um autoritätsgläubige Diskussionsgegner mundtot zu machen, wobei sie manche der »zitierten« Worte der inzwschen verstorbenen und daher wehrlosen Geistesgröße sogar erst andichten. Der redliche Überrumpelte sucht krampfhaft nach einem notabene belegbaren Gegenzitat und ärgert sich, daß er Schopenhauers »Eristische Dialektik« nie unter dem Kopfkissen liegen hatte.

Wie den Blüten der Pflanzen, so gibt es bei den Blüten des Stils ebenfalls echte, scheinbare oder künstlich nachgemachte. Häufig gedeihen sie im pädagogischen Bereich (siehe das zwölfte Kapitel), weil die Erziehung den nötigen Dünger liefert. Und das, obwohl »erziehen« vom Klang her ein lebensfeindliches Wort ist; es erinnert an »erschießen«, »erwürgen« oder »erschlagen«, auf jeden Fall aber an Rohrstock, Stubenarrest und ähnlichen Repressalien gegen insubordinative Zöglinge. Wenn man jemanden solange sticht, bis er tot ist, dann hat man ihn erstochen. Wenn man jemanden solange zieht, bis er tot ist, hat man ihn dann erzogen? Oft ist die Wortwahl eine Frage des Standpunktes: »Jugendschutz« bewahrt den »Minderjährigen« (schon wieder ein häßlicher Begriff – klingt wie »minderwertig«) vor dem Bier in der Kneipe, aber nicht vor dem Rauschgift auf dem Schulhof, sodaß der Betroffene sich eher bevormundet als beschützt fühlt. Dem »Volljährigen« (noch so ein amtsdeutsches Sprachmonster – hört sich an wie »volltrunken«) geht es nicht viel besser: Was die Obrigkeit »Ermessensspielraum« tituliert, empfindet der Untertan als Willkür und nennt es auch so. Gemeint ist aber jeweils das Gleiche.

Rätsel gibt einem die Chemie häufig auf, und manchmal scheint nicht der Experimentator mit seinen Molekülen, sondern diese mit ihm zu spielen. Daneben existieren auch Ratespiele, die tatsächlich zur Unterhaltung des Chemikers gedacht sind, wenn er zu ihrer Bearbeitung seine fachspezifischen Kenntnisse benötigt.

Frühere Jahrgänge der »Blauen Blätter« (seit 1953 als »Sonderdienst« der »Angewandten Chemie« beigeheftet, später zum selbständigen Journal abgenabelt) enthielten unter dem Titel »Mixtura mirabilis« als kurzweilige Dotierung kleine Abschnitte mit Kuriositäten aus dem Bereich der Chemie und ihrer Nachbarwissenschaften. Ein Nachschlagehemmnis war ihr versatzstückhafte Verstreuung über das ganze Heft. Immerhin erschien eine Anthologie in

Humoristische Chemie. Herausgegeben von Jakobi, Hopf
Copyright © 2004 WILEY-VCH Verlag GmbH & Co. KGaA, Weinheim
ISBN: 3-527-30628-5

Buchform, welche 1965 bereits eine zweite Auflage erfuhr. Später wurde nach einer Art Flurbereinigung den Kabinettstückchen alljährlich in der Aprilausgabe ein fester Wohnsitz zugewiesen (seit neuestem durch eine »Interskriptum«sen (seit neuestem durch eine »Interskriptum« genannte monatliche Kolumne ergänzt), wo man sie sozusagen besser unter Kontrolle hat. Natürlich nicht die Heiterkeit – die darf uns getrost auch unkontrolliert überkommen.

Anekdoten und Zitate

Im Jahre 1932 fand an dem neu erbauten Kaiser Wilhelm-Institut für medizinische Forschung in Heidelberg ein »Eisen-Kolloquium« statt, in dem namhafte Gelehrte über die biologische Bedeutung des Eisens diskutierten. Fritz Haber, der daran teilnahm, begrüßte seinen Freund Richard Willstätter, als er diesen in der Halle des Hotels Europäischer Hof nach längerer Zeit der Trennung wiedersah, mit dem Ausruf: »Bei Gott, es gibt ein Neutron.« Im Verlauf der Tagung litt Haber schon an seinem Herzleiden und mußte häufig zum Medizinfläschchen greifen. Als er gelegentlich eines Sparzierganges mit Paul Harteck eine Attacke von angina pectoris hatte, bat er diesen erschöpft: »Harteck, wenn ich nicht sterben soll, dann suchen Sie in meinem Anzug nach der lebensrettenden Phiole.« Harteck durchwühlte aufgeregt aber vergeblich alle Taschen des Gelehrten und mußte verzweifelt feststellen: »Herr Geheimrat, ich kann das Präparat nicht finden.« Darauf Haber: »Dann muß ich ohne das heilsame Elixier weiterleben.« Worauf die wissenschaftliche Diskussion fortgesetzt wurde.

- Der schwedische Chemiker Carl Wilhelm Scheele war als der Entdecker des Magnesiums bekannt geworden. Als Gustav III. von Schweden nach Paris kam, beglückwünschten ihn französische Wissenschaftler zu seinem berühmten Untertan. Der König, der von Scheeles Existenz bisher nichts gewußt hatte, sandte einen Kurier nach Stockholm mit der Weisung, Scheele zum Herzog zu erheben. Der Minister, der Scheele auch nicht kannte, beauftragte seinen Sekretär, Scheele aufzutreiben. So wurde bald ein Leutnant der Artillerie namens Scheele zum Herzog ernannt.

- Robert Wilhelm Bunsen war in Heidelberg allmählich in die Jahre gekommen, doch immer noch ein höchst ansehnlicher Mann, dessen Junggesellentum Frau Helmholtz mit Sorge beobachtete. Sie steht mit ihm oben auf der Treppe seiner Dienstwohnung, die er allabendlich verließ, um im Grandhotel zu essen. Frau Helmholtz wußte eine besonders angenehme Geheimratsfamilie, in der auch Töchter waren, die vielleicht sein Interesse wecken könnten. »Ach«, antwortet er in dem larmoyanten Ton, den er bei solchen Gelegenheiten anschlagen konnte, »liebe Freundin, sehen Sie, wenn ich denn verheiratet bin und komme vom Grandhotel nach Hause, dann sitzt auf jeder Stufe ein schmutziges Kind.« – Bunsens Heidelberger Dienstwohnung hatte eine Treppe mit 25 Stufen.

- Von Walter Gerlach stammt der klassische Ausspruch: »Das Recht zu schimpfen bildet einen Teil der Besoldung des Assistenten.«

- Ein Physiologe in Göttingen fragte den jungen Assistenten Adolf Butenandt: »Sagen Sie, ich habs augenblicklich vergessen, wissen Sie, wie viel Doppelbindungen die Cholatriensäure hat?« Darauf Butenandt: »Wenn Sie es mir nicht soeben gesagt hätten, hätte ich es auch nicht mehr gewußt.«

Unter ehemaligen Vorlesungsassistenten diskutierte man den von Heinrich Wieland beschriebenen Versuch, in dem gezeigt wird, daß brennendes, trockenes Kohlenmonoxid, in einem Kolben mit trockener Luft eingeleitet, nicht weiter brennt. »Ist Ihnen der Versuch in der Vorlesung geglückt?« – »Nein, bei uns ging es ja auch nie; aber man kann ja statt Luft Stickstoff in den Kolben füllen.« – »Das ist doch recht schwierig. Ich habe einfach immer mit dem Bauch den Schlauch abgeklemmt.«

Hans v. Wartenberg, der Assistent bei Nernst in Göttingen war, erzählte: »Wenn ich mich zu jener Zeit über Nernst geärgert hatte, ging ich in eine gute Weinstube und trank guten Wein. Auf die Länge der Zeit wurde mir das aber zu teuer.«

Anläßlich des 100. Geburtstages des »Vaters der Mikrochemie« wurde vorgeschlagen, 10^{-15} g als *1 Emich* zu bezeichnen. Um für alle Zukunft der Sorge um Benennung kleinerer Gewichtseinheiten ledig zu sein, wurden letztere mit Hilfe der Silben Deci-, Centi-, Milli-, Micro-, Nano-, und Pico- bis 10^{-30} g = 1 Millipicoemich herunter definiert und registriert. Die Physiker sollten also zur Kenntnis nehmen, daß die Masse eines Elektrons nicht $9{,}1 \cdot 10^{-28}$ g, sondern 9,1 Decipicoemich ausmacht. Für die Mikrochemiker dürften Mengen von Centipicoemich oder Millipicoemich nicht leicht zu finden sein.

Karl Ziegler auf Vortragsreisen erhält einen Anruf aus seinem Institut, man habe ihm die Lavoisier-Medaille verliehen. Der Mitarbeiter bemerkte dazu: »Soviel ich mich erinnere, hat man Lavoisier geköpft«, worauf Ziegler antwortete: »Das werden meine Lizenznehmer später mit mir auch tun.«

Ende der zwanziger Jahre trug auf einer Sitzung der Deutschen Chemischen Gesellschaft jemand über den oxydativen Abbau der Cellulose vor und zog den Schluß, im Makromolekül der Cellulose gäbe es kleinere Molekülverbände, die rhythmisch wiederkehrten. Die anschließende Diskussion leitet Prof. Haber. Prof. Stock meldet sich zu Wort und schlägt vor, den Unterabteilungen des Makromoleküls, die das Gesamtmolekül etagenförmig aufbauen, einen eigenen Namen zu geben. Aus den Reihen der Zuhörer kommen aber keine Vorschläge für einen solchen Namen und Haber will schon die Diskussion abbrechen, als Stock nun zum dritten Mal seinen Vorschlag wiederholt. Darauf Haber: »Na meinetwejen, nenn'n se's Stock-Werk!«

E. Thilo betreute 1925 in Berlin als Assistent einen halben Praktikantensaal. Fast täglich entwickelten sich an seinem Platz auch nicht-chemische Gespräche. Zur Belebung gab es heißen Kaffee. Paneth schien bei seinen Routine-Rundgängen nichts davon zu bemerken. An einem Tage aber wurden neben der debattierenden Gruppe in einem großen Glasgefäß Marmorstücke ausgekocht. Und da sagte dann Paneth: »Ach, heute kochen Sie wohl den Zucker zu ihrem Kaffee?«

Fritz Raschig wollte bereits 1910 auf der rechtsrheinischen Seite südlich Freiburg eine Versuchsbohrung nach Erdöl vornehmen lassen. Die Behörden in Baden versagten jedoch die Konzession für die Bohrung auf Erdöl. Raschig wußte sich zu helfen. Er stellte einen Antrag auf eine Bohrung nach eisenfreiem Wasser. Der Antrag wurde genehmigt. Es wurde in Krozingen gebohrt. Statt des gesuchten Erdöls stieß man auf eine Kohlensäurequelle. Aus der erbohrten Quelle erwuchs das bekannte Thermalbad.

Niels Bohr zu einem Besucher, der sich wundert ein Hufeisen an die Tür seines Labors genagelt zu sehen: »Ich habe mir sagen lassen, es hilft manchmal auch denen, die nicht daran glauben.«

Julius v. Brauns forscherische Leidenschaftlichkeit erstickte oft menschliche Gefühle. So auch einmal gegenüber seinem Assistenten Gradstein: Der Chef hatte ihm eine kostbare Substanz übergeben, die er ozonisieren sollte. Gradsteins Laborraum – natürlich nannten ihn die Kollegen nur Grabstein – lag im Keller. Eine fürchterliche Detonation erschüttert eines Tages das Haus. Ein anderer Assistent eilt hinunter und findet Gradstein leicht blutend und ohnmächtig auf dem Boden ausgestreckt, umgeben von Trümmern. v. Braun stürmt ebenfalls die Treppe hinunter und schreit dem eben erwachenden Gradstein ins Ohr: »Und wo ist meine Substanz?«

Hermann Staudinger erzählte gern die Geschichte eines Kandidaten, der zum schwarzen Examensanzug eine knallviolette Krawatte trug: »Wissen Sie, es war wie eine Suggestion. Ich fragte den Kandidaten nach Kristallviolett und da er gut Bescheid wußte, fragte ich ihn weiter nach anderen Triphenylmethanfarbstoffen. Das ganze Farbstoffgebiet habe ich ihn abgefragt. Er machte ein sehr gutes Examen. – Später gestand er mir, daß er die violette Krawatte aus reiner Berechnung angezogen hatte. Wissen Sie, der junge Mann hat das gute Examen verdient.«

»Immer wieder erlebt man, daß in Gebiete, die man eröffnet hat, allerlei unerwünschtes Volk – Leute mit fleißigen, nach Arbeit verlangenden Händen, aber mit leeren Köpfen – sich hineindrängt, das man wieder herausjagen muß.« (Ludwig Claisen am 22. 3. 1926.)

An einem Besuch bei Bunsen erinnerte sich später Walden besonders gern. Der freundliche alte Herr begann die Unterhaltung, während der er sich nachher eingehend nach seinen Arbeiten erkundigte: »Rauchen Sie, Herr Kollege?« »Ja, gerne«, antwortete Walden und freute sich angesichts der im Zimmer stehenden Zigarrenkisten auf den Genuß. »Zigarren?« fragte Bunsen weiter. »Ja«. – »Das ist gut; denken Sie, was für viele schöne Apparate man aus leeren Zigarrenkisten machen kann«.

Prof. Alfred Coehn leitete im ersten Viertel dieses Jahrhunderts das von ihm selbst unterhaltene Photochemische Institut an der Universität Göttingen. Über manche Unbilden half ihm und seinen Schülern sein Humor, seine Gelassenheit und Schlagfertigkeit hinweg. – Eines Tages wurde er nach der Höhe des Institutsetats befragt. Alfred Coehn antwortete: »L'état c'est moi«.

Ein Verleger wollte gern Wilhelm Raabe als Mitarbeiter gewinnen. Da er aber nicht viel Geld hatte, schrieb er am Schluß seines Briefes: »Freilich zahle ich Honorar – rar«. Raabe antwortete: »Wer mir Honorar rar zahlt, dem liefere ich Beiträge – träge!«

Emil Fischer, der Entdecker des Veronals, begegnete einst in St. Blasien dem Schriftsteller Hermann Sudermann. Sudermann eilte auf Fischer zu: »Wie bin ich glücklich, Exzellenz, Ihnen einmal meinen Dank ausdrücken zu können für ihr wundervolles Schlafmittel Veronal. Sie haben mich gerettet. Ich brauche es nicht einmal einzunehmen, es genügt mir schon, es auf meinem Nachttisch liegen zu haben!« »Das ist ein merkwürdiges Zusammentreffen«, antwortete Fischer freundlich. »Wenn ich schwer einschlafe, greife ich nämlich zu einem Ihrer Romane. Das wirkt unfehlbar, und es wirkt schon, wenn ich das schöne Buch auf meinem Nachttisch liegen sehe«. »Da ist der dumme Kerl davongelaufen«, fügte Emil Fischer lachend hinzu.

Von Carl Dietrich Harries berichtet Richard Willstätter: »Im Arbeitszimmer fiel mir auf, daß ein großes Bild umgewendet hing, Bildseite nach der Wand. Erstaunt frage ich den Hausherrn: »Hängen Sie dieses Bild verkehrt auf, um es zu schonen?« »Nein«, antwortete er und drehte es um, »es ist Emil Fischer, ich bin böse auf ihn und er hängt so zur Strafe.«

Georg Lunge, der berühmte Technologe, war um 1880 in einer USA-Schwefelsäurefabrik angestellt. Eines Tages kommt eine Reklamation aus einer Gerberei ein, die letzte Säurelieferung sei zu schwach gewesen. Lunge erhält den Auftrag, der Beanstandung nachzugehen. Er stößt in einem entlegenen Distrikt endlich auf die »Fabrik«. Nach einigem Umherfragen trifft er schließlich einen Mann, der etwas besser aussieht. Dennoch erhält er auf seine Frage die Antwort: »Direktor? Kenne ich nicht!« – »Ja, wer hat denn bei Euch das Laboratorium unter sich?« Erstauntes Dreinschauen. Dann endlich eine Hinweis auf Bill, der alles zu sagen hat: Meister, Chemiker und Direktor in Personalunion. Lunge erklärt ihm den Grund seines Kommens und bittet, eine Säurespindel zu holen. »Säurespindel? Haben wir nicht!« – »Ja, wie bestimmen Sie denn die Konzentration?« Darauf die Antwort: »Jedes Mal, wenn eine neue Sendung kommt, zapfe ich einen Eimer ab, streife den Ärmel hoch, stecke den Arm rein und lasse ihn zwanzig Atemzüge lang drin. Ist die Säure gut, habe ich am nächsten Tag Pusteln. Bei der letzten Lieferung kriegte ich keine.«

Edward Teller zu einer Zeit, als Plutonium noch nicht giftig war: »Auf die Sitte, daß Männer lange Hosen tragen, sind mindestens hundertmal so viele Mutationen zurückzuführen wie auf die jetzigen radioaktiven Niederschlagsmengen. Die Ursache ist die Temperaturerhöhung der Fortpflanzungsorgane bei langen Hosen«.

Johannes H. D. Jensen auf die Frage eines Reporters, was er mit dem Geld des Physik-Nobelpreises (1963 zusammen mit Wigner und Goeppert-Mayer) zu tun gedenke: »Als Naturwissenschaftler mache ich erst einmal eine Theorie, und wenn die fertig ist, wird wohl auch das Geld alle sein.«

»Der Saal faßte nicht die Zuhörer und die Zuhörer nicht den Vortrag ...!« schrieb der Humorist Saphir nach einer der berühmten Kosmos-Vorlesungen A. v. Humboldts.

Adenauers Staatssekretär Walter Hallstein wußte offenbar um energiesparende Kühltechniken für überhitzte Hörsäle: »Wenn ein Jurist einen Raum betritt, so muß es darin immer um einige Grade kälter werden.«

E. Chargaff in seinem Vorwort zu: »Some Conjugated Proteins (A Symposium)«: »There is a real danger, that our science may suffocate in its own excrements.«

»Bestrahlen Sie Ihre Versuchssubstanz mit Licht und klammern Sie dann alle Dinge aus, die Sie nicht messen können. Können Sie dann eine Meßkurve erhalten, so ist es ein Erfolg. Erhalten Sie eine gerade Linie, so publizieren Sie eine Arbeit, geht die Linie durch den Nullpunkt, so haben sie eine grundlegende Entdeckung gemacht.« (W.A. Noyes jr. anläßlich der Verleihung der Priestley-Medaille)

Karl Freudenberg suchte 1947 einen ausländischen Kollegen zu überreden, einen Ruf nach Deutschland anzunehmen. Er schreibt ihm: »Seit ich auf dem Speicher des Instituts einen Kanister Leinöl gefunden habe, leben wir wieder sehr gut.«

Wenn Adolf v. Baeyer ein Vorlesungsexperiment mißglückte, pflegte er seinen Assistenten vorwurfsvoll zu fragen: »Haben Sie das nicht vorher probiert, Herr Dr. Vanino?« – Eines Tages nun wollte v. Baeyer in der Vorlesung einen Bunsenbrenner anzünden. Das erste Streichholz versagte, das zweite auch; ein tadelnder Blick in Richtung Assistent war die Folge. Darauf Vanino: »Ich habe sie alle vorher probiert!«

Kuriosa und Sprüche

Als längsten chemischen Ausdruck verzeichnet die neueste (zehnte) Auflage von »Guiness Book of Records« den vollen Namen des Enzyms Tryptophan-Synthetase A. Er beginnt mit Methionylglutaminalarginyltyrosylglutamyl ..., und endet mit ... alanylthreonylarginylserin. Da das Enzymmolekül die Summenformel $C_{1285}H_{2501}N_{343}\cdot O_{375}S_8$ besitzt, ist es kein Wunder, daß ein Name mit 1913 Buchstaben herauskommt; da andererseits Tryptophan-Synthetase A keineswegs das längste natürliche Protein ist, wird der Computer, der den Satz des Buches besorgte, mutmaßlich bei der elften Auflage in noch größere Schwierigkeiten kommen.

N. N. (1972)

Trost der Herausgeber

Wer verlachet Dich, Papier?
Paart sich kluge Hand mit Dir,
Wird der Marmor nicht bestehn,
Werden Zedern eh' vergehn,
Hat das Eisen nicht Bestand
Dauert nicht der Diamant:
Eher wirst Du nicht gefällt,
Bis mit Dir verbrennt die Welt.

FRIEDRICH VON LOGAU
(Barocker Neujahrsglückwunsch der Zellstoffabrik Waldhof, um 1955)

Polemik

Der Erste hat das Haar gespalten
Und einen Vortrag darüber gehalten.
Der Zweite fügt es neu zusammen
Und muß die Ansicht des Ersten verdammen.
Im Buche des Dritten kann man lesen
Es sei nicht das richtige Haar gewesen.

LUDWIG FULDA

Testatzwang?

Ein Professor hatte den Vorlesungsschluß von 15.00 Uhr auf 14.30 Uhr vorverlegt. Als um 15.00 Uhr zwei Studenten den Professor nicht mehr vorfanden, erteilte ihnen die Putzfrau mit einem Stempel das Testat (nach einer Mitteilung der Studentenzeitung »Spuren«, Heft 5, S. 5 geschehen im Chemischen Institut der Universität Köln etwa um 1958).

Natürlich gewachsene Zinn-Whiskers

beobachtete ein englischer Waffensammler auf deutschen Bajonetten aus dem Ersten Weltkrieg. Die Kristallnädelchen werden bis zu 12 mm lang. Damit stehen erstmalig Zinn-Whiskers ausreichender Länge in großer Menge für experimentelle Untersuchungen zur Verfügung. (ca. 1959)

Verschlungene Ringe

Es waren einmal zwei Assessoren des Lehramtes. Die spürten den Drang in sich, die Welt mit einem neuen chemischen Bauprinzip zu beglücken. Dieses Prinzip sah so aus

und außerdem war es gar nicht mehr neu. Wo veröffentlicht man das? Chemiker sind so schrecklich voreingenommen. Sie lassen immer nur das gelten, was sich experimentell belegen läßt. Das ist schrecklich für Prinzipien. Aber die beiden Assessoren wußten sich zu helfen. Sie erfanden Kochvorschriften, zeichneten ein paar hübsche Strukturformeln und eine komplizierte Apparatur, »berechneten« für jedes Produkt einen Schmelzpunkt, vergaßen auch nicht, mit der Ausbeute genügend weit unter 110% zu bleiben, und schickten das Ganze dem Bundespatentamt. Dieses druckte die Auslegeschrift Nr. 1 069 617 mit dem Titel »Verfahren zur Herstellung von Verbindungen mit ineinandergeschlungenen Ringen«.

Darauf wurde man natürlich aufmerksam. Auch eine chemische Zeitschrift interessierte sich für dieses Verfahren. Das genügte dem Publizitätshunger der beiden »Erfinder«. Sie zogen ihre Patentanmeldung »aus freien Stücken und ohne Einsprüche in Händen zu haben« zurück. Vorsichtshalber baten sie aber die Zeitschrift, eine eventuelle Mitteilung keinesfalls so abzufassen, als sei die Darstellung der erfundenen Substanzen bereits gelungen. Schließlich wollte man nur ein Prinzip bekanntmachen. Bleibt zu erwähnen, daß man sich im Rahmen der Kochvorschriften natürlich mit dem Strukturbeweis der chemischen Schlüsselringe besondere Mühe gab:

»Es werden 23 g eines zähen Öles erhalten, das seiner besonderen Struktur gemäß nicht zur Kristallisation gebracht werden kann«. Jeder, der nur ein bißchen chemische Erfahrung besitzt, wird das sofort einsehen.

Geschehen hierzulande. Anmeldetag des Patentes: 2. Februar 1957.

N. N. (1960)

Stereochemischer Limerick,
präsentiert auf der letzten Bürgenstock-Konferenz

A sterochemist of Tyrol
Remarked, as he slid down a spiral,
»This game is damnation
to my conformation,
My arse will in future be chiral.«

N. N. (1969)

Beurteilungsmaßstab für Habilitationen

»Die Arbeit wiegt mit Umschlag 863g und entspricht mithin den Anforderungen, die unsere Fakultät an eine solche stellt.« (Verbürgtes Gutachten des Dekans der medizinischen Fakultät einer süddeutschen Hochschule, um 1955).

Weise Erkenntnis

Du willst bei Fachgenossen gelten?
Das ist verlorne Liebesmüh.
Was dir mißglückt, verzeihn sie selten,
was dir gelingt, verzeihn sie nie!

OSKAR BLUMENTHAL

Stil- und Zeitungsblüten

Mißglückte Prüfungsantworten sind ein Quell steter und reiner Schadensfreude für solche, die es hinter sich haben. Die folgenden Beispiele stammen aus Klausuren in Chemie als Nebenfach. Daß wir auch Antworten von des Deutschen nicht recht mächtigen Ausländern ausgewählt haben, wird uns hoffentlich niemand als chauvinistischen Hochmut ankreiden.

Was ist der räumliche Aufbau der Atome?
Ein Atom hat ein Kern und eine Hüllung (Schallen). Im Kern befinden sich Brotonen und Bozetron und Neutronen und der Kern hat eine positive Ladung. Diese um-

randete Hüllung bcfinden sich die Negativ Teilchen (Elektron). Diese Elektronen bestimmen die chemischen und physikalischen Eigenschaften.

Was ist ein chemisches Element?
Ein chemisches Element ist, wie der Name schon sagt, ein chemischer Grundstoff.

Wie kann man experimentell prüfen, ob eine Verbindung ein Elektrolyt oder ein Nichtelektrolyt ist?
Elektrolyt ist, wenn zuckt in Hand, Nichtelektrolyt, wenn nicht zuckt in Hand.

Wie erfolgen Molgewichtsbestimmungen?
Man setzt die ganze Verbindung auseinander, dann summiert man die Masse der Atome.

Welches ist der Unterschied zwischen Haupt- und Nebengruppenelementen?
Die Haupt- und Nebengruppenelemente unterscheiden sich durch ihre Reinheit.

Worin unterscheiden sich Metalle von Nichtmetallen?
Metalle kommen in Elektronenform vor, d. h. sie können elektrische Ladung zeigen, im Gegensatz zu den Nichtmetallen. Ein Zwischending ist das Wasser: Es kann in Elektronen aufgespalten werden, es weist aber auch nichtmetallische Eigenschaften auf.

Was ist ein elektrochemisches Element?
Ein elektrochemisches Element hat die Tendenz, sich als Ion in seiner eigenen Salzlösung zu lösen.

Was sind amphotere Hydroxide?
Hydroxide sind Säuren, die basisch reagieren können.

Was sind Transurane?
Sie gehören zu den seltsamen Erden. – Elemente mit einer Hausnummer größer als 92.

Worin unterscheiden sich die Isotope eines Elements?
Durch den pH-Wert.

Wie bestimmt man die Gesamthärte eines Wassers?
Sie läßt sich mit einer Seifenlösung bestimmen. Dabei wird bis zum Umschlagpunkt des knisternden Schaumes Seife zugegeben.

Warum müssen Räume mit großer Menschenbelastung öfters gelüftet werden?
Um die Zahl der Todesopfer durch Ersticken in erträglichen Grenzen zu halten!

zusammengestellt von N. N. (1968)

Anmerkung der Herausgeber:

Bei den Stil- und Zeitungsblüten (s. u.) haben wir auf Anführungszeichen verzichtet; wer die Zitate für bare Münze nimmt, ist zur Genüge angeführt. Doch jetzt in grob chronologischer Folge die angekündigte Anthologie unfreiwilligen Humors, überwiegend aus der Presse:

Man braucht dazu einen sehr dickwandigen Kessel, etwa einem großkalibrigen Kanonenrohr ähnlich, in dem bei einem Druck von hunderttausend Kilogramm je Quadratzentimeter und einer Temperatur von dreitausend Grad reiner Kohlenstoff – denn nichts anderes ist der Diamant – zur Explosion gebracht wird. Gelingt das unter den Voraussetzungen, die von den Wissenschaftlern in Amerika und Schweden geschaffen wurden, dann zertrümmert diese Explosion den Kohlenstoff in seine vier bekannten Bestandteile, nämlich Diamant, Graphit, Flüssigkeit und Gas. [Allgemeine Zeitung, Neuer Mainzer Anzeiger, 5. 11. 1957].

Während der Naturdiamant bei einer Temperatur von 1600 Grad Celsius schmilzt und verbrennt ... (Chemische Rundschau S. 152, 1. 4. 1957).

Nun möchte man in Freyung noch gerne wissen, wie man synthetische Diamanten herstellen kann. Auf diesem Gebiet geht es aber nicht recht voran, denn Diamanten bestehen aus reinem Kohlenstoff, der bei der Berührung mit einer Kristallisationsflamme sofort verbrennt. [Wetzlarer Neue Zeitung, Nr. 284 vom 7. 12. 1957].

Auf diese Art kann er sich entweder schwer beladen in die Tiefe sacken oder, von Sauerstoff-Hydroxyd beflügelt, an der Wasseroberfläche dahintreiben lassen. [So las man über den Kugelfisch in der Frankfurter Illustrierten Nr. 39, 1957, S. 52].

Geheimnis um Flugkörper. Rotglühendes Projektil fiel herab und verschwand im Erdreich ... Die alarmierte Polizei fand auf der Wiese eine zu einem Moorgraben führende Schleifspur. Auf dem Wasser des Grabens entdeckte sie eine Quecksilberschicht. [Kölner Stadt-Anzeiger vom 2. 12. 1957].

Explorer fliegt in dreihundert Grad Kälte. [Darmstädter Tagblatt Nr. 30 vom 5. 2.1958].

Die Matten sind thermoplastisch, das heißt, sie nehmen die Zimmertemperatur an: nach dem Bade gibt es also keine kalten Füße, denn die Kälte der Fliesen oder des Zementbodens dringt nicht durch. [Für Sie – Stimme der Frau, *10*, Nr. 1 (1958), S. 28/29].

Todbringende Sucht nach giftigen Dämpfen. Er hatte einen ...-Behälter geöffnet, in dem sich Rückstände von Trichteräthylen eines Maschinenreinigungsmittels befanden. [Badische Neueste Nachrichten, Aug. 1957].

Denn, von Gold Kupfer und Strontium abgesehen erscheinen die echten Metalle durchweg weiß, silberweiß bis stahlblau, manche mit einem Stich nach blau oder gelb. Die Farblosigkeit ist natürlich kein Zufall. Sie findet ihre Erklärung darin, daß die reinen Metalle keine eigentlichen Minerale, sondern Elemente sind, daher nicht für das gediegene Sein am Tageslicht, sondern für die Verborgenheit im Schoße der Verbindungen geschaffen. Beim weltscheuen Strontium umflort sich das Auge schon während des Schleifens. Man glaubt zu spüren, wie hinter dem Vorhang das Wesen nach der Tiefe hin entschwebt. [Chemiker-Zeitung *81*, 499 (1957)].

Der Zeiger des Manometers pendelte zwischen 0 und einem geringeren Wert hin und her. [Technischer Jahresbericht 1956 der Berufsgenossenschaft der Chemischen Industrie, S. 27].

Der Vorratskeller dient zur Aufbewahrung anorganischer Chemikalien: in erster Linie Alkohol und alkalischer Metalle. Unter anderem standen auf einem der beiden Regale eine Fünf-Liter-Flasche mit Alkohol und drei verlötete Dosen mit Natrium. Dieses Metall entzündet sich sofort, wenn es mit Luft in Berührung kommt. Es muß deshalb in luftdicht verschlossenen Dosen oder unter Wasser aufbewahrt werden. [Münchener 8-Uhr-Blatt vom 29. 4. 1959, S. 9].

Magnesium brannte in Aluminium-Fabrik ... In der Fabrik hatte Magnesium, das aus Aluminium hergestellt wird, Feuer gefangen. [Essener Stadtnachrichten, Nr. 17, S. 7 vom 20. 1. 1960.].

Die Hitze des Feuers war so groß, daß in dem Werk das erst bei 1400 Grad schmelzende Glas flüssig wurde und brannte. [Ruhrnachrichten vom 9. 2. 1960].

So chic können Schürzen sein! Diese ist aus Indanthren. [Unterschrift eines Bildes im Mannheimer Morgen vom 2. 12. 1959].

Dieses Intrigantenpaar ist ja in der Mozartoper »Cosi fan tutte« etwas wie ein katalyptisches Agens, worunter man in der Chemie eine Materie versteht, die man harmlosen Bestandteilen zusetzt, um sie zur Explosion zu bringen. [Oberhessische Presse vom 25. 2. 1960].

Die Universitätsstadt Göttingen lebte seit Anfang dieser Woche auf einem Pulverfaß. Wie erst jetzt bekannt wurde, sind in einem noch nicht ermittelten Betrieb in Göttingen 1500 Liter Homologen, ein leicht entzündbarer und in einem Luftgemisch hochexplosiver Stoff – in die Kanalisation der Stadt gegossen worden. [Der Abend vom 25. 6. 1960].

Die Pollenkörner, so mikroskopisch klein sie sind, werden durch die Sonnenstrahlen zu Isotopen, das heißt radioaktiv. Bei den natürlichen wie bei den künstlichen Isotopen entscheidet der Halbzeitwert, die Zeit, in der eine bestimmte Menge des Stoffes zur Hälfte zerfällt. Der Halbzeitwert der Blütenstaub-Isotopen dürfte einer der geringsten sein, die wir kennen. [Erlanger Nachrichten vom 12. 1. 1962].

Die Bomber, die Borat abwarfen, um den Brand durch Kohlensäure zu ersticken, waren unsere Rettung. [Die Welt vom 9. 11. 1961, S.30].

Es wird empfohlen, die geschlossene Dose etwa 10 Minuten lang in siedendes (nicht kochendes) Wasser zu stellen. [Gebrauchsanleitung der Fleischwarenfabrik Hans Bär, Uttenreuth b. Erlangen].

Zwischen dem pH-Wert von rohem Schweineschinken (x) und dem Gehalt an Sülze (y in %) besteht die Beziehung $y = -14,0456x + 91,51222$. [Chem. Zentralbl. Nr. 40, *14500* (1961)].

... eine Aufspaltung des Traubenzuckers in Kohlendioxyd (CO_2) und Alkohol ($C_2HS\ OH$) stattfinde. [Stuttgarter Nachrichten Nr. 9 vom 11. 1. 1962, S.11].

Wärme durch Energiekonzentration erzeugen kann ein von den Santechnika, UdSSR entwickeltes Gerät, das Halbleiter benutzt und nach dem Prinzip der zusätzlichen Wärmeerzeugung an thermo-elektrischen Dipolen arbeitet, die als Heizelemente dienen. Das Gerät soll doppelt soviel Wärme erzeugen, als es Energie verbraucht. [Chemiemarkt Nr. 6, S.2, 1960].

Eine seiner letzten Leistungen ist weithin bekannt geworden. Das war die Erforschung der chemischen Stoffe, mit denen Schmetterlingsweibchen auf weiteste Entfernung die Menschen anlocken können. Auch diese kann man nur künstlich herstellen und hofft damit, die Schädlingsbekämpfung zu fördern .... [Rheinische Post, Düsseldorf, vom 9. 12. 1961].

Wenn Tatsachen verschiedene Ursachen haben können – und Thallium entsteht schon bei Verbrennen eines alten Filzpantoffels, besitzen sie keine Indizfähigkeit in bezug auf jede einzelne dieser Ursachen. [Süddeutsche Zeitung vom 13. 6. 1961].

Dragées mit ihrem angenehmen leicht medizinischen Geschmack ... [Deutsche Apotheker-Zeitung vom 23. 3. 1961, S. XXV].

Der Sauerstoff dieser Alge ist elfmal so hoch wie der der Luft. [Illustrierte Zeitschrift, Juli 1961].

Dr. N. unterscheidet zwischen den sogenannten Feinseifen, den Mischseifen und den Syndets. Der charakteristische Bestandteil bei den Feinseifen ist das Natrium. Bei den Syndets sind es dagegen bestimmte Fettalkohole und bei den Mischseifen eine Kombination von Natrium und Fettalkoholen.« [Hauswirtschaft und Volksernährung *33*, 92 (1961)].

Gips ist ein schwefelsaurer Kalk. Beim Kochen wird zuerst das anorganische Wasser, das Naturwasser, und dann der größte Teil des organischen Kristallwassers (Schwefelsäure) entzogen. [Kölner Stadt-Anzeiger vom 22./23. 4. 1961, S.15].

Toluol ist ein mit Benzol vermischter aromatischer Alkohol. [Abendzeitung Nr. 214, S. 3 vom 7. 9. 1961].

Ölgehalt (kein Fett, nur alphabetische Anteile) [Glasers Annalen *85*, 227 (1961), Tafel 2].

Wußten Sie, daß bei 10% Kohlenoxydgehalt der Atmungsluft – ein Wert, der im dichten Großstadtverkehr schnell erreicht werden kann – leichte Beschwerden auftreten können? Von 20 bis 30% Kohlenoxydgehalt können Kopfschmerzen und größere Beschwerden auftreten .... [Hamburger Morgenpost vom 8. 3. 1961].

Außerdem ist es im wesentlichen vollständig geruchlos. [Auslegeschrift 1116408 des Deutschen Patentamtes] *(cf. Telegramm Karl Valentins an Berliner Manager: »Komme wahrscheinlich bestimmt«.).*

Dr. R .... empfahl eine Verlagerung der Atome des Alkoholmoleküls, denn wenn seiner Ansicht nach Kohlen-, Wasser- und Sauerstoff etwas anders arrangiert würden, könnten die bösen Folgen des Trinkens vermieden werden. Geschmack und anregende Wirkung des Alkohols würden durch die Transponierung nicht beeinträchtigt.« [Oberhessische Presse vom 17. 3. 1961].

... ihn dort niedergeschlagen und mit ätherhaltigen Wattebausch so lange ›behandelt‹, bis er vollends die Besinnung verlor und chloroformiert liegenblieb. [Rheinische Post vom 9. 3. 1962].

Er wollte als Räuber sein Opfer mit Äther chloroformieren. [Kurier (Wien) vom 27. 2. 1963].

Wenn Chlor mit Wasser in Berührung kommt, bildet sich das gefährliche Chlorgas, das unter anderem als Giftgas im Ersten Weltkrieg verwandt wurde. [Süddeutsche Zeitung vom 25. 9. 1962]

Ein Margarinefabrikant wurde angezeigt. Man hatte bei ihm chemische Formeln gefunden wie man aus Pferde- und Eselhufen synthetische Butter herstellt.« [Frankfurter Allgemeine Zeitung vom 2. 10. 1962].

Feinster geriebener Tafel-Meerrettich mit Konservierungsstoff Benzoesäure geschwefelt. [Firmenschild Türk & Pabst].

Schwefelhaltiger Regen ... haben sich dort an den Pfützen auf Straßen und Feldwegen Ränder gebildet, von denen starker Schwefelgeruch aufsteigt. [Westfalenpost, Juni 1962] *(Der Schwefel erwies sich später als Blütenstaub)*.

Nach Sachverständigengutachten ist die hergestellte Mischung unter Verwendung von Kaliumchlorid detonationsfähig, die Gefährlichkeit der Mischung stehe außer Zweifel. [Reutlinger Generalanzeiger vom 30. 10. 1962].

Dabei lief aus dem beschädigten Tank Kalksäure aus. Der Schaden beträgt 10 000 Mark. [Stuttgarter Zeitung vom 9. 4. 1962].

Prof. OTTO HAHN, Nobelpreisträger für Physik, spricht am 23., 20 Uhr, im Auditorium maximum; Thema: »Erinnerungen eines alten Radiomechanikers« [Kurier (Wien) vom 17. 10. 1962].

Prof. Dr. Clemens Schöpf hat in Brüssel an einem »International Symposium on Organic Chemistry of Natural Products« teilgenommen und einen Vortrag gehalten über »Die Konstitution von Willstätter und Marx und seine Bildung aus Spartein durch stereospezifische Reaktionen«. [Darmstädter Tagblatt vom 28. 7. 1962].

Ebenso irrig ist die Annahme ein mineralarmes Wasser sei gesundheitsfördernd, weil es unter anderem auch kein Kochsalz enthält. Es gibt überhaupt kein kochsalzhaltiges Heilwasser! Lediglich die beiden Elemente des Kochsalzes – Natrium und Chlor – sind in manchen hochwertigen Heilwässern enthalten, und zwar als Natrium und als Chlor, nicht aber als Kochsalz. [Staatl. Mineralbrunnen Siemens Erben, Wiesbaden].

Auf einem Lkw platzte ... ein Glasballon mit einer chemischen Flüssigkeit. Es entstand eine Verpuffung. Die Feuerwehr mußte mit Wasser das chemische Gemisch neutralisieren. [Der Tagesspiegel vom 28. 1. 1962].

Ziegler, ... entdeckte besondere Katalysatoren bei der Entstehung von Kunststoff-Polymeren, die er nach seinem italienischen Kollegen Giulio Natta benannte, dem die Erfindung polymerer Kunststoffe zugeschrieben wurde. [Süddeutsche Zeitung am 26. 10. 1963].

... in Gegenwart eines sauren, sehr basischen Katalysators [Chem. Zbl. *195054*, S. 558].

... sehr tiefe Temperaturen unterhalb des absoluten Nullpunkts ... [Weltwoche vom 8. 8. 1963].

Der Sauerstoffgehalt der Luft hat im Verlauf der letzten hundert Jahre um etwa zehn vom Hundert abgenommen. [Gewerkschaftliche Monatshefte, *14*, 14 (1963)].

Dieses Derivat des Polyvinylacetats ist wasserlöslich und bildet bei niedrigen Konzentrationen hochkonzentrierte Lösungen. [Die Kunststoffe, S. 392, Carl Hanser Verlag, München 1959].

Hahn, Otto: Vom Radioherz zur Uranspalte. 22.50 DM. Verlag Fr. Vieweg u. Sohn, Braunschweig. [Universitätsbibliothek Rostock, Messe-Bücher-Angebot vom 9. 10. 1963].

Natrium: Es ist für den Abtransport der Kohlensäure verantwortlich und wird daher bekanntlich zur Entlastung des Magens bei Übersäuerung eingenommen.« [Der gesunde Mensch, Mitteilungsblatt der Volkswohl Krankenversicherung, Heft 4, Mai 1963].

Freilich kann der Laie sich nur an den großen Schornsteinen orientieren, die den für ein Chemieunternehmen typischen Geruch von Chlor und Schwefel in die Lande verbreiten. [Die Welt vom 18. 9. 1963].

In Frankfurt hat das Stadtreinigungsamt erkannt, wie gefährlich Kleesalz oder Viehsalz für Straßen, Fahrzeuge und den Verkehr überhaupt ist, aber auch für Schuhwerk. Deshalb hat man in der Main-Metropole dem Kleesalz – Streusalz – ein Mittel beigemischt, welches geeignet erscheint, als Korrosionsschutz zu dienen. [Schuhwirtschaft Nr. 11 vom 14. 3. 1963].

Immer wieder waren Ester-Dämpfe frei geworden. (Ester ist eine Chemikalie, mit deren Hilfe dem Kaffee vor dem Rösten das Coffein entzogen wird.) [Bild vom 10. 6. 1963].

Der schmelzende Beton und das schmelzende Stahl, die in flüssiger Form aus dem Bohrloch austraten, beschädigten dabei die Sauerstoff-Lanze. Dadurch verflüssigte sich Sauerstoff in konzentrierter Form und bildete zusammen mit dem Hitzekegel von 1800 Grad Wasserstoff, das zur Explosion kam. [Dürener Zeitung vom 6. 9. 1963.].

Feuerstätten müssen aus nicht brennbaren Baustoffen bestehen. [§ 46 Absatz 2 des Entwurfs für Landesbauordnung in Nordrhein-Westfalen].

Alle zwei Jahre wird auf den vom »Combustion Institute« veranstalteten Internationalen Symposia über Verbrennung von Forschern aus allen Ländern ... berichtet. [Aus einem nicht näher bezeichneten Manuskript].

Zyankali (Blausäure), kommt im Kalium und Natrium vor, ... [Quick Nr. 19, S.52 (1964)]

Das in der Bohrung Nordsee Bl angetroffene Erdgas besteht zu 96% aus Stickstoff und zu 4% aus Kohlehydraten. [Göttinger Tageblatt vom 3. 7. 1964].

Das gleichzeitig entstehende Thiosulfat stört nicht, da es sich mit den Dihalogeniden zu Alkylthiosulfaten umsetzt, die durch Oxydationsmittel (H_2O_2) zu Disulfiden reduziert werden. [Boström: Kautschuk-Handbuch, 1960, Bd. 2, S.16].

Damals ermöglichten zwei deutsche Forscher die großtechnische Durchführung der Synthese des Ammoniaks auf der Grundlage von schwefelhaltigem Gips, was u.a. die Einführung von Chile-Salpeter überflüssig machte. [A.Timm: Kleine Geschichte der Technologie, Stuttgart 1964, S.171].

Fluor fällt heute bei Atomkernzertrümmerung preiswert ab. [W.Geisler: Grundlagen der Chemie für Ingenieure. 16.Aufl., Fachverlag Schiele & Schön, Berlin 1965, S. 228].

Die Gardine brannte so schnell ab, daß dabei der Sauerstoff im Zimmer in Sekundenschnelle verbraucht wurde. Diese Sauerstoffnot führte zu der Explosion. [BZ vom 18. 3. 1965].

Letzte Stellung in namhaftem Textilwerk. Stellungswechsel infolge Betriebseinstellung nach Großfeuer. Englische Sprachkenntnisse ...[Aus einer Stellenanzeige].

Gasalarm gab es in einem Wohnhaus in Kaiserslautern. Nach Mitteilung der Feuerwehr war im Keller des Hauses ein Behälter mit 60 Liter Ammoniaksäure geplatzt und ausgelaufen. [Wiesbadener Tagblatt und Darmstädter Tagblatt vom 11./12. 12. 1965].

Für die Dien-Synthese, die ihm zusammen mit seinem Schüler Kurt Alder 1928 gelang und eine der furchtbarsten Reaktionen der organischen Chemie ist ... [Tagesspiegel vom 23. 1. 1966].

Kleine Sanddünen werden mit Silicium besprüht, damit sie nicht wandern. [Stern Nr. 21 (1965)].

Überall wird gegen die Seuchengefahr Chlor gestreut ... [Welt am Sonntag Nr. 25 vom 20. 6. 1965].

Dieses Material, das die Amerikaner »pyrolytic graphite« nennen, stellt eine besondere Hartform des Bleis dar ... [Die Welt, Nr. 144 (1965)].

Explosion im Forschungszentrum. Die Halle wurde als Ziel für Elektrostrahlen benutzt, die fast mit Lichtgeschwindigkeit abgeschossen wurden. [Heidelberger Tageblatt vom 7. 7. 1965].

Bei einer neuen Explosion im Institut für Anorganische Chemie in München ist gestern ein Doktorand schwer verletzt worden. Der Doktorand hatte mit einem Autographen einen Versuch mit Stoff machen wollen. [Münchner Abendzeitung und Erlanger Tageblatt vom 22. 7. 1965].

In der Nähe von Arad im Süden Israels wurden beinahe unbegrenzte Felder von hochgradigem Schwefelpentoxyd gefunden. [VDI-Nachrichten, Nr. 46 vom 17.11. 1965].

Wie von Geisterhand bewegen sich die im Vakuum der beiden Glaskugeln montierten Silberplättchen, sobald auch nur der geringste Lichtstrahl auf sie fällt. In einem völlig verdunkelten Raum genügt sogar die Wärme. Das neuartige Spielzeug, das Väter wie Söhne fasziniert, funktioniert nach dem von dem Physiker Davy im 17. Jahrhundert erfundenen Prinzip des »perpetuum mobile«. [Westfälische Nachrichten vom 7. Dez. 1965].

Alkohol und Waschmittel lagen auf der Fahrbahn. Auf der Autobahn in Höhe von Garbsen stießen in der Nacht zum Donnerstag zwei Lastzüge zusammen. Dabei fielen größere Mengen Methylalkohol in Pulverform und Waschmittel in Kunststoffflaschen auf die Farbahn. [Hannoversche Allgemeine Zeitung vom 12. 11. 1965].

Wissenschaftler haben aus Harnstoff, Wasser, Hydroxyd und Barium eine Flüssigkeit entwickelt, die auch zur Reparatur zerbrochener Denkmäler benutzt werden kann. [Welt vom 26. 2. 1966].

Das Wasser kommt zeitweilig, vor allem in den dicht besiedelten Wohngegenden (Kolonie), in schmutzig-brauner, unappetitlicher Färbung aus den Leitungen. Man ermittelte, daß die Färbung durch das Zusammentreffen zwischen Eisen und Sauerstoff in den Rohrleitungen dieses Mangan entwickelt. [Cellesche Zeitung vom 5. 8. 1966].

Kürzlich gelang diesen Chemikern die Synthese des Aluminiumoxyjodids, ein weißer fester Stoff, indem sie Sauerstoff bei 300 Grad einfach über festes Galliumtrijodid leiteten. [Frankfurter Allgemeine Zeitung vom 13. 7. 1966].

Der Massenvergiftung waren im Januar diesen Jahres elf Menschen zum Opfer gefallen, die irrtümlich Methol-Alkohol anstelle des in der Gegend von Pozega in Slawonien zur Getränkeherstellung verwendeten Aethyl-Alkohols für die Neujahrsfeier erworben hatten. [Mannheimer Morgen vom 25. 5. 1966].

Nach einer Feststellung der Forscher der Budapester agrarwissenschaftlichen Universität geben die Kühe, wenn man ihrem Futter Salmiakgeist beimengt, mehr Milch. Aufgrund von Versuchen ergibt das mit Salmiakalkohol »gewürzte« Silofutter pro Doppelzentner einen Milchmehrertrag von zehn Litern. [Der Morgen vom 11. 5. 1966].

Und wie funktionieren die neuen Lampen? Ihre Lichtquelle ist ein kleiner Kolben aus Quarz, der mit einem Edelgas (Brom oder Jod) gefüllt ist und einen Wolframdraht enthält. [Für Sie, 1. Oktoberheft 1966].

Hochexplosives und leicht entzündbares Zyklohexan ergoß sich auf die Wasseroberfläche, wo durch die Verbindung mit dem Wasser schnell ein gefährliches Gasgemisch entstand. [Darmstädter Echo vom 30. 9. 1965].

Caprolactum ist ein Ausgangsstoff für die Erzeugung von Perlen und anderen Kunststoffen. [Westfalenpost vom 18. 3. 1966].

»Plexiglas« ist ein Name, den ein Unternehmen einem »organischen Glas« gegeben hat. Chemisch bestehen derartige Gläser aus Aceton, Blausäure (Gift), Schwefelsäure und Alkohol. [Die Rheinpfalz vom 7. 1. 1967].

Sie alle haben zum LSD gegriffen oder, wie es mit seinem vollen Namen heißt, zu D-Lysergischem-Säure-Diäthylamid. Dies ist ein chemisches Präparat, das man aus der Behandlung verschimmelten Roggens mit einer Arminverbindung gewinnt. [Christ und Welt vom 20. 5. 1966].

Der Mann pflegt Radfahrerinnen anzuhalten und beim Fragen nach dem Weg unbemerkt eine Ampulle mit Natronlauge auf den Fahrradsattel zu kleben. Wenn die Frauen sich dann auf den Sattel setzen, platzt die Ampulle und die Säure dringt durch die Kleider auf die Haut. [Westdeutsche Allgemeine Zeitung vom 7. 5. 1966].

»Man spricht von einer Zinnpest – dem Messingkäfer. Was geschieht ..? Messing enthält, ebenso wie Zinn Kohlenstoff. Und Kohlenstoff kann vom tierischen Organismus angenommen werden.« [Interview mit dem Vorsitzenden des Gesamtverbandes der kunststoffverarbeitenden Industrie in der Frankfurter Abendpost/Nachtausgabe vom 23. 6. 1966].

Die Gammastrahlen lösen ungefähr denselben Effekt aus wie das Licht, wenn auch deren Länge nur ein Millionstel beträgt. Radioisotope senden Kobalt 60 aus bzw. strahlen dies auf die Lebensmittel. Die Materie verliert bei diesem Prozeß einen Teil ihrer Moleküle. [Der Industriebackmeister, Heft 3, 1966].

Vor kurzem fand eine Wissenschaftlergruppe ein neues Verfahren für die industrielle Kapronerzeugung. Ausgangsstoff ist dabei das billige Benzol, das unmittelbar aus Erdöl gewonnen wird. Zuerst wird Benzol hydriert, mit Wasserstoff imprägniert und zu Zyklohexan verarbeitet. [Sowjetunion heute, Heft 11, 1966].

Das Thermometer mit der Kelvin Skala beginnt mit diesem ›Absoluten Nullpunkt‹ als 0° K, der nach heutigen Erkenntnissen bei –273,15°C liegt; tiefere Temperaturen gibt es nicht, sie wären der Tod des Lebens überhaupt. [W. Haedler: DIN 4701 – ihre Begriffe, Berlin 1965, S. 14].

Die 150-Kalorie (cal 15) ist die Wärmemenge, die nötig ist, um 1g reines Wasser von 14°C auf 15,5°C zu erwärmen. [Brigitte Nr. 8, 1966].

Die in einem solchen Fall übliche Untersuchung des Gaszylinders ergab, daß er statt Lachgas (Stickoxydul) das hochgiftige Gas Stickstoffoxydul enthielt. [Berliner Zeitung vom 8. 9. 1966].

Da WC-Reinigungsmittel gefährliche Chemikalien enthalten (z.B. Natriumbisulfat, Natriumcarbonat, Calciumcarbonat) ... [Verbraucherdienst 1966, S. 191].

Nehmen sie eine Flasche einfachen Rot- oder Weißwein und geben Sie einen Löffel Weinessig hinein. Dann lassen Sie die Flasche einige Tage offen stehen. Durch die »Impfung« mit Essig wird die Weinsäure in Essigsäure umgewandelt. [Constanze, Heft 37, 1965].

Zwar wurde die Leitung sofort leergepupt und mit Meßstellen versehen, um die weiteren Erdbewegungen kontrollieren zu können – die Pipeline enthält aber noch etwa 150 000 Liter Stickstoff. Wenn er frei wird, besteht hohe Lebensgefahr. [Ingelheimer Zeitung vom 31. 3. 1966].

Die Prämie verdiente sich die Firma Benckiser, Ludwigshafen, für ihr »Banox 6«, ein Hexameter-Phosphat. [DM Nr. 4 vom 23. 12. 1966].

...konstruktion der Ultraschallgeräte vorwiegend nach dem Prinzip des umgekehrten piezoelektrischen (Piezo, ein Physiker) Effektes. [Reformrundschau, Aug. 1966].

Insbesondere wurde der Abschlamm der Sumpfhasehydrierung einer Dampfdestillation unterworfen und anschließend verbrannt. [Laboratoriums-Praxis, Februar 1968].

Daß Chloraethyl als Säure bezeichnet wird, obgleich es sich im wesentlichen um einen Äther handelt, ist zwar falsch aber belanglos. [Unsere Kirche, Heft 6/1968].

Der »chemische Pflug« hat als wirksames Molekül ein Bipyridylium-Salz (einen Kohlenwasserstoff mit Chlor oder Brom im Molekül), »Diquat« oder »Paraquat«. [Die Welt vom 10. 2. 1967].

Die Benzolringe werden heute als gleichseitige Rechtecke gezeichnet. [Umschau in Wissenschaft und Technik, 67, 266 (1967)].

Hier hat sich die Gesellschaft außerhalb der USA schon einen Weltmarkt-Anteil von 40 % erkämpft. In Deutschland beherrscht sie sogar beinahe zwei Drittel des Marktes an »ovalen Ovulationshemmern«. [Mannheimer Morgen vom 30. 1. 1968].

Es wird von neuen Industrien gemunkelt, 1945/46 wurde in den nahen Bergen »rear earth«, seltene Erde, gefunden, ein Element, halb Mineral, halb Chemikalie, das die elektronische Industrie braucht, zum Beispiel für Transistoren. [Die Zeit vom 17. 11. 1967].

Synthetisches Hormon. Die synthetische Entwicklung des Hormons »Glucose« zur Förderung des Blutzuckerspiegels und Mobilisierung der Zuckerreserven ist dem Max-Planck-Institut für Eiweiß- und Leberforschung in München gelungen. [upi-Meldung vom 24. 1. 1968].

Herstellung von Monocarbonsäuren, dad. gek., daß man gesätt. Mg-Di-alkyle mit besonders festem CO_2 behandelt ... [Chem. Zbl. *1967*, 1–2692].

Das Hoch-Vakuum beginnt bei minus 8 mm Quecksilber. Auf dieser Stufe bleiben die Stoffe länger als eine Minute, ohne durch die noch vorhandenen Moleküle beschmutzt zu werden: also kann man erst auf dieser Vakuumstufe nützliche Experimente durchführen. Aber heutzutage gelangt man zu einem noch größerem Vakuum: minus 13 und minus 14 mm. Dann verbleiben nur noch 3000 Moleküle pro ccm; es ist das Vakuum, in welchem sich die Satelliten bewegen. [Vakuum-Technik *1*, 26 (1968)].

Lithiumkarbonat (gegen Depressionen) ist ein kohlensaures Salz, verwandt dem üblichen Tafelsalz und dem Kalium. [Die Welt vom 6. 3. 1968].

Der rote Blutfarbstoff Hämoglobin bindet nämlich den Sauerstoff an sich, und zwar auf eine ganz einfache Weise: Er enthält Eisen in feinster Verteilung, und dieses Eisen (5 1/2 Gramm im ganzen Körper) trägt den Sauerstoff von der Lunge in die Zellen. Wenn Eisen Sauerstoff aufnimmt, dann rostet es. Genau das tut das Bluteisen in der Lunge: Es rostet und wird an der Zellwand wieder entrostet, also von seinem Sauerstoff befreit. [Constanze, Heft 42 vom 9. 10. 1967].

Seelische Grundlagen der analytischen Chemie [Bestellung einer Schweizer Buchhandlung für: F. Seel, Grundlagen der analytischen Chemie]

Da Methanol, das schwer brennbar ist, in Verbindung mit Wasser gefährlich werden kann, wurde die Berufsfeuerwehr alarmiert ... [Hannoversche Allgemeine Zeitung vom 10. 10. 1968].

Dieser Kunststoff-Qualm ist besonders gefährlich, weil er Atemgifte enthält und Nitrite bildet, die sich mit der Luftfeuchtigkeit zu Salzsäure verbinden! [Braunschweiger Zeitung vom 17. 2. 1969].

... deshalb wird eine Luftreinigungsanlage den ausgeatmeten Stickstoff wieder in Sauerstoff umwandeln ... [Wochenend vom 14. 3. 1969].

Eine der bekanntesten Polizeiwaffen ist das Mark IV, ein von der amerikanischen Polizei schon länger verwendetes Tränengas (Alphachloroacetophenon), dessen genaue Formel noch nicht veröffentlicht worden ist. [Arbeiter-Zeitung vom 19. 1. 1969].

Der Stickstoff verbindet sich mit dem Sauerstoff zu Stickstoffoxyd. Das Stickstoffoxyd wird vom fallenden Wasser aufgesaugt und bildet mit ihm Salpetersäure. Wenn man durch einen Gewitterregen geht, so kommt einem ein eindringlicher, scharfer Geruch in die Nase – er rührt von dem Ozongehalt der Salpetersäure her. [Ausbau, Illustrierte Monatshefte für technische Berufe, Heft 5 (1969)].

Durch diesen Fehler entstand in einem Kessel der Farbenfabriken Bayer das Methylmerkaptan-Gas ... Wie das Gesundheitsamt mitteilt, bestand gestern für die Bevölkerung keine Gefahr. Je mehr das Gas stinkt, desto ungefährlicher ist es. [General-Anzeiger der Stadt Wuppertal vom 14. 3. 1968].

Sie schlugen eine Mauer ein, brachten eine 40 Zentimeter dicke Betonwand mit flüssigem Sauerstoff teilweise zum Schmelzen. [Badische Neueste Nachrichten vom 3. 8. 1968].

Hg = Hydagentum. Physikalische Bezeichnung für flüssiges Silber und Maßeinheit für den Blutdruck, weil der Druck, der im Augenblick des Pumpenschlags des Herzens entsteht, dem Druck entspricht, der nötig ist, um eine Quecksilbersäule 120 Millimeter hoch zudrücken. [Eltern, Heft 5, Mai 1968].

Lange schon ist die Isomerie anorganisch-chemischer Verbindungen bekannt: chemische Isomere (wie beispielsweise Silberzyanid und Knallgas) sind Stoffe gleicher chemischer Zusammensetzung, die sich jedoch in ihren Eigenschaften unterscheiden. [Deutsches Allgemeines Sonntagsblatt vom 26. 1. 1969].

Ganz nebenbei berichtete jetzt der Frankfurter Chemiker Professor Royen, daß sich im letzten Semester in einem Uni-Labor wegen Überfüllung mit Arbeitenden (Standfläche pro Student 0,8 Quadratmeter) still und heimlich Blausäure gebildet habe. [Welt am Sonntag vom 26. 10. 1969].

Dabei wird der Zucker in Alkohol und die Hefe in Kohlensäure umgewandelt, die sich fest mit Wein verbindet. [Die Welt vom 28. 4. 1969].

Proteine sind Eiweißkörper, die eine Verbindung mit Stickstoffmolekülen eingegangen sind. [Jasmin vom 7. 7. 1969].

Mangan enthält Nickel, Kobalt und Kupfer. [International Digest, Mai 1969].

Der für die amerikanische Raumfahrtbehörde tätige Wissenschaftler gab als Ursache für diese Wirkung des Mondbodens positiv geladene Ionen der metallischen Elemente Chrom, Itan und Nickel an, die er »Cationen« nennt. [Badische Zeitung vom 13. 2. 1970].

Die Gefahr für die Bevölkerung von Becej, in deren fünf Gemeinden rund 45 000 Menschen leben, ist besonders deshalb so groß, weil es sich um Gase handelt, deren Nahen man nur Hilfe von Kerzenlicht bemerken kann, das von Kohlenmonoxyd erstickt wird. [Rhein-Neckar-Zeitung vom 19./20. 4. 1969].

Bakterien und Pilze werden in Feuchtigkeitsherden im Heu zum munteren Wachstum animiert. Dabei bildet sich Hitze, die in einer biologischen Kettenreaktion so weit ansteigt, daß es zu chemischen Reaktionen mit weiterem Temperaturanstieg und der Bildung pyrophorer Gase kommt. Der Name dieser Gase erinnert nicht zu Unrecht an Silvester: Sie entzünden sich mit einem Knall, der um so schöner ist, je schlagartiger sie mit dem Sauerstoff in Berührung kommen, der in der Luft ja so reichlich vorhanden ist, jedenfalls auf dem Lande noch. [Die Zeit vom 10. 12. 1971].

Natriumchlorat und Rapsöl ergeben bei ihrer Berührung das feuergefährliche Gas Natriumchlorid. [Hamburger Morgenpost vom 17. 7. 1971].

Wissenschaftler der Weltraumbehörde NASA fanden in einem südafrikanischen Gestein, dessen Alter sich auf 3,4 Milliarden Jahre bestimmen läßt, Kohlenstoff. Dieses Gas war die erste Form von Leben auf der Erde. Es ernährte sich von der Sonnenenergie und war in der Lage, sich zu vermehren. [Bild-Zeitung vom 29. 4. 1972].

Deswegen muß nach Ansicht des Lebensmittelchemikers eine Steigerung der Nahrungsmittelproduktion in der Dritten Welt erfolgen. Gleichzeitig müsse die Geburtenrate gesenkt werden, wenn es nicht zu unüberschaubaren Katastrophen kommen sollte. Diesem Ziel dient die Herstellung von neuen Substanzen in der Lebensmittelchemie. [Berner Rundschau vom 7. 12. 1972].

... erhielten den Preis für ihre gemeinsamen Untersuchungen über ein Verfahren zur Gewinnung von hochreinem Wutadin und für die Entwicklung dieses Verfahrens bis zu großtechnischen Anlagen. Wie die beiden Preisträger berichteten, werden nach dem von ihnen vor etwa fünf Jahren entwickelten Verfahren jährlich bereits etwa 650 000 Tonnen Wutadin – ein Vorprodukt für synthetischen Kautschuk – hergestellt.« [Frankfurter Allgemeine Zeitung vom 19. 12. 1973].

Die Jauche, die hochprozentig gelösten Stickstoff enthielt, gelangte auf diesem Wege in die Teiche. Der Stickstoff hat dann den lebensnotwendigen Sauerstoff der Forellen verzehrt und ihren Erstickungstod verursacht. [Die Norddeutsche vom 25. 5. 1973].

Das Unglück ist nach Ansicht der Jäger darauf zurückzuführen, daß an Stelle von entmilitarisiertem Wasser Kerosin in die Kühlaggregate des Triebwerks gefüllt wurde. [Göttinger Tageblatt vom 22. 2. 1974].

Eine Art Kraftspritze ließen Mailands Stadtväter dieser Tage den »erschöpften« Bäumen in drei Hauptstraßen verpassen. Es ist der erste Versuch einer Kur für diejenigen Bäume der lombardischen Hauptstadt, die in besonders stark verseuchter Luft wachsen. Dabei wird die Luft, die mit Oxyd angereichert ist, ins Wurzelwerk injiziert. [Mainzer Allgemeine Zeitung vom 26. 7. 1973].

Nach einer anonymen Bombendrohung hat die Hamburger Polizei gestern abend in einem der Schließfächer des Dammtor-Bahnhofes anstelle eines dort vermuteten Sprengsatzes lediglich ein Kilogramm harmloses Quecksilber entdeckt. Das in einer Aktentasche im Schließfach 190 aufgefundene silberweiße Metall war im gereinigten Zustand und, wie es vorgefunden wurde, nach Angaben der Polizei noch nicht einmal giftig. [Der Abend vom 19. 2. 1974].

Dienten die verschiedenen Duftharze mehr der geistig-ideellen und autosuggestiven Seite des Bestattungskults, so war das Natron unerläßlich zur Dehydrierung des Körpers und damit für seine Konservierung. Natron, auf natürliche Weise unter Tage oder aus dem Meer gewonnen, setzt sich zusammen aus Natriumcarbonat und Natriumchlorid. Es ist ein Grundstoff für verschiedene scharfe Säuren wie Chlor, Ätznatron und Salzsäure. [»Der Fluch der Pharaonen«, von Philipp Vandenberg. 1. Aufl., Scherz-Verlag, Bern und München 1973].

Unter Zündgeschwindigkeit ist die Geschwindigkeit zu verstehen, mit der die Flamme von einem Gasmolekül zum anderen weiterwandert.« [Zeitschrift für die Kunden der Stadtwerke Tübingen, Januar 1974].

Denn durch einen zu hohen Cadmium-Gehalt – einem zinkhaltigen Element – können bei der Verbindung mit säurehaltigen Lebensmitteln wie Apfelmus und Krautsalat Vergiftungserscheinungen auftreten. [Bild-Zeitung vom 23. 11. 1973].

Der Kunststoff PVC entsteht durch die Verflüssigung des farblosen, aus Erdöl gewonnenen Vinylchloridgases in großen Kesseln und die anschließende Komprimierung zu Pulver. Aus dem Pulver wird dann der zähe Kunststoff gewonnen. [General-Anzeiger vom 20. 12. 1973].

Die theologischen Eigenschaften von Polyamidschmelzen in Gegenwart von Strukturbildnern, die mit dem Polymeren physikalisch und chemisch reagieren. [Hochmolekularbericht, um 1973/74].

Zwischen 0 und 100 °C ist (bei normalem Luftdruck) Wasser flüssig. Gleichzeitig kann es aber auch in gasförmigem Zustand im flüssigen Wasser vorhanden sein. [Technik am Bau Bertelsmann, Heft 2, 1973].

Die physikalische Theorie, die sich bisher in allen Experimenten mit den Großbeschleunigern der Hochenergiephysik bestätigte, verlangt jedoch, daß die Wasserstoffkerne (Patronen) kleiner als im Ruhestand sein müßten. Es hat somit den Anschein, daß Patronen mit steigender Geschwindigkeit kleiner werden, um sehr nahe der Lichtgeschwindigkeit wieder zu wachsen. [Badische Zeitung vom 16./17. 2. 1974].

Anmerkung der Herausgeber:

*Allmählich verbesserte sich der naturwissenschaftliche Kenntnisstand in den Journalen, so-
daß derartige Mitteilungen seltener wurden (was nicht heißen soll, daß es sie im dritten Jahrtausend nicht mehr gebe, aber der entwaffnend naive Charme aus den fünfziger bis siebziger
Jahren ist weitestgehend dahin). Hier noch ein gutes Dutzend Kostproben aus der Spät-
phase:*

Genaue Wissenschaftliche Erkenntnisse darüber, in welchem Grad die menschliche
Gesundheit bei welcher Menge Tetrachlorethylen geschädigt wird, gibt es nicht. Chemische Literatur weist es als einer der gechlorten Kohlenwasserstoffe aus, zu denen
auch das DDT und das krebserzeugende Benzol zählt. [Frankfurter Rundschau vom
7. 6. 1978].

Daneben gibt es organische Oxydationsmittel, wie das Teflon und Hexachlorme-
tan. [Frankfurter Allgemeine Zeitung vom 28. 12. 1978].

Die japanische Umweltschutzbehörde (Environment Agency) hat die strikten Bestimmungen über den Stickstoffgehalt der Luft von Großstädten und Industrieanla-
gen in Tokio bzw. im übrigen Japan gelockert. Der maximale Luftstickstoffgehalt in
den genannten Zonen wurde auf 0,06 ppm (parts per million) festgelegt, während
die Luft im übrigen Japan 0,04 ppm Stickstoff enthalten darf. [EUWID vom 3. 8.
1978].

Explosionsgefahr bestand auf der B 65 ... als aus dem Leck eines Tanklasters etwa
6300 Liter Aethanolöl ausliefen ... Das Aethanolöl vermischte sich mit der Luft und
entwickelte eine hochexplosive Gaswolke, die bis zur Autobahn Kassel-Hamburg ge-
trieben wurde ... Die Berufsfeuerwehr, die mit vier Fahrzeugen im Einsatz war,
mischte das ausgelaufene Öl mit Wasser, worauf die Gase schnell verdunsteten.
[Hannoversche Allgemeine Zeitung vom 5. 7. 1978].

Das Ergebnis einer gründlichen Analyse gab den Zollbeamten recht: Das impor-
tierte Bier enthielt neben Ascorbin- auch andere schwefelige Säuren. [Süddeutsche
Zeitung vom 16. 5. 1979].

Der Schwefel wird gewaschen, mit bestimmten Säuren angereichert und verfestigt
sich dann zu Gips. [Siegener Zeitung vom 9. 6. 1979].

Der Güterzug , der mitten durch Mississauga fuhr war mit Chlor, Butan, dem explosiven Gas Toluene sowie ätzendem Soda beladen. [Darmstädter Echo vom 13. 6.
1979].

Erdgas verbrenne, erläutert Schornsteinfeger-Obermeister Albert Ommer dazu,
unter Entwicklung von Wasserstoff. [Kölner Stadtanzeiger vom 24. 6. 1979].

In der Batterie befindet sich in Wasser gelöste Schwefelsäure. Sie darf nicht mit
Kleidung, der Haut oder sogar den Augen in Berührung kommen. Sonst gibt's Ver-
ätzungen! Wenn sich die Schwefelsäure mit Luft verbindet, entsteht Wasserstoffgas.
Das ist explosiv. Deshalb nicht mit der Zigarette in den Fingern an der Batterie hantieren! [Aktiv vom 13. 10. 1979].

Das Entscheidende für den Durchbruch dieser Technologie aber wird es sein, in
welchem Zeitraum es gelingt, Wasserstoff so energiesparend herzustellen, daß er

mehr Energie an das Fahrzeug abgibt, als zur Zeit noch erforderlich ist, um ihn überhaupt zu gewinnen. [Süddeutsche Zeitung Nr. 154 (1979)].

Seit in nordrhein-westfälischen Lengerich giftige Thallium-Spuren in Fleisch und Gemüse entdeckt wurden, sind bundesweit die Politiker alarmiert. Und in Baden-Württemberg beeilte man sich herauszufinden, ob auch hier in der Nähe von Zementwerken Spuren dieses Eisenoxyds, das in höheren Konzentrationsgraden hochgiftig ist, zu finden sind. [Stuttgarter Nachrichten vom 4. 9. 1979].

Auch daß Hugo Stolzenberg wegen der ungenehmigten Herstellung der gefährlichen Chemikalie Titandioxyd am 6. September 1951 zu 300 Mark Geldstrafe verurteilt wurde, alarmierte die Behörden nicht.[Stuttgarter Nachrichten vom 25. 9. 1979].

Der Unfall ereignete sich, als ein Fahrer einer Zulieferfirma etwa 500 Liter Natrium-Hypochlorid versehentlich in einem zum Teil mit Salzsäure gefüllten Tank abließ. Das Natrium-Hypochlorid wird in der Galvanik benötigt. Beim Vermengen der beiden Stoffe bildeten sich nach Auskunft der Polizei ätzende Chlor-Nitrosegase. [Der Tagesspiegel vom 17. 1. 1980]

Schweizer und finnische Genetiker haben ein neues Mittel im Kampf gegen Krebs und Viruskrankheiten erprobt. Ihnen gelang es, menschlichen Körper, das Interferon, künstlich herzustellen. [Mannheimer Morgen vom 18. 1. 1980]

Kommerzielles Glycerin enthält normalerweise etwa 99 % des Hauptbestandteils: Glycerol. Glycerol ist ein Alkohol, der den »aktiven« Bestandteilen von Wein und Bier ähnelt, aber (chemisch gesehen) viel reaktionsfähiger ist. [Aus einer Pressemitteilung der APAG (Association Européene des Producteurs d'Acides Gras), um 1980]

Zum Schluß klären wir noch eine wichtige logistische Frage:

Warum müssen tiefgekühlte Lebensmittel gut verpackt werden?
Jeder Stoff besitzt einen Dampfdruck, auch eingefrorene Materialien. Ist ein Stoff in einem geschlossenen System (nicht unbedingt in einem abgeschlossenen, aber auch nicht in einem offenen), bildet sich ein dynamisches Gleichgewicht zwischen »Fleisch« in der gefrorenen festen und der gasförmigen (in der Gefriertüte als geschlossenen) Phase aus. Dies bedeutet, daß die Gasphase irgendwann an »Fleischmolekülen« gesättigt ist und sich ab diesem Zeitpunkt genauso viele Moleküle aus der festen Phase in die gasförmige bewegen, wie umgekehrt aus der gasförmigen in die feste. Ist das Fleisch nicht in einem geschlossenen System untergebracht, muß sich der ganze Gasraum des Gefrierschranks sättigen (viel mehr Raum als nur eine kleine Gefriertüte); zusätzlich wird dieses »Gleichgewicht« aber beim Öffnen des Schrankes immer wieder durch Verdampfen neuen Fleisches eingestellt. Es müssen nicht immer ganze »Fleischmoleküle« verdampfen, sondern es können auch nur Teile eines Makromoleküls betroffen sein (Zersetzen). Um Verdampfung und Zersetzen von eingefrorenen Waren zu vermeiden (»Gefrierbrand«), werden diese tiefgekühlten Lebensmittel gut verpackt.

N. N. (1993)

Ratespiele

Rätsel für Kombinierer

In einem chemischen Laboratorium befinden sich nebeneinander fünf in verschiedenen Farben gehaltene, mit je einem Spezialapparat versehene Laborräume. In jedem arbeitet ein Chemiker, der einen Vorrat an einem Lösungsmittel und einem Reagens aufbewahrt.

- Fischer arbeitet im roten Labor.
- Grignard hat das IR-Spektrophotometer.
- Äthyläther ist im grünen Labor.
- Kekulé hat das Benzol.
- Das grüne Labor liegt unmittelbar rechts (vom Betrachter) neben dem elfenbeinfarbenen.
- Der Chemiker mit dem Phenylhydrazin hat den magnetischen Rührer.
- Die FeCl$_3$-Lösung ist im gelben Labor.
- Der Alkohol befindet sich im mittleren Labor.
- Friedel arbeitet im ersten Labor links.
- Der Chemiker mit dem Phenylisocyanat arbeitet im Labor direkt neben dem mit dem Schmelzpunktapparat.
- Die FeCl$_3$-Lösung wird unmittelbar neben dem Labor mit der Sublimationsapparatur aufbewahrt.
- Tollens' Reagens ist im gleichen Labor wie das Chloroform.
- Lucas bewahrt das Lucas-Reagens auf.
- Friedel arbeitet neben dem blauen Labor.

Frage: *Wer hat das Aceton, wo ist der Gaschromatograph?*

N. N. (1965)

Silbenrätsel I

Aus den Silben a – ber – ber – bo – bre – chung – clo – cy – e – e – fe – flüs – gel – grund – halb – he – he – kan – kur – la – le – lei – lek – licht – ma – na – nen – neu – pi – ra – re – ri – ro – scha – sig – sil – ska – stoff – te – ter – to – tol – ton – tor – tro – ü – um – xen sind fünfzehn Begriffe nachstehender Bedeutung zu bilden:
1. Hydroxy-Derivat eines Kartenspiels, 2. Ringförmige böse Frauenzimmer, 3. 50 % einer Steigevorrichtung, 4. Zerkleinern einer Kerze, 5. Großmutter eines Edelgases (Abkürzung), 6. Kolloidaler Zustand eines Alkalimetalls, 7. Auf dem Meeresboden gefundenes Schneidematerial, 8. Gefäß zum Aufbewahren von Atombestandteilen, 9. Soeben entdecktes Edelmetall, 10. Oxidierter deutscher Philosoph, 11. Gesteigerte Form eines Aggregatzustands, 12. Chemische Verbindung aus Helium und Eisen, 13. Feierliche Musikdarbietung über ein Magenferment, 14. Stereoisemeres eines Heilverfahrens, 15. Zurückgeschicktes Feingebäck.

Bei richtiger Lösung ergeben die Anfangsbuchstaben der gefundenen Wörter – von oben nach unten gelesen – die Bezeichnung für jemand, der Reptilien auf Eis legt.

N. N. (1970)

Silbenrätsel II

Aus den Silben a – an – auf – bat – bel – ben – ber – blatt – bren – bung – che – da – de – e – eu – form – gä – ge – gen – hoch – i – in – ken – kern – kro – ku – la – le – len – mi – mi – min – mon – na – ner – no – no – nol – o – on – preis – pres – ran – rie – ro – rot – rung – satz – sches – schie – schütz – se – se – sel – ses – si – so – spal – sy – te – ten – tor – tral – tri – trok – tung – u – um – um – va – ver – zel – zen – zucht
sollen zwanzig Begriffe mit folgender Bedeutung gebildet werden:

1. Illegale Geschäfte mit einer Grundfarbe, 2. elektrisch geladenes Teilchen eines griechischen Gottes, 3. versilberte (Abk.) Schwimmvögel, 4. Zerkleinern harter Obstbestandteile, 5. Artillerieeinheit, deren Getränkenachschub versagt hat, 6. Eingang zu jeder italienischen Insel, 7. Erzeugung von Ethanol und Kohlendioxid in Gaststättenangestellten, 8. aktuelles Schrifttum über ein Alkalimetall, 9. Stereoisomeres eines feierlichen Gedichtes, 10. winzig kleiner arabischer Sohn, 11. hydroxylierter männlicher Vorname, 12. synthetischer Mittelpunkt einer Baumkrone, 13. paradoxer meteorologischer Begriff, 14. einem früheren regierenden Bürgermeister von Berlin gewidmete Niederschrift, 15. vornehmer Gegenwert einer Ware, 16. sorgfältige Pflege des heranwachsenden Elements (Abk.) mit der Ordnungszahl 49, 17. Aufenthaltsraum eines inhaftierten Elements der 6. Gruppe, 18. auf dem Erdtrabanten vorkommende, stickstoffhaltige Verbindung, 19. in der Nähe eines Alpenpasses weidender Auerochse, 20. Styling eines Sitzmöbels.

Bei richtiger Lösung ergeben die Anfangsbuchstaben der gefundenen Wörter – von oben nach unten gelesen – eine Bezeichnung für das Funktionieren sehr konservativer Politiker.

N. N. (1978)

Anmerkung der Herausgeber:

Die Lösungen der drei Rätsel finden Sie nicht
auf Seite 189 unten.

Sechzehntes Kapitel
In eigener Lache – *Wenn Herausgeber (versehentlich) die Feder ergreifen*

Gewisse Lästerer teilen zeitgenössische Schlagertexte des gesamten Spektrums von volkstümlich bis international in drei Kategorien ein: Die erste beschränkt sich weitgehend auf rhythmisch strukturierte Lautketten wie »Schallalla« und »Dingelding«; nur gelegentlich finden sich syntaktisch näher charakterisierbare Einsprengsel, welche sich in Subjekt (z.B. »Die Welt«) und Prädikat (z.B. »ist schön«) gliedern lassen. Die zweite enthält überwiegend heterosexuell motivierte Schwärmereien, zum Teil mit offenen oder versteckten Aufforderungen zum Vollzug des vor- und außerehelichen Beischlafs; sogar Berichte über die Vorbereitung und Durchführung desselbigen finden sich bisweilen darunter, als ob dies die Öffentlichkeit etwas angehe. Die dritte Gruppe umfaßt aus der nie versiegenden Quelle des Weltschmerzes abgefüllte vermeintliche Heilwässer, welche irgendeine soziale oder politische Botschaft überbringen sollen und im unüberbrücklichen Gegensatz zur egoistischen Natur des Menschen stehen; in der Regel auch zu derjenigen des Interpreten, der pathetisch gegen das Waldsterben ansingt und anschließend mit zweihundert Sachen in seinem NOX-Generator zum nächsten Auftritt braust, beflügelt vom werbewirksam angeheizten Fan-Kult, dessen pseudomessianische Züge von klerikalen Kreisen nicht zu Unrecht gerügt werden. Allen drei Grundtypen ist aber bis auf wenige Ausnahmen eines gemein: Die Abwesenheit nahezu jeglichen Humors. Ein scherzfreudiger Schlagertexter ist mindestens so selten wie ein dichtes Flachdach. (Für alle Flachdach-Fans: Wo es im Jahr 700 bis 1000 mm regnet und schneit, erwuchs die traditionelle Bevorzugung geneigter Dächer aus dem Verzicht auf antiphysikalisch rebellierendes Design zugunsten trockener Innenräume.)

Manchmal hatten Schlager und Humor durchaus Burgfrieden geschlossen: In den zwanziger Jahren ließen Textdichter für Vortragskünstler wie die »Comedian Harmonists« und andere die Geistesblitze sprühen, deren beste Einschläge an die kabarettistischen Virtuositäten eines Otto Reutter heranreichten. Parallel dazu gedieh auch damals schon der Kitsch, dessen Persistenz in der Kunstgeschichte ihn andererseits in den begründeten Verdacht setzt, selbst ein Kulturgut eigener Art zu sein.

Im offiziellen Kunstbetrieb braucht der Kritiker dem Künstler nicht vorzuführen, wie man es richtig macht. Hanslick hatte für Bruckner fast nur Verrisse übrig, aber welches Orchester spielt schon Symphonien von Hanslick? Liegt es am Ende daran, daß er überhaupt keine schrieb? Wenn jedoch statt eines Kulturpapstes ein Laie an einem Werk etwas auszusetzen hat, und sei es Mangel an Humor, dann hält man ihm sofort vor, er habe nichts davon verstanden, zumindest aber müsse er es selbst erst einmal besser machen. Daher bleibt jedem, der an den marktgängigen Elaboraten das essentielle Quentchen Witz vermißt, nur eines: Sich selbst an den Schreibtisch zu setzen, Texte zu verfassen und irgendwie unter die Leute zu bringen. Wie nicht anders zu erwarten wird es dann der eine für Humor halten – und der andere für Humbug. Wer seinen Eiweißbedarf durch Fleischprodukte deckt, schätzt gute Wurst als Delikatesse; dem Vegetarier dagegen ist sie lediglich nahrungsmitteltechnisch aufbereitetes Aas. Umgekehrt wird der eingefleischte Karnivore den zumindest im Ovo-Lacto-Vegetarismus erlaubten Käse als faule Milch abtun und behaupten, die Bezeichnung »Ovo-Lacto« erinnere an »Sado-Maso«.

Humoristische Chemie. Herausgegeben von Jakobi, Hopf
Copyright © 2004 WILEY-VCH Verlag GmbH & Co. KGaA, Weinheim
ISBN: 3-527-30628-5

Auch die beiden Herausgeber versuchten sich in der Autorendisziplin. Bevor im letzten Kapitel dieses Büchleins die entsprechenden Ergüsse dem Tribunal der Leserschaft überstellt werden, noch ein praktischer Hinweis: Henning Hopf verwendet Pseudonyme, z.B. solche vom Anagramm-Typ (Dr.-Ing. H. P. Honnef) – wie auch sein leider schon 1988 gestorbener Co-Autor Hans Musso (S. Housmans) – oder vom familiären Schlage (G. Heim, italienisiert zu G[iuseppe] Casa), manchmal verbirgt er sich auch in der Anonymität (die früher bei humoristischen Beiträgen der »Blauen Blätter« öfter vorkam). Ralf Andreas Jakobi schreibt seine »Carmina chimica et technica« dagegen stets unter bürgerlichem Namen als Parodien auf Volkslieder, Filmmelodien, Schlager sowie populäre Gesangsstücke aus Bühnenwerken etc. In der hier vorliegenden Auswahl seiner Texte aus den Jahren 1981 bis 2003 sind einige Erstveröffentlichungen enthalten. Mitunter liegen eigene Laborerlebnisse zugrunde, so z.B. mit Reformatzki-Reaktion, Tyrosin, Calixarenen und Phosphor, aber auch die Tücken des meschuggenen Alltags dienten als Inspirationsquellen: Der »Chor der Elektriker« entstand angesichts stümperhafter Elektroinstallationen, deren volles Ausmaß erst bei einem Wohnungswechsel zutage trat.

Hopfiana

Nach einem Wochenende im Exsiccator ...
(Aus unterfränkischen Labortagebüchern, 1. Mitteilung)

Vorbemerkung

Es ist in den letzten Jahren mehrfach darüber geklagt worden, daß der heutigen Chemie das humanistische Element abgehe und sich dieser Mangel insbesondere in der chemischen Literatur manifestiere, die man bei allem Wohlwollen nur als »Goldmine der Armseligkeit im humanistischen Sinne« bezeichnen könne [D. Ginsburg, Nouveau J. Chim. 1977, 1, 4]. Überall nur erstarrte Phrasen und dürftiges Vokabular – statt des vollen, erregenden Chemikerlebens. Daß diese Klagen stark übertrieben sind, wird deutlich, wenn man den Begriff der chemischen Literatur nicht so eng faßt wie der zitierte Autor, für den sich jene offensichtlich nur zwischen den Umschlagseiten einer wissenschaftlichen Zeitschrift oder den Buchdeckeln einer Monographie abspielt. Aber wie die Chemie, beginnt auch die chemische Literatur am Laborplatz, weshalb dem geneigten Lese der folgende, während der letzten Semester im Organisch-chemischen Praktikum einer bekannten unterfränkischen Universität gesammelte Zitatenschatz, quasi der Beginn einer chemischen Trivialliteratur, zur Lektüre empfohlen wird.

Über die Praxis ...

»Die Rohsubstanz wurde in Wasser umkristallisiert. Um jedoch die Substanz vollständig zu lösen, waren fast 8 Liter Wasser nötig. Dabei passierte mir jedoch ein Mißgeschick. Nachdem ich die Substanz zum Auskristallisieren in den Eisschrank stellte, ging mir ein Teil der Substanz verloren, da ein Becherglas dabei zersprang, weil das Wasser zu Eis gefror.«

»Die Ausbeute beträgt deshalb nur 24%, da die Substanz wegen eines zerbrochenen Kolbens vom Fußboden isoliert werden mußte.«

»Schmelzpunkte wurden mit der Tabelle verglichen. Berücksichtigt man den Faktor 10%, muß es sich um Crotonaldehyd handeln.«

»Da bereits das Rohprodukt einen scharfen Schmelzpunkt besitzt, wird eine Umkristallisation unterlassen und das Rohprodukt zum Reinprodukt erklärt.«

»Die Aufschlemmung wurde mit einem KGB-Rührer gerührt und einem Heizpils erwärmt.«

»Zur Umkristallisation sind Alkohole ungeeignet, da sie das Produkt alkoholisieren.«

»Und anschließend habe ich versucht, das Aceton am Rotationsverdampfer abzuziehen. Mir ist ein Rätsel, wieso, jedenfalls ist mir einmal die Substanz übergegangen, einmal Wasser in die Apparatur hineingezogen worden. Worauf hin ich dann die Finger von solch komplizierten Apparaturen nahm und von meinem vielleicht verunreinigten Produkt das Aceton abdestillierte.«

»Nachdem ich die Lösung über Nacht stehen gelassen hatte, verarbeitete ich die Lösung am nächsten Tag weiter.«

»Nach einem Wochenende im Exsiccator, machte ich einen Schmelzpunkt, der einen Schmelzpunkt von 263°C ergab.«

»Es treten 2 Phasen auf – die organische und Wasser. Die organische Phase wird abgesaugt und entgrünt. Anschließend schüttelt man 5 Minuten kräftig durch und läßt den Scheidetrichter hängen.«

»Bis zum Entzünden des Benzols löste sich die Substanz nicht.«

»Das Produkt ist im feuchten Zustand quarkähnlich und trocknet zu gipsartigen Platten.«

»Absaugen und Waschen ist nicht leicht möglich, da das Produkt im Warmen sehr viskos und klebrig, im Kalten aber steinhart ist, so daß man es nur äußerst schwierig aus dem Kolben herausbekommt.«

»Es bildete sich ein Niederschlag, der erst beim Erkalten sich durch Festwerden manifestierte.«

»Zwischen Wasserstrahl und Apparatur soll ein Trockenbrett geschaltet werden.«

»Der Intensivkühler kühlt sehr gut und auf der Außenwand wird die Luft kondensiert.«

»Zur Umkristallisation ist anzumerken, daß sich ein kleiner Spatel bei der Zugabe von 7 Tropfen Benzol löst.«

»Anschließend wurde das Cyclopentadien noch mit etwas Calciumchlorid versetzt, um die Ausbeute zu erhöhen.«

»Ausbeute Rohprodukt: 13 %, Schmp. 80–82 °C. Nach Umkristallisation: 2%, Schmp. 148°C.«

»Mit einem Rotationsverdampfer wurde das Lösungsmittel vom Produkt befreit.«

... im übrigen ...

»Da ich in arger Zeitnot bin, wurde auf eine weitere Bearbeitung des Versuchs verzichtet.«

»Nach Beendigung der Reaktion wurde die Apparatur abgebaut.«

... und über die Theorie:

»Die aufbrechenden Orbitale der Doppelbindung müssen sp^2-hybridisiert werden.«

»Die Verbindung besitzt sowohl als auch niedrige S_N-Reaktivität. Und im übrigen läßt sich sagen, daß rein qualitativ der Reaktionsverlauf verhältnismäßig linear verlief.«

»Jede dieser beiden Gruppen hat ein freies Elektronenpaar, wovon jedoch nur eines frei verfügbar ist.«

»Diastereomere sind auch optisch aktiv. Sie verhalten sich wie Nichtbild zu Nichtspiegelbild.«

»Bei der Mannich-Reaktion greift entweder das Formaldehyd das Dimethylamin an oder umgekehrt.«

»Das UV-Spektrometer besteht aus drei Teilen: dem Polarimeter, dem Magnetfeld und dem homogenen Magnetfeld.«

»Hierbei findet keine Phasenumkehr statt, so daß der aromatische Übergangszustand beim Erwärmen gewährleistet ist.«

»Das Azobenzol ist rot, kristallin, aber nicht mehr kugelförmig.«

»Enamine sind basenstabil und säurestabil, sie dienen zur präparativen Aufbewahrung der Carbonylgruppe.«

(1979)

Über einige neue Modifikationen des Kohlenstoffs

Mit der rhetorischen Frage, ob andere Modifikationen des Kohlenstoffs, darunter metallische Formen, synthetisiert werden können, schließt eine jüngst publizierte Arbeit von R. Hoffmann und Mitarbeitern[1].

Bevor wir auf diese Frage mit einem mehrfachen Ja antworten, soll allerdings erwähnt werden, daß weder die Fragestellung noch erste Versuche zu ihrer Beantwortung neu sind. In seiner auch heute noch lesenswerten Biographie über Adolf von Baeyer berichtet Schmorl[2], das v. Baeyer vor recht genau einhundert Jahren von der Idee fasziniert war, ringförmige Modifikationen des Grundelements der Organischen Chemie zu synthetisieren: »Es trat die Frage auf, ob die Fähigkeit des Kohlenstoffs, lange Ketten zu bilden, auch dem reinen Kohlenstoff zukam, wenn er keine Wasserstoffatome trug[3]. Es bestand hier die Möglichkeit zur Entstehung ringförmiger Kohlenstoffanordnungen. Solche Formen des Kohlenstoffs sollten farblos, leicht flüchtig und äußerst explosiv sein.« Tatsächlich sprach Adolf v. Baeyer von »explosiven Diamanten«[4]. Diese blieben Phantasiegebilde, dennoch wurden im Folgejahrhundert mehrfach Versuche zur Darstellung von Cyclokohlenstoff, wie wir diese Modifikation nennen wollen, unternommen, auch wenn diese Absicht nicht immer ausgesprochen oder von den Originalautoren auch nur bemerkt wurde. So können beispielsweise Dehydrobenzol *(1)* mit der elektronischen Struktur *(1a)*[5] als Tetrahydrocyclohexakohlenstoff und als Sondheimer-Untchsche Trientriin *(2)* als Hexahydroderivat von Cyclo-C_{12} aufgefaßt werden:

(1)   *(1a)*   *(2)*

Daß es sich bei *(1)* und *(2)* um quasi durch Wasserstoff verunreinigten Kohlenstoff handelt, geht bereits aus den Elementaranalysen hervor: *(1)*: 94,70 % C, 5,30 % H, *(2)*: 95,97 % C und 4,03 % H.

Da die cyclische Konjugation in *(1)*, d. h. sein aromatischer Charakter, durch das Fehlen zweier Wasserstoffatome kaum beeinflußt werden dürfte, ist auch zu vermuten, daß es ein vollständig dehydriertes Benzol, und nichts anderes ist als Cyclo-C_6 *(5)*, gleichfalls lebensfähig ist. Wir haben deshalb 1,3,5-Triamino-trimesinsäure *(3)* nach Hantzsch diazotiert[7]. Das dabei gebildete, hochexplosive Tripelsalz *(4)* wurde in einem time-of-flight-Massenspektrometer[8] zersetzt,

und zu unserer Befriedigung wurde ein starker Peak bei m/e = 72 (C_6) registriert. Daß dieser in der Tat von *(5)* hervorgerufen wird, bewies ein Abfangexperiment, in dem *(4)* in flüssigem 1,3-Butadien in einem Hochdruckautoklaven suspendiert und die Reaktionsmischung langsam auf 72 °C erhitzt wurde: Nach Aufarbeitung konnte in 0,72-proz. Ausbeute das Trisaddukt isoliert werden, das sich mit DDQ (Toluol, Rückfluß, 72 h) glatt zu Triphenylen *(7)* aromatisieren läßt. Hauptprodukt der Reaktion ist ein graues bis grauschwarzes, metallisch glänzendes Polymer, das u.a. deshalb mühelos als Graphit erkannt werden konnte, weil sich die Verschraubung des Autoklaven nach Beendigung des Versuchs »wie geschmiert« öffnen ließ. Da uns diese indirekten Hinweise für die Existenz eines Cyclokohlenstoffs nicht genügten, insbesondere als Folge der extremen Kurzlebigkeit der Spezies keine Spektren gemessen werden konnten, haben wir uns bemüht, die Lebensdauer der neuen Kohlenstoffmodifikation dadurch zu vergrößern, daß wir die Ringgröße systematisch erweiterten. Auch hierbei mußten neue Wege eingeschlagen werden, die allerdings wiederum in der älteren Literatur vorgezeichnet sind.

Bereits in den sechziger Jahren berichteten Skell und Mitarbeiter[9], daß sich mit einer einfachen Bogenlampe mit Graphitelektroden Oligomere des Kohlenstoffs erzeugen lassen: C_2, C_3 und C_4 wurden durch massenspektrometrische Analyse und verschiedene Abfangexperimente (s.u.) nachgewiesen. Leider wurde in diesen Versuchen versäumt, den gleichfalls gebildeten Ruß zu hydrieren und im Hydriergemisch nach cyclischen Kohlenwasserstoffen zu suchen[10]. Da wegen der niedrigen molaren Konzentration von C_2 und C_3 und besonders C_4 im Lichtbogen eine Oligomerisierung und/oder Cyclisierung nur wenig wahrscheinlich sind, galt es, ein effizienteres Verfahren zur Gewinnung dieser Spezies zu finden.

Für den Fall von C_2 konnten wir dabei auf Arbeiten von Viehe zurückgreifen[11,12]. Durch Dehydrochlorierung von 1,1,2-Trichlorethen *(8)* mit Kaliumhydroxid in Ethylenglykol wurde zunächst Dichloracetylen *(9)* hergestellt[13] und dieses mit Methyllithium zu *(10)* metallisiert[12]. Dessen thermische Zersetzung unter den verschiedensten Bedingungen lieferte zwar viel Ruß[11], aber offenbar nicht das erwünschte C_2 *(11)*.

Im Lichtbogen erzeugtes *(11)* läßt sich nämlich mit Cyclohexen zu *(12)* abfangen[9], und ein entsprechendes Experiment mit *(10)* gelang nicht. Bei der Totalhydrierung des Hauptproduktes wurden keine Cycloalkane erhalten, wie das Kapillargaschromatogramm eindeutig belegte[14].

Da die Chance, mit dem relativ kleinen Baustein *(11)* einen isolierbaren Cyclokohlenstoff zu gewinnen, ohnehin gering erscheint, wurden keine weiteren Experimente mit *(10)* und verwandten Salzen (Silber-, Quecksilbersalze?) unternommen. Vielmehr wurde zur Verringerung der ungünstigen Reaktionsentropie Triacetylen *(13)* nach Brandsma hergestellt[15] und mit Hypobromit in das Monobromid *(14)* überführt:

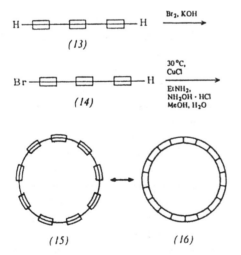

Nachdem bereits Sondheimer in seinen klassischen Arbeiten über die Darstellung der Annulene[16] Kupplungsreaktionen bis-terminaler Diine mit gutem Erfolg nutzen

konnte, überraschte uns eigentlich nicht, daß die Cadiot-Chodkiewicz-Kupplung[17)]
von *(14)* unter Verdünnungsbedingungen glatt zu Cyclooctadecakohlenstoff *(15)* –
und anderen, noch nicht identifizierten Ethinylogen – führt. Der chemische Strukturbeweis dieser neuen Kohlenstoffmodifikation beruht auf ihrer erschöpfenden
Hydrierung zu Cyclooctadecan. Hier ist nicht die Stelle, um über die bemerkenswerten chemischen und physikalischen Eigenschaften von *(15)* zu berichten. Doch
sei, dieses Kapitel abschließend, bemerkt, daß aufgrund von ^{13}C-NMR-Daten[18)] der
für *(15)* a priori nicht ausschließbaren Allkumulen-Resonanzstruktur *(16)* keine Bedeutung zukommt. Im einlinigen ^{13}C-Spektrum tritt ein Resonanzsignal bei $\delta = 61{,}9$
auf. Für *(16)* wäre hingegen eine Absorption bei $\delta = 122+/- 25$ zu erwarten. Die Annahme, daß sich neue Kohlenstoffmodifikationen nur im Bereich der ungesättigten
Verbindungen entdecken lassen, erwies sich rasch als irrig.

Die Synthese des von R. Hoffmann[1)] berechneten gekreuzten sp^2-Kohlenstoffs gelang überraschend einfach unter konsequenter Anwendung zweier allgemein be-
kannter Prinzipien. 1. Nach H. Kuhn[19)] gelingt es, monomolekulare Schichten parallel ausgerichteter Seifenmoleküle von der Wasseroberfläche auf sehr saubere Glas-
plättchen aufzuziehen, und das nacheinander viele Male. Tut man dieses nun mit einer Wasseroberfläche, auf der Salze sehr langer Polyacetylencarbonsäuren durch
laminare Strömung parallel ausgerichtet sind, und ändert man jedesmal die Auf-
ziehrichtung um 90°, so liegen später auf der Glasplatte die Polyacetylenketten in der
Stapelfolge ABABAB immer senkrecht aufeinander[20)]. 2. Wenn man dieses Paket
nun von oben mit Licht einer Quecksilber-Niederdrucklampe durch ein Vycorefilter
belichtet, so beginnt eine Photopolymerisation unter Vernetzung der Schichten nach
unten, wobei die Polyacetylenstäbchen *(17)* mit sp-Kohlenstoffen in den sp^2-Zustand
der kreuzweise angeordneten Zick-Zack-Ketten der neuen Kohlenstoffmodifikation
(18) übergehen. Die Perfektion dieses Gitters kann durch Ausbesserung von Fehl-
ordnungen in *(17)* mit niederfrequentem Ultraschall (16,5 kHz) und während der
Polymerisation verbessert werden, wie man an der Zunahme der anisotropen Leitfähigkeit experimentell leicht nachweisen kann. Die besten Präparate erreichen eine
Leitfähigkeit, die jene des Graphits leicht überschreitet. Die theoretisch vorausge-
sagten Eigenschaften[1)] werden weitgehend bestätigt, z.B. Dichte: ber. 2,97, gef.
2,91 g · cm^{-3}. Der blaßgelbe Film durchläuft während der Reaktion in wenigen Sekunden eine tiefviolette Farbe und nimmt nach dem Aushärten schwarzgrünen
Metallglanz an. Dieser Vorgang entspricht im Prinzip der Herstellung polymerer
Einkristalle organischer Festkörper durch Bestrahlung von Hexa-2,4-diin-Derivaten
im Kristall, wie es zuerst von G. Wegner beschrieben wurde[21)].

Die Synthese eines Teilstückes mit der charakteristischen Geometrie aus diesem
Kohlenstoffgitter *(18)*, z.B. des polyolefinischen Polycyclins *(19)*, stieß auf die erwarteten Schwierigkeiten[22)].

Die Annahme, daß sich neue Kohlenstoffmodifikationen nur im Bereich der ungesättigten Verbindungen entdecken lassen, erwies sich rasch als irrig. Im Diamant-
gitter *(22)* sind die Ebenen aus Cyclohexanringen in der energieärmsten Sesselkon-
formation aufgebaut in horizontaler Richtung und senkrecht dazu. Beim Graphit
(20) und Diamant *(22)* wurden Segmente des Gitters wie Coronen *(21)* und Ada-
mantan *(23)* erst relativ spät zugänglich, und die Reihe der Dia-, Tria- und Tetram-

antane *(24)*, *(25)*[23] waren bis vor kurzem begehrte Syntheseziele zahlreicher Organiker[24].

In dem viel selteneren und teureren Isodiamanten *(26)* nehmen die Cyclohexaringe in der Senkrechten die energiereichere Bootkonformation ein. Das kleinste Teilstück *(27)*, Wurtzitan oder auch Icean genannt, konnte kürzlich von mehreren Arbeitsgruppen fast gleichzeitig auf recht verschiedenen Wegen erhalten werden[25]. Die zum Diamantan *(24)* analogen Doppelstücke *(28)* und *(29)* harren noch auf ihre Realisierung[22].

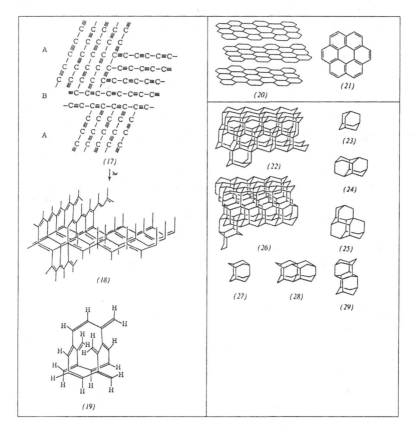

Versucht man nun, Ebenen aus Cyclohexanbooten sowohl senkrecht wie auch horizontal zu einem regelmäßigen Gebilde zusammenfügen, so erhält man das energiereiche Tetraasterangitter *(30)*, dessen Synthese im Stück wenig wahrscheinlich ist; man denke an die extremen Bedingungen und den Aufwand bei der Gewinnung künstlicher Diamanten[26]. Ein interessanter Gesichtspunkt ergab sich, als es gelang, Tetraradialen durch Sublimation bei 20 K[27] zu instabilen Kristallen mit der Struktur *(31)* anzuordnen, in denen die einzelnen Moleküle in Stapeln genau ekliptisch zueinander stehen.

Es war aber trotz vieler Versuche noch nicht möglich, eine Polymerisation unter Ausbildung der Sechsringe zu *(34)* oder eine 4 · (2+2)-Cycloaddition zu *(35)* zu er-

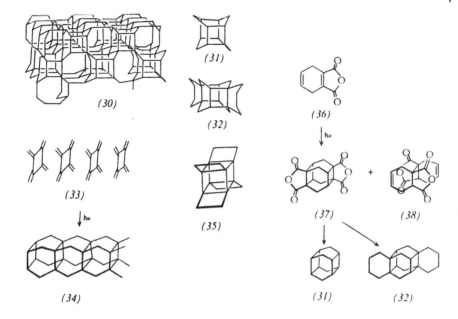

reichen. Deshalb wurde hier der Weg in kleinen Schritten eingeschlagen. Die Bestrahlung des Dihydrophthalsäureanhydrids *(36)* in Lösung liefert die Kopf-Schwanz- und Kopf-Kopf-Dimeren *(37)* und *(38)*[28].

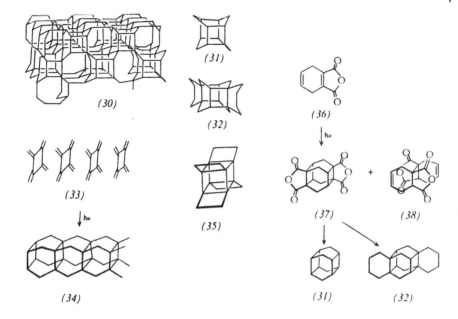

(37) konnte in die Gitterteilstücke *(31)* und *(32)* umgewandelt werden[29]. Das nächste ringhomologe Anhydrid *(39)* reagiert entsprechend zum Dimeren *(40)* mit doppelter Tetraasteraneinheit[30] und es ist nur eine Frage der Zeit und Geduld, bis ein repräsentatives Stück dieser neuen, sicher farblosen und sehr hoch schmelzenden Modifikation des Kohlenstoffs vorliegen wird. Vor dem Schmelzen wird dieser Kohlenstoff aber bei 1300 K in Graphit übergehen, beim sehr raschen Erhitzen kinetisch direkt.

PROF. DR. S. HOUSMANS *und* PROF DR. ING. H. P. HONNEF *(1984)*

Anmerkungen:

1) R. Hoffmann, T. Hughbanks, M. Kertész und P. H. Bird, J. Am. Chem. Soc. *105*, 4831 (1983).

2) K. Schmorl: Adolf von Baeyer. Wissenschaftliche Verlagsgesellschaft m. b .H., Stuttgart 1952, S. 125 ff.

3) Eine derartige Modifikation ist das Polyacetylen, dem zur Zeit wegen seiner Fähigkeit, den elektrischen Strom zu leiten, großes Interesse entgegengebracht wird. Literaturhinweise findet man bei S. Roth und K. Menke, Naturwissenschaften *70*, 550 (1983).

4) Aus der Betrachtung neuer Polymerisationsprodukte des Acetylens entwickelte v. Baeyer seine Spannungstheorie[2] – mögen die hier präsentierten Resultate ähnlich weitreichende Folgen haben!

5) Zusammenfassung der Literatur: R. W. Hoffmann: Dehydrobenzene and Cycloalkynes. Verlag Chemie – Academic Press, Weinheim und New York 1967.

6) K. Untch und D. C. Wysocki, J. Am. Chem. Soc. 88, 2608 (1966), vgl. F. Sondheimer, R. Wolovsky, P. J. Garrat und I. C. Calder, J. Am. Chem. Soc. *88*, 2610 (1966).

7) A. Hantzsch und W. B. Davidson, Ber. Dt. chem. Gesell. *29*, 1535 (1896).

8) Ohne die hervorragenden apparativen Möglichkeiten des Instituts für Organische Chemie der Technischen Universität Braunschweig wären die Messungen nicht möglich gewesen. Dem Lande Niedersachsen sind wir für seine permanente Förderung der Grundlagenforschung zutiefst verpflichtet. Insbesondere dankt S. Erhardt für die Gewährung einer 70 %-BAT-III-Stelle.

9) Zusammenfassung: P. S. Skell, J. J. Havel und M. J. McGlinchey, Acc. Chem. Res. *6*, 97 (1973).

10) Privatmitteilung von Prof. Skell an H. P. H., nachdem dieser in einem Gespräch am 30. Nov. 1978 in University Park entsprechende Experimente angeregt hatte.

11) P. H. und S. Erhardt, unveröffentlicht.

12) H. G. Viehe, Chem. Ber. *92*, 3064 (1959).

13) Hierbei ist extreme Vorsicht geboten, da reines (9) an der Luft explodieren kann – unter gleichzeitiger Bildung von Phosgen und Kohlenmonoxid: E. Ott, E. Ottmeyer und K. Packendorff, Ber. Dt. chem. Ges. *63*, 1941 (1930)

14) Für die Gewährung von Sachmitteln zur Beschaffung eines Kapillargaschromatographen (Az. Ho 534/20) danken wir der Deutschen Forschungsgemeinschaft, auch wenn die Bewilligung erst nach mehreren Anläufen ausgesprochen wurde.

15) L. Brandsma und H. D. Verkruijsse: Synthesis of Acetylenes, Allenes and Cumulenes. Elsevier Publishing Company, Amsterdam 1981, S. 136.

16) F. Sondheimer, Pure Appl. Chem. *7*, 363 (1963).

17) P. Cadiot und W. Chodkiewicz, in H. G. Viehe (Hrsg.): Chemistry of Acetylenes. Marcel Dekker, New York 1969, S.597 ff.

18) Die Messung der Kernresonanzspektren von (15) erwies sich als außerordentlich schwierig. Bei –80 °C kam es zu einer heftigen Explosion im Probekopf des 400 MHz-Spektrometers. Dank des unermüdlichen Einsatzes von Herrn Doz. Dr. Gerd Lustner und der Finanzmittel der GBF-Braunschweig-Stöckheim konnte das Gerät nicht nur repariert, sondern bei –160 °C auch das erwähnte Kernresonanzspektrum gemessen werden. Zur Vermeidung einer weiteren Explosion mußte die Probe allerdings im Spektrometer verbleiben.

19) H. Kuhn und D. Möbius, Angew. Chem. *83*, 672 (1971).

20) Geschickte Mitarbeiter bringen es auf fünf Schichten in einer Stunde, der bisher dickste Stapel betrug 1984 ± 2 Schichten bei einer Fläche von 1 cm^2.

21) G. Wegner, Makromol. Chem. *134*, 219 (1970); 154, 35 (1972)

22) Übungsbeispiele mit mehrere Lösungsmöglichkeiten für fortgeschrittene Chemiker Teil I. Verlag Chemie, Weinheim 1985.

23) W. Burns, T. R. B. Mitchell, M. A. McKervey, J. J. Rooney, G. Ferguson und P. Roberts, J. Chem. Soc. Chem. Commun. *1976*, 893; J. Am. Chem. Soc. 100, 906 (1978); M. A. McKervey, Tetrahedron Report 81, 36, 971 (1980).

24) R. C. Bingham und P. v. R. Schleyer, Fortschr. Chem. Forsch. *18*, 1 (1971).

25) H. Tobler, R. O. Klaus und C. Ganter, Helv. Chim. Acta *58*, 1455 (1975); C. A. Cupas und L. Hadakowski, J. Am. Chem. Soc. *96*, 4668 (1974); D. P. G. Hamon und G. T. Tay-

lor, Tetrahedron Lett. *1975*, 155; Austral. J. Chem. *29*, 1721 (1976).

26) Hofmann-Rüdorf, Anorganische Chemie S. 314; Cotton-Wilkinson, Anorganische Chemie S. 275.

27) Diese Technik ist schon von P. Seiler und J. D. Dunitz, Acta Cryst. B *35*, 1068 (1979) benutzt worden, um die beiden Fünfringe

des Ferrocens auf Vordermann zu bringen.

28) H.-G. Fritz, H.-M. Hutmacher, A. Ahlgren, B. Åkermark und R. Karlsson, Chem. Ber. *109*, 3781 (1976).

29) G. Kaiser, Dissertation 1982.

30) H. Volkmann, demnächst in dieser Zeitschrift.

La Chimica nella pasta – Supramolekulare Chemie und italienische Nudelkultur

Zwei Kulturen, zwischen denen der Graben besonders tief ist, sind die im Titel genannten Denk- und Formensysteme. Ein Brückenschlag ist gleichwohl nicht unmöglich.

Über die Art und Weise, wie Chemiker zu ihren Forschungsideen inspiriert werden, herrschen erstaunliche, oft abenteuerliche Vorstellungen, die von blitzartigen Einfällen und Intuitionen à la Kekulés Traum bis zum logisch-rational kalkulierten Forschungsplan reichen. Nichts ist unrichtiger. Zwar sind die Quellen der Inspiration vielfältig und auch unterschiedlichen Gewichts, aber von besonderer Bedeutung ist zum einen die Bastelsucht vieler Chemiker (die vermutlich bei Chemikerinnen weniger ausgeprägt ist) – Molekularlego und molecular tinkertoys sprechen hier eine eindeutige Sprache –, und wem das Zusammenfügen molekularer Klötze mit Hilfe ebensolcher Schrauben (C-C-Bindungen) im Labor zu schwierig ist, dem bietet sich heute mit dem molecular design auf dem Computer eine vor allen Dingen buntere Alternative, die zudem den unschätzbaren Vorteil besitzt, keine ökologischen Folgen (*vulgo* Abfall) zu produzieren, sieht man von Papierbergen einmal ab. Zum anderen aber – und das ist bislang offenkundig übersehen worden – stellt das Essen eine wichtige Quelle der Eingebung dar. (Daß Trinken auf viele Chemiker ideenfördernd wirkt, haben zahlreiche große und kleinere Vertreter dieser Disziplin immer wieder bewiesen.) Viele Speisen und ganz besonders die italienischen Teigwaren stehen in so eindeutiger Beziehung zur Chemie – und ganz besonders zu derzeit hochaktuellen supramolekularen Chemie –, daß nur eingefleischte (*sic!*) Kartoffelesser das bisher haben übersehen können.

Molekulare Drähte wie das Polyacetylen als molekulares Pendant zum *Spaghetti* – das sieht man natürlich sofort. Aber es gibt auch noch dünnere Fadennudeln wie die *Capellini*, die eher den Polyalkinen entsprechen, die sich als Interstellarmoleküle allerdings dem irdischen Zugriff bzw. -biß entziehen. Die Ausdehnung des Durchmessers in die andere Richtung – z. B. zu den *Vermicelli* – hat bislang in der Chemie noch keine Nahrung gefunden und stellt somit eine Herausforderung an die Synthesechemiker dar.

Nudeln mit Helixstruktur – *Fusilli corti, Fussilli bucati, Fussili lunghi* – oder sogar Dopelhelices wie im Falle der *Gemelli spirale* waren in der italienischen Pastakultur lange bekannt, bevor die essentielle Rolle von Molekülen dieser Art in zahlreichen Lebensprozessen erkannt wurde.

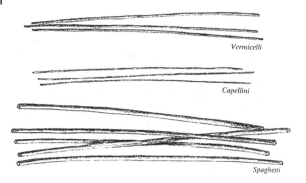

Fadennudeln lassen sich im Prinzip auf zwei Wegen in Bandnudeln überführen: Entweder walzt man sie platt oder man klebt viele von ihnen zusammen. Die erste Methode ist chemisch offenbar noch nicht realisiert worden (aber nicht unmöglich!), die zweite zumindest formal leicht vorstellbar: Durch Verknüpfung von Polyacetylenketten durch Einfachbindungen lassen sich Bänderstrukturen erzeugen; je nach Zahl der Einzelketten entstehen Acene, polykondensierte Aromaten oder sogar einzelne Graphitschichten. Interessant in diesem Zusammenhang übrigens die Frage, ob es bei der *Tagliatelle*- und ganz besonders natürlich bei der *Lasagne-Nudel* ein den dangling bonds entsprechendes Phänomen gibt. Hier sind die Nudelhersteller (fabbricante di pasta) ihren Kunden bis heute die Antwort schuldig geblieben.

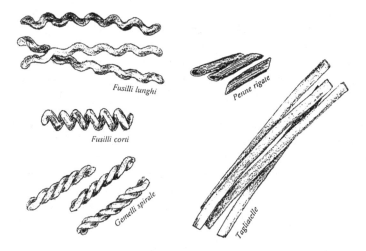

Die eigentliche supramolekulare Chemie beginnt bei der Bandnudel (aus einiger Entfernung dürfte man zwischen einem globulären Protein und *Tripolini* oder *Tagliolini* kaum unterscheiden können, richtige Faltung vorausgesetzt) und den Hohlraumnudeln. Bevor auf die zahlreichen Varietäten und Spezialitäten näher eingegangen wird, sei den Synthesechemikern schon an dieser Stelle empfohlen, einmal das Labor zu verlassen und sich auf eine kulinarische Italienreise zu begeben – sie könnte inspirierender als wochenlange Schreibtisch- oder Bibliotheksarbeit wirken. Von den kurzen *Ditalioni* über die zahllosen *Penne*-Arten bis zu den *Rigatoni* herrscht eine beispiellose Formenvielfalt vor, Formen, die sich mitnichten nur durch Rohrlänge und/oder Durchmesser unterscheiden. Es gibt gekrümmte Varietäten (*Gobetti*), solche mit geriffelter oder sonstwie strukturierter Oberfläche (*Radiatori*). Rohrmoleküle oder Graphitnadeln – das ist als chemische Antwort hierauf zu wenig!

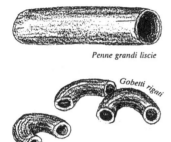

Penne grandi liscie

Gobetti rigati

Kaum besser sieht es bei den schalenförmigen Strukturen aus. Von konkaven und konvexen Flächen spricht man in der modernen Strukturchemie gerne, wo aber sind die Analoga zu den *Conchiglie grandi*, den *Gnocchi*, den *Torfarelle*? Am ehesten wären hier noch Schalenmoleküle wie das Corannulen zu nennen oder bestimmte Phane.

Gnocchi   *Tofarelle*   *Stellette*   *Ruoti*

Phantasieformen haftet immer etwas Unseriöses, Unernstes an. Das ist in der Chemie nicht anders als bei den Nudeln. Die *Stellette* und *Ruote* muß man doch wohl ähnlich unter den Exotika abbuchen wie die Starburstpolymere oder das »Ferric wheel« $[Fe-(OCH_3)_2(O_2CCH_2Cl)]_{10}$.

Wenn bisher der Eindruck entstanden sein sollte, als sei die Nudelvielfalt größer als die der supramolekularen Topologien, als könnte nur der nudelverspeisende Chemiker sich vom Koch inspirieren lassen und nicht auch dieser von jenem, so trügt diese Impression. Bandnudeln mit Möbiustopologie, Catenanudeln, Nudelknoten – wo gibt es so etwas? Die Herstellung dieser neuen Formen dürfte übrigens an den Gerätehersteller große Anforderungen stellen und vermutlich die klassische, d. h. manuelle Herstellungsweise, erzwingen.

Wir haben uns in dieser kurzen chemischen Nudelkunde bewußt auf die reinen Nudelformen beschränkt. Eine Berücksichtigung von abgeleiteten Strukturen – z. B. *Ravioli* als Prototyp eines Host-guest-Systems (mit allerdings meistens delikaterer Füllung als im Falle des Chemiemodells) hätten den Rahmen dieser Einführung bei

 *Ravioli*

weitem gesprengt. Auch Nanostrukturen vom Typ eines Metallatome einschließenden Graphitrohrmoleküls sind – denkt man nur an ein simples *Cannelloni*-Gericht – so neu nicht, und selbst die Fullerene sind in Form der *Orecchiette* dem Freund der italienischen Nudel bereits vor Jahren begegnet.

GIUSEPPE CASA *und* PIT TORE *(1993)*

Stereolinguistik – Über die Raumstruktur der Wörter

»*The world is chiral and clinal*« lautet ein Zitat von V. Prelog mit dem D. Ginsburg einen Aufsatz über Propellane als stereochemische Modelle eröffnet[1]. Das ist sicher richtig. Aber wie wenig hat sich diese Erkenntnis bei uns Chemikern durchgesetzt! Warum wenden wir sie nicht konsequenter an? Warum – so muß doch die allererste Frage lauten – schreiben wir nach wie vor mit Wörtern, die lediglich zweidimensional, d. h. in unserer Welt achiral sind? Gerade in der Chemie hängen Schreiben/ Zeichnen und Denken auf das Elementarste zusammen! Jedem/r Anfänger/in wird wieder und wieder gesagt (meist ohne jeden Erfolg), daß chemische Formeln nur dann in ihrer ganzen Tragweite erfaßbar sind, wenn sie räumlich gesehen und korrekt gezeichnet werden. Anders ausgedrückt: Muß nicht flaches Schreiben *flaches Denken* zur Folge haben? Schlimmer: Schreiben wir flach, weil wir genauso denken?

Kurz gesagt geht es darum, den Formen- und Strukturenreichtum der Chemie – ob anorganisch, organisch, biochemisch – auf unser Schriftbild zu übertragen. Die folgenden, ersten Beispiele mögen dazu dienen, den Leser/innen die atemberaubenden Perspektiven vor Augen zu führen, die dieses *neue Schreiben* der Chemie eröffnet.

Chiralität – das ist zunächst einmal das Rechts-Links-Problem. Und selten hat dieses jemand so auf den Punkt gebracht wie Ernst Jandl in seinem berühmten Gedicht »Lichtung«[2], in dem die klassische Zeile »Lechts und rinks kann man nicht velwechsern« genau das beschreibt, was jedem Hochschullehrer grauester Alltag ist. Wie schwierig dieses Problem in der Tat ist – selbst Jandl scheint diese Dimension entgangen zu sein – wird offenkundig, wenn die Zeile in *Stereoschreibweise* übertragen wird:

$$\underset{Le}{\overset{H}{\,\,\,\,}}C\text{\tiny{IIII}}T \qquad und \qquad \underset{R}{\overset{I}{\,\,\,\,}}N\text{\tiny{IIII}}K \quad \cdot\ \cdot\ \cdot\ \cdot\ \cdot$$

Abgesehen von der vermutlich nicht unerheblichen Radioaktivität des ersten Worts – immer wieder werden Begriffe in die Welt gesetzt, ohne an ihre Entsorgung (sic!) zu denken – stellt sich die entscheidende Frage, ob das Wort »lechts« (oder rechts) *R*- oder *S*-konfiguriert ist. Interessant also, daß das Symbol »lechts«, das sich selbst als eben solches charakterisiert, durchaus aus »links« (rinks) sein kann. Und »Le« in dieser Wortformel? Ein eindeutiger Hinweis auf Joseph Achille Le Bel, dem Pariser Privatgelehrten, dem die Stereochemie so viel verdankt.

Das Problem der *sprachlichen Diastereomerie* scheint sich bisher gleichfalls der Bearbeitung entzogen zu haben, ja es ist möglicherweise noch nicht einmal als solches erkannt worden. Dabei wimmelt die Welt vor *Graphiodiastereomeren* oder kurz *Graphiomeren*, wie wir diese Wortklasse bezeichnen möchten. Besonders aufschlußreich ist in diesem Zusammenhang die italienische Sprache, selbst wenn sie einem nur in der reduzierten Form der Speisekarte einer mittleren Pizzeria gegenübertritt.

Bei den *Gnocchi* tritt das Problem der achiralen Diastomeren auf, konventionell als *cis/trans*-Isomerenproblem bekannt. Sind diese *E*- oder *Z*-konfiguriert?

Wobei zusätzlich noch auf die Schreibweise des ersten Buchstaben zu achten ist: Groß wie hier = Giga (also Gigagnocchi in Nichtstereoschreibweise, kleines g: Grammgnocchi).

Chirale Diastereomere begegnen uns beispielsweise bei Wörtern wie *Stracciatella:*

Interessant ist hier – und gerade das zeigt die konventionelle Schreibweise nicht! – daß ein es Stereoisomer (oben das lechte) gibt, in dem sich das Schwefel- und das Telluratom sehr nahe kommen. Die Frage nach einer Chalkogenid-Chalkogenid-Wechselwirkung ist also berechtigt; sie konnte kürzlich durch Hochsprachenspektroskopie nachgewiesen werden. Auch in diesem Fall wäre das Produkt kennzeichnungspflichtig, falls es überhaupt in den Handel gebracht werden dürfte: immerhin weist es neben der stereochemischen, auch eine doppelte radiochemische Markierung auf. Wie hervorragend gerade dieses Eis ist (ia =Ia) haben der Autor und seine Töchter häufig genug erfahren.

Wortchiralität ist nicht auf den Kohlenstoff beschränkt, wie spätestens nach einigen Gläsern Valpolicella klar werden dürfte, wobei dessen Wirkung nicht nur auf die Stereozentren – nur das R, S-Diastereomer ruft die bekannte Wirkung (torkelnder Gang) hervor –, sondern auch auf das freie Elektronenpaar (El) zurückführbar ist.

Das Italienische mit seinen zahllosen Kohlenstoff-Kohlenstoffbindungen bietet dem Kundigen vielfältige Möglichkeiten, die Prinzipien der Stereolinguistik zu erkennen und weiterzuentwickeln, wobei besonders die Nachspeisen viele Köstlichkeiten bieten: Zabaglione con cafe (chirale Edelgasverbindung!), Cubetti al Cioccolato (deren stereochemische Analyse sei dem Leser überlassen), Crespelle all'Albicocca ... Ist die hochgradige Symmetrie des Pfirsichs selbst im Deutschen nur scheinbar (tatsächlich liegt ein Carben mit – chiralem! – Fluoriridiumphosphorsilyl-Substituenten vor), so erweist sich seine kleine Schwester, die Aprikose, in der italienischen Variante als axial-chiral. Laut Wortstrukturanalyse (das Wort kristallisiert in orange-farbenen Brocken, bei schnellem Abkühlen gelegentlich in Fetzen) und dreidimensionaler Lettroskopie hat dieser Name die gezeigte Allenstruktur und tritt somit wiederum als enantiomeres Wortpaar auf:

(A steht bekanntlich in der Einbuchstaben-Notation für Aminosäuresequenzen für Alanin – womit sich das obige Problem in stereochemischer Hinsicht weiter verkompliziert. Auf diese Einzelheiten soll in einer späteren Arbeit näher eingegangen werden). Robert Musil hat einmal seine Verwunderung darüber ausgedrückt, daß Naturwissenschaftler offenbar unfähig seien, ihre kühnen Ideen auf sich selbst (und ihr Leben) anzuwenden. Tut der Autor dieser Zeilen es dennoch, so muß er leider feststellen, daß sein eigener Name (ein simples, wenn auch offenbar noch unbekanntes, gemischtes Anhydrid aus Phosphoniger – und Fluorwasserstoffsäure) in stereochemischer Hinsicht unergiebig ist – Planarität vorausgesetzt!

(1989)

Anmerkungen:

1) D. Ginsburg, Acc. Chem. Res. *7*, 286 (1974)
2) Vgl. Chem. Unserer Zeit *13*, Heft 3 (1979)

Ralf A. Jakobi: Carmina Chimica et technica

Chor der Elektriker [1981]
Melodie: »Wir lieben die Stürme«

1.) Wir lieben den Kurzschluß, das schmorende Kabel,
die knallende Glühbirn', das Haus ohne Licht.
Uns wird es bei Kurzschluß niemals miserabel,
so störn uns die sprühenden Funken auch nicht.

Refrain:
|: Blitz, Knall – Kurzschluß! Oh, oh, wie lieblich schallts, im Zählerkasten knallts. :|

2.) Wir basteln an Drähten, um Lampen zu erden,
dann wird ans Gehäuse die Phase geklemmt.
Wers anfaßt, kann rasch zu 'nem Zitteraal werden,
so locker, entspannend und garnicht gehemmt!

3.) Laßt uns mit dem Öfchen das Netz überlasten,
da wird es der Leitung so warm um das Herz!
Verkohlt dann da draußen der Zähler im Kasten,
benutzen als Lichtquelle wir eine Kerz'.

4.) Auf Hochspannungsmasten, da sind wir zuhause,
weil Isolatoren auch manchmal defekt.
Da hat schon so mancher Elektro-Banause
den Zauber des Starkstroms – nur einmal – entdeckt.

5.) Wir lassen die Fernsehgeräte zerspringen,
denn einmal pro Jahr rauscht ein Stromstoß durchs Haus.
Vor Freude hört man die Versicherung singen;
probieren wir es doch an Weihnachten aus!

6.) Besondere Liebe gilt uns den Motoren,
wenn sie den Gehorsam verweigern einmal.
Uns fliegen die Trümmer sofort um die Ohren,
dann bringen wir neue, das ist doch genial!

7.) Auch Staubsauger, Heizlüfter, Radios und Uhren,
wenn es nur elektrisch und nicht funktioniert:
Von uns vorgenommene Reparaturen
erkennt man daran, daß das Ding explodiert.

8.) Ja, wir sind die wahren Elektriker-Asse,
es zucken die Blitze in blau, grün und rot.
Was wir fabrizieren, das ist einfach Klasse,
gedenket stets unser, auch wenn wir einst tot.

(1998)

Reformatzkis Abendlied [1986]
Melodie: »Der Mond ist aufgegangen«

1.) Der Pott ist hochgegangen,
die Zinkstaubflecken prangen
am Pulte dunkelgrau.
Der Koch steht schwarz und schweiget,
und aus dem Kühler steiget
ein süßes Flämmchen gelb und blau.

2.) Wie war das Zink so stille
und in des Kolbens Hülle
staubtrocken, frisch und hold.
Drum hat man nicht gegeizet,
den Zinkstaub vorgeheizet,
auf daß er reagieren sollt'.

3.) Wir stolzen Menschenkinder
sind eifrig als Erfinder
und wissen doch nicht viel.
Den Kolben fest verstopfet,
die Lösung zugetropfet,
man denkt, man hätt' ein leichtes Spiel.

4.) Auf einmal – peng! – ein Wunder:
Es fliegt der ganze Plunder
in hohem Bogen raus.
So ists nun mal im Leben:
der Pfropf hat nachgegeben
und bringt uns Stimmung in das Haus.

5.) Seht ihr den Ansatz stehen?
Er ist nur halb zu sehen,
der Rest ist ruiniert.
So sind wohl manche Sachen,
die wir getrost belachen,
bevor der Kolben explodiert.

6.) So legt euch denn ihr Brüder
rasch auf den Boden nieder,
scharf ist des Esters Hauch.
Ich muß wohl noch zwei Wochen
am Reformatzki kochen -
wie damals mein Professor auch.
(1998)

Die traurige Mär vom Phalloidin [1987]
Melodie: »Wir winden dir den Jungfernkranz«

1.) Wir pflückten einen hübschen Knollenblätterpilz,
auf daß sich eine Wirkung zeige
bei unsres reichen Onkels Leber oder Milz,
denn unser Konto ging zur Neige.

Refrain:
Schöner giftig grüner Knollenblätterpilz!
Aus dem dunklen Walde, aus dem dunklen Walde.

2.) Des nächsten Tages hörten wir den braven Hund
am Gartentürchen freudig kläffen.
Erbonkelchen erschien vergnügt zur Kaffeestund
samt Anhang zum Familientreffen.

3.) Der Abend brach herein, das Festmahl ward serviert:
Rezepte quer durch alle Länder.
Dann kam der Schweinebraten, üppig pilzgarniert,
für unsern ahnungslosen Spender.

4.) Zu viele Gäste warns, drum wurde langsam knapp
der Platz am Tisch im Speisezimmer.
Wir traten unsre Stühle kommentarlos ab
und dämpften sanft das Licht per Dimmer.

5.) So merkte es der Onkel auch rein optisch nicht:
Es hatten diesmal ganz perfide
die Pilze nur an seinem Schweinefleischgericht
besondre zyklische Peptide ...

6.) Wir aßen in der Küche und warn heimlich froh:
Bald wird der Wirkstoff sich entfalten –
und ein paar Tage später wars tatsächlich so:
Wie weinten wir um unsern Alten!

7.) Beinahe hätts geklappt, wir wären heute reich,
doch wollt die Fügung es nicht dulden:
Zur Testamentseröffnung ward das Antlitz bleich:
Der Kerl besaß nichts außer Schulden!

8.) So packte uns zuletzt per Offenbarungseid
die Pleite vollends am Schlawittchen.
Der Staatsanwalt verbrachte uns nach kurzer Zeit
zur Untersuchungshaft ins Kittchen.

9.) Wir kriegten wegen Mordes lebenslangen Knast
und können aus Erfahrung raten:
Wenn du nur scheinbar reiche Anverwandte hast,
so laß den Giftpilz weg vom Braten!

(1999)

Die Ballade vom doppelt maskierten Tyrosin [1988]
Melodie: »Humbta-tätärä«

1.) Man hört so oft, ein Dipeptid, das bilde sich so leicht,
obwohl schon mancher Koch das Ziel noch nie erreicht.
Die Vorschrift, die man diesmal braucht, ist publiziert im JACS*,
und wer sie liest, der denkt, es sei ein Klacks.

Refrain:
Am Schluß bleibt Tyro-tyro-tyro-tyrosin, Tyrosin, Tyrosin!
Was soll das Tyro-tyro-tyro-tyrosin?
Es sagt uns: Ätsch, die Zwischenstufe ist dahin!

2.) In Natronlauge wird das Tyrosin erst vorgelegt,
sodaß man wohlgemut noch große Hoffnung hegt.
An Stickstoff und OH maskiert soll werden die Substanz -
bei pH 10 gelingt dies nur nicht ganz ...

3.) Mit Cárbobenzoxýchlorid auf keinen Fall gegeizt,
auch wenns erbärmlich stinkt und stark zu Tränen reizt.
Tropft man getreu nach dem Rezept noch Lauge in den Pott,
dann geht der Ester hops und liefert Schrott!

4.) Nun äthert man die Pampe aus, obgleich man nicht mehr mag:
der Trichter ist versaut mit Öl und Niederschlag.
Zu diesem Zeitpunkt liegt der Mißerfolg schon auf der Hand:
Drei Phasen schichten sich übereinand'!

5.) Trotz allem voller Illusion die Säure frisch hinzu,
es fällt sogar was aus – zunächst bewahrt man Ruh.
Doch plötzlich schäumts, und ist erst das Produkt mal untersucht,
so speit man Gift und Galle, tobt und flucht!

---

*) *sprich: »Jacks«. Gemeint ist die Stelle* J. Am. Chem. Soc. **1953**, *75*, 5284.

6.) Von diesem Ärger leite man sich eine Lehre her:
Trau nie der Rezeptur, sonst bleibt dein Kolben leer.
Selbst wenn der Autor für Erfolg sich namentlich verbürgt,
sind gute Resultate meist getürkt!

(1998)

Calixtiners Klagelied [1991]
Melodie: »Wer ein Liebchen hat gefunden« (Mozart)

1.) Wer ein Molekül gefunden,
aus Phenolen zyklisiert,
darf, wenn ihm solch Glück verheißen,
seinen Schöpfer dankbar preisen,
|: daß die Mühe sich rentiert :| – Tralalera, tralalera, tralalera, tralalera

2.) Den Versuch zu wiederholen
ist des Forschers erste Pflicht.
Wenns gelingt, wird es ihm nützen,
seine Theorie zu stützen,
|: aber wehe, es klappt nicht! :| – Tralalera, tralalera, tralalera, tralalera

3.) Denn der Tücken hat ein Calix
oft weit mehr als man gedacht.
Hinterbleiben uns nur schwarze
wie Asphalt verklumpte Harze,
|: dann, Nobelpreis, gute Nacht! :| – Tralalera, tralalera, tralalera, tralalera

(1998)

Autoklaven-Marsch [1997]
Melodie: »In der Pfalz blühen unsre Reben«

1.) In der Nacht gleich nach dem vierten Käuzchenschrei
drang ein Knall so scheppernd in mein Ohr.
Voll Besorgnis, was des Lärmes Ursach sei,
stand ich auf und eilte ins Labor.
Und schon kamen sie geflogen, all die Trümmer dick und schwer:
Explosion! Und zum Hohn schwamm die Reaktion
längst im Strahl der Berufsfeuerwehr.

Refrain:
Traue nie einem Autoklaven,
denn er steht schließlich unter Druck.
Kaum bist du ruhig eingeschlafen,
fliegt er in die Luft ruck-zuck!
Und erst recht wird er dich bestrafen
für versäumte Sicherheit –
schau auf die Verschraubung, schau aufs Manometer,
schau bei dem Ventil auf Funktionstüchtigkeit!
Es lebe die Dichtung, es lebe der Berstschutz,
es lebe die Wartung zur richtigen Zeit!

2.) Schau, die Fliesen hat es von dem Tisch geklopft;
nur noch Brocken blieben vom Gefäß.
Da war wohl das Überdruckventil verstopft,
daß es wirkte nicht mehr pflichtgemäß.
So bei tausend Atmosphären flog der Deckel schließlich weg,
kurzerhand durch die Wand, danach hats gebrannt,
und nun sitze ich mitten im Dreck!

3.) Hatte früher mir genügt ein Bombenrohr,
ward der Inhalt aber bald zu klein.
Außerdem zieh ich den Stahl dem Glase vor,
seit ein Splitter sich gebohrt ins Bein.
Denn am falschen Platze sparen ist doch stets Verschwendung pur!
Autoklav, dacht' ich brav, als die Wahl ich traf,
doch es blieb ein Problem dabei nur:

4.) Und nun suche ich verzweifelt Tag und Nacht
nach Personen, sei es Frau, seis Mann,
welchen ich die Schuld dafür, daß es gekracht,
notfalls in die Schuhe schieben kann.
Die Versicherung läßt prüfen des Ventiles Rest darob:
Kommt ans Licht, daß es dicht, zahlt sie aber nicht,
und der Knall war ein doppelter Flop!

Studium longum, vita brevis [1998]
Melodie: »Liebeskummer lohnt sich nicht«

1.) Mit achtzehn, da war sie
vernarrt in die Chemie,
vom rosa Karriereretraum umgarnt.
Dank Ehrgeiz, Glück und Mut
zum Vordiplom mit »gut«,
doch leider hatte niemand sie gewarnt:

Refrain:
Langzeitstudium lohnt sich kaum, my darling – i wo!
leider merkt mans meistens erst zu spät – ätsch, ätsch!
Langzeitstudium lohnt sich kaum, my darling,
an der guten alten Universität.

2.) Der weitere Studiengang
zog sich ganz plötzlich lang,
voll Wahlpflichtfächern, jeweils mit Klausur.
Obwohl der Lehrstoff zwar
nicht dringend nötig war:
Abstrakte Theorie in Reinkultur!

3.) Diplom war angesagt,
wobei der Zweifel nagt'
bezüglich der Erfolgsgeschwindigkeit.
Und richtig: Mit dem Prof
gabs gleich gewaltig Zoff,
der sich geäußert im Verlust an Zeit.

4.) Mit sechsundzwanzig dann
die Promotion begann,
die fünf Jahr drauf den Titel ihr gebracht.
Doch auf dem Arbeitsmarkt
regierte der Infarkt;
mit einem Schlage war sie aufgewacht:

5.) Ein Postdoc jung und zart,
aus USA, sehr smart,
pfiff auf sechs Jahre Altersunterschied.
Er führte sie sogleich
als Gattin übern Teich
und sang ins süße Öhrchen ihr ein Lied:

6.) Heut hat – man ahnt es schon –
sie einen kleinen Sohn,
der platzt als Knirps bereits vor Forscherdrang.
Jedoch vor der Chemie
in good old Germany
bewahrt ihn Mommys zärtlicher Gesang:

Horror vacui [1999]
Melodie: »Heimat, deine Sterne«

Refrain:
Kolben, deine Sterne!
Bei Unterdruck macht es plötzlich bumm.
Implosionen deutet als Furcht man gerne
der Natur vor jeglichem Vakuum.
Triste Abendstunde,
der Ansatz stinkt wieder grauenhaft!
Tausend Splitter schwirren in wilder Runde,
denn den Kolben hat es dahingerafft.
am Schluß des Liedes anhängen: Wieder mal nen Tag für die Katz geschafft!

1.) Kolben trifft alltags ein ruppiger Ton;
Glasbläser singen ein Liedchen davon.
Du mußt nach der Stöße Walten
mit dem Meister dich gut halten,
daß er, falls Sternchen im Glase, blase.

2.) Destillationen, sie gehn allgemein
unter vermindertem Druck glatt und fein.
Manchmal fluchst du, wenn sie schäumen -
trotzdem dabei nicht versäumen:
Prüf das Gefäß auf gewisse Risse!

3.) Hat es den Kolben trotz allem zerfetzt,
dich aber gottlob nur mäßig verletzt:
Stets sind Eimer, Schaufel, Besen
für den Chemiker gewesen
wichtigste Helfer beim Werke. Merke:

Lob des Phosphors [1999]
Melodie: »Mein kleiner grüner Kaktus«

Refrain:
Mein guter weißer Phosphor steht wohlverwahrt im Schrank,
holleri, hollera, hollero.
Er wird mich nicht versengen und macht mich auch nicht krank,
holleri, hollera, hollero.
Wenn jemand dies verkennt
und mich nen Spinner nennt,
dann hol ich meinen Phosphor, und der brennt, brennt, brennt!
Ich mag ihn, meinen Phosphor, er mag mich, Gott sei Dank, holleri, hollera, hollero.

1.) Mancher Substanzen
Extravaganzen
erzeugen nur nen Knall, nen dumpfen.
Phosphor hingegen
kann allerwegen
die Phantasien übertrumpfen.

2.) Kocht man Phosphine –
auf dieser Schiene
gibts für die Nase manche Wonnen.
Doch unergründlich
und selbstentzündlich
sind sie im Feuer rasch zerronnen.

3.) Willst Labsal schenken
dir mit Getränken –
die Phosphorsäure konserviert sie.
Kräftig gezuckert,
dann weggegluckert,
und deinen Schlund desinfiziert sie!

4.) Bei Phosphonaten
ist gut beraten,
wer viel Geduld hat mit Kristallen.
Den Ansatz fahren,
und nach fünf Jahren
sind schon die ersten ausgefallen!

5.) Phosphor-Ylide
sind just als Schmiede
für Olefine heiß umworben;
aber mißhandelt,
zu Schlamm verwandelt,
ist der Synthesewunsch gestorben!

Radikale sind frei [2000]
Melodie: »Die Gedanken sind frei«

1.) Radikale sind frei!
Da läßt sich nichts machen;
sie huschen vorbei
und scheinen zu lachen
der Spinresonanzen, die ihnen im Ganzen
gewiß einerlei:
Radikale sind frei!

2.) Wenns klopfet im Motor -
wo Knallgase puffen,
dort kommen sie vor,
schon sausen die Muffen.
Vergebens hat Paneth vor ihnen gemahnet:
Sie knabbern am Blei!
Radikale sind frei!

3.) Zwar kann man sie wohl kalt
mit Kunstgriffen fangen,
doch werden sie bald
die Freiheit erlangen,
zur Not wirds geschehen, daß neue entstehen,
kaum zählt man bis drei:
Radikale sind frei!

4.) Und sperrt man sie auch ein
als Lösung in Flaschen,
dann werden sie fein
ihr Solvens vernaschen,
als Gase entwischen sie ohne zu zischen
wie Küken dem Ei:
Radikale sind frei!

5.) Beim Kunststoff man nicht schimpft,
oft sind sie willkommen;
mit ihnen man impft
das, was man genommen
zum Polymer-Starten, lang müßt' man sonst warten,
bis fest wird der Brei.
Radikale sind frei!

6.) So laßt sie doch in Ruh;
statt sie zu beschränken,
solln wir ab und zu
an Sauerstoff denken:
Mit Stickstoff zu schnaufen kann chemisch nicht laufen;
es sei wie es sei:
Radikale sind frei!

(2000)

Problempyrolyse [2001]
Melodie: »Hei, hei, hei, so eine Schneeballschlacht«

1.) Manchem Unternehmer
wär es viel bequemer,
wüßt' der Staat von seinen Tricks
wenig oder besser nix.
Fiskus wills ergründen,
da hilft nur noch zünden:
kurz bevor die Fahndung kommt,
flackerts darum meistens prompt.
Ins Dachgeschoß-Archiv
die Feuerwehr man rief:

Refrain:
Hei, hei, hei, ja so ein Dachstuhlbrand
bringt stets Action für die Großen und die Kleinen.
Hausbewohner, die ihn spät erkannt,
sind dafür dann um so rascher auf den Beinen.
Bleibt ein Koffer Dokumente für Versicherung und Rente,
die dem Feuer man entriß,
doch dem andern Aktenkasten mit Papieren, die belasten,
war der Tod im Flammenmeer gewiß!
Hei, hei, hei, so einen Dachstuhlbrand
sieht man vordergründig an als großen Schaden,
wird er aber richtig angewandt,
hat man damit manches Schreckgespenst gebannt!

2.) Kungelst du politisch,
murrt das Stimmvieh kritisch;
ganz besonders vor der Wahl
schadet immer ein Skandal.
Schmiergeld angenommen,
doch dahinterkommen
soll der Ausschuß nicht so bald
samt dem forschen Staatsanwalt.
Ein Flämmchen sanft und lind
hält warm bei frischem Wind!

3.) Doch auch im Privaten
ist man gut beraten,
wenns, bevor der Kuckuck rennt,
zielgerichtet gründlich brennt.
Steuern hinterzogen
gar in Bausch und Bogen?
Hin und wieder ein Betrug?
Darum Mensch sei zeitig klug:
Versichere dein Haus,
dann pack das Streichholz aus!

Anmerkung:

Aus juristischen Gründen distanziert sich der Autor von diesem Werk. Ein solches Vorgehen soll sogar schon bei einsitzenden Gewaltverbrechern zu vorzeitiger Haftentlassung geführt haben.

Lagerfeuerromantik im Praktikum [2003]
Melodie: »Jenseits des Tales standen ihre Zelte«

1.) Jenseits des Abzugs standen ihre Kolben,
zur rußgeschwärzten Decke quoll der Rauch.
Das war ein Husten in dem ganzen Saale;
und der Professor hustete dann auch.

2.) Doch schien sich niemand ernstlich dran zu stören,
man hat hier immer so sein Zeugs gegart:
Als Heizbadflüssigkeit diente Motoröl,
so ward am teuren Silikon gespart.

3.) Sie putzten klirrend Gläser, Kühler, Flaschen,
als die Destille längst schon überhitzt.
Da platzte deren Blase mit dem Äther,
der durch das heiße Ölbad rasch verspritzt.

4.) Ein kurzes »puff«, dann zischte eine Flamme,
gleich in die Ecke schlug der junge Brand,
wo für die ganzen Lösungsmittelreste
die Batterie von Abfallkübeln stand.

5.) Mit dumpfem Rumpeln flogen die Behälter
in Feuergarben fauchend hoch empor.
Da kam ein Leben plötzlich in die Bude,
obwohl es mancher gleich beinah verlor.

6.) Es blieb nur rasche Flucht aus dickem Qualme,
man ließ sein Zeug dort stehen, wo es stand.
Die Feuerwehr zerschoß mit vollem Strahle
an Inventar, was übrig ließ der Brand.

7.) Jenseits des Abzugs barsten ihre Kolben,
aus den Ruinen kräuselte der Rauch.
Jetzt sei ein Neubau fällig, dachten viele,
und der Professor dachte es gleich auch.

8.) Doch der Minister sprach: »Wir müssen sparen,
drum bleibt vorerst hier mal die Küche kalt.«
So winkt dem Institut demnächst die Schließung,
und dem Minister höheres Gehalt.

Nachwort

Als der Schreiber dieser Zeilen vor einigen Jahren ein neues Automobil anzuschaffen gedachte, fragte er bei einem Händler nach, ob die Werkstatt imstande sei, eine zweite Nebelschlußleuchte nachzurüsten, damit bei schlechter Sicht der PKW nicht zum Motorrad mutiere – und erhielt die Antwort, daß es im deutschen KFZ-Bau »eigentlich« die »Philosophie« sei, der Blendwirkung wegen nur eine einzubauen. Dank dieses Verweises rückte ein mickriges Glühbirnchen in die Nähe von Plato, der Begriff des Eigentlichen ein Stück weiter in die Bedeutungslosigkeit und der potentielle Kunde von seinem Kaufvorhaben ab. Denn »eigentlich« war keine »Philosophie« erkennbar, sondern die Angelegenheit stank verdächtig nach dem Umstand, daß man zu faul war, mit einer Handvoll Installationsmaterial einen bescheidenen Kundenwunsch zu erfüllen. Und dafür wurden auch noch zwei arg- sowie wehrlose Wörter semantisch aufs Brutalste mißbraucht.

Diese unschöne Marotte hat aufgrund ihrer Häufigkeit mit dazu beigetragen, daß der Ausdruck »eigentlich« zu einer beliebig austauschbaren Chiffre vertorfte; man kann ihn mittlerweile auch weglassen, ohne an der Aussage eines Satzes auch nur ein Jota zu ändern. Wir folgen aber hier ausnahmsweise der beanstandeten Modetorheit und treffen die Feststellung, daß wir »eigentlich« mit diesem Büchlein fertig sind, wenngleich unsere »Philosophie« ist, daß Arbeiten nur sehr selten »eigentlich« fertig werden, sondern irgendwann einmal zu einem Abschluß gebracht – nach Goethe »für fertig erklärt« – werden müssen.

Dabei hätten wir noch genügend Material für Folgebände gehabt. Und vielleicht schaffen wir es sogar, wenigstens einen solchen herauszubringen, wenn, ja wenn … eigentlich nichts dagegen spricht. Schuld ist im Zweifelsfalle immer der Sachzwang, auch wenn er sich nicht lange an der Spitze der Phrasenweltrangliste halten konnte: Gegen das »Nullwachstum« hatte er schon in den 80ern keine Chancen mehr, und zu den turbulenten Börsenzeiten kurz nach der Jahrtausendwende stellt auf dem Sprechblasenmarkt die »Gewinnwarnung« alles in den Schatten. Aber zurück zu den förderlichen und hemmenden Begleitumständen, mit denen Urheber von Publikationen schon zu allen Zeiten im Clinch lagen: Wenn die Braut nicht tanzen will, ist alles Fiedeln umsonst, wußte schon Ovid. Eigentlich.

A propos Braut: Die Herausgeber waren – notabene bildlich gesprochen – eine mustergültige Ehe eingegangen. Während Henning Hopf seine redaktionellen und editorischen Erfahrungen einbrachte sowie über die für ein solches Projekt ungemein katalytisch wirkenden Kontakte verfügte (siehe oben: fördernde Begleitum-

Humoristische Chemie. Herausgegeben von Jakobi, Hopf
Copyright © 2004 WILEY-VCH Verlag GmbH & Co. KGaA, Weinheim
ISBN: 3-527-30628-5

stände), stellte Ralf A. Jakobi seine dank gut zwanzigjähriger Karnevalistenpraxis geschärfte Lästerzunge in den Dienst der Idee und schrieb die Einleitungstexte zu den einzelnen Kapiteln; auch das »Humoristische Manifest« floß aus seiner Feder. Die nicht ganz unbeschwerliche Auslese der publizierten Beiträge (wobei die unpublizierten nicht unbedingt schlechter waren, aber der Platz ist nun einmal beschränkt), sozusagen den redaktionellen Trennungsgang, teilten sich beide Herausgeber auf. Dazu traf man sich auf Fachtagungen in Leipzig, Würzburg, Köln und Chemnitz, aber auch zum Privatissimum auf ziemlich genau halbem Wege zwischen Braunschweig und Pirmasens im Angesicht der altehrwürdigen Barocktürme des Fuldaer Doms – in der stillen Hoffnung, St. Bonifatius höchstselbst möge einen gewissen segnenden Einfluß auf das Vorhaben nehmen. Wir gingen davon aus, daß er seine beschwerlichen Aufgaben (die ihn zuletzt das Leben kosteten) nur mit der Gottesgabe des Humors gemeistert haben könne, auch wenn sich just dazu die Quellenlage nach fünf Vierteljahrtausenden in entsprechend ausgedünntem Zustand präsentiert.

Es soll an dieser Stelle übrigens nicht verschwiegen bleiben, daß die Anregung zu diesem Buch von Herrn Dr. Peter Gölitz stammte, seines Zeichens Chefredakteur der »Angewandten Chemie«. Spätestens jetzt müssen wir uns noch bei einigen weiteren Leuten bedanken, die wir bisher noch nicht erwähnt hatten und wir tun dies auch gerne. Da wäre zunächst einmal Frau Dr. Gudrun Walter, welche seitens des Verlages das zarte Pflänzchen Buchprojekt von Anfang an unter ihre Fittiche genommen hatte. In der Endphase wirkte Frau Dr. Bettina Bems im gleichen Sinne weiter. Ein offenes Ohr für unsere Belange fanden wir auch bei Herrn Peter J. Biel in der Herstellungsabteilung. Und hätte uns Frau Rose-Maire Weiss die Dienste ihrer behenden Finger nicht zur Verfügung gestellt, so wären die meisten zunächst als scannertüchtig eingestuften Vorlagen aus vorelektronischer Zeit (deren Scanibilität sich rasch als von scheinbarer Natur entpuppte) noch lange Vorlagen geblieben.

Ohne diese und gewiß auch noch weitere namentlich nicht erwähnte gute Geister hielten Sie, werter Leser, dieses Druckwerk nicht in den Händen. Denn von der ersten Materialsichtung bis zur Fertigstellung gab es eine Reihe Überraschungen, welche die Entwicklung immer wieder in andere Bahnen dirigierten und selbstredend verzögerten. Doch das Ziel wurde schließlich erreicht und man blieb nicht auf Nebenkriegsschauplätzen stecken – im Gegensatz zum Automobilbau, wo auf dem Wege zum sicheren Fahrzeug zwar die Zentralverriegelung als technischer Schnickschnack in fast jedem Leukoplastbomber serienmäßig etabliert wurde, man sich aber um beheizbare Front- und Seitenscheiben bislang kaum scherte.

So hoffen wir, daß wir uns durch die humoristisch angewärmten Fenster auch weiterhin einen klaren Rundumblick bewahren können, wenn wir im Wagen der Neugier auf den Straßen der Wissenschaft einem kleinen Zipfelchen der großen Wahrheit hinterherfahren. Falls wir ihn unterwegs aber einmal abstellen müssen, sollten wir die Türen gegenüber neuen Erkenntnissen weder einzeln noch zentral verriegeln – und erst recht nicht gegenüber der Heiterkeit.

Im internationalen Vergleich traut man den mitteleuropäischen Nachfahren der alten Germanen nur wenig zu, wenn es um Humor geht. Ursachenforschung hierin zu betreiben ist schwierig, für Abhilfe zu sorgen noch schwieriger; die meisten Menschen vertreten ohnehin die Auffassung, mit der Schuldzuweisung an einen Sündenbock löse man auch gleichzeitig das Problem. Zu beweisen jedoch, daß selbst im Mutterland von Befehl und Gehorsam das Bäumchen des nicht-schenkelklopfenden Frohsinns gedeiht, sogar gute Frucht zeitigt wie der Riesling nahe der Anbaugrenze, war nicht Aufgabe dieses Buches. Wenn es doch gelungen ist – um so besser. Aber bitte nicht den Humor zum Selbstzweck oder »eigentlich« zur »Philosophie« mythologisieren. Einst propagierte man, deutsch sein heiße, eine Sache ihrer selbst willen zu betreiben. Genau darin lag das Problem.

Ob unser Werk ein Erfolg wird, wissen wir nicht; wir wünschen es uns, dem Verlag und der Leserschaft. Daß wir uns damit Feinde oder Neider schaffen, wünschen wir natürlich nicht. Doch selbst wenn dieser unerfreuliche Fall eintreffen sollte, haben wir für die Betroffenen einen tröstenden Spruch auf Lager – diesmal muß Jean Cocteau auf den Plan treten: »Natürlich glaube ich an unverdientes Glück. Wie kann man sonst den Erfolg von Leuten erklären, die man nicht mag?«

Zur Vorbeugung gegen derlei Unbill empfehlen wir daher: Bleiben Sie uns gewogen!

Die Herausgeber
(nach Abschluß des Manuskripts am 4. September 2003).

Quellenverzeichnis

Soweit nicht anders angegeben, sind unsere Beiträge Primär- bzw. Sekundärzitate aus den Jahrgängen 1 bis 49 der »Nachrichten aus Chemie und Technik«/»Nachrichten aus Chemie, Technik und Laboratorium«/»Nachrichten aus der Chemie« (1953 bis 2001), vereinzelt sind auch bisher unpublizierte Texte eingestreut (z.B. Turm von Hanoi, einige Carmina chimica et technica). Die Orthographie sowie die Interpunktion entsprechen dem jeweiligen Original und blieben unmodernisiert, um den zeittypischen Charakter nicht anzutasten. Auch die Zitierweise in den »Anmerkungen« folgt der vom jeweiligen Verfasser benutzten Reihenfolge von Band, Jahrgang und Seitenzahl.

Humoristische Chemie. Herausgegeben von Jakobi, Hopf
Copyright © 2004 WILEY-VCH Verlag GmbH & Co. KGaA, Weinheim
ISBN: 3-527-30628-5

9 783527 306282